DEIN COACH ZUM ERFOLG!

W0307151

Dein ActiveBook auf My**STARK**:

Du kannst auf alle digitalen Inhalte (Prüfung 2022, interaktive Aufgaben) online zugreifen. Registriere dich dazu unter **www.stark-verlag.de/mystark** mit deinem **persönlichen Zugangscode**:

C06575-002095

Die Inhalte dieser Auflage stehen bis Schuljahresende zur Verfügung.

My**STARK**

Das Active**Book** *bietet dir:*

- Viele interaktive Übungsaufgaben zu prüfungsrelevanten Themenbereichen
- Sofortige Ergebnisauswertung
- Detailliertes Feedback

DEIN COACH ZUM ERFOLG!

So kannst du interaktiv lernen:

Interaktive Aufgaben

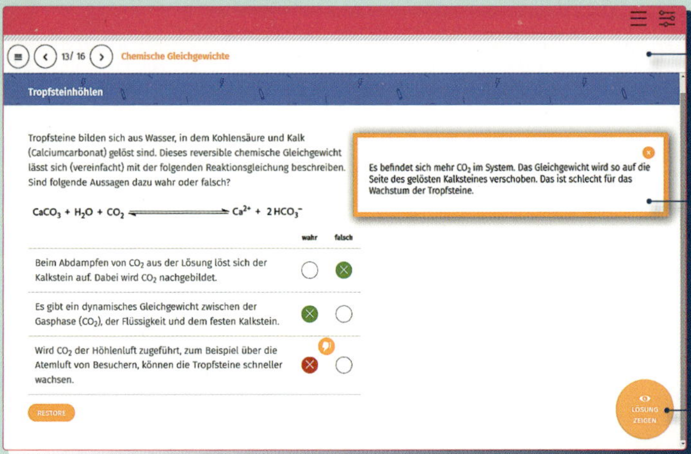

Prüfungsrelevante Themenbereiche

Hilfreiches Feedback zu falschen Antworten

Sofortige Ergebnisauswertung

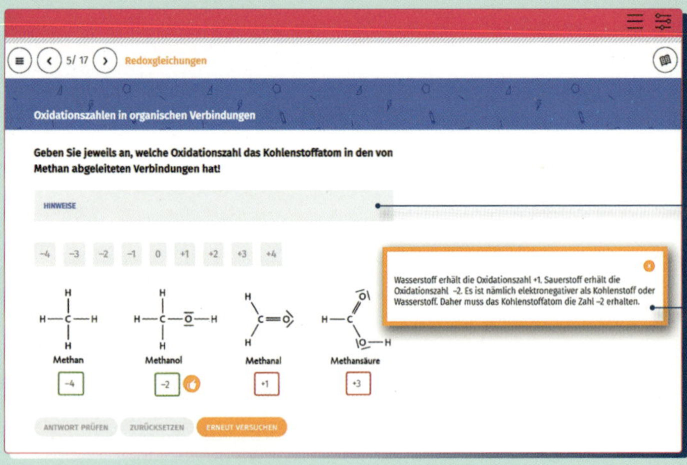

Hilfestellung in Form von Hinweisen

Zusatzinformationen zu richtigen Antworten

Systemvoraussetzungen:
- Mindestens 1024×768 Pixel Bildschirmauflösung
- Chrome, Firefox oder ähnlicher Webbrowser
- Internetzugang
- Adobe Reader oder kompatibler anderer PDF-Reader

2023

Abitur

Original-Prüfungsaufgaben
mit Lösungen

Hessen

Chemie

STARK

16. ergänzte Auflage
www.stark-verlag.de

Inhalt

Leistungskurs 2021

Sobald die Original-Prüfungsaufgaben 2022 freigegeben sind, können Sie sie als PDF auf der Plattform MyStark herunterladen (Zugangscode vgl. Farbseiten vorne im Buch).

Autoren

Stefan Dönges: Lösungen zu den Abituraufgaben 2019 – 2022

Dr. Dietmar Scherr: Lösungen zu den Abituraufgaben 2017 – 2018

Die Original-Prüfungsaufgaben wurden vom hessischen Kultusministerium erstellt.

Vorwort

Liebe Schülerin, lieber Schüler,

das vorliegende Buch ermöglicht es Ihnen, sich optimal auf das **Landesabitur 2023** in Hessen im Fach Chemie vorzubereiten.

Im Abschnitt „**Hinweise und Tipps für die Abiturprüfung im Fach Chemie**" bieten wir Ihnen ausführliche Hinweise zum **Ablauf und den Anforderungen der schriftlichen Prüfung** in Hessen. Zusätzlich werden die Anforderungsbereiche der Abiturprüfung genau erläutert und die Unterteilung der Prüfungsaufgaben in Reproduktions-, Transfer- und problemlösende Aufgaben an Beispielen erklärt.

Der Hauptteil des Buches enthält die offiziellen, vom hessischen Kultusministerium gestellten **Abitur-Prüfungsaufgaben** der Jahre **2017 bis 2022 für den Grund- und den Leistungskurs**. Sobald die **Prüfungen 2022** des LK und des GK freigegeben sind, können sie als PDF auf der Plattform MyStark heruntergeladen werden.

Zu jeder Aufgabe sind von unseren Autoren vorgeschlagene und vollständig ausformulierte Lösungen hinzugefügt. Die grau gerauteten Bearbeitungshinweise bieten Ihnen wertvolle Tipps zum Lösungsansatz und wichtige Zusatzinformationen.

Lernen Sie gerne am **PC** oder **Tablet**? Nutzen Sie das **ActiveBook** auf der Plattform **MyStark**, um mithilfe von interaktiven Aufgaben Ihr chemisches Fachwissen effektiv zu trainieren (vgl. Farbseiten zu Beginn des Buches).

Sollten nach Erscheinen dieses Bandes noch wichtige Änderungen in der Abitur-Prüfung 2023 vom Kultusministerium bekannt gegeben werden, sind aktuelle Informationen dazu online auf der Plattform MyStark abrufbar.

Viel Erfolg wünschen Ihnen Verlag und Autoren!

Stichwortverzeichnis 2017–2021

Periodensystem der Elemente

Atommasse — 1,008
H — Symbol des Elements
Wasserstoff — Name des Elements
Ordnungszahl — 1
2,2 — Elektronegativität (Pauling)

	Hauptgruppen I	Hauptgruppen II	Nebengruppenelemente										Hauptgruppen III	Hauptgruppen IV	Hauptgruppen V	Hauptgruppen VI	Hauptgruppen VII	Hauptgruppen VIII
1	1,008 **H** Wasserstoff 1 2,1																	4,0 **He** Helium 2 –
2	6,941 **Li** Lithium 3 1,0	9,01 **Be** Beryllium 4 1,5											10,81 **B** Bor 5 2,0	12,01 **C** Kohlenstoff 6 2,5	14,00 **N** Stickstoff 7 3,0	16,00 **O** Sauerstoff 8 3,5	19,00 **F** Fluor 9 4,0	20,18 **Ne** Neon 10 –
3	22,98 **Na** Natrium 11 0,9	24,30 **Mg** Magnesium 12 1,2											26,98 **Al** Aluminium 13 1,5	28,09 **Si** Silicium 14 1,8	30,97 **P** Phosphor 15 2,1	32,07 **S** Schwefel 16 2,5	35,45 **Cl** Chlor 17 3,0	39,95 **Ar** Argon 18 –
4	39,10 **K** Kalium 19 0,8	40,08 **Ca** Calcium 20 1,0	44,96 **Sc** Scandium 21 1,3	47,88 **Ti** Titan 22 1,5	50,94 **V** Vanadium 23 1,6	52,00 **Cr** Chrom 24 1,6	54,94 **Mn** Mangan 25 1,5	55,85 **Fe** Eisen 26 1,8	58,94 **Co** Cobalt 27 1,8	58,69 **Ni** Nickel 28 1,8	63,55 **Cu** Kupfer 29 1,9	65,39 **Zn** Zink 30 1,6	69,72 **Ga** Gallium 31 1,6	72,61 **Ge** Germanium 32 1,8	74,92 **As** Arsen 33 2,0	78,96 **Se** Selen 34 2,4	79,90 **Br** Brom 35 2,8	83,80 **Kr** Krypton 36 –
5	85,47 **Rb** Rubidium 37 0,8	87,62 **Sr** Strontium 38 1,0	88,91 **Y** Yttrium 39 1,3	91,22 **Zr** Zirconium 40 1,4	92,91 **Nb** Niob 41 1,6	95,94 **Mo** Molybdän 42 1,8	98,91 **Tc** Technetium 43 1,9	101,07 **Ru** Ruthenium 44 2,2	102,91 **Rh** Rhodium 45 2,2	106,42 **Pd** Palladium 46 2,2	107,87 **Ag** Silber 47 1,9	112,41 **Cd** Cadmium 48 1,7	114,82 **In** Indium 49 1,7	118,71 **Sn** Zinn 50 1,8	121,76 **Sb** Antimon 51 1,9	127,60 **Te** Tellur 52 2,1	126,90 **I** Iod 53 2,5	131,29 **Xe** Xenon 54 –
6	132,91 **Cs** Cäsium 55 0,7	137,33 **Ba** Barium 56 0,9	Lanthanide 57–71	178,49 **Hf** Hafnium 72 1,3	180,95 **Ta** Tantal 73 1,5	183,85 **W** Wolfram 74 1,6	186,21 **Re** Rhenium 75 1,9	190,2 **Os** Osmium 76 2,2	192,22 **Ir** Iridium 77 2,2	195,08 **Pt** Platin 78 2,2	196,97 **Au** Gold 79 2,4	200,59 **Hg** Quecksilber 80 1,9	204,38 **Tl** Thallium 81 1,8	207,2 **Pb** Blei 82 1,8	208,98 **Bi** Bismut 83 1,9	(208,98) **Po** Polonium 84 2,0	(209,99) **At** Astat 85 2,2	(222,02) **Rn** Radon 86 –
7	(223) **Fr** Francium 87 0,7	(226,03) **Ra** Radium 88 0,9	Actinide 89–103	(261) **Rf** Rutherfordium 104	(262) **Db** Dubnium 105	(263) **Sg** Seaborgium 106	(262) **Bh** Bohrium 107	(265) **Hs** Hassium 108	(269) **Mt** Meitnerium 109	(271) **Ds** Darmstadtium 110	(272) **Rg** Roentgenium 111							

Namen der Hauptgruppen:

- I Alkalimetalle
- II Erdalkalimetalle
- III Erdmetalle
- IV Kohlenstoffgruppe
- V Stickstoffgruppe
- VI Chalkogene
- VII Halogene
- VIII Edelgase

Hinweise und Tipps zum Landesabitur

1 Ablauf der Prüfung

Die Abiturprüfung in Hessen findet als Zentralabitur statt, d. h., die Aufgaben für die schriftliche Prüfung werden vom Hessischen Kultusministerium zentral gestellt und sind für alle Abiturientinnen und Abiturienten verbindlich. Alle Schülerinnen und Schüler an den Gymnasien Hessens schreiben diese Prüfung jeweils an demselben Tag.

Aufbau der Prüfungsaufgaben

Landesweit werden im Grundkursfach und Leistungskursfach Chemie jedem Gymnasium am Prüfungstag dieselben drei Aufgabenvorschläge vorgelegt, von denen zwei bearbeitet werden müssen. Einer der drei Vorschläge kann also von Ihnen ausgeschlossen werden.
In den Jahren 2021 und 2022 wurden als Folge der Covid-19-Pandemie vier Vorschläge zur Verfügung gestellt, aus denen die Lehrkraft drei auswählte, die den Prüflingen vorgelegt wurden. Aus diesen mussten wie immer zwei bearbeitet werden. In diesem Buch finden Sie jeweils drei dieser vier Aufgabenvorschläge, was dem Umfang einer regulären Prüfung entspricht.
Die Ihnen vorgelegten Prüfungsaufgaben enthalten mehrere Teilaufgaben. Die Teilaufgaben bestehen sowohl aus Anteilen, die auszuwertende Materialvorgaben enthalten und Texterläuterungen erforderlich machen, als auch aus Anteilen, die keine oder wenig Materialvorgaben enthalten und in erster Linie mithilfe von chemischen Gleichungen o. ä. zu lösen sind. Außerdem sind alle Aufgaben in einen Kontext eingebettet. Eine Bearbeitung ist weitgehend unabhängig voneinander möglich. Die Aufgaben können mehrere der unten aufgeführten Kursthemen enthalten, die miteinander vernetzt sein können.

Dauer der Prüfung und zugelassene Hilfsmittel

Bis 2018 galten folgende Bearbeitungszeiten: 240 Minuten für den Leistungskurs und 180 Minuten für den Grundkurs. Die Bearbeitungsdauer beinhaltete eine 45-minütige Auswahlzeit, nach der die nicht gewählten Vorschläge abgegeben werden mussten.
Seit 2019 steht Ihnen mehr Zeit zur Verfügung: Die neue Gesamtbearbeitungszeit ab 2019 beträgt **300 Minuten** für den **Leistungskurs** und **255 Minuten** für den **Grundkurs** inklusive einer Auswahlzeit von jeweils 60 Minuten.

Als **Hilfsmittel** werden während der Abiturarbeit zugelassen:

- Wörterbuch zur deutschen Rechtschreibung
- Das der Prüfungsaufgabe beigefügte Periodensystem der Elemente
- Eingeführter Taschenrechner (bei grafikfähigen Rechnern und Computeralgebrasystemen ist ein Reset durchzuführen).

2 Inhalte und Aufbau der Prüfungsaufgaben

Seit dem Schuljahr 2018/2019 wird die Abiturprüfung auf Basis der Kerncurricula für die gymnasiale Oberstufe (KCGO) durchgeführt. In der nachfolgenden Tabelle sind die im Lehrplan enthaltenen Unterrichtsinhalte für Grund- und Leistungskurs wiedergegeben, die *kursiv* gesetzten Inhalte gelten nur für den Leistungskurs.

Q1: Stoffgruppen in der organischen Chemie

Kohlenwasserstoffe	Übersicht über die Substanzklassen der Alkane, Alkene: Nomenklatur, homologe Reihen, Konstitutionsisomerie
	Struktur-Eigenschafts-Beziehungen: VAN-DER-WAALS-Kräfte als intermolekulare Wechselwirkungen im Kontext von Struktur und Eigenschaften (Schmelz- oder Siedetemperaturen, Löslichkeit)
	Vollständige Oxidation: Verbrennungsreaktion einschließlich Oxidationszahlen und Nachweis von Kohlenstoffdioxid und Wasser
	Reaktionstypen und -mechanismen: radikalische Substitution am Alkan sowie elektrophile Addition von Molekülen des Typs X_2 *und HX (MARKOVNIKOV-Regel)* an eine C–C-Mehrfachbindung (Nachweis der C–C-Doppelbindung mit Brom)
	Reaktionstyp der Eliminierung, cis-trans-Isomerie, induktive Effekte (bezüglich Addition)
	Elektrophile Substitution: Reaktionstyp und Reaktionsmechanismus (Mechanismus der Bromierung)
	Vereinfachtes Orbitalmodell: σ- und π-Bindung, sp^3 -, sp^2 - und sp-Hybridisierung (Hybridisierung der Kohlenstoffatome)
	Eigenschaften und Bindungsverhältnisse im Benzen (Benzol) auf Basis des Mesomeriemodells und des vereinfachten Orbitalmodells
Alkanole	Nomenklatur, homologe Reihe, Konstitutionsisomerie, Struktur-Eigenschafts-Beziehungen im Zusammenhang mit Dipol-Dipol-Wechselwirkungen und Wasserstoffbrücken (Schmelz- oder Siedetemperaturen, Löslichkeit)
	Reaktionstyp der nucleophilen Substitution: Reaktionsgleichungen zwischen Hydroxidionen und Halogenalkanen einschließlich Nachweis der Halogenide mit Silbernitrat
	Differenzierung nach S_N1 und S_N2 (Einfluss induktiver und sterischer Effekte, Alkanolation als Nucleophil)

	Partielle Oxidation: Redox-Reaktionen primärer und sekundärer Alkanole im Unterschied zu tertiären; einschließlich der Anwendung von Oxidationszahlen (Ox.-Mittel Kupfer(II)-oxid, Permanganationen)
	Mehrwertige Alkanole: Nomenklatur, Struktur (Ethan-1,2-diol, Propan-1,2,3-triol)
Carbonyl-verbindungen	Übersicht über die Substanzklasse der Alkanale: Strukturmerkmal der Aldehydgruppe
	Nachweis der reduzierenden Wirkung (FEHLING-Probe mit Reaktionsgleichung)
	Nucleophile Addition an die Carbonylgruppe: Hydratisierung, Halbacetal- und Acetalbildung
	Additionsreaktionen (Hydratisierung, Acetalbildung)
	Übersicht über die Substanzklasse der Alkanone: Strukturmerkmale
	Bindungsverhältnisse der Carbonylgruppe, Hybridisierung des Sauerstoffs
Alkansäuren und ihre Derivate	Nomenklatur, homologe Reihe, Struktur-Eigenschafts-Beziehungen (Schmelz- oder Siedetemperaturen, Löslichkeit), *Di- und Tricarbonsäuren: Struktur, Verwendung, Eigenschaften und Reaktionen (Oxal- und Zitronensäure)*
	Acidität im Zusammenhang mit polaren Bindungen und induktiven Effekten, Mesomeriemodell am Beispiel des Carboxylations *(delokalisiertes π-Elektronensystem), Bindungsverhältnisse der Carboxygruppe: vereinfachtes Orbitalmodell, Hybridisierung des Kohlenstoffatoms und der Sauerstoffatome*
	Derivate der Monocarbonsäuren: struktureller Aufbau von Hydroxy- und Aminosäuren
	Carbonsäureester: Nomenklatur, Reaktionstypen und Reaktionsmechanismen der Esterbildung (Kondensation) sowie der alkalischen Hydrolyse
Seifen*	Herstellung von Seife durch alkalische Hydrolyse
	Aufbau von Seifen und Zusammenhänge zwischen Struktur und Eigenschaften: Emulgator, pH-Wert, Grenzflächenaktivität und Oberflächenspannung des Wassers
	Waschvorgang: Dispergiervermögen und Micellenbildung, Beeinflussung der Waschwirkung, Bildung von Kalkseifen
	Wasserhärte (permanente, temporäre und Gesamthärte)
Konservierungsstoffe*	Lebensmittelkonservierung früher und heute, qualitativer Nachweis von Ascorbinsäure als Antioxidans, Zusatz von Sorbinsäure in Lebensmitteln
	Strukturelle Eigenschaften und quantitative Bestimmung der Ascorbinsäure, Verwendung der Parabene: p-Hydroxybenzoesäureester

Q2: Naturstoffe und Synthesechemie	
Kohlenhydrate	Monosaccharide: Glucose, Fructose, Kohlenstoffatome mit Chiralitätszentren, optische Aktivität, D- / L-Konfiguration, Enantiomere, Stereoisomerie, Anomere, *Diastereomere*
	Strukturdarstellungen nach HAWORTH / FISCHER
	FEHLING-Probe mit Aldosen, *Keto-Enol-Tautomerie am Beispiel von Fructose*
	Di- und Polysaccharide: Maltose, Saccharose, Stärke und Cellulose, glycosidische Bindung, reduzierende und nicht reduzierende Disaccharide, Iod-Stärke-Reaktion
Peptide	Aminosäuren: grundlegender struktureller Bau, Eigenschaften proteinogener Aminosäuren, Säure-Base-Eigenschaften, Zwitterion, *isoelektrischer Punkt*
	Peptide: Peptidbindung, *Disulfidbrücken, Übersicht über die Strukturebenen der Proteine (Primär- bis Quartärstruktur)*
Grundlagen der Kunststoffchemie	Klassifizierung von Kunststoffen und Zusammenhänge zwischen Struktur und Eigenschaften: Duroplaste, Thermoplaste, Elastomere
	Reaktionstypen zur Verknüpfung von Monomeren zu Makromolekülen: Polykondensation und Mechanismus der radikalischen Polymerisation
	Reaktionstyp der Polyaddition am Beispiel der Polyurethane
	Synthesereaktionen von PE, PVC, Polyester, Polyamide (Nylon)
	Recycling von Kunststoffen: Prinzip der Zerlegung in Monomere, *Hydrolyse von Polykondensaten*, Einschmelzen von Thermoplasten, *Thermolyse von Polymerisaten*
Fette im Alltag*	Aufbau und Eigenschaften der Fette und Öle, Aufbau von Fettsäuren: gesättigte und ungesättigte Fettsäuren, cis-trans-Isomerie
	Herstellung von Margarine: Fetthärtung durch Hydrierung von C–C-Doppelbindungen
	Tensidwirkung von Fettsäureanionen, Umesterung bei Fetten
Organische Werkstoffe*	Biokunststoffe: Synthese, Eigenschaften und Verwendung am Beispiel der Polymilchsäure (PLA)
	Textilfaser: Viskose, modifizierte Cellulose, Aufbau eines Copolymers
	Synthetischer Kautschuk: Herstellung, Erklärung der Elastizität auf molekularer Ebene und deren Veränderung durch Vulkanisation
Chemie der Aromaten*	Benzen (Benzol): Eigenschaften und Bindungsverhältnisse auf Basis des Mesomeriemodells
	Elektrophile Substitution: Reaktionstyp und Reaktionsmechanismus der Halogenierung am Aromaten

	Reaktionsmechanismus der Nitrierung und der elektrophilen Zweitsubstitution: induktive und mesomere Effekte, dirigierende Wirkung an den Beispielen Toluol, Phenol, Anilin und Nitrobenzen (Nitrobenzol)

Q3: Das chemische Gleichgewicht

Chemische Gleichgewichte und ihre Einstellung	Nachweis des gleichzeitigen Vorliegens von Edukten und Produkten, Definition des chemischen Gleichgewichts als dynamisches Gleichgewicht: Hin- und Rückreaktion
	Chemische Gleichgewichte an Beispielen: Estergleichgewicht, Iod-Wasserstoff-Gleichgewicht und Ammoniak-Synthese nach HABER-BOSCH
	Massenwirkungsgesetz und Berechnung von Gleichgewichtskonstanten K_C auf der Grundlage von Gleichgewichtskonzentrationen c_G *(einschließlich Lösung quadratischer Gleichungen, Berechnung von c_G)*
	Lage von Gleichgewichten in Abhängigkeit von Druck, Temperatur und Konzentration: Prinzip des kleinsten Zwangs
	Einfluss von Katalysatoren auf die Einstellung des Gleichgewichts
	Enthalpie: Reaktionswärme bei konstantem Druck, Berechnung von Standardbildungs- und Reaktionsenthalpie, Satz von HESS
	Entropie als Maß für die Unordnung eines Systems, Einfluss der Reaktionsentropie in spontan ablaufenden endothermen Reaktionen
Protolysegleichgewichte*	Grundlagen: Protolyse, korrespondierende Säure-Base-Paare
	Stärke von Säuren: Ableitung des pK_S-Werts aus dem Massenwirkungsgesetz, *Stärke von Basen (pK_B-Werte)*
	Ionenprodukt des Wassers, Berechnung von pH- und pOH-Werten starker Säuren und starker Basen
	pH-Wert-Berechnungen zu schwachen Säuren und Basen mit Hilfe von pK_S- und pK_B-Werten
	Allgemeines Prinzip der Säure-Base-Indikatoren
	Titration einer starken einprotonigen Säure mit einer starken Base: Interpretation der Titrationskurve, Äquivalenzpunkt
	Titration einer schwachen einprotonigen Säure mit einer starken Base: Aufnahme und Interpretation der Titrationskurve, Äquivalenzpunkt, Halbäquivalenzpunkt, Berechnung der Säurekonzentration anhand des Äquivalenzpunkts
	Interpretation einer Titrationskurve mit zwei Äquivalenzpunkten
Redoxgleichgewichte*	Grundlagen: korrespondierende Redoxpaare, Aufstellen von Redoxgleichungen in sauren Lösungen, Bestimmung von Oxidationszahlen bei anorganischen und organischen Verbindungen
	Galvanische Elemente und elektrochemische Spannungsreihe: Standard-Wasserstoff-Halbzelle, Standardpotentiale (Berechnung von Potenzialdifferenzen bei Standardbedingungen)

	Elektrochemische Korrosion am Lokalelement (Sauerstoff- und Säurekorrosion) und Korrosionsschutz bei Metallen (Verzinken)
Puffersysteme: Säure-Base-Puffer*	Definition und grundlegende Wirkungsweise von Puffersystemen am Beispiel des Essigsäure-Acetat-Puffers, Berücksichtigung des Prinzips des kleinsten Zwangs
	Bedeutungen von Puffern: Kohlensäure-Hydrogencarbonat-Puffersystem im Blut
	Puffergleichung (HENDERSON-HASSELBALCH-Gleichung) zur quantitativen Betrachtung von Pufferlösungen: Berechnungen zur Zusammensetzung von Pufferlösungen und pH-Werten
	Pufferkapazität
Geschwindigkeit chemischer Reaktionen*	Zeitlicher Verlauf einer Reaktion: mittlere und momentane Reaktionsgeschwindigkeit, *c*/*t*-Diagramme Einfluss unterschiedlicher Faktoren auf die Reaktionsgeschwindigkeit: Stoff, Konzentration, Temperatur, Zerteilungsgrad, Druck
	Vorgänge auf Teilchenebene: Stoßtheorie
	Aktivierungsenergie und Katalyse
	Autokatalyse am Beispiel der Reaktion Oxalsäure mit Kaliumpermanganat
	Enzyme: Einfluss der Temperatur

Die mit einem Stern* markierten Themen sind bedingt durch die Covid-19-Pandemie von Einschränkungen betroffen: Die **grau hinterlegten Zeilen** sind **nicht** Teil der inhaltlichen Konkretisierungen der schriftlichen Abiturprüfung im Jahr 2023, werden aber nach Möglichkeit im Unterricht behandelt (Stand: Mai 2022).

Die Angaben der vorherigen Tabelle entsprechen den Vorgaben des Kerncurriculums. Die Tabelle enthält nur die Themen und Inhalte aus den ersten drei Qualifikationsphasen Q1– Q3 (entspricht in etwa den Schulhalbjahren), da die vierte Phase Q4 sechs verschiedene Themen zur Wahl stellt, von denen nur zwei behandelt werden, die von der Lehrkraft ausgewählt wurden. Die Inhalte aus Q4 sind somit nicht Teil des Abiturstoffs der schriftlichen Prüfung, da nicht alle Schülerinnen und Schüler in Hessen den gleichen Wissensstand aufweisen. Diese Inhalte können jedoch Thema in der mündlichen Prüfung sein.

Zur Auffrischung des relevanten Prüfungsstoffs kurz vor der Prüfung ist das „Abitur-Skript Chemie" (Best.-Nr. 6573S1) ideal geeignet.

Ideal zur Überprüfung des chemischen Fachwissens und zum Aufdecken von Wissenslücken sind die im **ActiveBook** enthaltenen **interaktiven Aufgaben** (vgl. Farbseiten zu Beginn des Buches).

Jedes Jahr werden in dem Erlass für das kommende Landesabitur in Hessen die verbindlichen reproduktiven Inhalte des Grund- und Leistungskurses für das bevorstehende Abitur konkretisiert. Die jährlichen Erlasse regeln, welche Themenfelder im Unterricht behandelt werden müssen und somit Prüfungsgrundlage für das Abitur darstellen.

Für das **Landesabitur 2023** werden sich die Prüfungsaufgaben in Grund- und Leistungskurs schwerpunktmäßig auf folgende Themenfelder beziehen:

Q1	Kohlenwasserstoffe
	Alkanole und Carbonylverbindungen
	Alkansäuren und ihre Derivate
Q2	Kohlenhydrate und Peptide
	Grundlagen der Kunststoffchemie
Q3	Chemische Gleichgewichte und ihre Einstellung
	Protolysegleichgewichte

3 Leistungsanforderungen

3.1 Kompetenzen

In der Abiturprüfung wird von Ihnen erwartet, dass Sie verschiedene sogenannte **Kompetenzen** besitzen, die Sie im Laufe der Oberstufe erworben haben. Diese werden im Kerncurriculum für die gymnasiale Oberstufe (KGCO) aufgeführt. Darunter fallen die Erarbeitung und Anwendung fachlicher Kenntnisse (F), Erkenntnisgewinnung und Fachmethoden (E), Kommunikation wissenschaftlicher Zusammenhänge (K) und Bewertung und Reflexion (B).
Für die Beurteilung und Einteilung von Abituraufgaben werden demnach verschiedene Aspekte betrachtet:

- Behandelte stofflichen **Inhalte** innerhalb der Aufgabe
- Schwierigkeitsgrad der Aufgabe (gegliedert in die **Anforderungsbereiche**)
- Benötigte **Kompetenzen**, die ein Schüler bzw. eine Schülerin zur Lösung der Aufgabe anwenden muss.

Das Zusammenspiel dieser Aspekte wird anschaulich in folgender Abbildung dargestellt, die ebenfalls im KCGO enthalten ist:

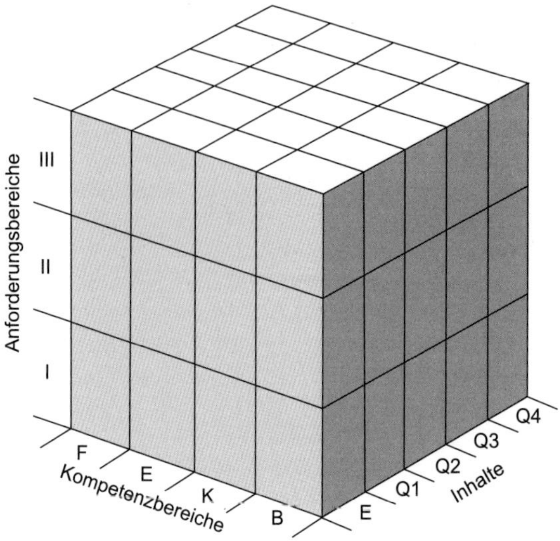

3.2 Inhaltsbezogene Anforderungen

Der Anteil der Aufgaben mit größerer Komplexität und Offenheit nimmt stufenweise zu. Nach wie vor wird als Basiswissen für die Abiturprüfung ein guter Überblick über die vom Lehrplan geforderten thematischen Schwerpunkte der Kurshalbjahre Q1, Q2 und Q3 vorausgesetzt. Der hauptsächliche Anspruch der Prüfungsaufgaben liegt jedoch nicht im Wiedergeben von lückenlosem Detailwissen (Reproduktion), sondern in der Anwendung des von Ihnen erworbenen Fachwissens. Es soll überprüft werden, ob Sie Strukturen und Inhalte bisher unbekannter chemischer Sachverhalte erfassen können, diese dann mit dem eigenen Wissen zu verknüpfen vermögen und schließlich zu angemessenen Lösungen kommen. Die unbekannten Inhalte werden Ihnen als Materialien (z. B. in Form von Einführungstexten, Versuchsbeschreibungen, Diagrammen, Kurven, Abbildungen, Strukturausschnitten, Tabellen oder Skizzen) zur Prüfungsaufgabe vorgelegt.

3.3 Methodenbezogene Anforderungen

Neben den inhaltlichen Kompetenzen wird in den Aufgaben auch Ihre Fähigkeit geprüft, fachtypische Methoden zur Bearbeitung und Lösung von Problemstellungen angemessen einzusetzen. Dazu gehören:

- **Erarbeiten und Vergleichen mehrerer Lösungswege**,
- **Darstellung von Zusammenhängen** zwischen Erscheinungen im Alltag und den fachwissenschaftlichen Grundlagen,
- **Aufstellen von Hypothesen** und Ableiten von experimentell überprüfbaren Folgerungen,
- **Beurteilen von Texten, Aussagen, Experimenten** nach selbst gewählten Kriterien,

- **Interpretieren chemischer Reaktionen** auf der Teilchenebene sowie Anwenden geeigneter Modelle (zur Beschreibung und Erklärung chemischer Sachverhalte),
- **Anwenden mathematischer Verfahren** und Hilfsmittel zur Lösung chemischer Problemstellungen.

3.4 Aufgabenstruktur und Aufgabentypen

Eine Prüfungsaufgabe besteht aus Teilaufgaben, die untereinander in Beziehung stehen und der Aufgabenthematik untergeordnet sind. Die **Struktur der Aufgabe** ist so angelegt, dass kein Lösungsweg zwingend vorgezeichnet ist. Zu Beginn der Aufgabe werden in einzelnen Materialien zusätzliche Informationen zur Aufgabenthematik bereitgestellt. Danach folgen die Aufgabenstellung und eventuell notwendige Zusatzinformationen. Aus der Aufgabenstellung der einzelnen Teilaufgaben selbst gehen Art und Umfang der geforderten Leistung hervor (siehe Abschnitt 4).

Im Fach Chemie herrschen folgende **Aufgabentypen** vor:

- **Materialbezogene Aufgaben:** Sie erhalten zusammen mit der Aufgabenstellung Materialien, die Sie auswerten sollen, etwa Strukturformeln, Texte oder Grafiken. Mithilfe der darin enthaltenen Informationen und der Ihnen bereits bekannten chemischen Sachverhalte können Sie die Aufgabe lösen.
- **Berechnungen:** Hier geht es um die Anwendung chemischer Gesetze (z. B. Massenwirkungsgesetz) und Rechenverfahren (z. B. zur Bestimmung von pH-Werten).
- **Alltagsbezogene Aufgaben:** Ausgehend von einer aus dem Alltag bekannten Problemstellung wird von Ihnen verlangt, Ihre chemischen Fachkenntnisse zur Lösung dieses Problems anzuwenden.
- **Aufgaben zur chemischen Zeichensprache:** Dieser Aufgabentyp umfasst die Darstellung von bekannten Strukturformeln; die Analyse, Benennung und Entwicklung von Strukturformeln neuer Moleküle sowie die Darstellung von Reaktionsgleichungen und -mechanismen.
- **Aufgaben zu ökonomisch-ökologischen Problemstellungen:** In diesem Aufgabentyp werden Sie zu einer strukturierten Darstellung der Konsequenzen von chemischen Reaktionen oder Abfällen auf die Umwelt aufgefordert. Auch ein Vergleich zweier Substanzen kann Gegenstand der Aufgabe sein, im Rahmen dessen Sie die Eignung dieser Verbindungen unter ökonomischen und ökologischen Gesichtspunkten beurteilen sollen.

3.5 Bewertung der Aufgaben

Den Einzelaufgaben sind verbindlich Bewertungseinheiten zugeordnet. Sie zeigen Ihnen das relative Gewicht der einzelnen Aufgabenabschnitte innerhalb einer Prüfungsaufgabe. Die einzelnen Aufgaben (A, B, und C) werden im **Grundkurs** und im **Leistungskurs** mit 50 Bewertungseinheiten gewichtet, sodass insgesamt 100 BE (bei zwei ausgewählten Aufgaben) erreicht werden können.
Die Bewertung für die Notenpunkte erfolgt dann prozentual, wobei die Schwellen für einen Notenpunkt bei 20 %, für 5 Notenpunkte bei 46 %, und schließlich für 11 Notenpunkte bei 76 % der BE liegen. Somit ergibt sich folgende Umrechnungstabelle von Prozentwerten in Notenpunkte:

Notenpunkte	15	14	13	12	11	10	9	8	7	6	5	4	3	2	1
ab Prozent	96	91	86	81	76	71	66	61	56	51	46	41	34	27	< 20

Bei der Bewertung werden alle von Ihnen in der Reinschrift erarbeiteten Teillösungen berücksichtigt. Es kann durchaus sein, dass unübersichtliche Textstellen nicht in vollem Umfang gewertet werden. Es steht den Korrektoren frei, auch Entwürfe zur Bewertung heranzuziehen, wenn sie zusammenhängend konzipiert sind.

Ihre Ausführungen werden bewertet hinsichtlich ihrer

- **fachlichen Richtigkeit und Vollständigkeit** entsprechend den inhaltlichen und methodischen Anforderungen der Aufgabenstellung.
- **Qualität:** Hierzu gehören u. a. das Erfassen der Aufgabe, die Genauigkeit der Kenntnisse und Einsichten, die Sicherheit in der Beherrschung der Methoden und der Fachsprache, Stimmigkeit und Differenziertheit der Aussage, die Herausarbeitung des Wesentlichen, das Anspruchsniveau der Problemerfassung, die Fähigkeit zur kritischen Würdigung der Bedingtheit und Problematik eigener und fremder Auffassungen sowie die Differenziertheit und Adäquatheit Ihres Urteils.
- **Quantität**, also dem Umfang Ihrer Kenntnisse, der Breite Ihrer Argumentationsbasis und der Vielfalt der Aspekte und Bezüge.
- **Kommunikations- und Darstellungsfähigkeit:** Damit ist Ihre Fähigkeit gemeint, die Aufgabenstellung korrekt zu erfassen und sich in einer angemessenen Weise verständlich zu machen. Wichtige Kriterien sind dabei die Klarheit und Eindeutigkeit sowie die logische Gliederung Ihrer Aussagen.
- **äußeren Form:** Darin gehen die Lesbarkeit Ihrer Schrift, die übersichtliche Gestaltung (durch Absätze, Aufzählungszeichen, Unterstreichungen, Leerzeilen usw.) und die sprachliche Richtigkeit (Grammatik, Rechtschreibung, Zeichensetzung) ein. Gehäufte Verstöße können auch hier zu einem Abzug von Punkten führen.

4 Anforderungsbereiche und Operatoren

Die Prüfungsaufgaben im Fach Chemie kann man drei **Anforderungsbereichen** zuordnen, die ein unterschiedliches Maß an Selbstständigkeit und Abstraktionsvermögen bei der Bearbeitung erfordern. Alle drei Bereiche werden in Abfragen, Tests und Klausuren sowie den Abituraufgaben berücksichtigt.
Nicht immer lassen sich die drei Anforderungsbereiche scharf gegeneinander abgrenzen. Auch kann die zur Beantwortung einer Prüfungsaufgabe erforderliche Leistung nicht in jedem Fall eindeutig einem bestimmten Bereich zugeordnet werden. Trotzdem ist es für Sie hilfreich, diese Anforderungsbereiche zu kennen, da Sie hierdurch leichter nachvollziehen können, wie die Verteilung der Bewertungseinheiten und die unterschiedliche Gewichtung der (Teil-)Aufgaben zustande kommen.

- **Anforderungsbereich I:** Inhalte und Fakten reproduzieren
  Von **Reproduktion** spricht man, wenn erlerntes Wissen wiedergegeben oder eine erworbene Fertigkeit in einem bekannten Zusammenhang gezeigt werden soll. Dabei kann es sich um einen theoretischen Sachverhalt oder um ein im Praktikum eingeübtes Vorgehen handeln. Schätzen Sie die Bedeutung des „nur“ Gelernten nicht

gering ein. Dieses Grundlagenwissen ist die Basis für die Lösung von Aufgaben, die den beiden im Folgenden dargestellten Anforderungsbereichen zuzuordnen sind.

- **Anforderungsbereich II:** Zusammenhänge und Strukturen erkennen und darstellen
  Höhere Anforderungen als die der reinen Reproduktion stellt eine Prüfungsaufgabe, die **Reorganisation** bzw. eine **Transferleistung** von Ihnen verlangt. In der Regel geht damit auch eine höhere Bewertung einher. Eine Prüfungsaufgabe ist dieser zweiten Anforderungsebene zuzuordnen, wenn ein bekannter Sachverhalt, etwa das typische Reaktionsverhalten einer Verbindungsklasse, auf andere chemische Verbindungen übertragen („transferiert“), richtig benannt und in diesen neuen Zusammenhang ein- und zugeordnet („reorganisiert“) werden soll. Auch die selbstständige Übertragung von Grafiken oder Versuchsaufbauten in die korrekte Fachsprache („Verbalisierung“) gehört zu diesem Anforderungsbereich.
- **Anforderungsbereich III:** Probleme lösen und Meinungen vertreten
  Am anspruchsvollsten sind Fragen, die problemlösendes Denken verlangen. Häufig erfordern solche Aufgaben, dass Sie Kenntnisse aus mehreren Themengebieten auswählen, anwenden und abwandeln können. Oft gibt es verschiedene Lösungsmöglichkeiten, die Sie darstellen und die dem Problem bestangepasste Variante auswählen sollen. Hier ist Ihre Kreativität gefragt, das „Abarbeiten“ der Aufgabenstellung nach einem vorgefertigten Schema reicht nicht aus.

Einen wichtigen Hinweis auf den jeweiligen Anforderungsbereich erhalten Sie durch den **Operator**, mit dem die Aufgabe gestellt wird. Darunter versteht man Schlüsselbegriffe, die sicherstellen sollen, dass alle Lehrkräfte, Schülerinnen und Schüler unter einer bestimmten Aufgabenstellung das gleiche verstehen. In der folgenden, nach den Anforderungsbereichen geordneten Auflistung wird erläutert, welche Begriffe dies sind und welche Erwartungen damit verbunden sind.

Operator	**Bedeutung**	**Bereich**	**Aufgabe**
Anforderungsbereich I			
angeben, nennen	Sachverhalte, Begriffe oder Daten ohne Erläuterungen, Begründungen und Lösungswege aufzählen	I	GK 2019-5/2.3 LK 2019-7/2.6 GK 2020-4/2.4
berechnen	Durch Rechenoperationen zu einem Ergebnis gelangen und die Rechenschritte dokumentieren	I–II	GK 2018-4/2.2 LK 2019-2/1.4 LK 2020-10/3.4 GK 2021-2/2.5
beschreiben	Aussagen, Sachverhalte, Strukturen o. Ä. in eigenen Worten strukturiert und fachsprachlich wiedergeben	I–II	GK 2019-5/2.2 LK 2019-11/3.6 LK 2020-1/1.1
beschriften, benennen	Elemente, Sachverhalte, Begriffe oder Daten mit einer kennzeichnenden Aufschrift, Nummer oder Namensangabe versehen	I–II	GK 2018-7/3.1 GK 2019-6/2.6 GK 2021-1/2.3

skizzieren	Eine grafische Darstellung so anfertigen, dass die wesentlichen Eigenschaften deutlich werden	I–II	–
überführen	Eine Darstellung in eine andere Darstellungsform bringen	I–II	–
zeichnen	Eine hinreichend exakte grafische Darstellung anfertigen	I–II	GK 2018-1/1.1 LK 2019-7/2.6
zusammenfassen	Das Wesentliche in strukturierter und komprimierter Form unter Verwendung der Fachsprache herausstellen	I–II	–
Anforderungsbereich II			
abschätzen	Durch begründete Überlegungen Größenordnungen physikalischer Größen angeben	II–III	–
analysieren	Eine konkrete Materialgrundlage untersuchen, einzelne Elemente identifizieren, Beziehungen zwischen Elementen erfassen und zusammenhängend darstellen	II–III	GK 2018-8/3.5 GK 2019-8/3.6 LK 2019-10/3.5
anwenden	Einen bekannten Sachverhalt /eine bekannte Methode auf eine neue Problemstellung beziehen	II	–
auswerten	Daten, Einzelergebnisse oder sonstige Sachverhalte zu einer abschließenden Gesamtaussage zusammenführen	II	–
begründen	Einen Sachverhalt oder eine Aussage argumentativ auf Gesetzmäßigkeiten oder kausale Zusammenhänge zurückführen	II–III	GK 2018-4/2.2 LK 2019-10/3.3 LK 2020-2/1.4
bestimmen, ermitteln	Einen Zusammenhang oder einen möglichen Lösungsweg aufzeigen und das Ergebnis formulieren	II	LK 2018-7/2.6 LK 2021-10/4.1
darstellen	Sachverhalte o. Ä. strukturiert fachsprachlich oder grafisch wiedergeben und Bezüge sowie Zusammenhänge aufzeigen	II	–
deuten	Phänomene, Strukturen, Sachverhalte oder Ergebnisse auf Erklärungsmöglichkeiten untersuchen und diese gegeneinander abwägen und auf das ursprüngliche Problem beziehen	II–III	–
entscheiden	Bei Alternativen sich begründet und eindeutig auf eine Möglichkeit festlegen	II	LK 2018-1/1.2 LK 2021-11/4.5
entwerfen	Herstellen und Gestalten eines Systems von Elementen unter vorgegebener Zielsetzung	II	–

entwickeln	Sachverhalte und Methoden zielgerichtet in einen Zusammenhang bringen; eine Hypothese, eine Skizze oder ein Modell weiterführen und ausbauen	II–III	LK 2017-1/1.6 GK 2018-5/2.6 LK 2019-8/3.5 GK 2020-2/1.5
erklären	Sachverhalte o. Ä. unter Verwendung der Fachsprache auf fachliche Grundprinzipien oder kausale Zusammenhänge zurückführen	II–III	GK 2018-2/1.4 GK-2019-2/1.5 LK 2020-1/1.3
erläutern	Sachverhalte o. Ä. so darlegen und veranschaulichen, dass sie verständlich werden	II	GK 2017-7/3.2 LK 2019-1/1.1 GK 2020-2/1.6
formulieren	Eine Fragestellung, eine Strukturformel, eine Reaktionsgleichung oder einen Reaktionsmechanismus notieren	II	LK 2018-1/1.2 GK 2019-6/2.5 GK 2020-2/1.4 LK 2021-11/4.4
herleiten	Einen Sachverhalt oder ein Ergebnis aus gegebenen Daten oder Gesetzmäßigkeiten entwickeln	II–III	–
implementieren	Algorithmen und Datenstrukturen in einer Programmiersprache aufschreiben	II–III	–
modellieren	Zu einem Ausschnitt der Realität ein fachliches Modell anfertigen	II–III	–
ordnen, einordnen, zuordnen	Sachverhalte begründet in einen genannten Zusammenhang stellen	II	GK 2020-3/2.2 GK 2021-1/2.2
prüfen	Sachverhalte, Aussagen oder Ergebnisse an Gesetzmäßigkeiten messen, verifizieren oder Widersprüche aufdecken	II–III	GK 2017-7/3.2 LK 2020-9/3.2
untersuchen	Sachverhalte unter bestimmten Aspekten betrachten	II–III	–
vergleichen, gegenüberstellen	Nach vorgegebenen oder selbst gewählten Gesichtspunkten Gemeinsamkeiten, Ähnlichkeiten und Unterschiede ermitteln und darstellen	II–III	LK 2017-1/1.2
zeigen, bestätigen	Einen Sachverhalt oder eine Behauptung unter Verwendung gültiger Schlussregeln oder Berechnungen auf bekannte, gültige Aussagen zurückführen	II–III	GK 2018-8/3.4 GK 2019-1/1.2 LK 2019-2/1.6 LK 2020-10/3.4
Anforderungsbereich III			
beurteilen	Zu einem Sachverhalt oder einer Aussage unter Verwendung von Fachwissen und Fachmethoden eine begründete Einschätzung geben	III	LK 2019-1/1.2 LK 2019-11/3.6 GK 2020-2/1.5 LK 2020-10/3.6

beweisen	Im mathematischen Sinn zeigen, dass eine Behauptung /Aussage richtig ist, z.B. unter Verwendung bekannter mathematischer Sätze, logischer Schlüsse und Äquivalenzumformungen	III	–
diskutieren, erörtern	Zu einer Aussage, Problemstellung oder These eine Argumentation entwickeln, die zu einer begründeten Bewertung führt	III	LK 2018-1/1.4
Stellung nehmen	Wie Operator „beurteilen“, aber zusätzlich die eigenen Maßstäbe darlegen und begründen	III	–

Die bei den Aufgaben angegebenen Bewertungseinheiten lassen sich auf die drei Anforderungsbereiche so verteilen, dass der Anforderungsbereich I mit 30 %, der Anforderungsbereich II mit 50 % und der Anforderungsbereich III mit 20 % vertreten sind.

So ergibt sich ab dem Abitur 2017 folgende Verteilung der BE:

Anforderungsbereich	**I**	**II**	**III**	**Σ**
GK und LK	15	25	10	50

5 Methodische Hinweise und allgemeine Tipps zur schriftlichen Prüfung

Um eine Prüfungsaufgabe effizient und erfolgreich zu bearbeiten, ist ein strukturiertes, sorgfältiges Vorgehen unumgänglich. Im folgenden Lösungsplan sind die hierfür wichtigen Arbeitsschritte erläutert. Darüber hinaus finden Sie wertvolle Tipps zur Materialienanalyse. Die abschließende Auflistung häufig anzutreffender Fehlertypen hilft Ihnen, Leichtsinnsfehler zu vermeiden.

5.1 Lösungsplan zur Bearbeitung der Aufgaben

Stellen Sie sicher, dass Sie nur die Abituraufgaben bearbeiten, die zur ausgewählten Gesamtaufgabe gehören. Streichen Sie deshalb alle Seiten der nicht zur Bearbeitung bestimmten Fragenkomplexe durch. Folgende Einzelschritte sind bei der Bearbeitung der Aufgaben zu beachten:

- **Lesen der Gesamtaufgabe:** Es ist sinnvoll, dass Sie sich zunächst einen Überblick über die in den Prüfungsaufgaben angesprochenen unterschiedlichen Themengebiete der Chemie verschaffen: Für die weitere Bearbeitung setzen Sie sich einen Zeitplan, damit Ihnen nicht am Ende die Zeit für die letzte Aufgabe oder das Korrekturlesen fehlt. Fangen Sie dann mit der Bearbeitung der für Sie am besten geeigneten Teilaufgabe an. Dabei kann Ihnen ein systematisches Vorgehen entsprechend der nachfolgend dargestellten Schritte das Erarbeiten der zu den Anforderungen jeder Teilaufgabe passenden Lösung erleichtern.

- **Analysieren der Teilaufgaben:** In den meisten Fällen gibt ein kurzer Informationstext eine Einführung in die zu bearbeitenden Sachverhalte. Manchmal sind in diesem Text auch wichtige Informationen zur Lösung der Aufgabe „versteckt". Nachdem Sie sich ein Bild von der Thematik der Aufgabe gemacht haben, sollten Sie sich gezielt mit den einzelnen Arbeitsaufträgen auseinandersetzen:
  - Unterstreichen Sie die Arbeitsanweisungen/Operatoren.
  - Verdeutlichen Sie in der Fragestellung und in den Einführungstexten Informationen, die für den zu bearbeitenden Sachverhalt wichtig sein könnten, durch Randbemerkungen und/oder optische Hervorhebungen.
  - Markieren Sie wichtige Begriffe, die den zu bearbeitenden Sachverhalt betreffen.
- **Darstellen der Ergebnisse:**
  - Verfahren Sie bei der Beantwortung nach dem Prinzip: vom Allgemeinen zum Detail.
  - Behalten Sie auch bei der Auseinandersetzung mit dem Detail immer den Gesamtzusammenhang im Auge.
  - Stellen Sie die Ergebnisse logisch und nach erkennbaren Ordnungsprinzipien zusammen.
  - Konzentrieren Sie Ihre Aussagen auf das Thema und vermeiden Sie weitschweifige Ausarbeitungen. Dadurch geht der rote Faden verloren!
  - Beschreiben Sie bei der Auswertung von Grafiken oder Tabellen zunächst kurz die wiedergegebenen Inhalte und erklären Sie diese erst danach.
  - Stellen Sie komplexe Sachverhalte, wenn angebracht, grafisch dar (Skizzen, Schaubilder, Fließdiagramme etc.).
  - Berücksichtigen Sie bei der Ausformulierung Ihrer Antworten immer die vorgegebenen Operatoren, damit Sie die Lösung im Sinne der Aufgabenstellung erstellen. Sie sollten z. B. beim Operator „nennen/angeben" keine weiteren Erklärungen geben, dies wäre auch nicht im Sinne einer sinnvollen Zeiteinteilung bei der Prüfung.
  - Achten Sie auf sprachlich korrekte Formulierungen und eine klare, verständliche Ausdrucksweise. Alle Antworten sollten Sie, sofern es nicht ausdrücklich anders verlangt ist (z. B. die Lösung der Aufgabe in Form einer Tabelle oder Skizze), durchgehend in vollständigen Sätzen formulieren. Kurze Sätze sind besser als ineinander verschachtelte.
  - Verwenden Sie sorgfältig die Fachsprache. Fachbegriffe müssen nur bei ausdrücklicher Aufforderung umschrieben werden (oder wenn Sie bei deren Verwendung unsicher sind).
  - Schreiben Sie verwendete Abkürzungen, sofern es sich nicht um Standardabkürzungen wie PE, PS, VB-Modell o. ä. handelt, zumindest einmal aus (z. B. RG = Reagenzglas). Ungebräuchliche Abkürzungen gelten als Rechtschreibfehler.
  - Achten Sie auf eine angemessene äußere Form Ihrer Ausführungen (lesbare Schrift, eine übersichtliche Gestaltung, Absätze, Aufzählungszeichen, Unterstreichungen usw.).

    Halten Sie möglichst rechts und links einen Rand ein (2 cm Heftrand und 4 cm Korrekturrand sind üblich) – Sie können die Blätter der Reinschrift entsprechend

falten. Sind Zeichnungen, Skizzen oder Tabellen anzufertigen, dann erstellen Sie diese sauber, übersichtlich und nicht zu klein. Sie sind grundsätzlich vollständig zu beschriften.
- Beginnen Sie die Beantwortung der nächsten Frage auf einer neuen Seite oder lassen Sie zumindest mehrere Leerzeilen frei, sodass sie gegebenenfalls beim Überprüfen auf Vollständigkeit problemlos noch Ergänzungen einfügen können. Reicht in diesem Fall der Leerraum dennoch nicht für Ihre Nachträge, dann müssen Sie diese auf dem Zusatzblatt eindeutig unter Verwendung sinnvoller Symbole dem ersten Teil Ihrer Antwort zuordnen.

- **Überprüfen auf Vollständigkeit:**
  - Kontrollieren Sie, ob Sie alle Bedingungen und Aspekte der Aufgabenstellung (unter Einbeziehung der einleitenden Informationen zu den Teilaufgaben) erfasst haben.
  - Prüfen Sie, ob alle wesentlichen Inhalte berücksichtigt wurden.
  - Überprüfen Sie, ob das vorgegebene Material sinnvoll und angemessen ausgewertet wurde.
  - Lesen Sie den Text noch einmal durch und berichtigen Sie eventuelle Fehler in der Grammatik, Rechtschreibung oder Zeichensetzung.
  - Zuletzt sollten Sie die Seiten vollständig durchnummerieren und auf jedes Einzelblatt Ihren Namen schreiben.

5.2 Tipps zur Analyse von Tabellen, Diagrammen und Abbildungen

Ein Bestandteil der Aufgabenstellungen im Fach Chemie kann auch die Analyse von Material in Form von Tabellen sowie Grafiken sein.

In **Tabellen** sind oft Daten aus chemischen Experimenten zusammengefasst. Eine andere Art der Präsentation von Zahlenmaterial sind **Diagramme**. Zur Auswertung einer Tabelle oder eines Diagramms dient ein Fragenkatalog, mit dem alle wesentlichen Aspekte erfasst werden können:

- Welche Größen sind in der Tabelle/dem Diagramm dargestellt? Achten Sie auf die Überschriften und den Begleittext.
- Welcher Diagrammtyp liegt vor (z. B. Säulendiagramm, Kreisdiagramm)?
- Welche Größen sind gegeneinander aufgetragen? Welche ist die unabhängige, welche die abhängige Größe?
- Was sind die Bezugsgrößen: Zahlenarten (absolute Zahlen, Prozentzahlen), Zahlenwerte (gerundet, geschätzt, vorläufig)?
- Welche Auffälligkeiten/Tendenzen sind zu erkennen?
- Welche Kategorien werden miteinander in Beziehung gesetzt (z. B. bei Tabellen in Kopfzeile, Spalten und Vorspalten)?
- Welche Hauptaussagen lassen sich formulieren (Trends/Tendenzen)?
- Welche Teilaussagen lassen sich treffen (Minima, Maxima, Zunahme, Abnahme, Stagnation, Zahlensprünge, Anomalien, Gleichmäßigkeiten und regelhafte Verläufe, unterschiedliche Phasen, Wechselbeziehungen zwischen verschiedenen Variablen/Merkmalen usw.)?

- Welcher Arbeitsauftrag ist mit dem Diagramm/der Tabelle verbunden? (Unabhängig davon sollten Sie Ihrer Lösung immer eine knappe Beschreibung der in der Tabelle oder der Darstellung enthaltenen Gegebenheiten im Rahmen der jeweiligen Fragestellungen voranstellen.)
- Welche Antwort gibt die Tabelle/das Diagramm auf die Fragestellung?
- Welche Aussagen werden durch die Daten nahegelegt?
- Welche neuen Fragen werden durch die Informationen der Tabelle/des Diagramms aufgeworfen?
- Was sind mögliche Ursachen für die der Tabelle/dem Diagramm entnommenen Sachverhalte?

Abbildungen in der Chemie zeigen meist entweder Strukturen (z. B. einen Formelausschnitt, Elektrolysezelle) oder Prozesse (z. B. Herstellung von Aluminium). Der erste Schritt Ihrer Lösung sollte auch hier immer darin bestehen, die bildlich dargestellte Information in Worte zu fassen („Untertitel“ der Abbildung). Die weitere Analyse ist dann sehr stark von der Art der Abbildung und der damit verbundenen Fragestellung abhängig. Aber auch hier helfen einige Grundfragen weiter:

- Wie ist die Abbildung zustande gekommen? Ist es z. B. die Skizze zur Struktur von Eiweiß oder die schematische Darstellung eines Experiments? (Beachten Sie dabei auch den vorangestellten Text, die Bildunterschrift und die angegebene Quelle.)
- Was wissen Sie über die dargestellten Strukturen oder Abläufe? Welche Fachbegriffe können Sie zuordnen?
- Was sind die wichtigen Merkmale der dargestellten Objekte oder Sachverhalte? Vergleichen Sie Teilabbildungen miteinander. Formulieren Sie Kern- und Teilaussagen.
- Welche Arbeitsanweisung ist mit der Abbildung verknüpft? Sollen Sie z. B. die Abbildung zur Erläuterung eines Sachverhaltes verwenden oder wird von Ihnen eine Hypothese über den Ablauf des dargestellten Experiments erwartet?
- Welche für die Beantwortung der Fragestellung relevanten Informationen lassen sich aus den Darstellungen entnehmen und welche Fragen stellen sich?
- Welche Ursachen und Mechanismen könnten hinter den dargestellten Prozessen stecken? Wie sind auftretende Besonderheiten zu erklären?

5.3 Mögliche Formelschreibweisen

Alternativ zu den meist in der Schule gebräuchlichen Formelschreibweisen (Strukturformel nach LEWIS, Halbstrukturformel) kann auch die Skelettformelschreibweise verwendet werden, die in der Wissenschaft die ursprünglichen Schreibweisen weitestgehend abgelöst hat. Die Enden der Bindungsstriche entsprechen dabei jeweils einem Kohlenstoffatom und der entsprechenden Anzahl an gebundenen Wasserstoffatomen. Alle nicht Kohlenstoff- oder Wasserstoffatome werden mit dem Elementsymbol ergänzt.

Beispiel: 2-Methylbutan

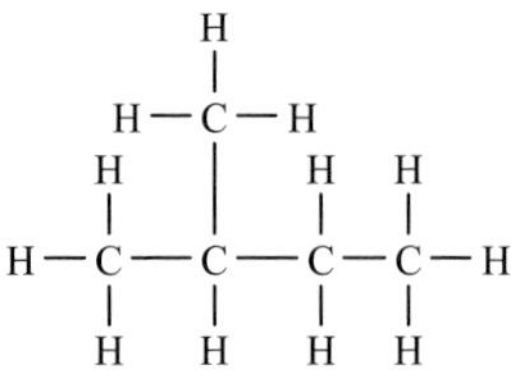

Strukturformel nach Lewis

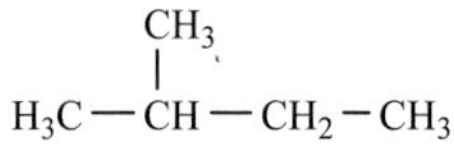

Halbstrukturformel

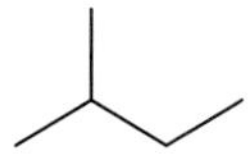

Skelettformelschreibweise

Weitere Beispiele:

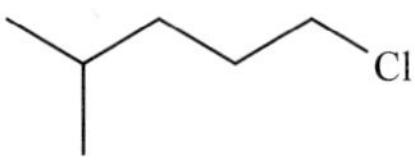

1-Chlor-4-methylpentan

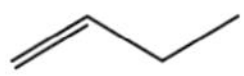

But-1-en

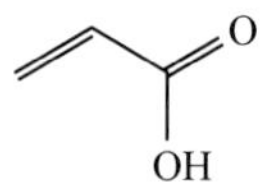

Propensäure

5.4 Häufig anzutreffende Fehlertypen im Fach Chemie

- **Reaktionsgleichungen:** Achten Sie genau darauf, dass die Reaktionsgleichungen ausgeglichen sind. Kontrollieren Sie die Anzahl der einzelnen Atomarten auf beiden Seiten der Gleichung und die Anzahl der Ladungen.
- **Valenzstrichformeln, Strukturformeln:** Überprüfen Sie die Anzahl der Bindungsstriche bzw. Valenzstriche. Dividieren Sie einfach die Gesamtzahl der Außenelektronen durch 2! Beachten Sie weiterhin die Anzahl der Bindungen, die von einem Atom ausgehen.
- **Stoffe und Teilchen unterscheiden:** Bei Erläuterungen und Darstellungen ist häufig nach Zusammenhängen zwischen der Stoffebene und der Teilchenebene gefragt. Es ist wichtig, dass Sie durch korrekten Ausdruck und durch Verwendung der Fachsprache die beiden Ebenen nicht vermischen.
  Beispiel:
  falsch: Calcium ist im Calciumchlorid zweifach positiv geladen.
  richtig: Calciumchlorid besteht aus zweifach positiv geladenen Calcium-Ionen und zwei einfach negativ geladenen Chlorid-Ionen.
- **Stöchiometrie, Rechnen mit Einheiten:** Grundsätzlich sind die Ergebnisse **mit Einheiten** anzugeben, ein fehlender aufgabenbezogener Antwortsatz führt sehr häufig zum Punktverlust. Nutzen Sie Teile der Aufgabenstellung zur korrekten Formulierung des Antwortsatzes. Beachten Sie die gesuchten Größen und prüfen Sie, ob die Einheiten passend dazu angegeben sind.
- **Notieren von offensichtlich falschen Ergebnissen:** Prüfen Sie, ob das Ergebnis Ihrer Rechnung die richtige Größenordnung besitzt. Diese lässt sich anhand der gegebenen Größen, die in die Rechnung eingehen, abschätzen. Bei offensichtlich falschen Ergebnissen, die Sie während der Prüfungszeit nicht mehr korrigieren können, sollten Sie unbedingt einen kurzen Hinweis geben, sodass Sie noch Bewertungspunkte „retten" können – erst recht dann, wenn Sie vielleicht sogar die Fehlerquelle umreißen können.

Grundkurs Chemie (Hessen)
Abiturprüfung 2017

Aufgabe A

Propansäure und ihre Derivate BE

L-Alanin (L-2-Aminopropansäure) ist eine essenzielle Aminosäure, die auch industriell synthetisiert wird. Sie kann beispielsweise aus Asparaginsäure bzw. Propansäure hergestellt werden. In den Materialien 1 und 2 werden dazu zwei mögliche Verfahren beschrieben. Alanin und seine Isomere werden insbesondere für die Synthese von Peptiden, z. B. dem Dipeptid Carnosin (Material 3), eingesetzt. Carnosin kommt aber auch als körpereigene Substanz vor.
Propansäure kommt in der Natur in einigen ätherischen Ölen vor, sie wird aber auch durch Bakterien bei verschiedenen Stoffwechselreaktionen gebildet. Die Säure ist ein wichtiger Ausgangsstoff für viele großtechnische Synthesen, so auch von 2-Brompropansäure.

1.1 Alanin (2-Aminopropansäure) wird in einer Natriumhydroxid-Lösung der Konzentration $c = 1 \text{ mol} \cdot \text{L}^{-1}$ gelöst. Durch schrittweise Zugabe von Salzsäure der Konzentration $c = 1 \text{ mol} \cdot \text{L}^{-1}$ senkt man den pH-Wert nach und nach.
Formulieren Sie FISCHER-Projektionsformeln von D- und L-Alanin.
Nennen Sie den Unterschied zwischen der D- und der L-Form am Beispiel von Alanin.
Formulieren Sie ausgehend von der alkalischen L-Alanin-Lösung die Reaktionsgleichungen für die beiden Reaktionen, die bei der schrittweisen Zugabe der Salzsäure ablaufen. Hierfür sind Strukturformeln zu verwenden. 9

1.2 In Material 1 wird ein Verfahren zur Herstellung von L-Alanin aus L-Asparaginsäure (L-2-Aminobutandisäure) angegeben.
Formulieren Sie eine Reaktionsgleichung für diese Synthese von-L-Alanin; für die organischen Verbindungen sind die FISCHER-Projektionsformeln zu verwenden.
Geben Sie für die Nachweisreaktion des entstandenen Gases das Nachweismittel und die Beobachtung an.
Für einen Laborversuch benötigt man eine wässrige Lösung von L-Alanin mit der Konzentration $c = 0{,}05 \text{ mol} \cdot \text{L}^{-1}$.
Berechnen Sie die Masse *(m)* an Alanin, die notwendig ist, um 25 mL der Lösung herzustellen. 9

1.3 Material 2 beschreibt eine Möglichkeit für die Synthese von Alanin aus Propansäure.
Formulieren Sie für die beiden Syntheseschritte jeweils eine Reaktionsgleichung, organische Verbindungen in Strukturformeln.
Benennen Sie jeweils den Reaktionstyp.
Formulieren Sie für die Reaktion des gasförmigen Produkts mit Wasser eine Reaktionsgleichung.
Begründen Sie die Entstehung beider Enantiomere von Alanin. 12

1.4 2-Brompropan hat eine Schmelztemperatur von −89 °C, 2-Brompropansäure von +25 °C.
Demgegenüber lässt sich Alanin nicht schmelzen, die Substanz zersetzt sich vorher bei einer Temperatur von +297 °C.
Erklären Sie die unterschiedlichen Schmelztemperaturen sowie das Verhalten von Alanin beim Erhitzen. 8

1.5 Das Dipeptid Carnosin (Material 3) kommt vor allem im Gewebe von Muskeln und in Nervenzellen vor.
Formulieren Sie die FISCHER-Projektionsformeln der beiden dem Carnosin zugrunde liegenden Monomere. 4

1.6 2-Brompropansäure und Propansäure unterscheiden sich in ihrer Säurestärke und damit in ihrem K_S-Wert.
Geben Sie für 2-Brompropansäure das Massenwirkungsgesetz zur Berechnung des K_S-Wertes an.
Begründen Sie die unterschiedliche Säurestärke der beiden Säuren anhand der Strukturformeln. 8

50

Material 1: Synthese von L-Alanin aus L-Asparaginsäure

L-Alanin (L-2-Aminopropansäure) kann in einem biotechnologischen Verfahren hergestellt werden. Dabei reagiert L-Asparaginsäure (L-2-Aminobutandisäure) zu L-Alanin und einem gasförmigen Nebenprodukt.

Material 2: Synthese von Alanin (2-Aminopropansäure) aus Propansäure

Die Synthese erfolgt in zwei Schritten:

Schritt 1: Propansäure reagiert unter Einwirkung eines Katalysators mit Brom zu 2-Brompropansäure und einem Gas, das mit Wasser zu einer sauren Lösung reagiert.

Schritt 2: 2-Brompropansäure reagiert mit Ammoniak (NH_3) zu Alanin. Dabei entsteht außerdem das gleiche Gas wie in der Reaktion in Schritt 1.

Bei dieser Synthese erhält man ein Gemisch aus den beiden Enantiomeren D-Alanin und L-Alanin.

Material 3: Carnosin

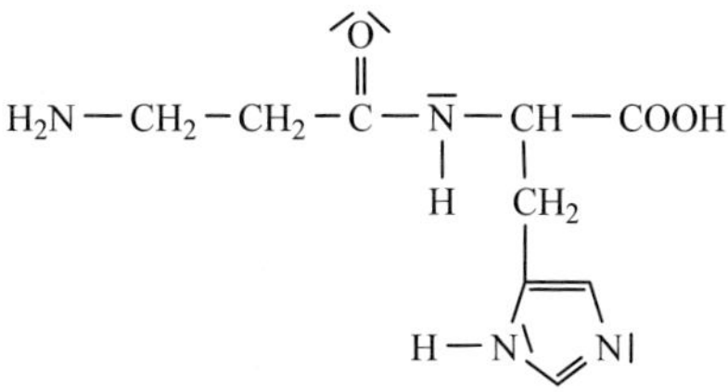

Materialgrundlage:
K. P. Vollhardt, N. E. Schore: Organische Chemie, Weinheim 2007 und 2009, S. 1 379.
G. H. Aylward, T. J. V. Findlay: Datensammlung Chemie in SI-Einheiten, Weinheim 1999, S. 106.

http://chemicalland21.com/specialtychem/finechem/2-BROMOPROPIONIC%20ACID.htm (M 2)
https://roempp.thieme.de/roempp4.0/do/data/RD-02-02726 (M 2)
http://www.antidoping.ch/sites/default/files/downloads/2014/111212_fb_carnosin_beta-alanin.pdf (M 3)
www.aminosaeuren.biz/l-carnosin/ (M 3)

Aufgabe B

Auf dem Frankfurter Weihnachtsmarkt BE

Jedes Jahr lockt der Frankfurter Weihnachtsmarkt mit seinen Düften zahlreiche Touristen an. Sehr beliebt bei den Besuchern sind Gebäck-Spezialitäten wie Kreppel und Lebkuchen oder die regionalen Bethmännchen.
Für die Herstellung der Kreppel wird ein süßer Hefeteig in Fett oder Öl schwimmend ausgebacken und anschließend mit Marmelade oder Konfitüre gefüllt. Dabei darf nicht zu stark erhitzt werden, da sonst das giftige Acrylamid entsteht.
Eine besondere Gebäckspezialität aus Frankfurt am Main sind die Bethmännchen. Aus einem Teig, hergestellt mit Marzipanrohmasse, gemahlenen Mandeln, Puderzucker, Ei, Mehl und Rosenwasser, werden kleine Kugeln geformt, die mit jeweils drei halbierten Mandeln verziert, mit Eigelb glasiert und bei geringer Hitze gebacken werden. Das charakteristische Aroma erhalten die Bethmännchen durch den Duftstoff 2-Phenyl-Ethanol (Material 4), der im Rosenwasser enthalten ist. Dieser Duftstoff wird auch als Ausgangsstoff für die Herstellung weiterer künstlicher Duftstoffe verwendet.
Lebkuchen sind eine vielfältig gewürzte Dauerbackware mit langer Haltbarkeit, die sich zur Weihnachtszeit nicht nur in Frankfurt größter Beliebtheit erfreut.

2.1 Formulieren Sie die Strukturformel eines Triglycerids, das die Fettsäuren Ölsäure, Linolsäure und Palmitinsäure (Material 1) enthält.
Zum Nachweis der ungesättigten Fettsäuren im Öl kann man Brom verwenden. Tropft man Brom zum Öl, so beobachtet man eine Entfärbung.
Formulieren Sie an einem geeigneten Strukturformelausschnitt den Mechanismus dieser Reaktion und benennen Sie diesen. 9

2.2 In der Regel werden Kreppel mit Haushaltszucker (Saccharose) gesüßt. Saccharose ist ein nichtreduzierendes Disaccharid, das aus den beiden Bausteinen α-D-Glucose (6-Ring) und β-D-Fructose (5-Ring) besteht. Material 2 zeigt die FISCHER-Projektionen der beiden Monosaccharide.
Formulieren Sie die HAWORTH-Projektionen von α-D-Glucose als 6-Ring, von β-D-Fructose als 5-Ring und als 6-Ring sowie von Saccharose.
Erläutern Sie die nichtreduzierende Eigenschaft der Saccharose. 9

2.3 Werden die Kreppel beim Ausbacken zu stark erhitzt, so kann das giftige Acrylamid entstehen.
Acrylamid ist in der chemischen Industrie aber auch ein wichtiger Ausgangsstoff für verschiedene Synthesen. So kann aus Acrylamid und Acrylsäure ein Kunststoff hergestellt werden, der beispielsweise in Windeln verwendet wird. Dieser Kunststoff enthält abwechselnd eine Acrylamid- und eine Acrylsäure-Einheit (Material 3).
Formulieren Sie einen Ausschnitt aus diesem Kunststoff, in dem vier Monomere zu einem linearen Polymer verknüpft sind. 4

2.4 Aus 2-Phenyl-Ethanol (Material 4), dem Duftstoff des Rosenwassers, kann man durch chemische Reaktionen weitere Duftstoffe herstellen. So erhält man durch eine säurekatalysierte Reaktion von 2-Phenyl-Ethanol mit Ethansäure einen Duftstoff, der nach indischen Blüten riecht.
Formulieren sie den Reaktionsmechanismus der säurekatalysierten Reaktion von 2-Phenyl-Ethanol mit Ethansäure und ordnen Sie das Reaktionsprodukt einer Stoffklasse zu. 9

2.5 Ein weiterer Duftstoff, das orangenartig riechende Phenyl-Ethanal (Material 5), entsteht durch Reaktion von 2-Phenyl-Ethanol mit Dichromat-Ionen ($Cr_2O_7^{2-}$) in saurer Lösung. Dabei entstehen neben dem Duftstoff auch Cr^{3+}-Ionen.
Formulieren Sie die Reaktionsgleichung, zeigen Sie anhand der wesentlichen Oxidationszahlen und der Elektronenübergänge, dass es sich um eine Redoxreaktion handelt. 8

2.6 Material 6 beschreibt die Verwendung von Pottasche bei der Herstellung von Lebkuchen.
Formulieren Sie die Reaktionsgleichung für die Reaktion von Carbonat-Ionen in saurer Lösung zu Kohlenstoffdioxid und einer weiteren Verbindung.
Erklären Sie anhand einer Reaktionsgleichung die Bildung von Hydroxid-Ionen aus einem Oxid durch die Reaktion mit Wasser und zeigen Sie die beiden in dieser Gleichung auftretenden korrespondierenden Säure-Base-Paare.
Berechnen Sie die Konzentration der vorliegenden Hydroxid-Ionen, wenn der pH-Wert der Lösung pH = 9,1 beträgt. 11

50

Material 1: Fettsäuren

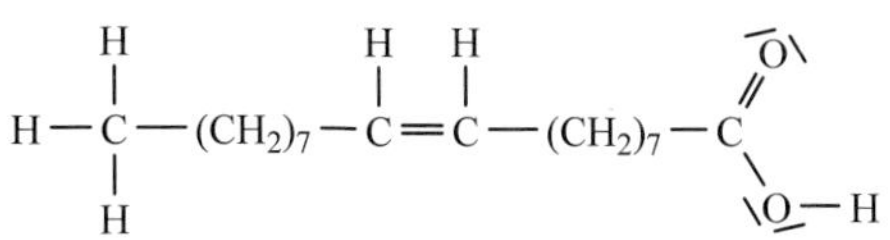

Ölsäure

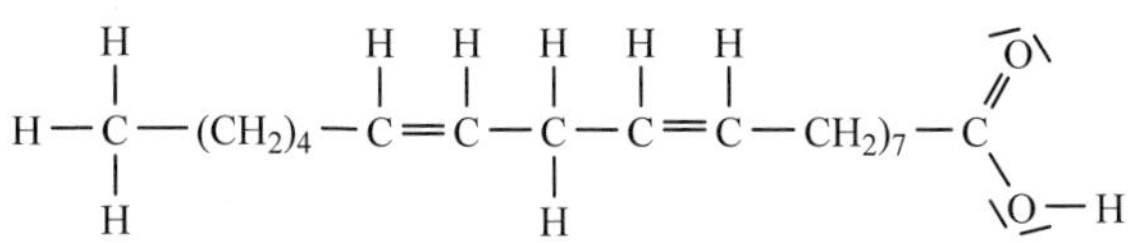

Linolsäure

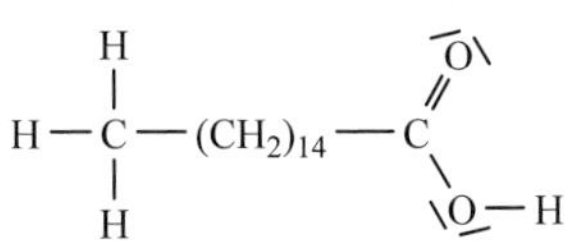

Palmitinsäure

Material 2: FISCHER-Projektionen von zwei Monosacchariden

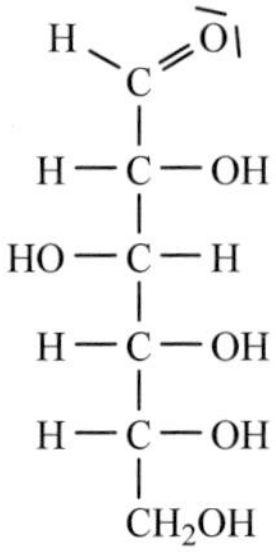

D-Gluose

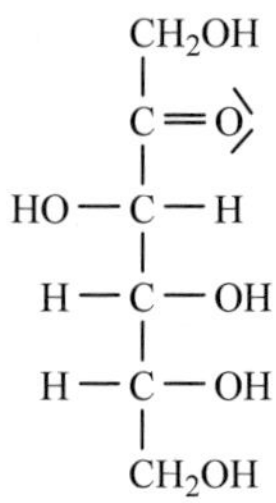

D-Fructose

Material 3: Acrylsäure und Acrylamid

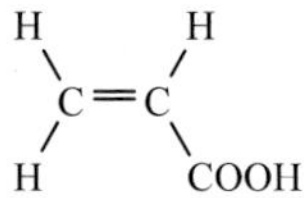

Acrylsäure

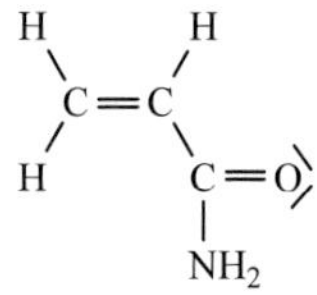

Acrylamid

Material 4: 2-Phenyl-Ethanol

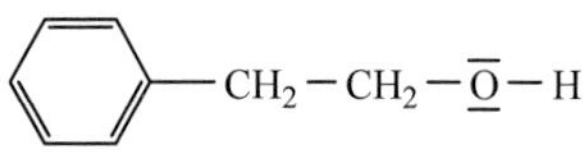

Material 5: Phenyl-Ethanal

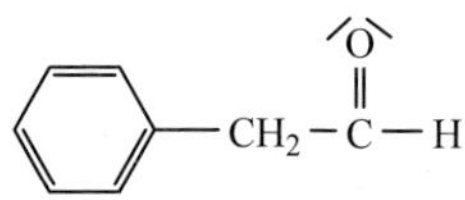

Material 6: Pottasche im Lebkuchenteig

Zur Auflockerung von Lebkuchenteig wird unter anderem Pottasche in die Backmischung gegeben.

Die Pottasche enthält Kaliumcarbonat (K_2CO_3). In Verbindung mit den im Teig vorhandenen schwachen Säuren und unter Backhitzeeinwirkung wird Kohlenstoffdioxid freigesetzt, dadurch wird der Teig aufgelockert.

In einer Nebenreaktion entsteht auch in geringer Konzentration Kaliumoxid, das in Verbindung mit der Feuchtigkeit im Teig Kalilauge (Kaliumhydroxid-Lösung) bildet. Diese Kalilauge ist mitverantwortlich für die typischen Eigenschaften von Lebkuchen und den leicht laugigen Geschmack.

Materialgrundlage:
Hans Beyer, Wolfgang Walter: Lehrbuch der Organischen Chemie, Stuttgart 2004, S. 556.
G. Schwedt: Experimente rund ums Kochen, Braten, Backen, Weinheim 2010, S. 155 ff.
G. Schwedt: Betörende Düfte, sinnliche Aromen, Weinheim 2008, S. 213 f.
J. Falbe, M. Regitz (Hrsg.): Römpp-Lexikon, Chemie, Band 1, Stuttgart 1995, S. 3 358, 3 361.
http://www.alles-zur-allergologie.de/Allergologie/Artikel/5050/Allergen,Allergie/Acrylamid/

Aufgabe C

Salpetersäure BE

Salpetersäure (HNO_3) hat in der chemischen Industrie eine sehr große Bedeutung, da sie neben ihrer Verwendung als Säure zahlreiche weitere Anwendungen findet. So dient sie zur Nitrierung von organischen Stoffen bei der Herstellung von Farbstoffen, Heilmitteln und Desinfektionsmitteln. Außerdem hat sie große Bedeutung bei der Herstellung von Sprengstoffen, von Treibstoffen für Raketen oder im Motorsport.
Eine frühere Methode zur Herstellung von Salpetersäure bestand in der Luftverbrennung. Heute wird das für die Gewinnung von Salpetersäure benötigte Stickstoffmonooxid durch die Verbrennung von Ammoniak hergestellt.

3.1 Bei der Luftverbrennung reagiert elementarer Stickstoff mit elementarem Sauerstoff zu gasförmigem Stickstoffmonooxid als einzigem Produkt. In Material 1 ist die Temperaturabhängigkeit dieser Synthese dargestellt.
Formulieren Sie die Reaktionsgleichung für die Luftverbrennung und das darauf basierende Massenwirkungsgesetz.
Zeichnen Sie mit Hilfe der in der Tabelle in Material 1 angegebenen Werte ein Diagramm, erläutern Sie es und benennen Sie die exotherme Reaktion. 12

3.2 Die Gleichgewichtskonstante K_c ist abhängig von der Temperatur.
Erläutern Sie die Veränderung von K_c in Abhängigkeit von der Temperatur am Beispiel der bei der Luftverbrennung stattfindenden Gleichgewichtsreaktion (Material 1).
Hinweis: Eine Berechnung ist nicht verlangt.
Prüfen Sie den Einfluss einer Druckveränderung auf die Lage dieses Gleichgewichts. 8

3.3 Material 2 beschreibt die Herstellung von Salpetersäure ausgehend von Stickstoffmonooxid.
Formulieren Sie für die beiden Reaktionen zur Herstellung von Stickstoffdioxid und von Distickstofftetraoxid jeweils eine Reaktionsgleichung.
Formulieren Sie für die Reaktion von Stickstoffdioxid zu Distickstofftetraoxid das auf der Reaktionsgleichung basierende Massenwirkungsgesetz und berechnen Sie die Gleichgewichtskonstante K_c. 7

3.4 Mit Hilfe von Salpetersäure kann man durch Umsetzung mit Alkoholen Nitroverbindungen herstellen. Dabei reagiert die Hydroxygruppe der Salpetersäure mit der Hydroxygruppe des jeweiligen Alkohols in einer Kondensationsreaktion. Beispielsweise erhält man aus der Reaktion von einem Mol Glycerin (Propan-1,2,3-triol) mit drei Mol Salpetersäure ein Mol des Sprengstoffs Nitroglycerin (Glycerintrinitrat).

Formulieren Sie die Reaktionsgleichung für die Herstellung von Nitroglycerin in Strukturformeln.
Hinweis:
Die Formel für Salpetersäure kann mit der Halbstrukturschreibweise wiedergegeben werden:
$H-\overline{\underline{O}}-NO_2$ 6

3.5 Das ebenfalls aus Salpetersäure hergestellte Nitromethan kann Hauptbestandteil von Treibstoffen für den Motorsport sein. Bei der Verbrennung reagiert Nitromethan (CH_3NO_2) zu Kohlenstoffdioxid, Wasser und elementarem Stickstoff.
Formulieren Sie die Reaktionsgleichung für diese Verbrennungsreaktion. 6

3.6 Nitromethan kann auch für weitere Synthesen verwendet werden. Beispielsweise reagiert Nitromethan unter Lichteinfluss mit Chlor zu dem Insektizid Chlorpikrin (CCl_3NO_2) und einem Gas als Nebenprodukt.
Formulieren Sie den Reaktionsmechanismus für die Chlorierung von Nitromethan beispielhaft für die Entstehung von Monochlornitromethan (CH_2ClNO_2).
Benennen Sie den Reaktionsmechanismus sowie dessen Teilschritte.
Erläutern Sie die Bedeutung des Lichts. 11

50

Material 1: Temperaturabhängigkeit der Synthese von Stickstoffmonooxid

Temperatur in °C	Stickstoffmonooxid in Vol.-%
700	0,04
1 200	0,1
1 800	0,5
1 900	1

Material 2: Synthese von Salpetersäure ausgehend von Stickstoffmonooxid

Stickstoffmonooxid reagiert in einem ersten Schritt in einer Gleichgewichtsreaktion mit Sauerstoff zu Stickstoffdioxid.

Stickstoffdioxid reagiert in einer weiteren Gleichgewichtsreaktion zu Distickstofftetraoxid.

In weiteren Reaktionen erfolgt die Umsetzung zur gewünschten Salpetersäure.

Bei 25 °C wurden für die Reaktion von Stickstoffdioxid zu Distickstofftetraoxid die folgenden Gleichgewichtskonzentrationen bestimmt:

$c(NO_2) = 1{,}41 \cdot 10^{-2}\ mol \cdot L^{-1}$

$c(N_2O_4) = 4{,}27 \cdot 10^{-2}\ mol \cdot L^{-1}$

Materialgrundlage:
Hans Beyer, Wolfgang Walter: Lehrbuch der Organischen Chemie, Stuttgart 2004, S. 165.
A. Hollemann, N. Wiberg: Lehrbuch der anorganischen Chemie, Berlin 1985, S. 580 ff.
C. Mortimer: Chemie – Das Basiswissen der Chemie, Stuttgart 2007, S. 273.
http://www.chemieunterricht.de/dc2/mwg/no-bild.htm

Lösungsvorschläge

Aufgabe A

1.1 L-Alanin (L-2-Aminopropansäure) ist eine L-Aminosäure, d. h., in der FISCHER-Projektion steht die Aminogruppe nach **links**, bei D-Alanin entsprechend nach **rechts:**

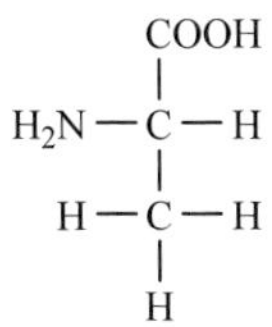

L-Alanin

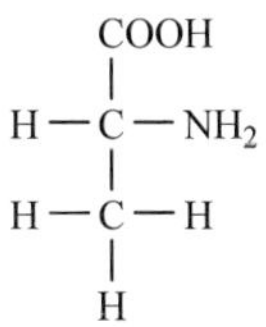

D-Alanin

Bei der FISCHER-Projektion steht (fast) immer das höchst-oxidierte Kohlenstoff-Atom oben, darunter werden in einer Reihe alle anderen Kohlenstoff-Atome aufgeführt. Die D- oder L-Konfiguration entscheidet sich anhand der Stellung der funktionellen Gruppe des am weitesten entfernten asymmetrischen Kohlenstoff-Atoms (= vier unterschiedliche Substituenten).

Beide Verbindungen verhalten sich wie Bild zu Spiegelbild zueinander und werden daher als **Enantiomere** bezeichnet. D- und L-Alanin sind optisch aktiv und haben einen spezifischen Drehwert, um den sie das linear polarisierte Licht drehen können und der vom Betrag her gleich ist, aber eine unterschiedliche Richtung aufweist.

Im stark alkalischen Milieu (pH 12) liegt Alanin als Anion vor, bei der schrittweisen Zugabe einer Säure erfolgt zunächst die **Protonierung** des freien Elektronenpaars am Stickstoff-Atom der Aminogruppe und dann der Carboxygruppe:

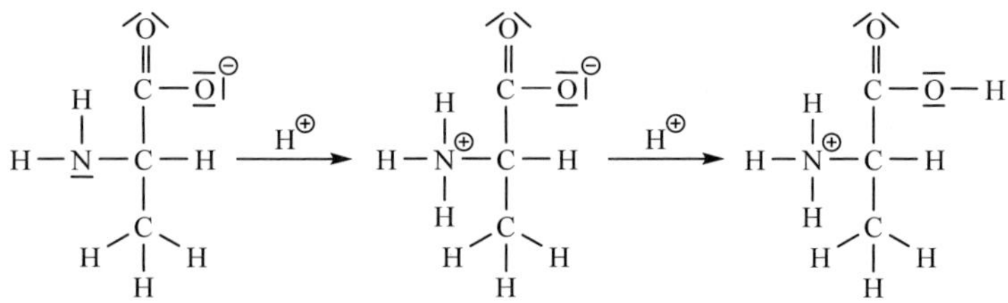

Anion **Zwitterion** **Kation**

Bei ungefähr pH 6 liegt das nach außen elektrisch neutrale Zwitterion vor. Bei etwa pH 2 bis 3 liegt Alanin daher als Kation vor.

1.2 Die **Reaktionsgleichung** für die Decarboxylierung von L-Asparaginsäure lautet:

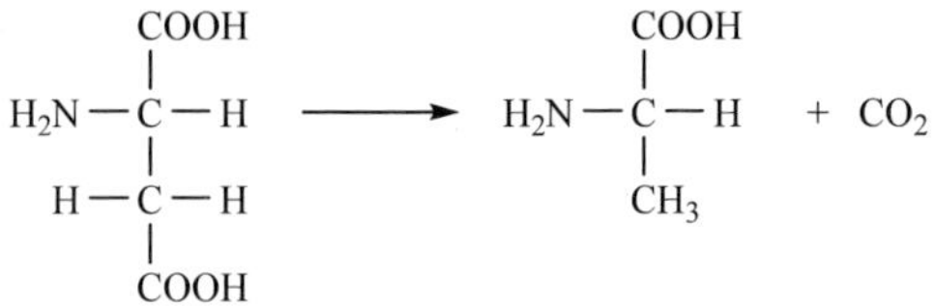

Das Gas Kohlenstoffdioxid wird mithilfe einer wässrigen **Calciumhydroxid-Lösung** (Kalkwasser) nachgewiesen. Dabei ist ein weißer Niederschlag von (festem) Calciumcarbonat $CaCO_3$ zu beobachten:

Die Reaktionsgleichung für die Nachweisreaktion lautet:

$$CO_2 + Ca^{2+} + 2\,OH^- \longrightarrow CaCO_3\downarrow + H_2O$$

Berechnung der Masse *m* von L-Alanin für 25 mL einer 0,05 M Lösung:

geg.: $c(\text{L-Alanin}) = 0{,}05\ \text{mol} \cdot \text{L}^{-1}$

$V(\text{L-Alanin}) = 25\ \text{mL} = 0{,}025\ \text{L}$

$M(\text{L-Alanin}) = 89{,}1\ \text{g} \cdot \text{mol}^{-1}$

$$c = \frac{n}{V} = \frac{m}{V \cdot M}$$

$$m = c \cdot V \cdot M = 0{,}05\ \text{mol} \cdot \text{L}^{-1} \cdot 0{,}025\ \text{L} \cdot 89{,}1\ \text{g} \cdot \text{mol}^{-1} \approx \underline{\underline{0{,}111\ \text{g}}}$$

Es müssen 111 mg L-Alanin in Wasser gelöst werden und auf ein Endvolumen von 25 mL aufgefüllt werden, um eine Konzentration von 50 mM zu erreichen.

1.3 Im **ersten Schritt** reagiert die Propansäure katalytisch mit elementarem Brom zu 2-Brompropansäure und gasförmigem Bromwasserstoff:

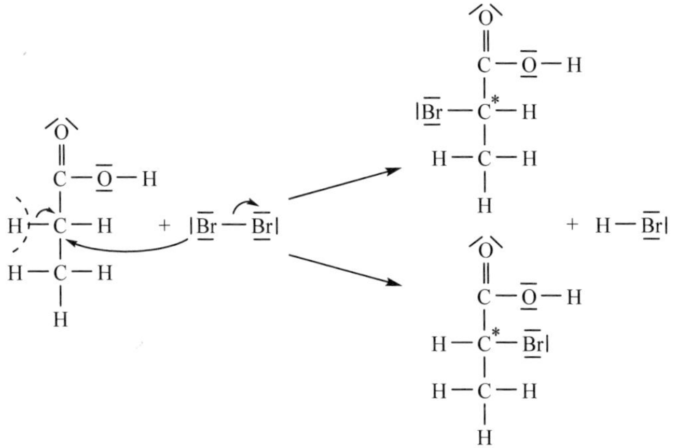

Die **Substitution** eines Wasserstoff-Atoms durch ein Brom-Atom hat zur Folge, dass sich ein (neues) asymmetrisches Kohlenstoff-Atom bildet. Das Produktgemisch bezeichnet man als **Racemat** (D, L-Brompropansäure), da beide Isomere statistisch gleich wahrscheinlich entstehen können.

Diese Reaktion ist als HELL-VOLHARD-ZELINSKY-Reaktion bekannt. Als Katalysator kommt dabei roter Phosphor zum Einsatz.

Im **zweiten Schritt** findet ebenfalls eine (nukleophile) **Substitution** statt, wobei hier das Ammoniak-Molekül mit seinem freien Elektronenpaar das positiv polarisierte Kohlenstoff-Atom (C^2) der 2-Brompropansäure angreift. Ein Bromid-Ion wird abgespalten und aufgrund eines Protonentransfers bildet sich auch hier Bromwasserstoff als zweites Produkt:

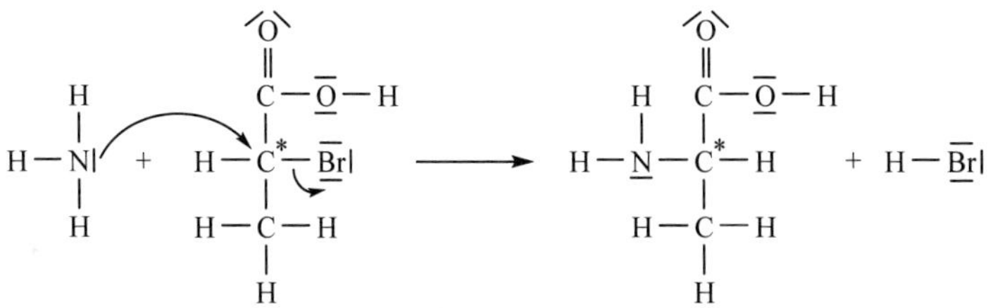

Die gleiche Reaktion kann auch entsprechend mit dem anderen Isomer ablaufen, sodass im zweiten Schritt ebenfalls D- und L-Alanin gebildet werden kann.

Die Ausführungen zu den beiden Schritten der Alanin-Synthese aus Propansäure sowie die Pfeile dienen nur zur Veranschaulichung des Reaktionsmechanismus. Die Beschreibung des genauen Mechanismus ist aber in der Aufgabenstellung nicht gefordert.

Das Gas Bromwasserstoff kann in Wasser gelöst werden, es entsteht die Bromwasserstoffsäure. Es handelt sich dabei um eine **Protolyse:**

$$HBr + H_2O \xrightarrow{\text{Proton}} H_3O^{\oplus} + Br^{\ominus}$$

1.4 Die Schmelztemperatur ist abhängig von den wirkenden **zwischenmolekularen Kräften** und der **molaren Masse** einer Verbindung.
Bei 2-Brompropan treten nur die schwachen **VAN-DER-WAALS-Kräfte** zwischen den Kohlenwasserstoffketten auf, sodass die Schmelztemperatur sehr niedrig ist. Carbonsäuren, wie die **2-Brompropansäure**, dagegen bilden zwischen den Carboxygruppen **Wasserstoffbrücken** (Dipol-Dipol-Kräfte) aus. Diese starken zwischenmolekularen Kräfte sorgen für vergleichsweise hohe Schmelztemperaturen.

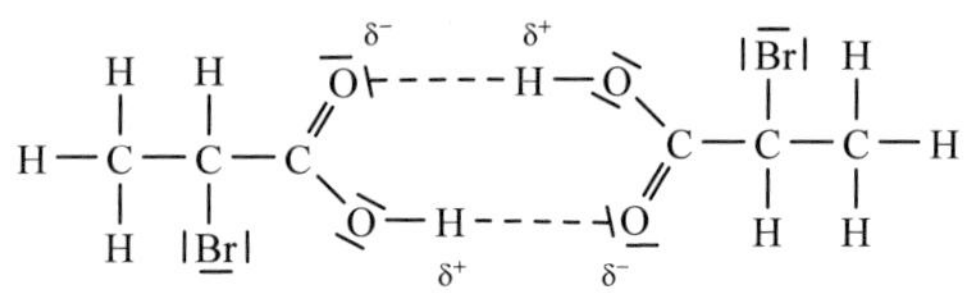

Alanin liegt in fester Form als Zwitterion, ein inneres Salz, vor. Die vorliegenden Ionenladungen bedingen die zwischenmolekularen **elektrostatischen Anziehungskräfte**, die so stark sind, dass sich die Verbindung vor dem Schmelzen zersetzt. Zersetzung bedeutet in dem Fall die thermische Spaltung von Elektronenpaarbindungen.

1.5 Die beiden Monomere des Dipeptids **Carnosin** sind:

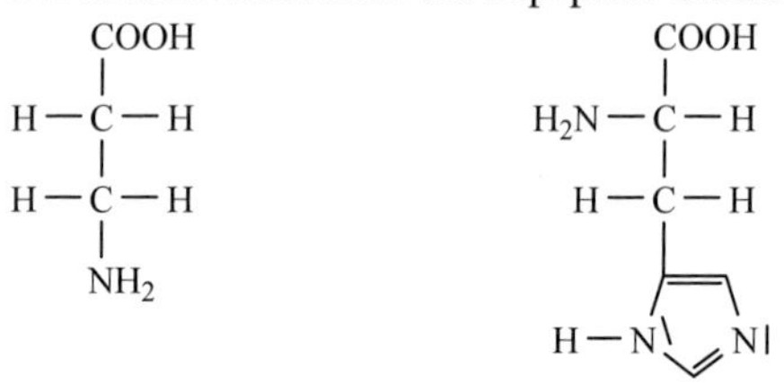

3-Aminopropansäure L-Histidin

1.6 Die Protolyse der 2-Brompropansäure kann mit dem **Massenwirkungsgesetz** beschrieben werden. Die Reaktionsgleichung der Protolyse lautet:

$$C_3H_5BrO_2 + H_2O \rightleftharpoons H_3O^+ + C_3H_4BrO_2^-$$

Es ergibt sich folgendes **Massenwirkungsgesetz:**

$$K_s = \frac{c(H_3O^+) \cdot c(C_3H_4BrO_2^-)}{c(C_3H_5BrO_2)}$$

Das Massenwirkungsgesetz ergibt sich aus dem Produkt der Konzentrationen der Produkte gteilt durch das Produkt der Konzentrationen der Edukte. Die daraus resultierende Säurekonstante gibt Auskunft über die Stärke der Säure. Je größer der Wert der Säurekonstante ist, desto stärker ist die Säure. Das Protolysegleichgewicht liegt dann auf der Seite der Produkte.

Die beiden angegebenen Säuren unterscheiden sich nur hinsichtlich des stark elektronegativen **Brom-Atoms** an der C^2-Position der Kohlenwasserstoffkette. Dieses bedingt durch seinen **–I-Effekt**, dass die Elektronendichte in der Carboxygruppe abnimmt und die Abspaltung des Wasserstoff-Atoms als Proton erleichtert ist.
Die **Alkylgruppe** in der Propansäure übt dagegen einen **+I-Effekt** aus, sodass am Carbonyl-Kohlenstoff-Atom der Carboxygruppe eine vergleichsweise höhere Elektronendichte vorliegt. Dadurch wird die Polarität der OH-Bindung abgeschwächt und die Abspaltung des Wasserstoff-Atoms als Proton erschwert. Daher ist die Propansäure die schwächere Säure.

Propansäure

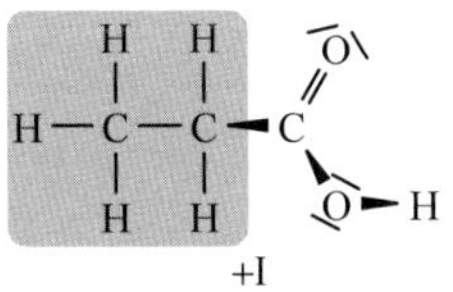

2-Brompropansäure

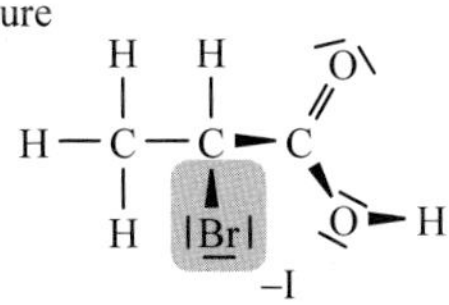

Aufgabe B

2.1 Die Struktur des **Triglycerids** mit den genannten Fettsäuren ist:

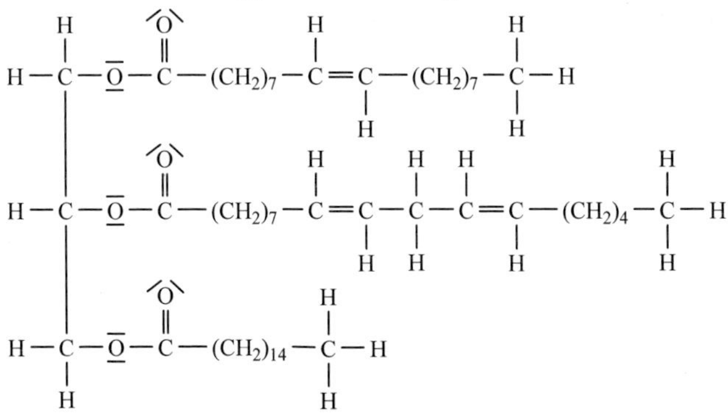

Der Nachweis der ungesättigten Fettsäuren erfolgt durch Entfärbung einer wässrigen Bromlösung im Dunkeln. Bei Licht kann auch eine (langsamere) radikalische Substitutionsreaktion ablaufen.

Die beschriebene Nachweisreaktion basiert auf einer **elektrophilen Addition** des Brom-Moleküls an die Doppelbindung(en) der Fettsäuren.

Aufgrund der Wechselwirkung mit der hohen Elektronendichte der Doppelbindung kommt es zunächst zur **Polarisierung** des Brom-Moleküls (π-Komplex). Das positiv polarisierte Brom-Kation greift daraufhin **elektrophil** die Doppelbindung an. Es bildet sich der σ-Komplex als kurzlebiger **Übergangszustand** und gleichzeitig wird das Brom-Molekül **heterolytisch** gespalten:

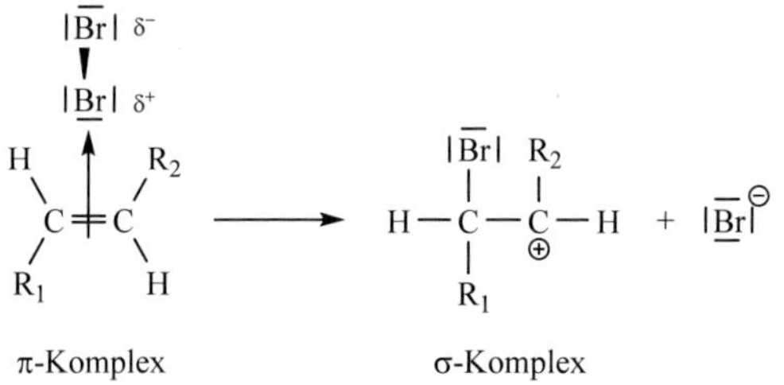

R_1 und R_2 stehen für die Molekülteile der Fettsäure rechts und links neben der Doppelbindung.

Anschließend wird der σ-Komplex **rückseitig** von dem Bromid-Ion **nukleophil** angegriffen; es bildet sich das farblose Dibrom-Produkt:

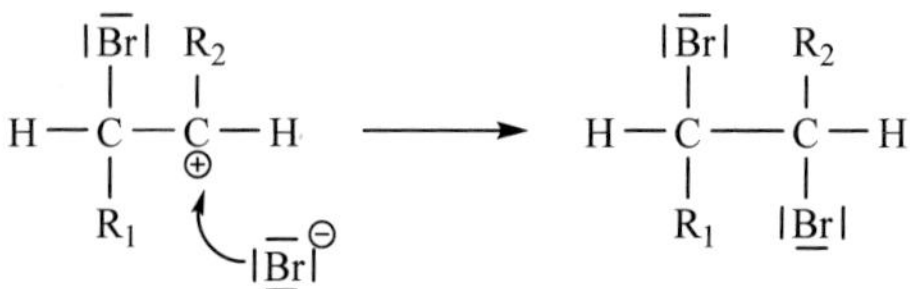

Der dargestellte σ-Komplex entspricht einem Carbenium-Ion. Alternativ kann auch ein cyclisches Bromonium-Ion formuliert werden, bei dem der positive Ladungsschwerpunkt zwar beim Brom-Atom liegt, jedoch teilweise auch über dem neu entstandenen Ring verteilt ist:

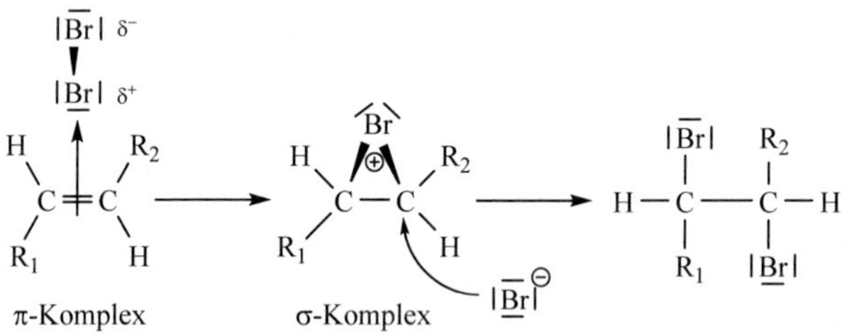

Da die Umwandlung vom sp^2-hybridisierten zum sp^3-hybridisierten Kohlenstoff-Atom erst bei der Spaltung des σ-Komplexes stattfindet, ist diese Darstellung, chemisch gesehen, etwas sinnvoller.

2.2 Die **HAWORTH-Projektionen** der Monosaccharide sehen so aus:

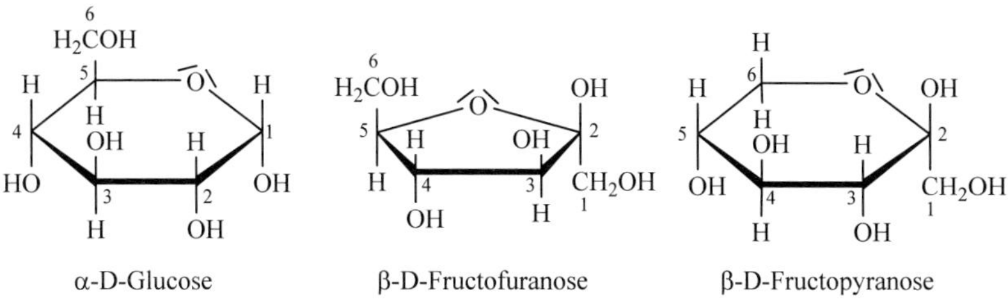

Man kann die HAWORTH-Projektion aus der FISCHER-Projektion entwickeln. Dazu beschriftet man am besten zunächst alle C-Atome in der FISCHER-Projektion. Der Ringschluss erfolgt zwischen dem C^1-Atom und dem O-Atom am C^5-Atom (der Übersicht halber sind nur die relevanten freien Elektronenpaare eingezeichnet):

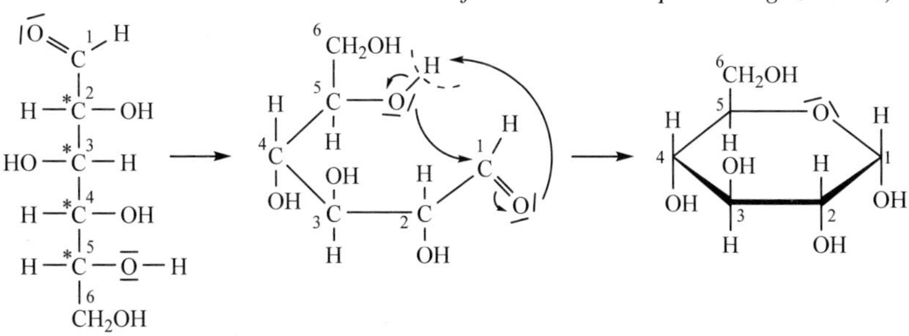

Tipp: Alle OH-Gruppen der asymmetrischen C-Atome (*), die in der FISCHER-Projektion nach rechts stehen, sind in der HAWORTH-Projektion unterhalb der Ringebene angeordnet und umgekehrt.

In der **Saccharose** sind die beiden Monosaccharide α-D-Glucose und β-D-Fructose (Furanoseform) β-1,2-glykosidisch miteinander verknüpft:

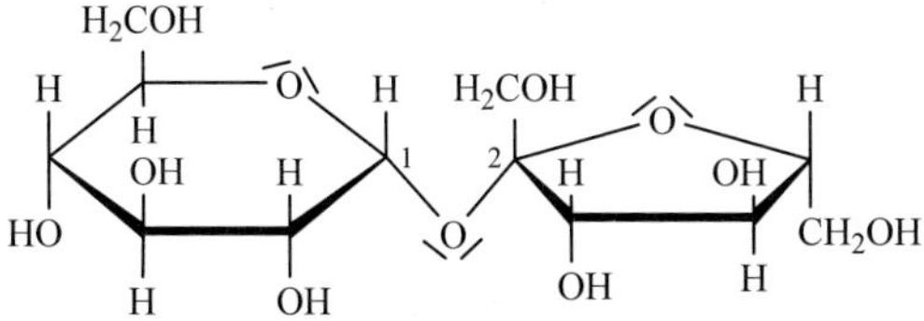

Saccharose wirkt **nicht reduzierend**, da bei dem Disaccharid kein Halbacetal mehr vorliegt. Nur bei einem Halbacetal kann sich (in wässriger Lösung) der Ring öffnen, sodass eine oxidierbare Aldehydgruppe vorliegt. Die Saccharose stellt ein Acetal dar, da beide anomeren Kohlenstoff-Atome über die glykosidische Bindung miteinander verknüpft sind. Die Ringöffnung ist dadurch blockiert.

Die β-D-Fructose (Furanoseform) muss für die Darstellung in der Saccharose nacheinander um 2 Achsen jeweils um 180° gedreht werden (der Übersicht halber sind die freien Elektronenpaare nicht aufgeführt):

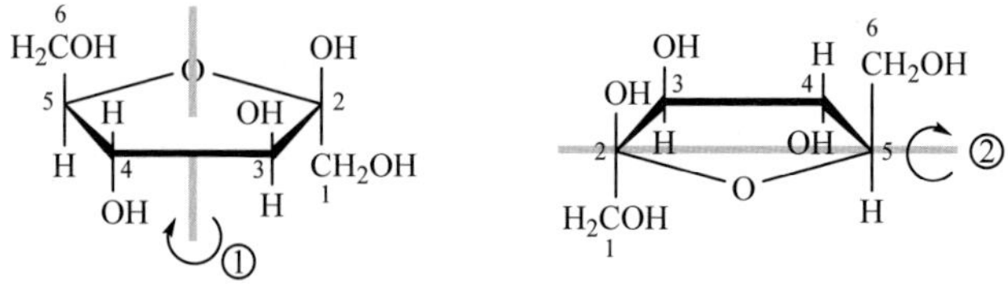

2.3 Ein **Polymer** aus 4 Monomeren kann wie folgt aussehen:

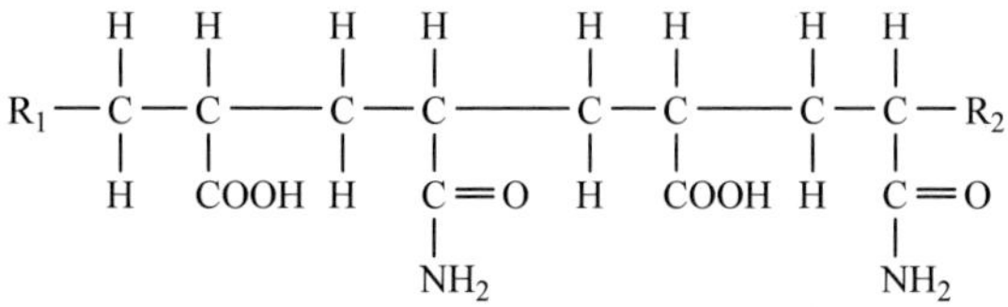

2.4 Bei der Reaktion des genannten Alkohols und der Säure handelt es sich um eine **säurekatalysierte Estersynthese** (Kondensation).

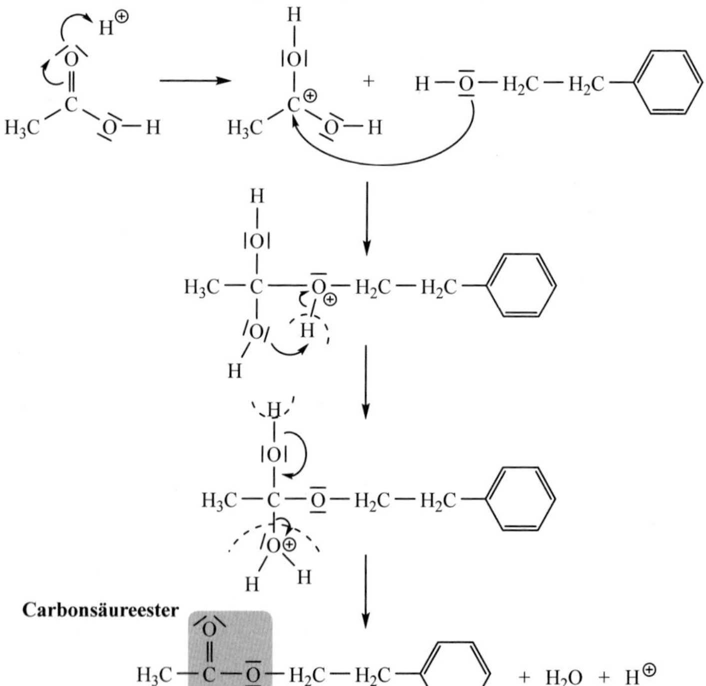

Zunächst wird ein Proton an die Carbonylfunktion der Ethansäure gebunden. Anschließend erfolgt ein nukleophiler Angriff der OH-Gruppe des 2-Phenyl-Ethanols auf das Carbenium-Ion. Im entstandenen Übergangszustand kommt es zur Protonenumlagerung und dadurch zur Abspaltung von Wasser sowie einem Proton (entspricht der Rückgewinnung des Katalysators). Es ist ein Ester entstanden.

2.5 2-Phenyl-Ethanol reagiert mit Dichromat-Ionen in einer **Redoxreaktion:**

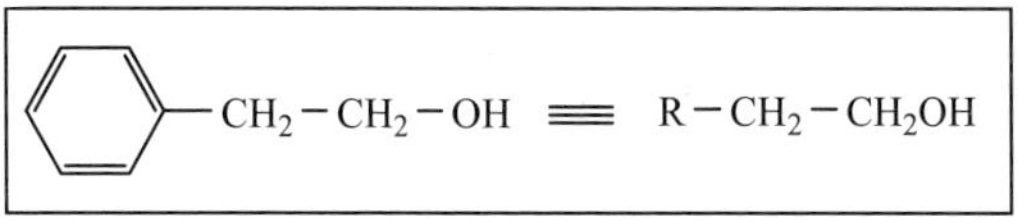

$$\text{Ox.:}\quad R-CH_2-\overset{-I}{C}H_2OH \longrightarrow R-CH_2-\overset{+I}{C}HO + 2\,e^- + 2\,H^+ \quad |\cdot 3$$

$$\text{Red.:}\quad \overset{+VI}{Cr_2}O_7^{2-} + 6\,e^- + 14\,H^+ \longrightarrow 2\,\overset{+III}{Cr^{3+}} + 7\,H_2O$$

$$\text{Redox:}\quad 3\,R-CH_2-CH_2OH + Cr_2O_7^{2-} + 8\,H^+ \longrightarrow 3\,R-CH_2-CHO + 2\,Cr^{3+} + 7\,H_2O$$

2-Phenyl-Ethanol wird zu 2-Phenyl-Ethanal **oxidiert** (Oxidationszahl steigt von –I auf +I), dabei werden pro Alkohol-Molekül 2 Elektronen abgegeben.
Die Dichromat-Ionen werden zu zwei Chrom(III)-Ionen **reduziert**. Dabei nimmt jedes Chrom-Atom 3 Elektronen auf und die Oxidationszahl sinkt entsprechend von +VI auf +III. Insgesamt werden bei der Redoxreaktion **6 Elektronen** übertragen.

2.6 Die Carbonat-Ionen reagieren in saurer Lösung in einer **Protolyse:**

$$CO_3^{2-} + 2\,H^+ \rightleftharpoons H_2CO_3 \rightleftharpoons CO_2 + H_2O$$

Oxid-Ionen reagieren mit Wasser zu Hydroxid-Ionen nach folgender **Reaktionsgleichung:**

korrespondierendes Säure-Base-Paar (H_2O / OH^-)

$$O^{2-} + H_2O \rightleftharpoons 2\,OH^-$$

korrespondierendes Säure-Base-Paar (O^{2-} / OH^-)

Berechnung der Hydroxid-Ionenkonzentration:

Geg.: $pH = 9{,}1$

Es gilt: $pH + pOH = 14$

$pOH = 14 - pH = 14 - 9{,}1 = 4{,}9$

Es gilt: $pOH = -\lg c(OH^-)$

$c(OH^-) = 10^{-pOH} = 10^{-4{,}9} \approx \underline{\underline{1{,}26 \cdot 10^{-5}\left[mol \cdot L^{-1}\right]}}$

Die Konzentration der Hydroxid-Ionen in einer Lösung mit einem pH-Wert von 9,1 beträgt ca. 0,0126 mM.

Aufgabe C

3.1 Die Reaktionsgleichung für die **Luftverbrennung** lautet:

$$N_2 + O_2 \rightleftharpoons 2\,NO$$

Das zugehörige **Massenwirkungsgesetz** ergibt sich wie folgt:

$$K_c = \frac{c(NO)^2}{c(N) \cdot c(O_2)}$$

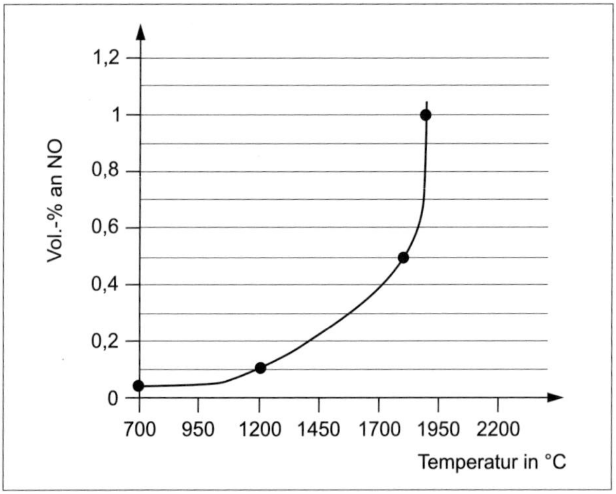

Die Synthese von **Stickstoffmonooxid** ist **temperaturabhängig**, d. h., mit ansteigender Temperatur erhöht sich der Anteil an Stickstoffmonooxid im Reaktionsgemisch. Nach dem **Prinzip von Le Chatelier** (*oder:* dem Prinzip des kleinsten Zwangs) wird durch die Zufuhr von Wärmeenergie die Reaktion des Gleichgewichts begünstigt, die die überschüssige Energie verbraucht, also die endotherme Reaktion. Im vorliegenden Gleichgewicht entspricht das der Hinreaktion. Dadurch ist der Anstieg der Produktkonzentration zu erklären. Der **Zerfall von Stickstoffmonooxid** verläuft demzufolge **exotherm**.

3.2 Aus dem Diagramm in 3.1 geht hervor, dass die Gleichgewichtskonstante stark **temperaturabhängig** ist. Da die Konzentration an Stickstoffmonooxid mit steigender Temperatur zunimmt, nehmen die Konzentrationen der Edukte Stickstoff und Sauerstoff entsprechend ab. Mithilfe des Massenwirkungsgesetzes ergibt sich daher, dass die **Gleichgewichtskonstante K_c** bei steigender Temperatur immer **größer** wird.

Eine **Druckveränderung** hat **keinen Einfluss** auf die Lage des Gleichgewichts der Luftverbrennung. Laut der Reaktionsgleichung in 3.1 findet keine Volumenveränderung statt, d. h., die Teilchenzahl bleibt während des Reaktionsverlaufs pro Volumeneinheit gleich. Die betreffenden Gase Stickstoff, Sauerstoff und Stickstoffmonooxid sind in erster Näherung ideale Gase, sodass die Hypothese von AVOGADRO gilt.

3.3 *Diese Reaktionen sind Teil des OSTWALD-Verfahrens, bei dem allerdings das Stickstoffmonooxid durch die katalytische Verbrennung von Ammoniak (NH_3) gewonnen wird.*

Die beiden beschriebenen **Reaktionen** können so formuliert werden:

$$2\,NO + O_2 \rightleftharpoons 2\,NO_2$$

$$2\,NO_2 \rightleftharpoons N_2O_4$$

Das **Massenwirkungsgesetz** für die zweite Reaktion lautet:

$$K_c = \frac{c(N_2O_4)}{c(NO_2)^2}$$

Berechnung der **Gleichgewichtskonstante K_c:**

$$K_c = \frac{c(N_2O_4)}{c(NO_2)^2} = \frac{4{,}27 \cdot 10^{-2}\ mol \cdot L^{-1}}{\left(1{,}41 \cdot 10^{-2}\ mol \cdot L^{-1}\right)^2} = 214{,}78\ L \cdot mol^{-1}$$

3.4 *Die ausführliche Strukturformel der einprotonigen Salpetersäure (HNO_3):*

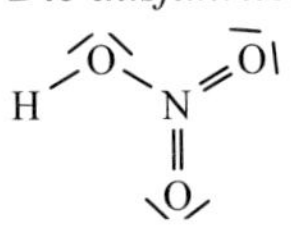

Die Reaktionsgleichung für die **Nitroglycerin-Synthese** lautet:

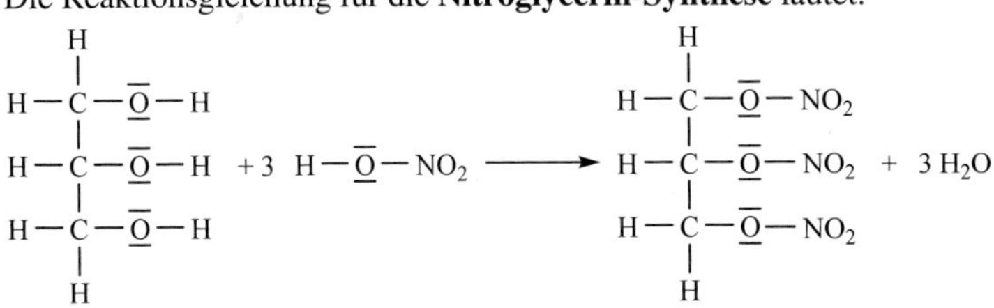

3.5 Die **Verbrennungsgleichung** für Nitromethan lautet:

$$4\ H_3C-NO_2 + 3\ O_2 \longrightarrow 4\ CO_2 + 6\ H_2O + 2\ N_2$$

3.6 Die Chlorierung von Nitromethan verläuft unter Lichteinfluss als **radikalische Substitution**. Dabei werden bei Chlorüberschuss alle drei Wasserstoff-Atome der Methylgruppe im Nitromethan durch Chlor-Atome ersetzt. Es entsteht dabei das Insektizid Chlorpikrin.

Zunächst wird die Bindung zwischen den Chlor-Atomen durch die Lichteinstrahlung **homolytisch** gespalten, d. h., es entstehen bei der **Startreaktion** 2 reaktive Chlor-Radikale:

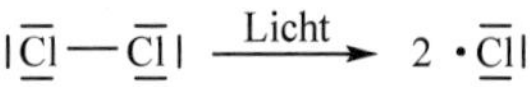

In der sich anschließenden **Kettenreaktion** greift zunächst ein Chlor-Radikal ein Nitromethan-Molekül an. Es entsteht ein Nitromethyl-Radikal sowie Chlorwasserstoff (A). Das neue Radikal kann mit einem Chlor-Molekül reagieren und es bildet sich Monochlornitromethan und ein weiteres Chlor-Radikal (B):

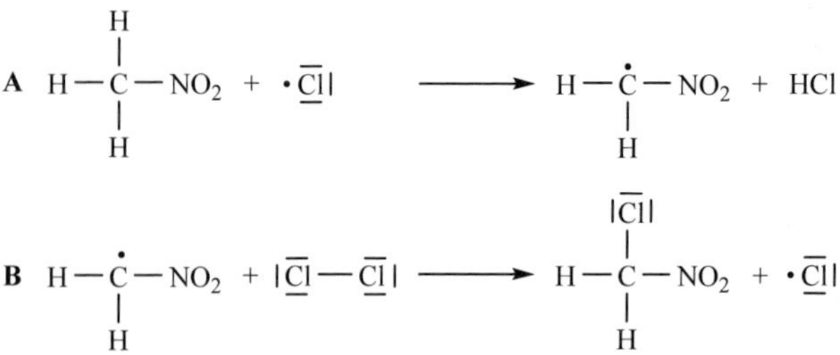

Für die **Kettenabbruch-Reaktion** treffen zwei Radikale aufeinander und reagieren, sodass ein nicht radikalisches Produkt entsteht, z. B. eine der folgenden Reaktionen:

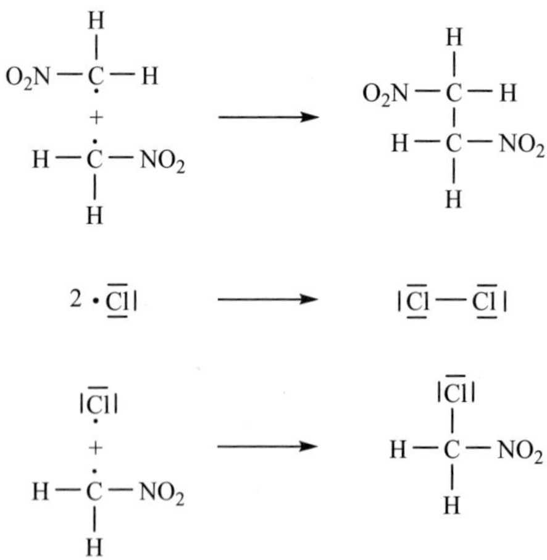

Leistungskurs Chemie (Hessen)
Abiturprüfung 2017

Aufgabe A

Organische und anorganische Chlorverbindungen — BE

Chlor ist eines der wichtigsten Grundprodukte der chemischen Industrie und wird vor allem zur Herstellung anderer Chemikalien wie z. B. 2-Chlorpropan verwendet.
Neben Chlor spielen auch die Phosphorchloride (Phosphortrichlorid und Phosphorpentachlorid) für die Chlorierung organischer Verbindungen eine zentrale Rolle.
Phosphortrichlorid (PCl_3) kann direkt durch die Reaktion aus Phosphor und Chlor hergestellt werden und dient zur Synthese von Phosphorsäure und von Phosphorpentachlorid.
Die Synthesereaktion von Phosphortrichlorid und Chlor zu Phosphorpentachlorid (PCl_5) ist exotherm und führt zu einem chemischen Gleichgewicht.

1.1 2-Chlorpropan lässt sich aus Propan und Chlor unter Einfluss von Licht herstellen, wobei jedoch noch weitere Produkte entstehen.
Formulieren und benennen Sie den Reaktionsmechanismus für die Bildung von 2-Chlorpropan unter den oben genannten Bedingungen.
Erläutern Sie die Bildung von weiteren organischen Produkten anhand von zwei Beispielen. 11

1.2 Material 1 zeigt die Siedetemperaturen von Propan und einigen seiner Derivate.
Erläutern Sie vergleichend die angegebenen Siedetemperaturen. 9

1.3 Formulieren Sie jeweils die Reaktionsgleichung für die Synthese von Phosphortrichlorid und von Phosphorpentachlorid sowie das auf der Reaktionsgleichung basierende Massenwirkungsgesetz für die Synthese von Phosphorpentachlorid.
Berechnen Sie mit Hilfe von Material 2 den Reaktionsquotienten Q für das im Material dargestellte Experiment.
Begründen Sie für dieses Experiment, in welche Richtung die Reaktion im Gefäß abläuft. 9

1.4 Material 3 beschreibt die technische Synthese von Phosphorpentachlorid sowie Eigenschaften der an dieser Synthese beteiligten Stoffe.
Zur Optimierung der Gewinnung von Phosphorpentachlorid wird vorgeschlagen, die Reaktionstemperatur für die beschriebene technische Synthese nicht bei 100 °C, sondern stattdessen bei 200 °C durchzuführen.
Prüfen Sie den Vorschlag unter Beachtung der Gleichgewichtsreaktion und von Material 3. 7

1.5 Material 4 beschreibt die zweistufige Herstellung von Phosphorsäure ausgehend von Phosphortrichlorid.
Formulieren Sie für den ersten Reaktionsschritt die Reaktionsgleichung.
Zeigen Sie für den zweiten Reaktionsschritt anhand der wesentlichen Oxidationszahlen und der Elektronenübergänge, dass es sich um eine Redoxreaktion handelt.
Hinweis: Die Oxidationszahl des Phosphors in Phosphorwasserstoff ist –III. 6

1.6 Phosphorpentachlorid kann mit Propan-2-ol umgesetzt werden. Dabei entstehen schrittweise drei verschiedene Produkte. Material 5 gibt einen stark schematisierten Überblick zu den Teilschritten des Reaktionsmechanismus.
Entwickeln Sie für diese Reaktion einen möglichen Reaktionsmechanismus. 8

50

Material 1: Siedetemperaturen von Propan und einigen seiner Derivate

Substanz	Siedetemperatur in °C
Propan	–42
2-Chlorpropan	36
Propansäure	141
Propansäurechlorid	80

Propansäurechlorid

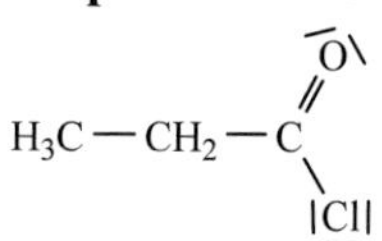

Material 2: Massenwirkungskonstante und Reaktionsquotient Q – Voraussage der Richtung einer chemischen Reaktion

Die Gleichgewichtskonstante K_c beschreibt mit Hilfe des Massenwirkungsgesetzes rechnerisch die Lage eines sich im Gleichgewicht befindlichen Systems.

Für Systeme, die sich nicht im Gleichgewicht befinden, lässt sich analog zur Berechnung von K_c mit Hilfe der aktuellen Konzentrationen der sogenannte Reaktionsquotient Q berechnen.
Der Vergleich der Werte von K_c und Q ermöglicht eine Voraussage über die Richtung, in die eine noch nicht im Gleichgewicht befindliche Reaktion bevorzugt ablaufen wird.

Bei einer Temperatur von 250 °C beträgt z. B. die Gleichgewichtskonstante für die Bildungsreaktion von Phosphorpentachlorid $K_c = 24{,}1 \text{ L} \cdot \text{mol}^{-1}$.

In einem Experiment werden folgende Stoffmengen in ein Reaktionsgefäß mit einem Volumen von V = 1 L gegeben:
0,05 mol PCl_3
0,03 mol Cl_2
0,10 mol PCl_5
Die Temperatur beträgt 250 °C, alle Stoffe sind gasförmig.

Material 3: Technische Synthese von Phosphorpentachlorid

Ablauf der Synthese
Vereinfacht erfolgt die technische Synthese von Phosphorpentachlorid aus Phosphortrichlorid und Chlor in einer exothermen Reaktion bei etwa 100 °C kontinuierlich in mit Blei ausgekleideten Reaktionstürmen. In diese Türme wird von oben Phosphortrichlorid und von unten Chlor eingeleitet. Das dabei entstehende Phosphorpentachlorid lässt sich leicht abtrennen.

Daten der beteiligten Stoffe

	Phosphorpentachlorid	**Phosphortrichlorid**	**Chlor**
Aussehen bei	weiße Kristalle	farblose Flüssigkeit	gelbgrünes Gas
Siedetemperatur in °C	–	76	–34
Sublimations-temperatur in °C	159	–	–

Material 4: Herstellung von Phosphorsäure aus Phosphortrichlorid

Reaktionsschritt 1:
Phosphortrichlorid + Wasser ⟶ Phosphonsäure (H_3PO_3) + Chlorwasserstoff

Reaktionsschritt 2:

$4\ H_3PO_3$	⟶	$3\ H_3PO_4$	+	PH_3
Phosphonsäure		Phosphorsäure		Phosphorwasserstoff

Material 5: Umsetzung von Phosphorpentachlorid

Teilschritte eines Reaktionsmechanismus

Teilschritt 1:

Propan-2-ol + Phosphorpentachlorid ⟶ Kation + Chlorid-Ion

Teilschritt 2:

Deprotonierung des Kations zum Zwischenprodukt A

Teilschritt 3:

Zwischenprodukt A + Chlorid-Ion + H^+-Ion ⟶
Produkt 1 (2-Chlorpropan) + Zwischenprodukt B

Teilschritt 4:

Zwischenprodukt B ⟶ Produkt 2 + Produkt 3 (Chlorwasserstoff)

Zwischenprodukt A

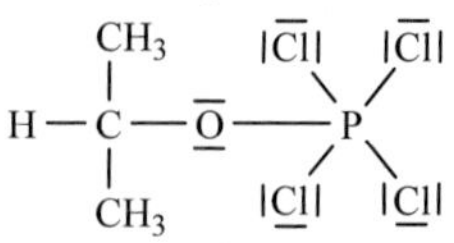

Materialgrundlage:
W. Büchner et al.: Industrielle Anorganische Chemie, Weinheim 1984, S. 97.
Arnold Frederik Hollemann, Nils Wiberg: Lehrbuch der anorganischen Chemie, Berlin, 2007, S. 781.
Charles Mortimer: Chemie – Das Basiswissen der Chemie, Stuttgart 2003, S. 275.
Joachim Strähle, Eberhard Schweda: Lehrbuch der analytischen und präparativen anorganischen Chemie (Jander, Blasius), Stuttgart 2006, S. 332.
Kurt Peter Christian Vollhard, Neil E. Schore: Organische Chemie, Weinheim 2005, S. 395.

https://roempp.thieme.de/roempp4.0/do/data/RD-16-01970

Patent vom 23. Feb. 1981: Verfahren zur Herstellung von Phosphorpentachlorid. EP 0035201 A1
Antragsteller: Hoechst Aktiengesellschaft (M 3)

Aufgabe B

Fumarsäure und Maleinsäure

BE

Fumarsäure und Maleinsäure (Material 1) sind zwei zueinander stereoisomere Dicarbonsäuren. Fumarsäure kommt als Säure oder in Form ihrer Salze in Getreide, Pilzen und Flechten vor. In den Mitochondrien der Zellen tritt sie als Zwischenprodukt im Citratzyklus, einem biologischen Prozess zur Energiegewinnung, auf. Synthetisch kann Fumarsäure beispielsweise aus 2-Brombutandisäure hergestellt werden.
Die zur Fumarsäure isomere Maleinsäure kommt nicht natürlich vor. Sie kann in mehreren Reaktionsschritten aus Fumarsäure hergestellt werden. Maleinsäure und Maleinsäureanhydrid werden bei der Synthese von Kunststoffen verwendet.

2.1 Fumarsäure (Material 1) entsteht in Organismen enzymatisch durch Abspaltung von Wasserstoff-Atomen aus Bernsteinsäure. Technisch lässt sie sich beispielsweise aus 2-Brombutandisäure unter Bildung eines weiteren Produkts herstellen.
Benennen Sie Fumarsäure und Maleinsäure (Material 1) gemäß der IUPAC-Nomenklatur. Formulieren Sie die Strukturformel für Bernsteinsäure.
Formulieren Sie die Reaktionsgleichung für die Reaktion von 2-Brombutandisäure zu Fumarsäure unter Verwendung von Strukturformeln für die organischen Verbindungen und benennen Sie den Reaktionstyp. 7

2.2 Zur Herstellung der im Vergleich zu Fumarsäure instabileren Maleinsäure sind mehrere Syntheseschritte erforderlich. Beispielsweise kann man Fumarsäure über einen biotechnologischen Prozess in L-Äpfelsäure (L-2-Hydroxybutandisäure) überführen. Diese L-Äpfelsäure kann zu Maleinsäureanhydrid (Material 1) umgesetzt werden.
Maleinsäureanhydrid reagiert letztendlich zum gewünschten Produkt Maleinsäure.
Formulieren Sie die Reaktionsgleichungen für die drei Syntheseschritte zur Herstellung von Maleinsäure aus Fumarsäure. Für die organischen Verbindungen sind Strukturformeln zu verwenden. 7

2.3 In einer enzymatischen Additionsreaktion reagiert Fumarsäure mit Ammoniak (NH_3) zu einer Verbindung in L-Konfiguration.
Formulieren Sie für diese Reaktion eine Reaktionsgleichung unter Verwendung von Strukturformeln für die organischen Stoffe und benennen Sie das Produkt nach IUPAC.
Ordnen Sie das Produkt einer Stoffklasse zu und beschreiben Sie deren charakteristischen Aufbau sowie die Bedeutung der Bezeichnung „L“. 9

2.4 UP-Gießharze sind Kunststoffe, die beispielsweise zur Herstellung von Spachtelmassen verwendet werden können. Material 2 zeigt den Herstellungsprozess eines solchen UP-Gießharzes ausgehend von Maleinsäure. Formulieren Sie für die Reaktion von Maleinsäure mit Butan-1,4-diol (Reaktionsschritt 1) einen säurekatalysierten Reaktionsmechanismus, wobei nicht relevante Molekülteile mit R_1 bzw. R_2 zusammengefasst werden können. 6

2.5 Benennen Sie für den Vorgang des Aushärtens (Material 2, Reaktionsschritt 2) den Reaktionsmechanismus und formulieren Sie einen Strukturformelausschnitt aus dem ausgehärteten UP-Gießharz.
Begründen Sie das unterschiedliche Verhalten der Makromoleküle aus Reaktionsschritt 1 und aus Reaktionsschritt 2 beim Erwärmen.
Das bei der Herstellung der UP-Gießharze verwendete Styrol wird auch bei der Synthese von Copolymeren verwendet.
Entwickeln Sie auf der Grundlage von Material 3 einen Strukturformelausschnitt aus einem SMA-Copolymer. 12

2.6 In drei verschiedenen Experimenten versetzt man die Verbindungen Fumarsäure, Terephthalsäure (1,4-Benzoldicarbonsäure) und But-2-en jeweils ohne Zugabe eines Katalysators mit Brom, dabei stellt man ein unterschiedliches Reaktionsverhalten fest. Eine Verbindung reagiert gar nicht, die anderen beiden reagieren mit unterschiedlicher Geschwindigkeit zu jeweils einem Produkt.
Formulieren Sie für die beiden ablaufenden Reaktionen jeweils die Strukturformel des Produkts.
Erörtern Sie das unterschiedliche Reaktionsverhalten der drei Verbindungen.
Hinweis: Mögliche Stereoisomere sollen hier nicht berücksichtigt werden. 9

50

Material 1: Fumarsäure, Maleinsäure und Maleinsäureanhydrid

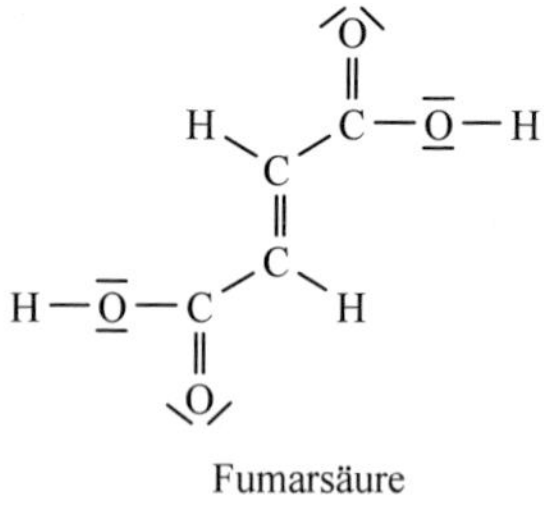

Fumarsäure

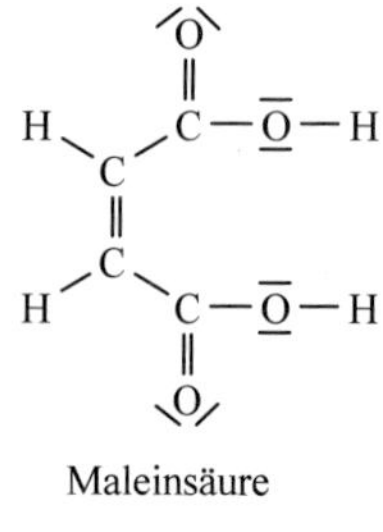

Maleinsäure

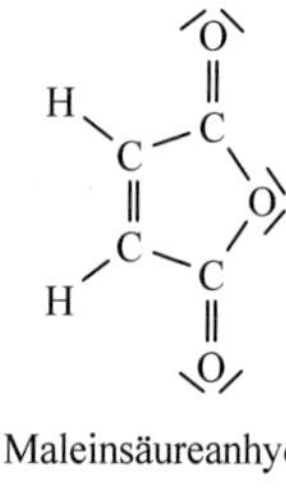

Maleinsäureanhydrid

Material 2: Herstellung eines UP-Gießharzes

Ein UP-Gießharz lässt sich in zwei Reaktionsschritten herstellen.

Reaktionsschritt 1: Maleinsäure reagiert mit Butan-1,4-diol zu einem Kunststoff.

Strukturformelausschnitt aus dem Kunststoff aus Maleinsäure und Butan-1,4-diol:

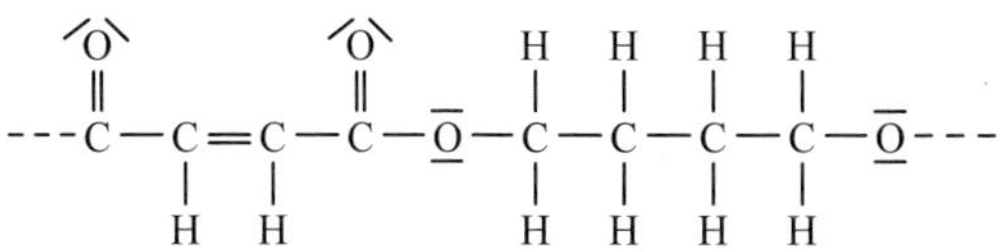

Reaktionsschritt 2: Die Makromoleküle dieses Kunststoffs werden mit Hilfe eines Peroxids (R–O–O–R) mit Styrol als Reaktionspartner zur Reaktion gebracht. Diesen Vorgang bezeichnet man als Aushärtung; der dabei neu entstehende Kunststoff wird als Harz bezeichnet.

Das Produkt aus dem ersten Schritt und das im zweiten Schritt ausgehärtete Harz unterscheiden sich durch das Verhalten beim Erwärmen.

Styrol 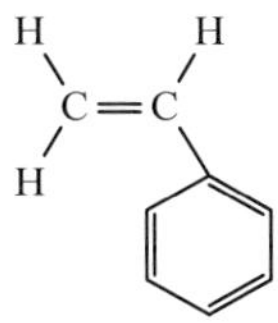

Material 3: SMA-Copolymer

Styrol und Maleinsäureanhydrid sind Ausgangsstoffe zur Herstellung von sogenannten SMA-Copolymeren, die z. B. für Armaturenbretter in der Autoindustrie verwendet werden. Im Makromolekül wechseln die Monomere Maleinsäureanhydrid (Material 1) und Styrol (Material 2) alternierend ab.

Materialgrundlage:
Kurt Peter Christian Vollhardt, Neil E. Schore: Organische Chemie, Weinheim 2011, S. 1 301.
Wolfgang Walter, Wittko Francke: Beyer Walter – Lehrbuch der organischen Chemie, Stuttgart 2004, S. 355 ff. und S. 985 f.
Adalbert Wollrab: Organische Chemie. Eine Einführung für Lehramts- und Nebenfachstudenten. 4. Aufl. Heidelberg: Springer Spektrum 2014, S. 625 f. (Aufgabe 2.2)
A. Zinchenko/S. Calcagno: Technische Herstellung von Aminosäuren. Vorlesung in Organischer Chemie, Universität des Saarlandes, 16.07.2009 (Aufgabe 2.3)
http://www.oc-praktikum.de/nop/de/instructions/pdf/3002_de.pdf (M 1 – 3)

Aufgabe C

Chlorethansäure

BE

2-Chlorethansäure ist ein Derivat der Ethansäure, die aufgrund ihrer Bifunktionalität Ausgangsstoff für zahlreiche Synthesen ist.
Die Herstellung von 2-Chlorethansäure kann auf unterschiedlichen Wegen erfolgen. Eine Möglichkeit ist die Oxidation von 2-Chlorethanol mit Salpetersäure. Dabei entsteht unter anderem Stickstoffmonooxid (NO), das gasförmig aufsteigt.
Eine wässrige Lösung von 2-Chlorethansäure reagiert sauer, sie wird in dem Medikament Acetocaustin® als Wirkstoff zur äußerlichen Behandlung von Warzen eingesetzt.
Ein Syntheseprodukt aus 2-Chlorethansäure ist CMC, dessen Natriumsalz als Lebensmittelzusatzstoff E466 von der EU zugelassen ist. E466 wird als Verdickungsmittel verwendet.
2-Chlorethansäure reagiert mit Ammoniak zu 2-Aminoethansäure (Glycin) und Ammoniumchlorid. Peptide sind aus unterschiedlichen Aminosäuren aufgebaut. Die Reihenfolge der Aminosäuren eines Peptids wird in der Primärstruktur festgelegt und kann unter anderem mit Hilfe des EDMAN-Abbaus ermittelt werden.

3.1 Formulieren Sie die Reaktionsgleichung, Halbstrukturformeln für organische Edukte und Produkte, für die oben beschriebene Herstellung von 2-Chlorethansäure aus 2-Chlorethanol und Salpetersäure (HNO_3). Zeigen Sie anhand der wesentlichen Oxidationszahlen und der Elektronenübergänge, dass es sich um eine Redoxreaktion handelt. 7

3.2 Das Medikament Acetocaustin® wird als Lösung auf die Warze aufgetragen, wobei 1 mL dieser Lösung 595,0 mg 2-Chlorethansäure als Wirkstoff enthält. Der pK_S-Wert von 2-Chlorethansäure beträgt $pK_S = 2{,}85$. Der pK_S-Wert von Ethansäure beträgt $pK_S = 4{,}74$.
Berechnen Sie den pH-Wert der in Acetocaustin® enthaltenen Lösung.
2-Chlorethansäure ist vereinfachend als schwache Säure zu betrachten.
Erläutern Sie die unterschiedlichen pK_S-Werte von 2-Chlorethansäure und Ethansäure im Vergleich. 10

3.3 Die Verbindung CMC wird aus 2-Chlorethansäure, Natronlauge und einem weiteren Edukt hergestellt. Material 1 zeigt einen Strukturformelausschnitt des CMC-Moleküls sowie eine Anleitung zu dessen Synthese und zu dessen Weiterverarbeitung zum Verdickungsmittel (Bindemittel für Wasser) E466.
Geben Sie für das weitere Edukt und dessen Monomere die Namen sowie die Verknüpfungsart dieser Monomere an.
Formulieren und benennen Sie einen möglichen Reaktionsmechanismus für den zweiten Schritt der Herstellung von CMC. Die für den Mechanismus nicht relevanten Molekülteile können mit ‚R' zusammengefasst werden.
Erklären Sie die Verwendungsmöglichkeit des Natriumsalzes von CMC (E466) als Verdickungsmittel. 12

3.4 2-Aminoethansäure (Glycin) kann vereinfacht direkt aus dem Feststoff 2-Chlorethansäure und gasförmigem Ammoniak hergestellt werden, dabei entsteht als weiteres Produkt Ammoniumchlorid (NH_4Cl). Thermodynamische Daten hierzu finden Sie in Material 2.
Formulieren Sie für die Synthese von 2-Aminoethansäure eine Reaktionsgleichung unter Verwendung von Strukturformeln für die organischen Stoffe.
Berechnen Sie die molare Standardreaktionsenthalpie $\Delta_R H_m^0$ für diese Reaktion. 6

3.5 Wässrige Lösungen von L-Valin (L-2-Amino-3-methylbutansäure) und von Glycin (2-Aminoethansäure) werden im Polarimeter auf optische Aktivität untersucht. Dabei erhält man zwei unterschiedliche Ergebnisse.
Erläutern Sie diese unterschiedlichen Ergebnisse. 4

3.6 Die Primärstruktur eines Proteins soll mit Hilfe des EDMAN-Abbaus ermittelt werden. Material 3 beschreibt das Prinzip des EDMAN-Abbaus.
Entwickeln Sie einen möglichen Reaktionsmechanismus zur Bildung des in Material 3 dargestellten Zwischenprodukts.
Formulieren Sie die Strukturformeln der durch den EDMAN-Abbau abgetrennten Aminosäuren des angegebenen Ausschnitts einer Aminosäurekette eines Proteins und benennen Sie diese nach der IUPAC-Nomenklatur. 11

50

Material 1: CMC

Ausschnitt aus dem CMC-Molekül

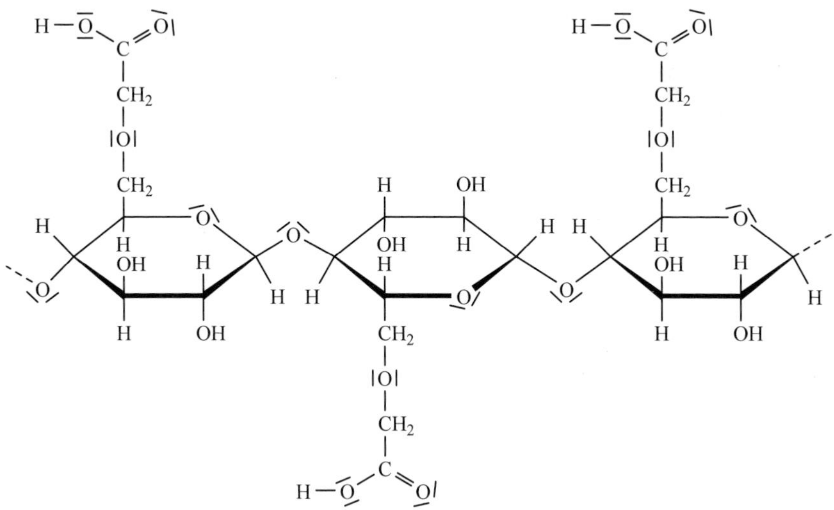

Synthesevorschrift zur Herstellung von CMC

Zur Herstellung der Verbindung CMC benötigt man 2-Chlorethansäure, Natronlauge und ein weiteres Edukt, das aus vielen Monomeren aufgebaut ist.
Im ersten Schritt wird dieses Edukt mit Natronlauge zur Reaktion gebracht. Dabei kann vereinfacht davon ausgegangen werden, dass im Edukt pro Monomer eine Hydroxygruppe deprotoniert wird. Im zweiten Schritt bildet sich durch Weiterreaktion der entstandenen Verbindung mit 2-Chlorethansäure die Verbindung CMC.
Um aus CMC das Verdickungsmittel E466 zu synthetisieren, wird in einem dritten Schritt CMC mit Natronlauge versetzt.

Material 2: Molare Standardbildungsenthalpien

Substanz	molare Standardbildungsenthalpie $\Delta_f H_m^0$ (kJ · mol⁻¹)
Ammoniak (g)	–46
Ammoniumchlorid (s)	–314
Glycin (s)	–529
2-Chlorethansäure (s)	–510

Material 3: Proteinabbau nach EDMAN

Prinzip des EDMAN-Abbaus

Beim EDMAN-Abbau wird die Aminosäurekette eines Proteins schrittweise abgebaut. Dabei reagiert zunächst die endständige Gruppe der Aminosäurekette mit Phenylisothiocyanat zu einem Zwischenprodukt.
Aus dem Zwischenprodukt kann in mehreren Reaktionsschritten die endständige Aminosäure isoliert werden, wobei unter anderem die um eine Aminosäure gekürzte Aminosäurekette entsteht. Durch vielfache Wiederholung dieses Vorgangs lässt sich die Primärstruktur eines Proteins bestimmen.

Ausschnitt aus einer Aminosäurekette eines Proteins

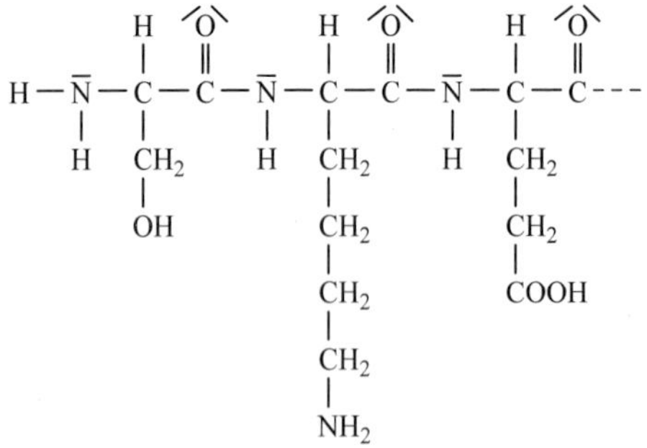

Phenylisothiocyanat

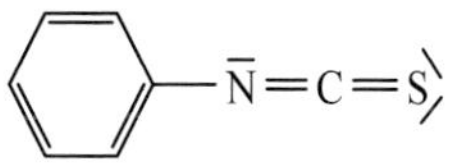

Zwischenprodukt

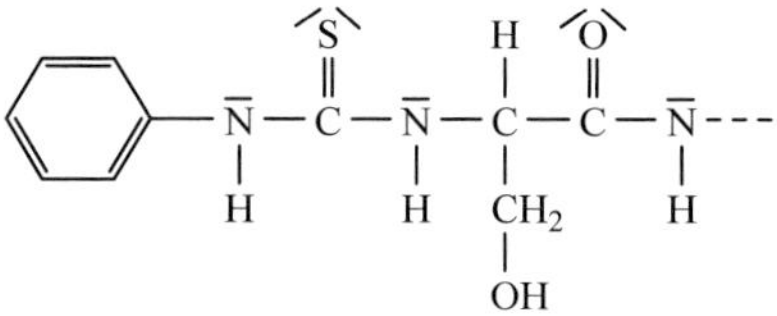

Materialgrundlage:
Warzenbehandlung mit Acetocaustin® Pen. Patientenbroschüre. Hormosan Pharma GmbH, Frankfurt/Main.
P. W. Atkins, J. A. Beran: Chemie: einfach alles, VCH Verlagsgesellschaft, 1996, S. 558.
Gordon H. Aylward, Tristan J. V. Findlay: Datensammlung Chemie in SI-Einheiten, Weinheim, 2014.
Hainz G. O. Becker et al.: Organikum: organisch-chemisches Praktikum, Berlin, 1990, S. 202.
Hans Peter Latscha, Uli Kazmaier, Helmut Klein: Organische Chemie – Chemie Basiswissen II, Berlin, 2008, S. 269.
Kurt Peter Christian Vollhardt, Nel E. Schore: Organische Chemie, Weinheim, 2011, S. 1 320.
Wolfgang Walter, Wittko Francke: Beyer Walter – Lehrbuch der Organischen Chemie, Stuttgart 2004, S. 495 ff.
https://roempp.thieme.de/roempp4.0/do/data/RD-03-00505 (Aufgabe 3.3, M 1)

Lösungsvorschläge

Aufgabe A

1.1 Bei der unspezifischen Reaktion von Propan und elementarem Chlor wird ein Wasserstoff-Atom durch ein Chlor-Atom substituiert. Diese Reaktion verläuft nach dem Mechanismus einer **radikalischen Substitution** (S_R).

Unter dem Einfluss von kurzwelligem Licht wird die Cl-Cl-Bindung homolytisch gespalten, sodass zwei freie Chlor-Radikale entstehen. Diese Teilchen besitzen ungepaarte Valenzelektronen und sind sehr reaktiv. Sie lösen nachfolgend eine Kettenreaktion aus, die auch im Dunkeln ablaufen kann. Wenn zwei Radikale aufeinanderstoßen, kommt es zum Kettenabbruch durch Rekombination.

Initialreaktion:

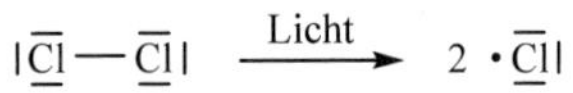

Kettenreaktion:

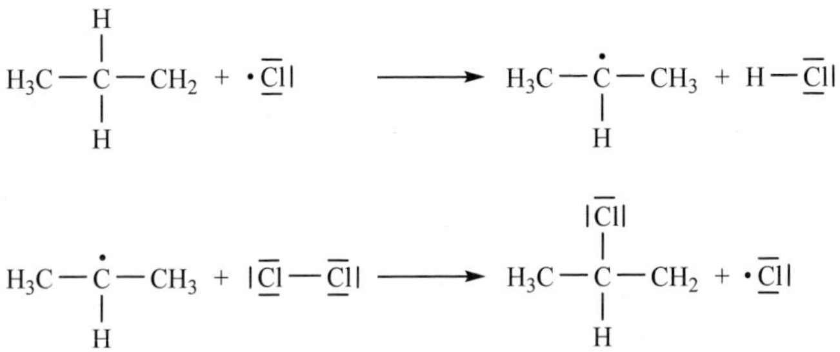

Kettenabbruch:

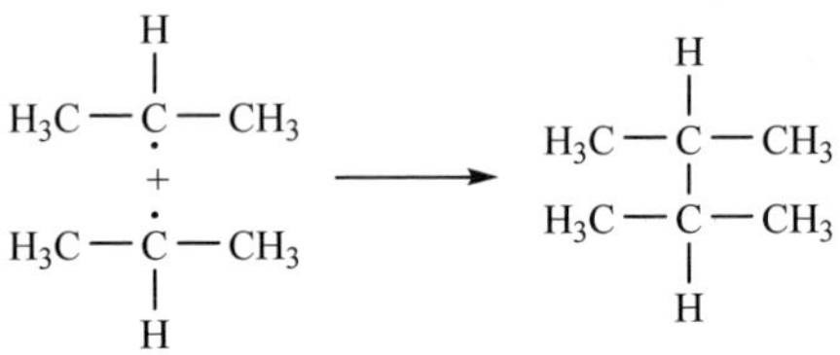

oder

Wird in der Kettenreaktion anstatt des oben gezeigten 2-Chlorpropyl-Radikals das 1-Chlorpropyl-Radikal gebildet, entsteht das Isomer des Chlorpropans:

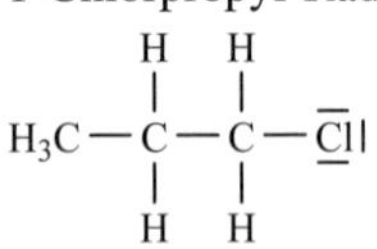

1-Chlorpropan

Des Weiteren besteht die Möglichkeit, dass ein Chlor-Radikal mit einem Chlorpropan-Molekül (weiter)reagiert. Es entstehen entsprechend mehrfach chlorierte Propan-Verbindungen, wie z. B.:

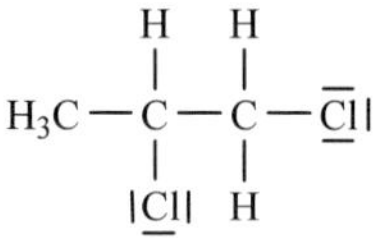

1,2-Dichlorpropan

1.2 Der Siedevorgang ist der Übergang von der **flüssigen** in die **gasförmige** Phase. Dazu müssen die existierenden **zwischenmolekularen Kräfte** überwunden werden. Diese sind geprägt von der Polarität der Moleküle sowie deren Molmasse. Die Temperatur korreliert in der molekularen Dimension mit der kinetischen Energie der Teilchen, die zur Überwindung der zwischenmolekularen Kräfte notwendig ist.

Propan hat die niedrigste Siedetemperatur, da das Molekül die geringste molare Masse ($44\ g \cdot mol^{-1}$) besitzt und unpolar ist. Demnach wirken zwischen den Molekülen hier nur vergleichsweise schwache VAN-DER-WAALS-Kräfte, die typischerweise durch induzierte Dipole entstehen.
Zwischen den **2-Chlorpropan**-Molekülen wirken aufgrund der C-Cl-Bindung schwache Dipol-Dipol-Kräfte. Insgesamt ist das Molekül aber nur wenig polar, die wesentlich größere molare Masse ($79{,}5\ g \cdot mol^{-1}$) gegenüber Propan bedingt die höhere Siedetemperatur. **Propansäurechlorid** wiederum weist im Vergleich zu 2-Chlorpropan zusätzlich eine Carbonylfunktion auf. Diese Bindung ist polar und bewirkt stärkere Dipol-Dipol-Kräfte. Die molare Masse von $92{,}5\ g \cdot mol^{-1}$ erklärt zusätzlich die höher liegende Siedetemperatur. **Propansäure** besitzt die höchste Siedetemperatur, da die polare Carboxygruppe neben den Dipol-Dipol-Wechselwirkungen auch zur Ausbildung von Wasserstoffbrücken führt. Diese starken zwischenmolekularen Wechselwirkungen führen zur Ausbildung von Dimeren mit der doppelten Molmasse ($148\ g \cdot mol^{-1}$) im Gaszustand.

Das Propansäure-Dimer sieht wie folgt aus:

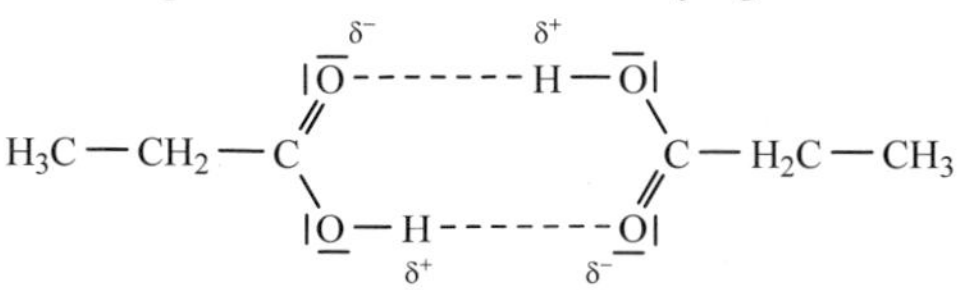

1.3 Die **Reaktionsgleichungen** für die Synthese von Phosphortrichlorid (PCl_3) und Phosphorpentachlorid (PCl_5) lauten wie folgt:

$$2\,P + 3\,Cl_2 \longrightarrow 2\,PCl_3$$

$$PCl_3 + Cl_2 \rightleftharpoons PCl_5$$

Das **Massenwirkungsgesetz** für das Phosphorpentachlorid-Gleichgewicht kann bei einer Temperatur von 250 °C wie folgt formuliert werden:

$$K_c = \frac{c(PCl_5)}{c(PCl_3) \cdot c(Cl_2)} = 24{,}1\ L \cdot mol^{-1}$$

Berechnung des **Reaktionskoeffizienten Q:**

$$Q = \frac{c(PCl_5)}{c(PCl_3) \cdot c(Cl_2)} = \frac{0{,}1\ mol \cdot L^{-1}}{0{,}05\ mol \cdot L^{-1} \cdot 0{,}03\ mol \cdot L^{-1}} \approx 66{,}7\ mol \cdot L^{-1}$$

Begründung für die **Reaktionsrichtung:**

Die im Material angegebenen Stoffmengen der gasförmigen Verbindungen werden im Reaktionsansatz zusammengefügt. Die jetzt stattfindende Reaktion läuft so lange, bis sie ein Gleichgewicht erreicht hat.

Der Wert des Reaktionsquotienten Q ist größer als der der Gleichgewichtskonstante K_c. Somit läuft die Reaktion so lange in Richtung der Ausgangsstoffe Chlor und Phosphortrichlorid ab, bis der Gleichgewichtszustand erreicht wird. Die Konzentration des Phosphorpentachlorids im Zähler nimmt daher ab, die Konzentrationen von Chlor und Phosphortrichlorid nehmen entsprechend zu.

1.4 Bei einer **exothermen Reaktion** wird bei Temperaturerhöhung die Synthese des Produktes, hier Phosphorpentachlorid, nach dem Prinzip des kleinsten Zwangs von LE CHATELIER in **Richtung der Edukte**, hier Chlor und Phosphortrichlorid, verschoben. Eine Temperaturerhöhung begünstigt die endotherme Zerfallsreaktion, da so die zugeführte Wärmeenergie verbraucht wird. Bei der beschriebenen technischen Synthese von Phosphorpentachlorid würde bei 200 °C demnach die **Ausbeute** geringer ausfallen.

Außerdem wäre bei der höheren Temperatur die **Abtrennung** des Produktes von den Edukten nicht mehr möglich, da alle drei Verbindungen in den Reaktionstürmen dann in einem gasförmigen Aggregatzustand vorlägen.

1.5 Die Reaktionsgleichung für den **ersten Reaktionsschritt** lautet:

1) $PCl_3 + 3\ H_2O \longrightarrow H_3PO_3 + 3\ HCl$

Der **zweite Reaktionsschritt** verläuft als Redoxreaktion:

2) $4\ \overset{+III}{H_3PO_3} \longrightarrow 3\ \overset{+V}{H_3PO_4} + \overset{-III}{PH_3}$

Oxidation ($H_3PO_3 \rightarrow H_3PO_4$)

Reduktion ($H_3PO_3 \rightarrow PH_3$)

Die Oxidationszahl der Phosphor-Atome bei der Phosphonsäure beträgt +III, die der Phosphor-Atome bei der Phosphorsäure +V, es werden demnach bei der **Oxidation** pro Phosphor-Atom **2 Elektronen** abgegeben.

Das verbleibende Phosphor-Atom der Phosphonsäure wird **reduziert**. Dabei werden von dem Phosphor-Atom des Phosphorwasserstoffs **6 Elektronen** aufgenommen, die Oxidationszahl verringert sich von +III zu –III.

Da die Phosphonsäure bei der Reaktion sowohl als Reduktions- als auch als Oxidationsmittel auftritt, handelt es sich hierbei um eine Disproportionierung.

1.6 Im **Teilschritt 1** erfolgt ein **nukleophiler Angriff** des freien Elektronenpaars der Hydroxygruppe des Isopropanols an dem stark positiv polarisierten Phosphor-Atom des Phosphorpentachlorids. Es entsteht neben dem positiv geladenen Oxonium-Ion ein Chlorid-Ion:

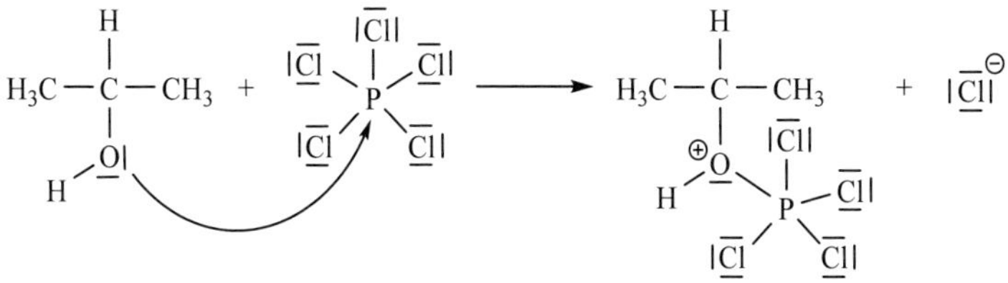

Im **Teilschritt 2** wird das Zwischenprodukt A durch Abspaltung eines Protons erzeugt:

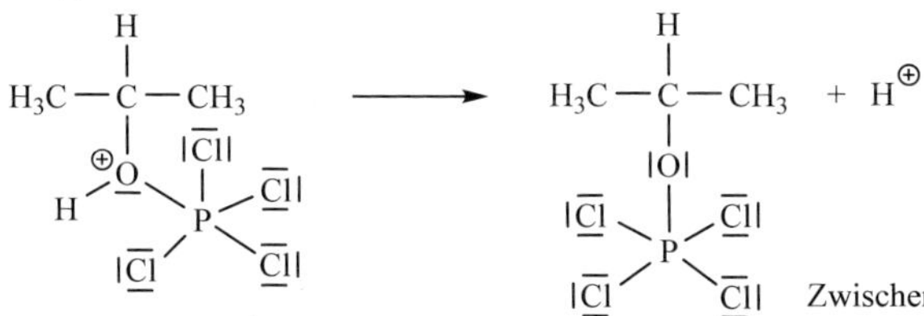

Zwischenprodukt A

Das Zwischenprodukt A reagiert im **Teilschritt 3** zu 2-Chlorpropan und $HOPCl_4$:

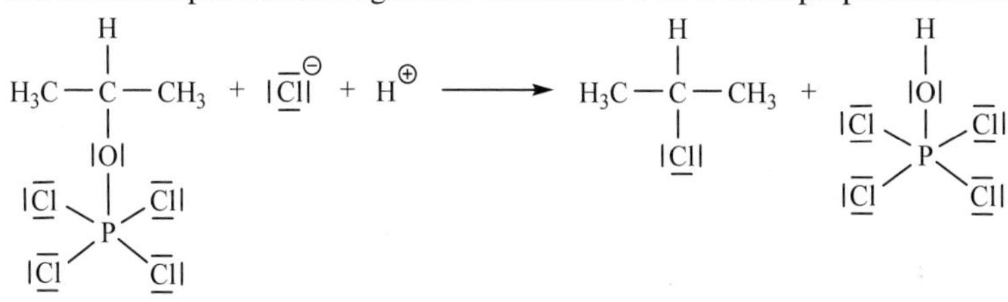

Zwischenprodukt A 2-Chlorpropan Zwischenprodukt B

Im **Teilschritt 4** werden aus dem Zwischenprodukt B ein Proton und ein Chlorid-Ion abgespalten. Dabei entstehen Phosphoroxidtrichlorid ($POCl_3$) und Chlorwasserstoff (HCl):

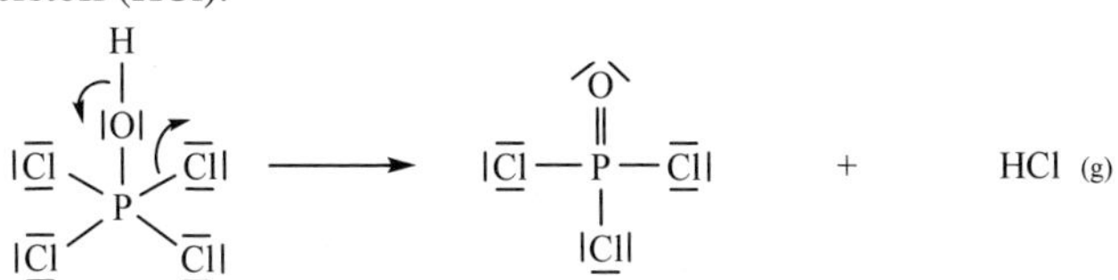

Zwischenprodukt B Phosphoroxidtrichlorid Chlorwasserstoff

Phosphoroxidtrichlorid wird zur Synthese von phosphororganischen Insektiziden, aber auch hochtoxischen Kampfstoffen (Nervengasen) verwendet.

Aufgabe B

2.1 IUPAC-Nomenklatur für die **Fumarsäure:**
(E)-Butan-2-en-disäure (*früher:* Trans-butan-2-en-disäure)
IUPAC-Nomenklatur für die **Maleinsäure:**
(Z)-Butan-2-en-disäure (*früher:* Cis-butan-2-en-disäure)

Da die Rotation um die enthaltene Doppelbindung nicht möglich ist, gibt es zwei (E, Z)-Isomere (früher: cis, trans).

Die Strukturformel der **Bernsteinsäure** sieht wie folgt aus:

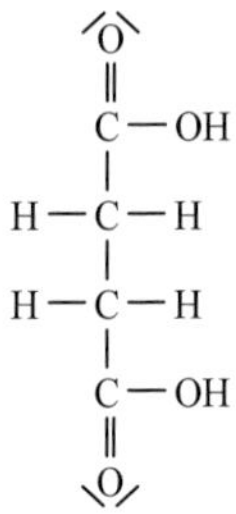

2-Brombernsteinsäure reagiert unter Abspaltung von Bromwasserstoff zu Fumarsäure. Es handelt sich dabei um eine **Eliminierungsreaktion:**

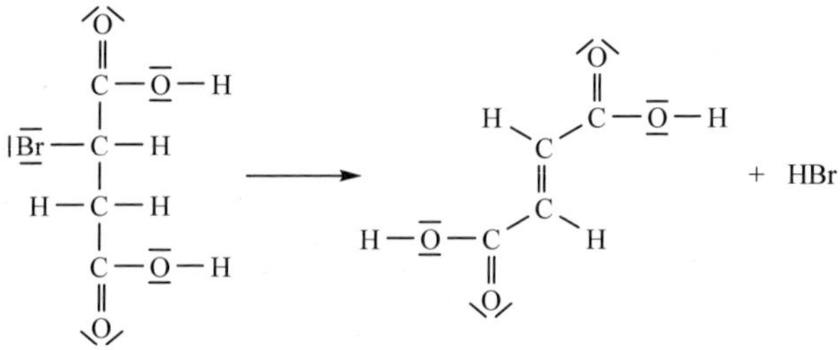

Alternativ kann die Reaktionsgleichung auch mit Strukturformeln in der Kurzschreibweise formuliert werden:

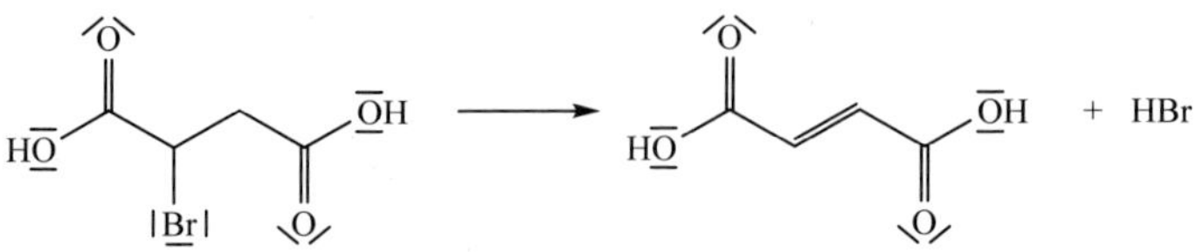

2.2 Der biotechnologische **Syntheseschritt 1** zur Umwandlung von Fumarsäure in L-Äpfelsäure (L-2-Hydroxybutandisäure):

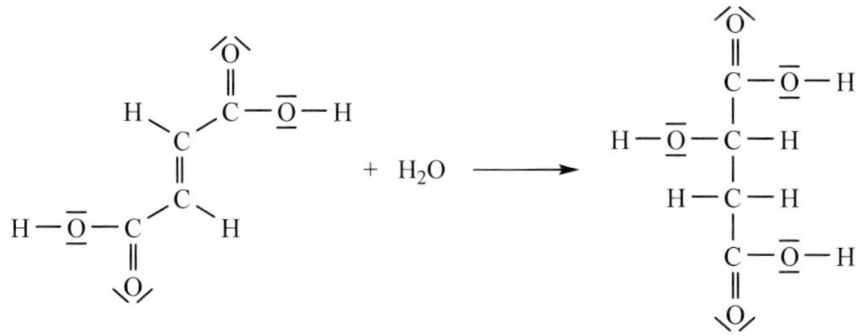

Dabei handelt es sich formal um eine elektrophile Addition von Wasser an eine Doppelbindung.

Im **Syntheseschritt 2** wird die L-Äpfelsäure in Maleinsäureanhydrid überführt:

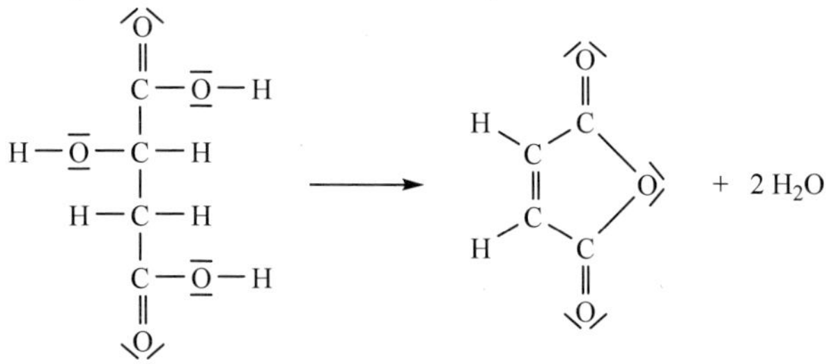

Die Einführung der Doppelbindung entspricht einer Eliminierung. Die Bildung des Anhydrids ist eine Kondensation (innere nukleophile Reaktion).

Im **Syntheseschritt 3** wird durch Lösen des Anhydrids in Wasser sofort die Maleinsäure gebildet:

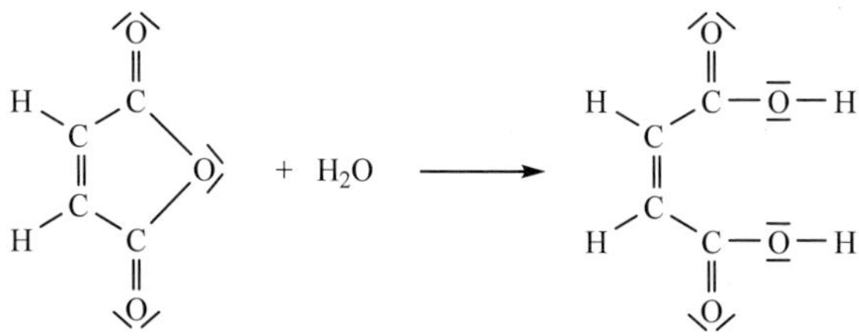

2.3 Die enzymatische Addition von Ammoniak an eine Doppelbindung führt stereospezifisch zur Bildung von **L-2-Aminobutandisäure:**

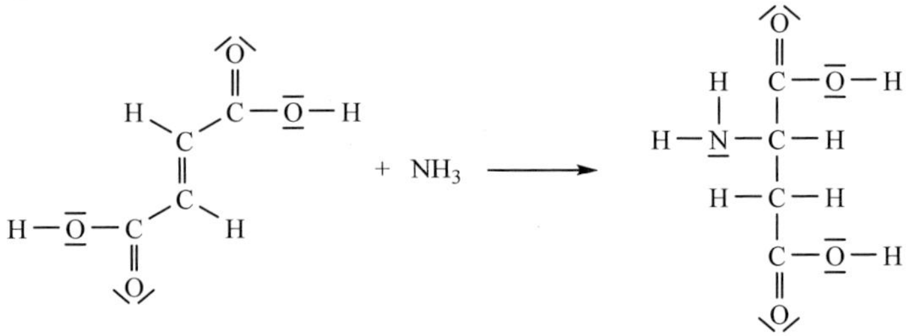

Besser bekannt ist die Verbindung unter dem Trivialnamen Asparaginsäure.

Das Produkt gehört zur Stoffklasse der **L-Aminosäuren**.
An einem zentralen asymmetrischen Kohlenstoff-Atom sind immer eine Carboxygruppe, eine Aminogruppe, ein Wasserstoff-Atom und ein organischer Rest gebunden. Bis auf das Prolin ist die Konfiguration aller natürlichen Aminosäuren gleich. Sie unterscheiden sich lediglich in der Zusammensetzung des Rests R.

Das asymmetrische Kohlenstoff-Atom verleiht den Aminosäuren eine optische Aktivität, d. h., die Ebene des linear polarisierten Lichts wird um einen bestimmten Winkel nach links oder rechts gedreht.

Alle natürlichen Aminosäuren haben nach FISCHER die relative **L-Konfiguration**. Das heißt, in der FISCHER-Projektion steht die Aminogruppe am asymmetrischen Kohlenstoff-Atom links.

Die allgemeine Strukturformel einer L-Aminosäure (hier als Zwitter-Ion) muss laut Aufgabenstellung nicht unbedingt aufgeführt werden:

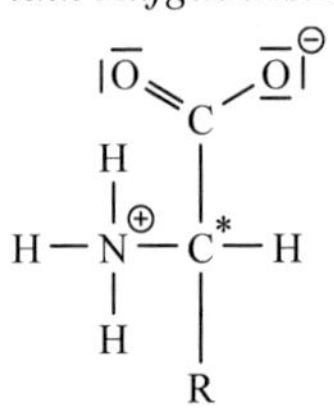

Achtung: Bei Aminosäuren und Kohlenhydraten steht in der FISCHER-Projektion immer das höchst-oxidierte Kohlenstoff-Atom oben, darunter werden alle anderen Kohlenstoff-Atome in einer Reihe aufgeführt.

2.4 Maleinsäure reagiert mit Butan-1,4-diol in einer säurekatalysierten **Veresterung** zu einem Kunststoff.

Im ersten Schritt wird ein Sauerstoff-Atom einer Carbonylfunktion der Maleinsäure **protoniert:**

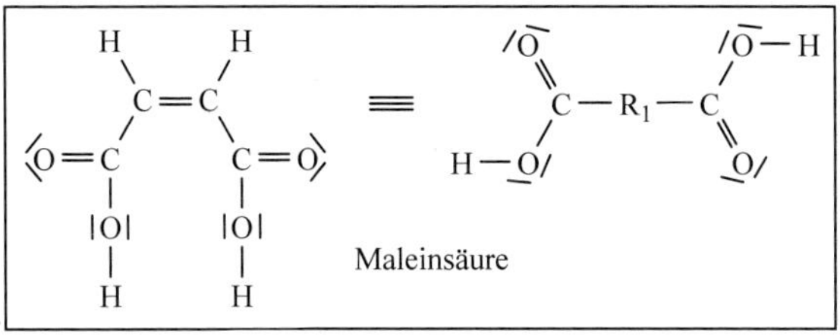

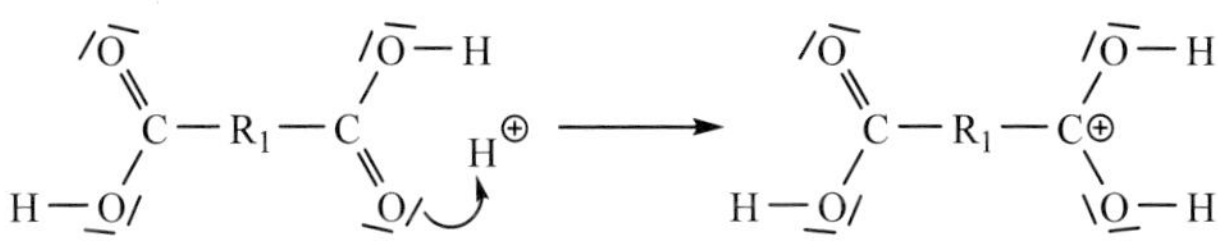

Das entstandene Carbenium-Ion (*oder:* Oxonium-Ion) ist mesomeriestabilisiert und wird im nächsten Schritt durch ein freies Elektronenpaar der Hydroxygruppe von Butan-1,4-diol **nukleophil angegriffen:**

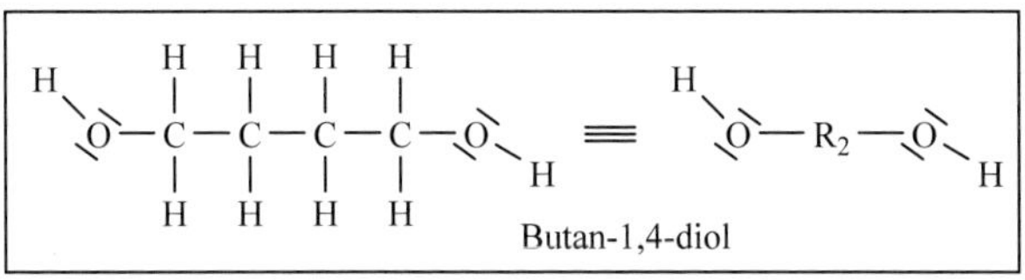

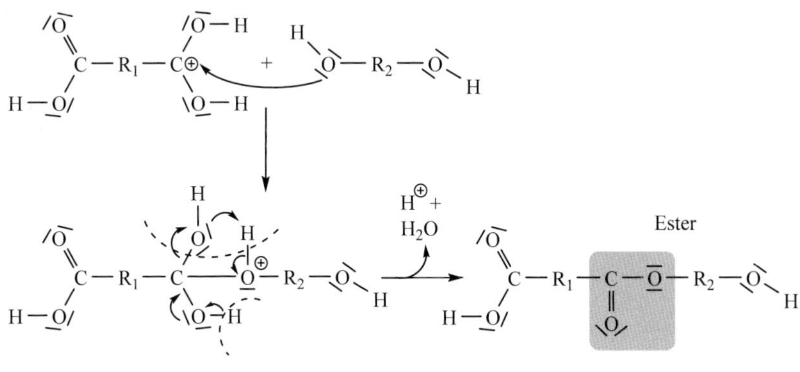

Im entstandenen Oxonium-Ion kommt es zu einem **Protonentransfer**, der zur Abspaltung eines Wasser-Moleküls führt. Außerdem wird noch ein Proton abgespalten (entspricht der Rückbildung des Katalysators). Es ist ein **Ester** entstanden.

Da beide Edukte bifunktional sind, ist der Kunststoff ein Polyester.

2.5 Die **Aushärtung** des Polyesters aus Reaktionsschritt 1 erfolgt durch eine **radikalische Polymerisation** (Vernetzung) mit Styrol.

Styrol (Phenylethen) ist eine farblose Flüssigkeit und polymerisiert sehr leicht schon beim Stehen am Licht. Polystyrol ist ein transparentes sprödes Produkt.

Ein aussagekräftiger **Formelausschnitt** des ausgehärteten UP-Polymers sieht wie folgt aus:

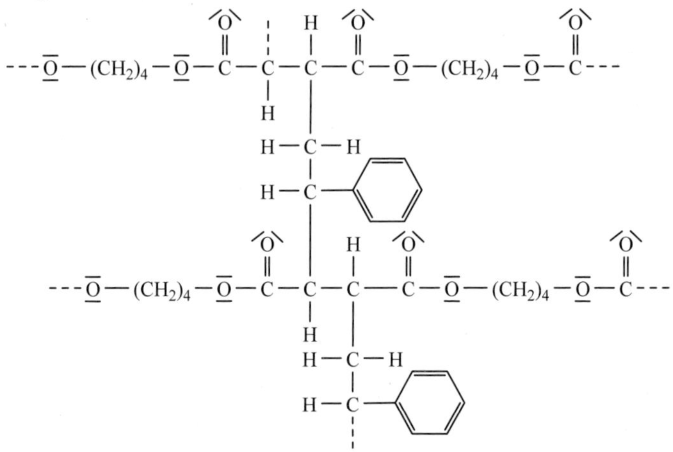

Der linear aufgebaute Polyester aus Reaktionsschritt 1 enthält aufgrund der Maleinsäure eine **Doppelbindung**. Werden solche Polymere mit Styrol zur Reaktion gebracht, findet eine **Quervernetzung** zwischen den linearen Makromolekülketten statt, welche die Eigenschaften des daraus entstehenden Polymers verändern. Im vorliegenden Fall entsteht aus einem **thermoplastischen Kunststoff** ein ausgehärteter Harz, also ein **Duroplast**.
Thermoplaste sind Polymere die thermisch verformbar sind bzw. bei Temperaturerhöhung schmelzen. Zwischen den linearen Polymerketten wirken nur schwache VAN-DER-WAALS-Kräfte. Duroplaste dagegen sind hart und thermisch nicht verformbar, da die Polymerketten kovalent miteinander verbunden sind. Daher zersetzen sich diese Kunststoffe beim starken Erhitzen.

Bei der **Copolymerisation** zwischen Maleinsäureanhydrid und Styrol findet ebenfalls eine radikalische Polymerisation zu einem linearen Polymer statt. Dabei reagieren die Doppelbindungen alternierend.

Der **Strukturformelausschnitt** des linearen SMA-Copolymers lautet:

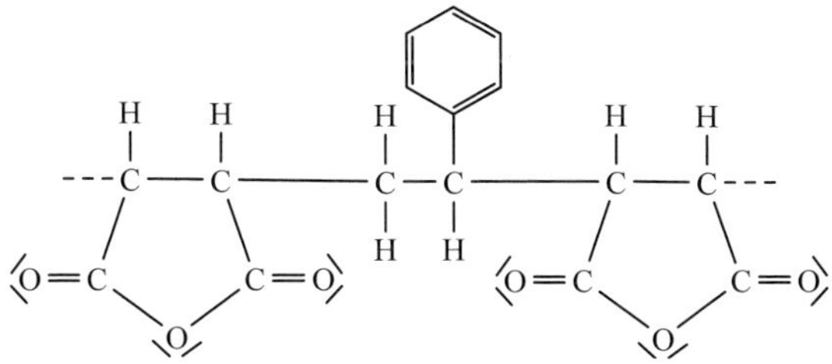

2.6 Die **elektrophile Addition** von Brom findet nur bei **Fumarsäure** und **But-2-en** statt. Die Terephthalsäure (1,4-Benzoldicarbonsäure) besitzt zwar ebenfalls Doppelbindungen in der Struktur, diese sind aber wegen des sehr stabilen aromatischen Ringsystems (Benzen) nur durch eine katalysierte elektrophile Substitution zugänglich.

Mit elementarem Brom entsteht bei der Reaktion mit Fumarsäure **2,3-Dibrombutandisäure** (A) und mit But-2-en entsteht **2,3-Dibrombutan** (B):

A

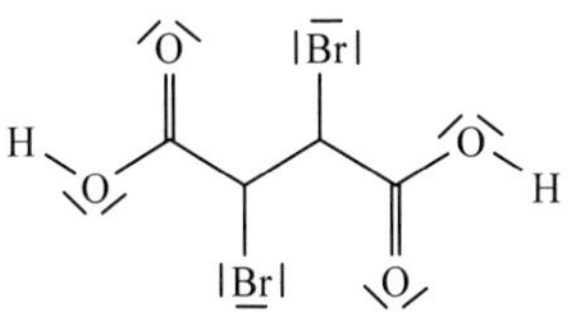

B

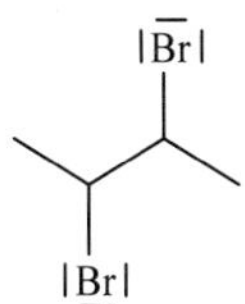

Es können anstatt der verkürzten Schreibweise auch ausführliche Strukturformeln aufgeführt werden.

Fumarsäure und But-2-en reagieren **unterschiedlich schnell** mit Brom, da die Elektronendichte an der Doppelbindung, an der der elektrophile Angriff stattfindet, unterschiedlich ausfällt. Bei der Fumarsäure verläuft die elektrophile Addition langsamer, da die Elektronendichte an der Doppelbindung durch den **–I-Effekt** der Carboxygruppen erniedrigt wird. Bei But-2-en dagegen üben die Methylgruppen einen **+I-Effekt** aus, sodass die Elektronendichte an der Doppelbindung erhöht wird und somit die Bromierung deutlich schneller abläuft.

Aufgabe C

3.1 Die **Reaktionsgleichung** für die beschriebene Redoxreaktion lautet:

$$3\ Cl-CH_2-\overset{-I}{C}H_2-OH + 4\ H\overset{+V}{N}O_3 \longrightarrow 3\ Cl-CH_2-\overset{+III}{C}OOH + 4\ \overset{+II}{N}O + 5\ H_2O$$

Oxidation

Reduktion

Das primäre Kohlenstoff-Atom hat im Chlorethanol die Oxidationszahl –I und wird im Laufe der Reaktion zu der Stufe +III in der Carboxygruppe **oxidiert**. Dabei werden pro Atom 4 Elektronen abgegeben.
Das Stickstoff-Atom der Salpetersäure nimmt pro Atom 3 Elektronen auf, da die Oxidationszahl bei der **Reduktion** von +V auf +II im Stickstoffmonooxid sinkt. Insgesamt werden bei der Redoxreaktion **12 Elektronen** ausgetauscht.

3.2 Um den pH-Wert des Medikaments Acetocaustin®, einer Lösung von Chloressigsäure, zu berechnen, muss mithilfe der molaren Masse M und der gelösten Masse m der Chloressigsäure die **Konzentration c** berechnet werden:

geg.: $M\,(\text{Chlorethansäure}) = 94{,}45\ \text{g} \cdot \text{mol}^{-1}$
$m\,(\text{Chlorethansäure}) = 595\ \text{mg} = 0{,}595\ \text{g}$
$V\,(\text{Chlorethansäure}) = 1\ \text{mL} = 10^{-3}\ \text{L}$

$$c\,(\text{Chlorethansäure}) = \frac{m}{M \cdot V} = \frac{0{,}596\ \text{g}}{94{,}45\ \text{g} \cdot \text{mol}^{-1}\ 10^{-3}\ \text{L}} = \underline{\underline{6{,}3\ \text{mol} \cdot \text{L}^{-1}}}$$

Da die Chlorethansäure als **schwache Säure** betrachtet werden soll, gilt:

$$\text{pH} = \tfrac{1}{2} \cdot \left(\text{p}K_\text{s} - \lg \frac{c_0(\text{HA})}{\text{mol} \cdot \text{L}^{-1}} \right)$$

$$= \tfrac{1}{2} \cdot \left(2{,}85 - \lg \frac{6{,}3\ \text{mol} \cdot \text{L}^{-1}}{\text{mol} \cdot \text{L}^{-1}} \right) \approx \underline{\underline{1{,}03 \approx 1}}$$

Bei einer schwachen Säure kann die vorher berechnete Konzentration der Chloressigsäure vereinfachend als Anfangskonzentration c_0 *angenommen werden, da die Chloressigsäure relativ wenig protolysiert.*

Aufgrund des pK_s-Werts zählt die Chloressigsäure eigentlich zu den **mittelstarken** Säuren, währenddessen die Ethansäure (*oder:* Essigsäure) eine **schwache** Säure ist. Die verschiedenen Säurestärken lassen sich mithilfe der **induktiven Effekte** erklären: Bei der Ethansäure schiebt die Methylgruppe die Elektronen in Richtung der Carboxygruppe (+I-Effekt), während die Chlormethylgruppe mit dem stark elektronegativen Chlor-Atom gegenteilig wirkt. Aufgrund der geringeren Elektronendichte der OH-Bindung kann das Wasserstoff-Atom bei der Chloressigsäure leichter als Proton abgespalten werden.

Ethansäure (Essigsäure)

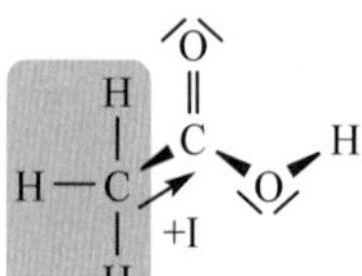

Chloressigsäure

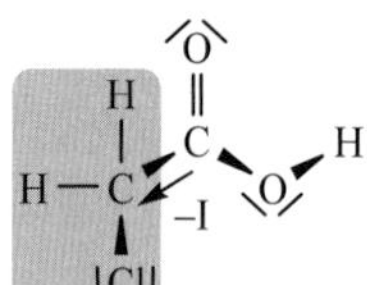

Alternativ kann die Begründung der unterschiedlichen Säurestärke auch anhand der Mesomeriestabilisierung der entsprechenden Carboxylat-Ionen erfolgen. Die genannten induktiven Effekte beeinflussen im gleichen Maße die Stabilität der Carboxylat-Ionen:

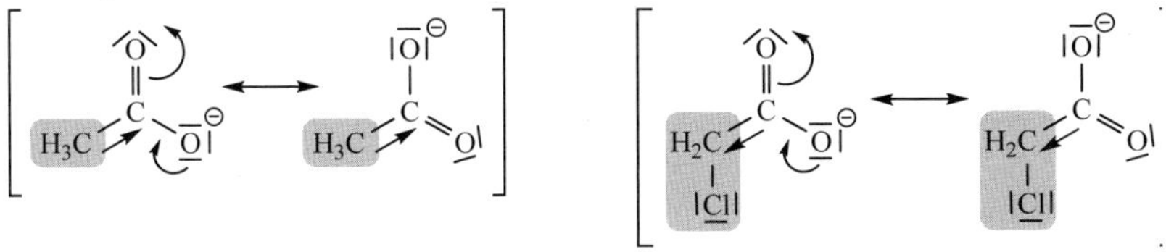

Acetat — Chloracetat

3.3 Das weitere Edukt bei der CMC-Synthese ist **Cellulose**. Dieses Polysaccharid (Glycan) besteht aus β-1,4-glykosidisch verknüpften β-D-Glucose-Molekülen.

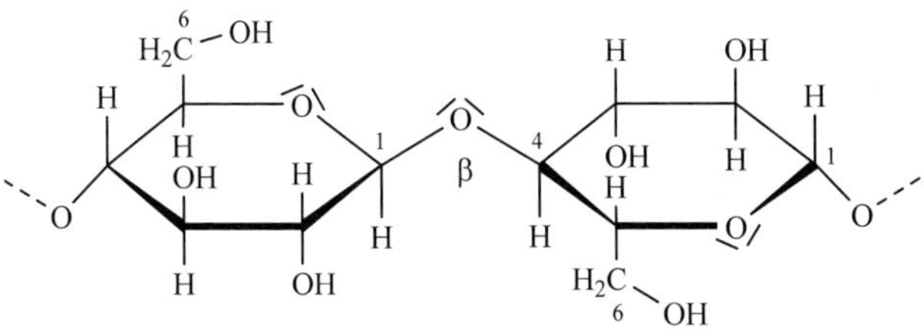

Nach der Synthesevorschrift im Material 1 bewirkt die Natronlauge eine **Deprotonierung der Hydroxygruppe** am C^6-Atom der Cellulose:

R_1 = Celluloserest

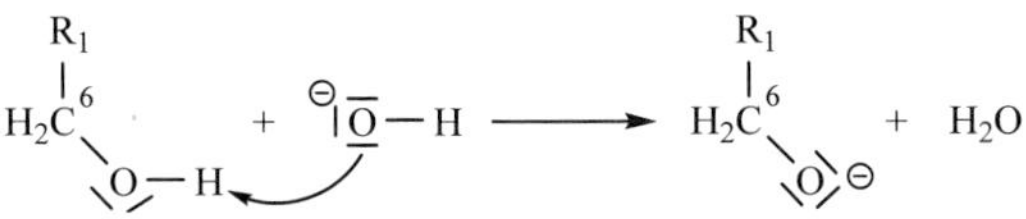

Im nächsten Schritt erfolgt rückseitig ein **nukleophiler Angriff** des Cellulose-Anions am positiv polarisierten Kohlenstoff-Atom des Chloressigsäure-Anions (*oder:* Carboxylat-Ions, Chloracetats):

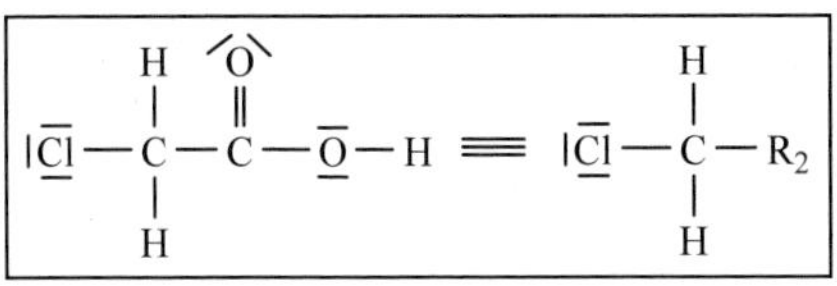

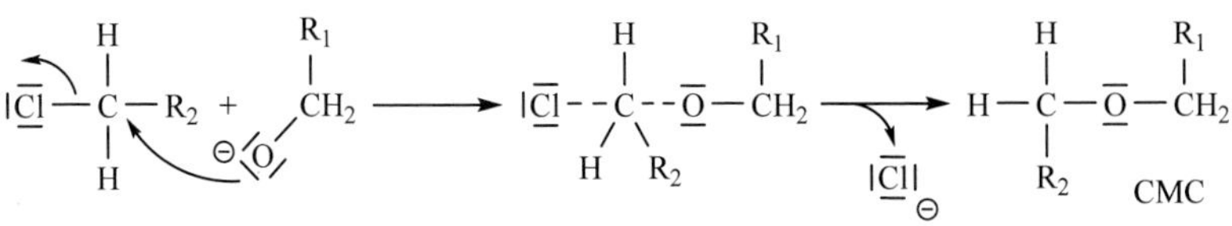

Es bildet sich ein ebener **Übergangszustand**, bei dem das Cellulose-Anion noch nicht gebunden ist und das Chlor-Atom als Abgangsgruppe sich noch nicht gelöst hat. Das stabile Produkt CMC entsteht durch die **Abspaltung des Chlorid-Ions**. Dabei erfolgt eine Änderung der sterischen Konformation.
Bei diesem Reaktionsmechanismus handelt es sich um eine **nukleophile Substitution zweiter Ordnung** (S_N2).

Das Natriumsalz von CMC kann als **Verdickungsmittel** genutzt werden, da aufgrund des alkalischen Milieus die vielen Essigsäure-Anionen (*oder:* Carboxylat-Ionen) aus den polymeren Ketten herausragen und hydratisiert werden. Da so große Mengen an Wassermolekülen gebunden werden können, quillt der Stoff auf und die Lösung wird entsprechend dickflüssiger.

3.4 Die **Reaktionsgleichung** für die Glycin-Synthese lautet:

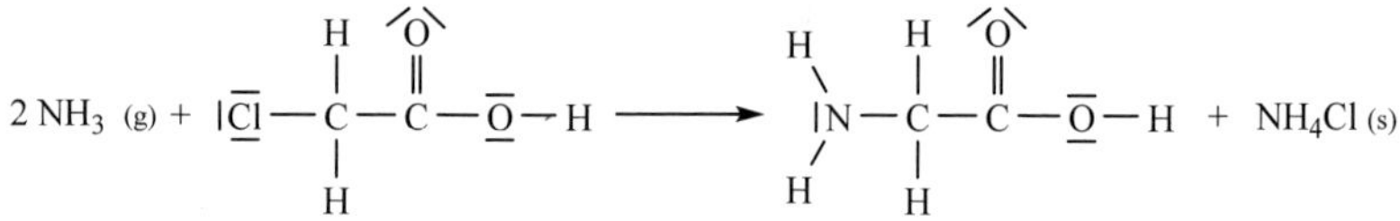

Berechnung der Standardreaktionsenthalpie $\Delta_R H_m^0$:

Es gilt immer die Differenz zwischen der Summe der Standardbildungsenthalpien der Produkte und der der Edukte zu bilden.

$$\Delta_R H_m^0 = \sum n \cdot \Delta_f H_m^0 (\text{Reaktionsprodukte}) - \sum n \cdot \Delta_f H_m^0 (\text{Edukte})$$
$$= \left[1 \cdot (-529\ \text{kJ} \cdot \text{mol}^{-1}) + 1 \cdot (-314\ \text{kJ} \cdot \text{mol}^{-1})\right]$$
$$- \left[1 \cdot (-510\ \text{kJ} \cdot \text{mol}^{-1}) + 2 \cdot (-46\ \text{kJ} \cdot \text{mol}^{-1})\right]$$
$$= \underline{\underline{-241\ \text{kJ} \cdot \text{mol}^{-1}}}$$

Die Standardreaktionsenthalpie für die Glycin-Synthese aus 2-Chlorethansäure beträgt $-241\ \text{kJ} \cdot \text{mol}^{-1}$.

3.5 Mit dem Polarimeter wird die **optische Aktivität** einer Verbindung bestimmt. Optisch aktive Substanzen können die Schwingungsebene des linear polarisierten Lichts um einen stoffspezifischen Winkel drehen. Der Unterschied zwischen den beiden Aminosäuren besteht darin, dass Glycin – als einzige Aminosäure – kein asymmetrisches Kohlenstoff-Atom besitzt. Im Gegensatz zu Valin ist Glycin daher keine chirale Verbindung.

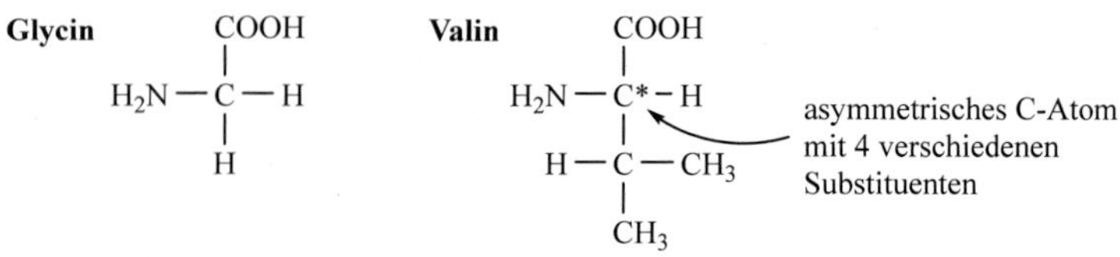

3.6 Zunächst erfolgt ein **nukleophiler Angriff** des freien Elektronenpaars der endständigen Aminogruppe des dargestellten Proteins an dem positiv polarisierten Kohlenstoff-Atom des Phenylisothiocyanats (PITC). Das gebildete **Zwitter-Ion** stabilisiert sich anschließend durch die **Abspaltung und Wanderung eines Protons**. Es entsteht das im Material angegebene Zwischenprodukt:

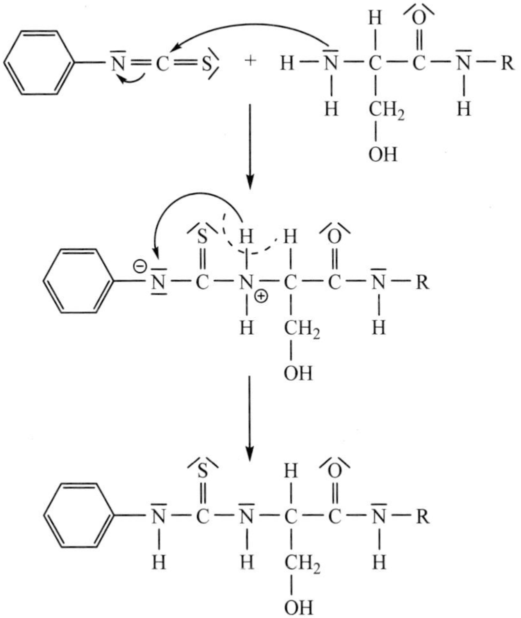

Diese Reaktionsfolge zu Beginn des EDMAN-Abbaus ist die sog. Markierung. Das angegebene Zwischenprodukt wird auch PTC-Peptid genannt. Unter Ringschluss in wasserfreiem Fluorwasserstoff (starke Säure) erfolgt dann die Abspaltung der N-terminalen Aminosäure (im Beispiel: Serin) von der Polypeptidkette. Es entsteht ein Thiazolinon-Derivat (auch ATZ-Aminosäure):

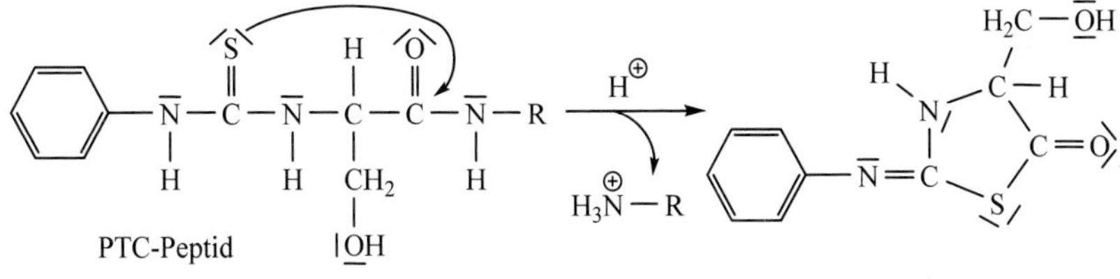

Dieses wird anschließend in eine wässrige Säure-Lösung überführt (siehe nächste Seite). Die übrige – um eine Aminosäure verkürzte – Polypeptidkette bleibt davon unberührt; sie kann erneut mit PITC umgesetzt werden, um die neue endständige Aminosäure abzuspalten.

Im letzten Schritt findet eine Isomerisierung des Thiazolinon-Derivats zum Phenylthiohydantoin (PTH) statt. Das Produkt wird auch als PTH-Aminosäure, hier PTH-Serin, bezeichnet:

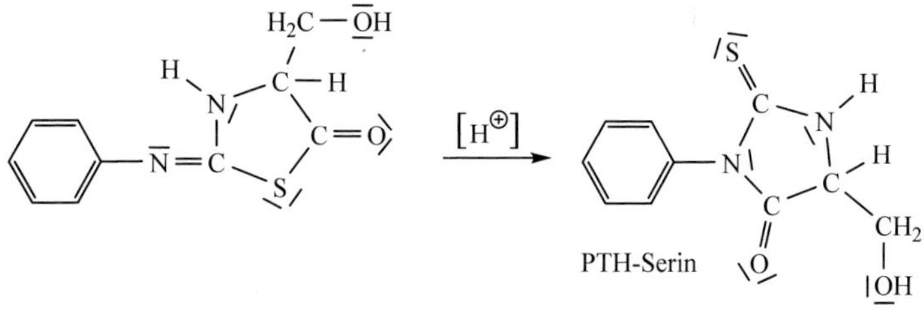

Die N-terminale Aminosäure ist am Ende im Ring an das Phenylisothiocyanat gebunden und kann nun mithilfe einer Chromatografie identifiziert werden.

In dem im Material angegebenen Peptidausschnitt sind von links nach rechts folgende **Aminosäuren** gebunden: Serin, Lysin und Glutaminsäure.

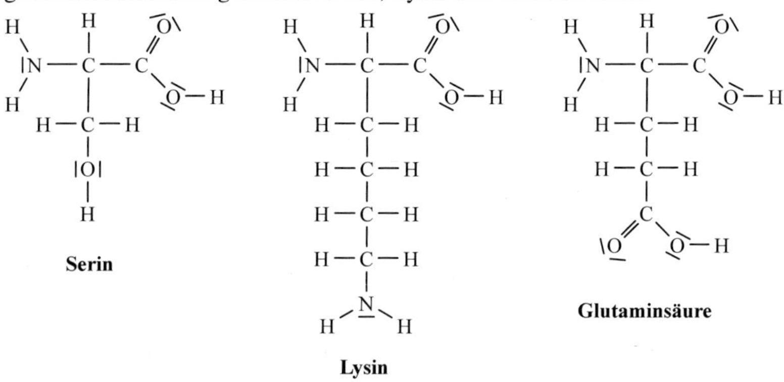

Die **IUPAC-Bezeichnungen** der Aminosäuren lauten:
Serin: 2-Amino-3-hydroxypropansäure
Lysin: 2,6-Diaminohexansäure
Glutaminsäure: 2-Aminopentandisäure

Grundkurs Chemie (Hessen)
Abiturprüfung 2018

Aufgabe A

Kunststoffe im Auto

BE

Moderne Autos bestehen zu mindestens einem Viertel aus Kunststoffen. Durch einen möglichst hohen Kunststoffanteil ergeben sich zahlreiche Vorteile. Neben der preiswerteren Herstellung der Bauteile und der Korrosionsbeständigkeit sind auch die deutliche Gewichtseinsparung sowie damit verbunden ein geringerer Kraftstoffverbrauch ein wesentlicher Pluspunkt. An die Materialeigenschaften dieser Kunststoffe werden hohe Ansprüche gestellt. Zu den Kunststoffen mit hoher Wärmeformbeständigkeit gehören beispielsweise PBT (Polybutylenterephthalat) und PES (Polyethersulfon). Insgesamt werden bis zu 150 verschiedene Kunststoffe im Autobau verwendet, drei Beispiele sind in Material 5 gezeigt. Eine hohe Klopffestigkeit ist ein wichtiges Qualitätsmerkmal von Kraftstoffen wie zum Beispiel Benzin. Als Referenzsubstanz für die Klopffestigkeit von Otto-Kraftstoffen wird *Iso*-Octan verwendet.

1.1 Der Kunststoff PBT (Polybutylenterephthalat) ist ein Polyester, der beispielsweise für die Herstellung von Stoßfängerverkleidungen verwendet wird. Er wird aus Butan-1,4-diol und Terephthalsäure (Material 1) synthetisiert.
Zeichnen Sie die Strukturformel für Butan-1,4-diol und einen Strukturformelausschnitt des Polyesters aus 4 Monomer-Einheiten.
Formulieren Sie für diese säurekatalysierte Reaktion den Reaktionsmechanismus, dabei können die für die Reaktion nicht relevanten Molekülteile mit –R abgekürzt werden. 11

1.2 Das in Material 2 beschriebene REPPE-Verfahren ist eine Möglichkeit der industriellen Herstellung von Butan-1,4-diol.
Formulieren Sie für die beiden Schritte des REPPE-Verfahrens jeweils eine Reaktionsgleichung unter Verwendung von Strukturformeln für die organischen Verbindungen.
Zeigen Sie für die zweite Reaktion anhand der wesentlichen Oxidationszahlen und der Elektronenübergänge, dass es sich um eine Redoxreaktion handelt. 9

1.3 Für die Herstellung eines sogenannten Polyethersulfons, das z. B. für die Herstellung von Reflektoren von Scheinwerfern verwendet wird, bringt man Phenylsulfonchlorid mit einem Diol wie 1,4-Dihydroxybenzol zur Reaktion (Material 3). Dabei entsteht neben dem gewünschten Kunststoff ein Gas, das eingeleitet in eine wässrige Silbernitrat-Lösung einen milchig weißen Niederschlag ergibt.
Geben Sie einen Strukturformelausschnitt des Polyethersulfons an.

Benennen Sie die Polyreaktion.
Erläutern Sie die Nachweisreaktion für das entstehende Gas auch mithilfe von zwei Reaktionsgleichungen. 9

1.4 Der Schmelzbereich des Polyesters PBT liegt mit etwa 223 °C recht hoch, er entspricht damit den Anforderungen an die Wärmeformbeständigkeit für die Verwendung im Automobilbau. PBT ist zudem für das sogenannte werkstoffliche Recycling geeignet; darunter versteht man die Aufbereitung von Altkunststoffen zu neuen Kunststoffgegenständen, wobei die Polymerketten erhalten bleiben.
Ordnen Sie diesen Kunststoff entsprechend seinen Materialeigenschaften einer Kunststoffklasse zu.
Erklären Sie die Vorgänge beim werkstofflichen Recycling des Polyesters PBT auch auf molekularer Ebene. 6

1.5 Die Verbindung 2,2,4-Trimethylpentan (*Iso*-Octan) ist die Referenzsubstanz für die Bestimmung der Klopffestigkeit von Otto-Kraftstoffen.
Zeichnen Sie die Strukturformel von 2,2,4-Trimethylpentan.
Berechnen Sie mithilfe von Material 4 das Volumen an Kohlenstoffdioxid, das bei der Verbrennung von einem Liter *Iso*-Octan entsteht. 7

1.6 Material 5 zeigt drei weitere Beispiele für Kunststoffe, die im Automobilbau Verwendung finden.
Formulieren Sie die Strukturformeln der jeweiligen Monomere und benennen Sie diese. 8

50

Material 1: Terephthalsäure (Benzol-1,4-dicarbonsäure)

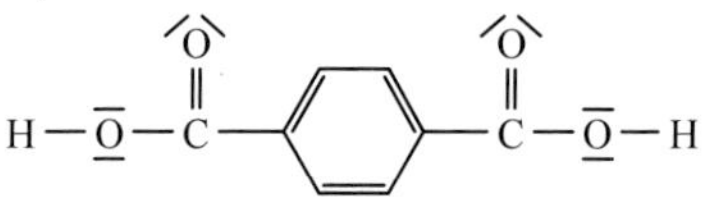

Material 2: Industrielle Herstellung von Butan-1,4-diol nach dem REPPE-Verfahren

Die Synthese von Butan-1,4-diol erfolgt in zwei Schritten.

Schritt 1: Ethin reagiert mit Methanal zu But-2-in-1,4-diol.
Schritt 2: But-2-in-1,4-diol reagiert mit elementarem Wasserstoff zu Butan-1,4-diol.

Material 3: Phenylsulfonchlorid und 1,4-Dihydroxybenzol

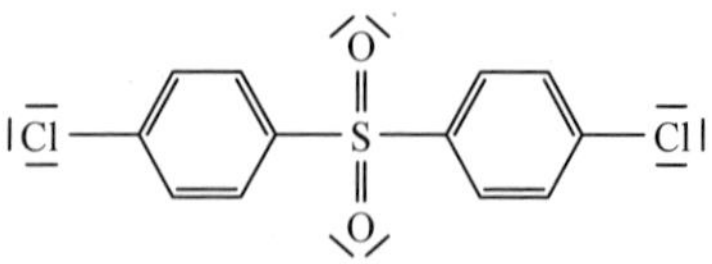

Phenylsulfonchlorid

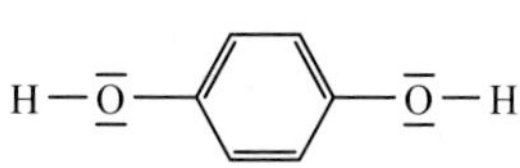

1,4-Dihydroxybenzol

Material 4: Verbrennung von *Iso*-Octan

Ein Liter *Iso*-Octan hat eine Masse von 690 Gramm. Bei der vollständigen Verbrennung von einem Mol *Iso*-Octan entstehen 8 Mol Kohlenstoffdioxid. Das Volumen von einem Mol Gas beträgt bei Normbedingungen 22,4 Liter.

Material 5: Polymerisate im Auto – drei Beispiele

	Ausschnitt aus dem Makromolekül	**Anzahl unterschiedlicher Monomere**	**Verwendung im Auto (Beispiele)**
(A)	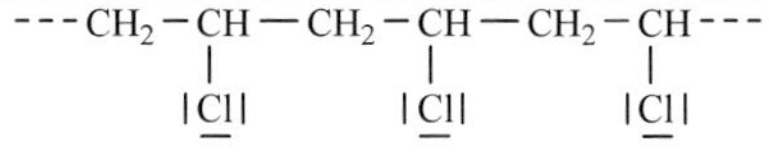	1	Türgriffe, Kofferraumteile, Kunstleder auf Sitzen
(B)	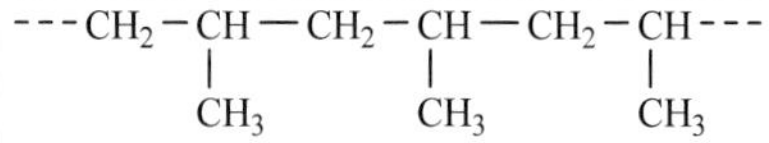	1	Türverkleidung, Stoßfänger, Armaturenbrettträger
(C)	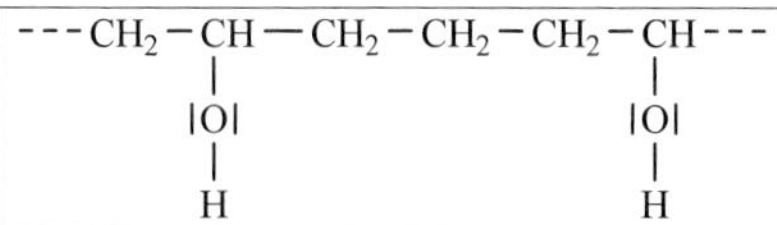	2	Tankbehälter

Materialgrundlage:
Hans-Jürgen Arpe: Industrielle Organische Chemie, Weinheim 2007, S. 107 f.
https://www.lernhelfer.de/schuelerlexikon/chemie-abitur/artikel/kunststoffe-kraftfahrzeugen (abgerufen am 09. 05. 2017).
www.chik.de/Beispieleinheiten/Kunststoffe%20im%20Auto.doc (abgerufen am 25. 04. 2017).
www.bayern-innovativ.de/stauber_Vortrag (abgerufen am 25. 04. 2017).
www.spektrum.de/lexikon/chemie/acetylenchemie/84 (abgerufen am 25. 04. 2017).
https://www.plasticsportal.net/wa/plasticsEU~de_DE/function/conversions:/publish/common/upload/engineering_plastics/Ultrason_Automotive.pdf (abgerufen am 06. 07. 2017).
www.k-zeitung.de/polypropylen-fuer-leichte-autos (abgerufen am 08. 08. 2017).
www.pvch.ch/wp-content/uploads/2014/08/prodinfautomo_automobil.pdf (abgerufen am 08. 08. 2017).
www.chemie-schule.de/Know-How/Ethylen-Vinylalkohol-Copolymer (abgerufen am 08. 08. 2017).

Aufgabe B

Säuren und Basen — BE

Protolysen sind reversible Reaktionen, bei denen sich die Gleichgewichte in kurzer Zeit einstellen. Wässrige Lösungen von Salzen sind nicht immer neutral, sie können auch sauer oder alkalisch reagieren.
Halogencarbonsäuren, die sich in ihrer Säurestärke unterscheiden, sind wichtige Ausgangsstoffe für verschiedenste chemische Synthesen. Für die Herstellung der Halogencarbonsäuren stehen verschiedene Möglichkeiten zur Verfügung. Aus Ethansäure

lässt sich zum Beispiel Chlorethansäure herstellen. Diese kann zu Bromethansäure umgesetzt werden.
Chlorethansäure kann auch als Ausgangsstoff für die Synthese von Hydroxyethansäure verwendet werden. Hydroxyethansäure wird zum Beispiel zur Entrostung von Rohrleitungen, in der Textil- und Lederindustrie sowie zur Hautpflege eingesetzt.
Für die Herstellung von Carbonsäureamiden, die als Lösungsmittel sowie zur Herstellung von Arzneimitteln und Kunststoffen verwendet werden, kann eine Protolyse-Reaktion die Grundlage sein.

2.1 Geben Sie für die Reaktion von Methansäure mit Wasser eine Reaktionsgleichung an.
Geben Sie für diese Protolyse-Reaktion das Massenwirkungsgesetz sowie den Formelausdruck für die Berechnung des K_S-Werts an.
Die Protolyse-Reaktion von Methansäure ist exotherm. Erklären Sie den Einfluss einer Temperaturerhöhung auf die Lage des Gleichgewichts und auf den K_S-Wert. 10

2.2 Die Konstante K_S ist ein Maß für die Säurestärke. In Material 1 finden Sie die K_S-Werte verschiedener Säuren.
Berechnen Sie die jeweiligen pK_S-Werte.
Begründen Sie die unterschiedliche Säurestärke der vier Säuren anhand der Strukturformeln. 10

2.3 Die Protolyse-Reaktion von Ammoniak (NH_3) mit Wasser ergibt eine alkalische Lösung, hingegen erhält man bei der Reaktion von Ammoniumchlorid (NH_4Cl) mit Wasser eine saure Lösung.
Formulieren Sie eine Reaktionsgleichung für die Reaktion von Ammoniak mit Wasser und geben Sie die korrespondierenden Säure-Base-Paare an.
Erklären Sie die Entstehung einer sauren Lösung bei der Reaktion von Ammoniumchlorid mit Wasser auch mithilfe einer Reaktionsgleichung. 8

2.4 Eine Möglichkeit zur Herstellung von Monochlorethansäure ist eine Reaktion von Ethansäure mit Chlor unter Lichteinfluss, dabei entsteht auch ein anorganisches Produkt.
Formulieren Sie den Reaktionsmechanismus für die Herstellung von Monochlorethansäure und benennen Sie alle Teilschritte.
Benennen Sie den Reaktionsmechanismus. 8

2.5 Material 2 beschreibt, ausgehend von Monochlorethansäure, einen möglichen Syntheseweg für die Herstellung von Hydroxyethansäure.
Formulieren Sie für beide Reaktionsschritte jeweils eine Reaktionsgleichung (organische Verbindungen in Strukturformeln).
Geben Sie jeweils den Reaktionstyp an. 7

2.6 Das in Material 3 gezeigte Ammoniumcarboxylat kann in einer Protolyse-Reaktion hergestellt werden. In einer anschließenden Kondensationsreaktion lässt sich aus diesem Ammoniumcarboxylat als einzigem Ausgangsstoff ein Carbonsäureamid synthetisieren.
Entwickeln Sie die Reaktionsgleichung für die Protolyse-Reaktion zu dem Ammoniumcarboxylat aus Material 3.
Entwickeln Sie die Reaktionsgleichung für die Kondensationsreaktion vom Ammoniumcarboxylat aus Material 3 zum Carbonsäureamid, organische Verbindungen in Strukturformeln. 7

50

Material 1: K_S-Werte verschiedener Säuren

Säure	K_S-Wert
Bromethansäure	$1{,}259 \cdot 10^{-3}\ \text{mol} \cdot \text{L}^{-1}$
Chlorethansäure	$1{,}380 \cdot 10^{-3}\ \text{mol} \cdot \text{L}^{-1}$
Ethansäure	$1{,}738 \cdot 10^{-5}\ \text{mol} \cdot \text{L}^{-1}$
Fluorethansäure	$2{,}570 \cdot 10^{-3}\ \text{mol} \cdot \text{L}^{-1}$

Material 2: Syntheseweg zur Herstellung von Hydroxyethansäure

Schritt 1: Monochlorethansäure reagiert mit Kaliumbromid unter Wirkung eines Katalysators zu Monobromethansäure und einem weiteren Produkt.

Schritt 2: Monobromethansäure reagiert mit Natriumhydroxid in wässriger Lösung zur gewünschten Hydroxyethansäure und einem weiteren Produkt.

Material 3: Ammoniumcarboxylat

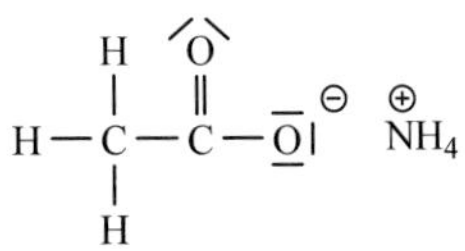

Materialgrundlage:
Hans Beyer, Wolfgang Walter: Lehrbuch der Organischen Chemie, Stuttgart 2004, S. 286 f.
E. Breitmaier, G. Jung: Organische Chemie, Stuttgart 2009, S. 257, S. 295 und S. 298.
G. H. Aylward, T. J. V. Findlay: Datensammlung Chemie in SI-Einheiten, Weinheim 1999, S. 98 f.

Aufgabe C

Milch BE

Kuhmilch ist eine weiße, trübe Emulsion von Proteinen, Milchzucker und Milchfett in Wasser. Als Vollmilch enthält sie zu etwa 4,8 % Lactose (Milchzucker), 4,2 % Fett, 3,5 % Protein sowie verschiedene Vitamine und Mineralien.
Milchfett hat im Vergleich zu anderen Fetten und Ölen einen relativ hohen Gehalt an gesättigten Fettsäuren und einen relativ geringen Gehalt an mehrfach ungesättigten Fettsäuren. Bei Raumtemperatur sind tierische Fette wie Milchfett fest und pflanzliche Fette wie z. B. Olivenöl flüssig. Durch längeres Stehenlassen werden Triglyceride zum Teil abgebaut, wodurch der Anteil an freien Fettsäuren im Milchfett ansteigt. Dadurch entstehen Geschmacksfehler wie „alt" und „ranzig" in den fetthaltigen Produkten. Im Gegensatz dazu ist bei der Käsereifung die Entstehung von freien Fettsäuren Voraussetzung für eine gute Aromabildung.

3.1 Geben Sie die Strukturformel eines optisch aktiven Triglycerid-Moleküls an, in dem zwei Moleküle Palmitinsäure ($C_{15}H_{31}COOH$) und ein Molekül Buttersäure (Butansäure) chemisch gebunden sind, und beschriften Sie das asymmetrische Kohlenstoffatom.
Erklären Sie die unterschiedlichen Aggregatzustände von Milchfett und Olivenöl. 9

3.2 Erhitzt man im Labor Milchfett mit Natronlauge (Natriumhydroxid-Lösung), werden die Triglycerid-Moleküle gespalten.
Formulieren Sie den Reaktionsmechanismus der alkalischen Hydrolyse eines Triglycerids exemplarisch an einer funktionellen Gruppe.

Hinweis: Die für die Reaktion nicht relevanten Molekülteile können mit –R abgekürzt werden.

Geben Sie die Strukturformeln der Produkte für die vollständige alkalische Hydrolyse des Triglycerids an, in dem zwei Moleküle Palmitinsäure ($C_{15}H_{31}COOH$) und ein Molekül Buttersäure (Butansäure) chemisch gebunden sind. 9

3.3 Lactose (Material 1) ist ein Disaccharid, das aus zwei miteinander verknüpften Monosacchariden besteht.
Bestimmen Sie die Verknüpfungsart im Lactose-Molekül und zeichnen Sie für die Monosaccharid-Bausteine von Lactose die HAWORTH-Projektionen.
Mit Lactose wird die FEHLINGsche Probe durchgeführt. Erklären Sie das zu erwartende Ergebnis dieser Nachweis-Reaktion. 8

3.4 Für den Nachweis von Aldehydgruppen kann u. a. auch das sogenannte NYLANDER-Reagenz verwendet werden. Das NYLANDER-Reagenz enthält Bismut-Ionen (Bi^{3+}) in alkalischer Lösung, die bei der Reaktion mit einer Aldehydgruppe zu elementarem Bismut (Bi) reagieren.
Formulieren Sie die Reaktionsgleichung für die Reaktion von NYLANDER-Reagenz mit einem selbst gewählten Aldehyd.
Zeigen Sie anhand der wesentlichen Oxidationszahlen und der Elektronenübergänge, dass es sich hierbei um eine Redoxreaktion handelt. 9

3.5 Neben den Hauptinhaltsstoffen enthält Milch je nach Milchsorte eine Reihe von Vitaminen (Material 2) in unterschiedlicher Zusammensetzung.
Benennen Sie die im Vitamin A-Molekül und im Pantothensäure-Molekül auftretenden funktionellen Gruppen.
Analysieren Sie die vier Vitaminmoleküle (Material 2) hinsichtlich ihrer Löslichkeit in Wasser und in Fett und vergleichen Sie den Vitamingehalt von entrahmter Milch (Fettgehalt 0,1 %) mit dem Vitamingehalt von Vollmilch hinsichtlich der vier Vitaminmoleküle (Material 2). 11

3.6 Saure Milch besitzt den pH-Wert von 4,4.
Berechnen Sie die Stoffmenge (n) an H_3O^+-Ionen in 0,25 L saurer Milch. 4

50

Material 1: Lactose

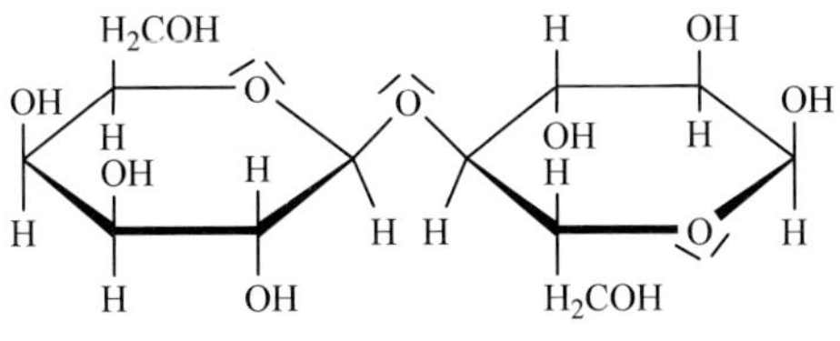

Material 2: Vitamine der Milch

Vitamin A

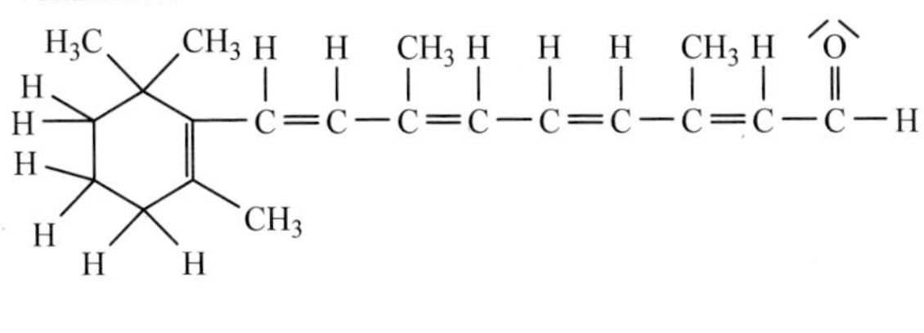

Vitamin E

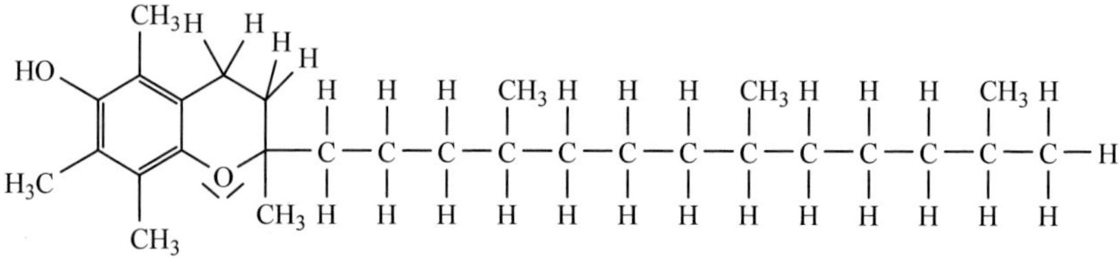

Pantothensäure

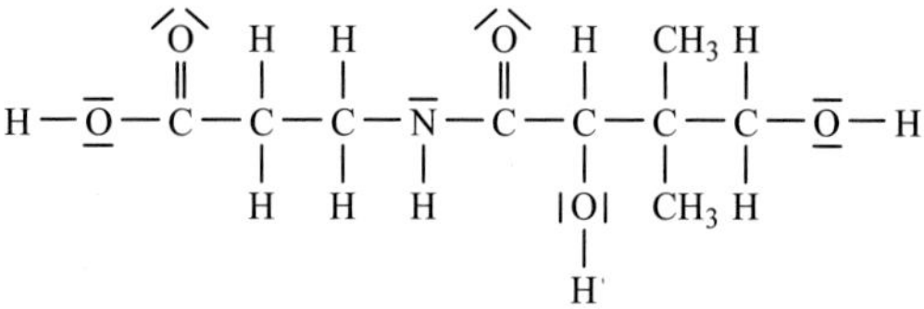

Vitamin B2

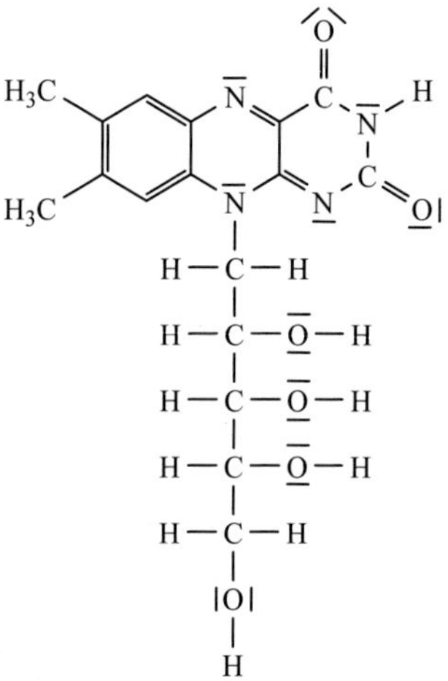

Materialgrundlage:
www.chemieunterricht.de/dc2/milch/ (abgerufen am 10. 05. 2017)
www.chids.de/dachs/expvortr/654.pdf (abgerufen am 10. 05. 2017)
Hans Beyer, Wolfgang Walter: Lehrbuch der Organischen Chemie, Stuttgart 2004, S. 462.

Lösungsvorschläge

Aufgabe A

1.1 Strukturformel von Butan-1,4-diol:

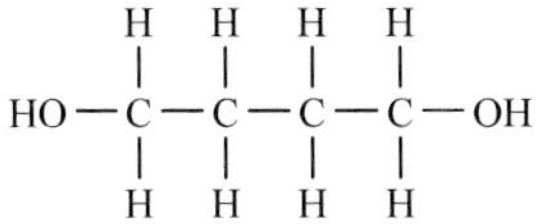

Es gibt mehrere Möglichkeiten für die Darstellung der Strukturformel, üblicherweise ist die Valenzstrichformel gemeint (siehe oben). Daneben ist die Darstellung als Skelettformel korrekt (links unten), außerdem können in der Valenzstrichformel zusätzlich nichtbindende Elektronenpaare der funktionellen Gruppen (OH-Gruppen) eingezeichnet werden (rechts unten).

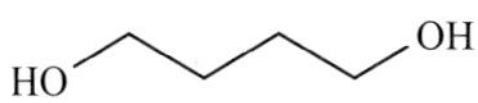

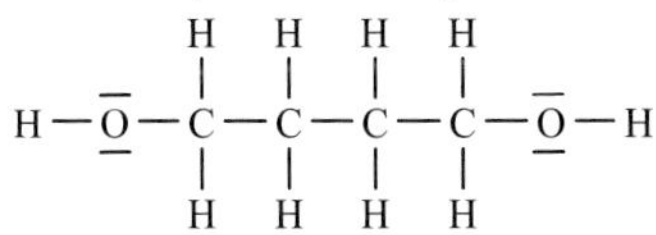

Strukturformelausschnitt des Polyesters PBT mit vier Monomeren:

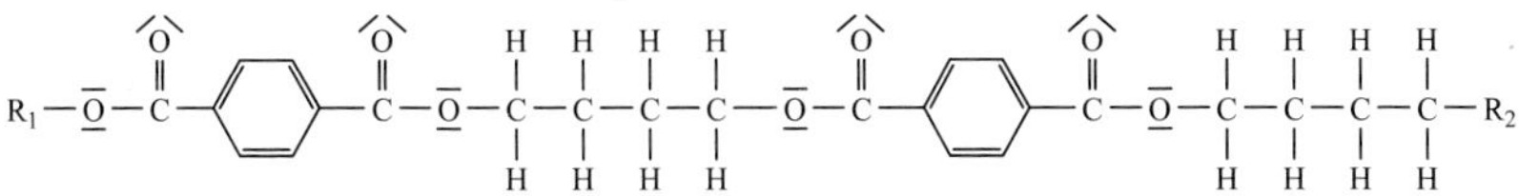

Der Reaktionsmechanismus ist eine säurekatalysierte Estersynthese unter Abspaltung von Wasser:

1. Protonierung (Säurekatalyse), Bildung eines Carbeniumions

2. Nukleophiler Angriff des negativ polarisierten O-Atoms des Butanols am positiv geladenen C-Atom des Carbeniumions und Protonenumlagerung

3. Abspaltung des Wassermoleküls, Bildung des Esters und Freisetzung des Protons

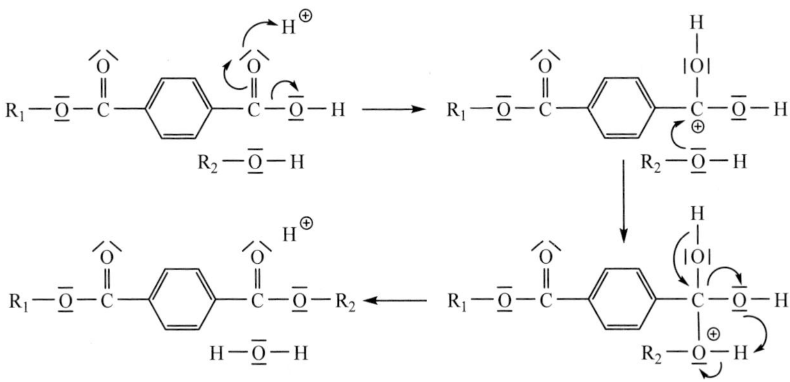

1.2 **1. Schritt** der REPPE-Synthese

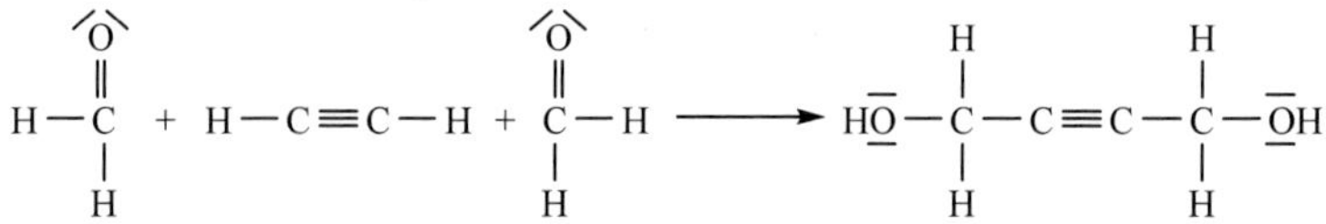

2. Schritt

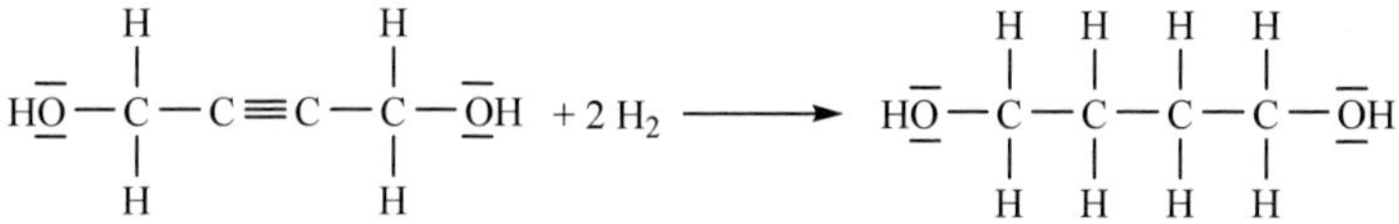

Im ersten Schritt besitzen die C-Atome am Ethin eine hohe Elektronendichte und greifen nukleophil das positiv polarisierte C-Atom des Methanals an.
Im zweiten Schritt wird die C–C-Dreifachbindung katalytisch mit elementarem Wasserstoff reduziert.

Der molekulare Wasserstoff hat die Oxidationszahl 0, die beiden C-Atome an der Dreifachbindung haben ebenfalls die Oxidationszahl 0. Die vier H-Atome geben jeweils 1 Elektron ab und werden oxidiert (Oxidationszahl +I), die zwei C-Atome an der Dreifachbindung nehmen diese auf und werden zur Oxidationszahl –II reduziert.

1.3 Strukturausschnitt des Polyethersulfons:

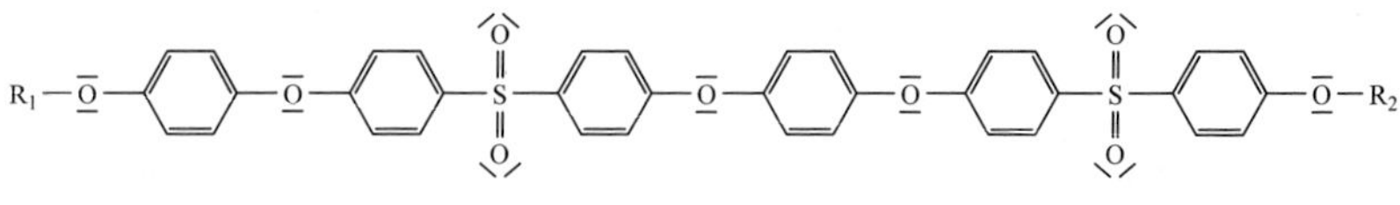

Bei der Reaktion handelt es sich um eine **Polykondensation**.

Durch diese Reaktion wird **Chlorwasserstoff (HCl)** abgespalten.

Diese Reaktionsgleichung zeigt die Entstehung von HCl (g). Für die vollständige Beantwortung der Frage ist diese Gleichung jedoch nicht nötig.

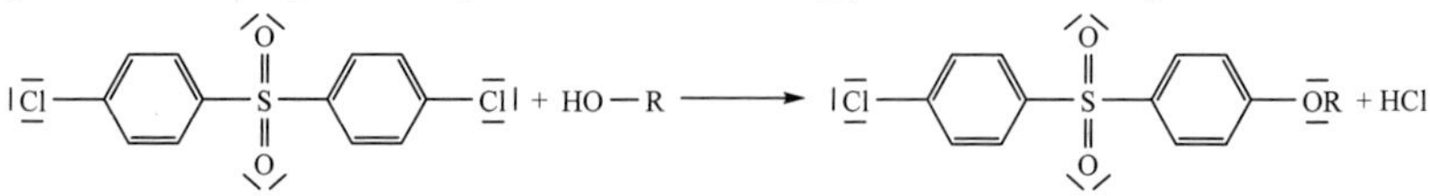

Bei der Einleitung in Wasser entstehen aus dem gasförmigen Chlorwasserstoff **Chloridionen**, diese können mit einer Silbernitratlösung anhand der Bildung von schwerlöslichem Silberchlorid (weißer Niederschlag) nachgewiesen werden.

$$HCl + H_2O \longrightarrow H_3O^+ + Cl^-$$

$$Ag^+ + NO_3^- + H_3O^+ + Cl^- \longrightarrow AgCl\downarrow + H_3O^+ + NO_3^-$$

1.4 Polybutylenterphthalat PBT ist ein Makromolekül, das aus linearen Ketten besteht, die durch VAN-DER-WAALS-Kräfte zusammengehalten werden. Diese Kräfte sind relativ schwach und abhängig von der Kettenlänge. Beim Erhitzen werden die VAN-DER-WAALS-Kräfte überwunden, sodass die Kohlenwasserstoffreste sich gegeneinander verschieben und aneinander vorbeigleiten können. Dadurch wird der Kunststoff weich und formbar. Es handelt sich bei PBT somit um einen **Thermoplasten**.

Sind die gebrauchten Kunststoffreste einheitlich, d. h. bestehen sie nur aus einer Polymerart, können sie geschmolzen und neu verarbeitet werden.

Bei uneinheitlichen Kunststoffen müssen die Ester gespalten, die Komponenten getrennt und dann der Polyester neu synthetisiert werden.

1.5 Strukturformel von 2,2,4-Trimethylpentan:

In der Skelettformel:

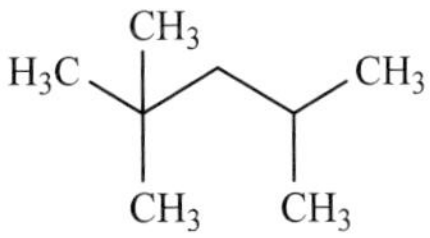

In der Halbstrukturformel:

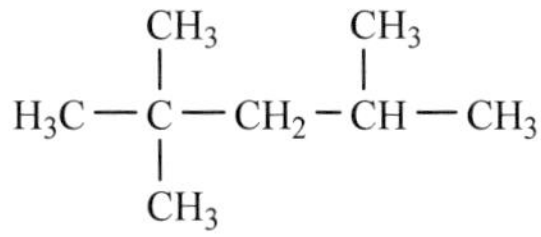

In Material 4 ist die Dichte von *Iso*-Octan angegeben (Dichte = 690 g · L^{-1}). Es muss dann die molare Masse von *Iso*-Octan aus der Formel berechnet werden:

$M(C_8O_{18}) = (8 \cdot 12 + 18 \cdot 1)\ g \cdot mol^{-1} = 114\ g \cdot mol^{-1}$

Aus der Reaktionsgleichung der Verbrennung geht hervor, dass aus 1 mol *Iso*-Octan 8 mol CO_2 entstehen. Es gilt für die Stoffmenge:

$$n(\textit{Iso}\text{-Octan}) = \frac{m}{M} = \frac{690\ g}{114\ g \cdot mol^{-1}} = 6{,}035\ mol$$

$$n(CO_2) = 8 \cdot n(\textit{Iso}\text{-Octan}) = 48{,}424\ mol$$

Es entstehen somit aus 6,035 mol *Iso*-Octan 48,424 mol CO_2.

Es wird angegeben, dass der Wert für das Molvolumen eines idealen Gases bei Normalbedingungen von $V_m = 22,4\ L \cdot mol^{-1}$ verwendet werden soll.

$$V(CO_2) = n \cdot V_m = 48{,}424\ mol \cdot 22{,}4\ L \cdot mol^{-1} = 1084{,}7\ L$$

Es entstehen **1 084,7 L CO_2**.

1.6 (A) wird aus **Monochlorethen** (Vinylchlorid) durch Polymerisation hergestellt.

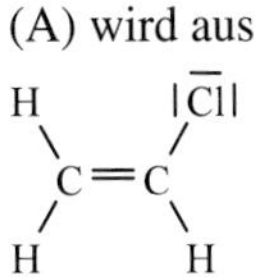

(B) wird aus **Propen** durch Polymerisation hergestellt.

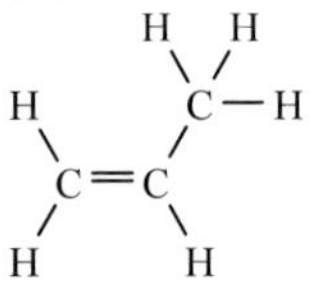

Für (C) sind zwei Monomere nötig: **Ethen** und **Ethenol**.

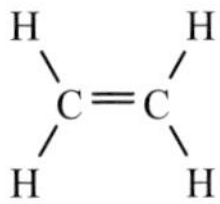

Ethen

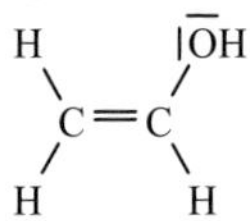

Ethenol

Ethenol (Vinylalkohol) ist das einfachste Enol; es isomerisiert in freiem Zustand unter Normalbedingungen sofort zu seinem Tautomer Ethanal (Acetaldehyd), sofern es nicht – etwa als Eisencarbonyl- oder Platin-Komplex – stabilisiert wird.

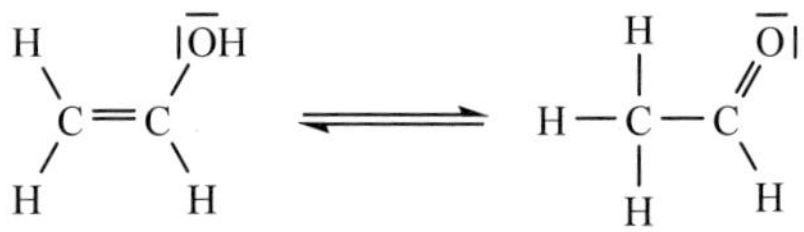

Ethenol Ethanal

Aufgabe B

2.1 Die Reaktion ist eine Protolyse der Methansäure oder Ameisensäure in wässriger Lösung.

$$HCOOH + H_2O \rightleftharpoons H_3O^+ + HCOO^-$$

Das Massenwirkungsgesetz (MWG):

$$K = \frac{c(H_3O^+) \cdot c(HCOO^-)}{c(HCOOH) \cdot c(H_2O)}$$

Formel für den K_S-Wert:

$$K_S = \frac{c(H_3O^+) \cdot c(HCOO^-)}{c(HCOOH)}$$

Die Konzentration des Wassers wird für verdünnte Lösungen von Säuren konstant angenommen, da sich dessen Konzentration durch die Protolyse kaum verändert. Die Konzentration des Wassers (55,5 mol) fließt in die Konstante K_S ein.

Grundlage ist das **Prinzip des kleinsten Zwangs** (LE CHATLELIER/BRAUN): Eine im Gleichgewicht befindliche Reaktion weicht einem äußeren Zwang in die Richtung aus, bei der dieser Zwang verringert wird. Der Zwang ist in diesem Fall die Temperaturerhöhung, also wird die endotherme Reaktion (hier die Rückreaktion) bevorzugt ablaufen. Der K_S-Wert wird in diesem Fall geringer, da mehr Edukte (Methansäure und Wasser) gebildet werden und die Konzentration der Produkte abnimmt.

2.2 Es gilt: $pK_S = -\log K_S$

Säure	**pK_S-Wert**
Bromethansäure	2,90
Chlorethansäure	2,86
Ethansäure	4,76
Fluorethansäure	2,59

Je kleiner der pK_S-Wert ist, desto stärker ist die Säure, d. h., die Protolyse läuft verstärkt ab, es werden mehr H_3O^+-Ionen gebildet.
Die Abgabe des Protons aus der Carboxygruppe ist von der Molekülstruktur und dem auftretenden Effekt abhängig. Ist am dem der Carboxygruppe benachbarten C-Atom ein Atom oder ein Substituent gebunden, welcher Elektronen „zugibt" oder „abzieht", so hat dies Einfluss auf die Protolyse.
Fluor, Chlor und Brom sind starke elektronegative Substituenten. Fluor (EN = 4) ist das elektronegativste Element, danach folgen Chlor (EN = 3,16) und schließlich Brom (EN = 2,96). Alle drei üben einen sogenannten –I-Effekt aus. Dieser erhöht die Säurestärke, da die Elektronendichte der Carboxygruppe in Richtung des Halogenatoms verschoben wird. Somit wird die O–H-Bindung stärker polarisiert und das Wasserstoffatom der OH-Gruppe leichter abgespalten. Fluor übt als elektronegativstes Element den stärksten –I-Effekt der drei Halogensäuren aus, deshalb besitzt Fluorethansäure den kleinsten pK_S-Wert, gefolgt von Chlorethansäure und dann Bromethansäure.
In Ethansäure hingegen übt die Methylgruppe einen +I-Effekt aus, dieser erhöht die Elektronendichte des Carboxy-C-Atoms. Die Säurestärke nimmt hier ab, da die O–H-Bindung weniger stark polarisiert wird.

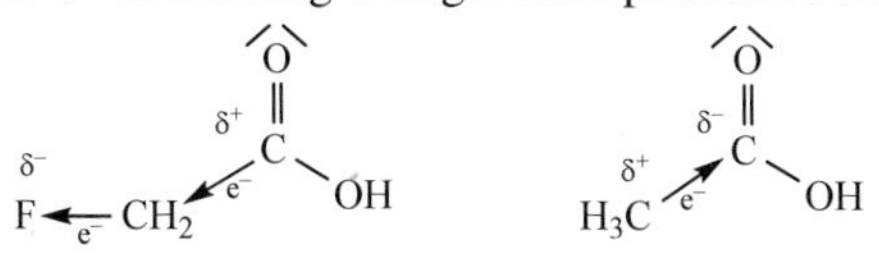

(Cl, Br) –I-Effekt +I-Effekt

2.3 **Protolysegleichung:**

$$NH_3 + H_2O \rightleftharpoons NH_4^+ + OH^-$$

Die korrespondierenden Säure-Base-Paare sind NH_4^+/NH_3 und H_2O/OH^-.

Das Ammoniumion NH_4^+ ist eine (Kationen-)Säure und überträgt ein Proton auf das Wassermolekül, sodass ein Oxoniumion entsteht.

$$NH_4^+ + Cl^- + H_2O \rightleftharpoons NH_3 + H_3O^+ + Cl^-$$

oder:

$$NH_4Cl + H_2O \rightleftharpoons NH_3 + HCl$$

2.4 **Startreaktion:** homolytische Spaltung unter Lichteinfluss

$$|\overline{\underline{Cl}} - \overline{\underline{Cl}}| \longrightarrow 2\ |\overline{\underline{Cl}}\cdot$$

Bildung eines Ethansäureradikals unter Abspaltung von Chlorwasserstoff:

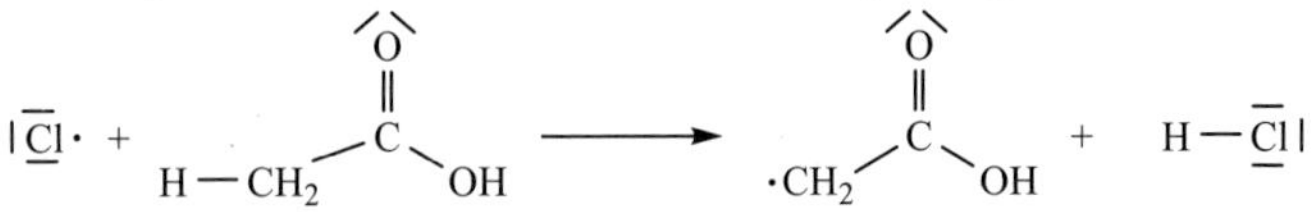

Kettenreaktion: Bildung von Chlorradikalen (ohne Lichteinfluss)

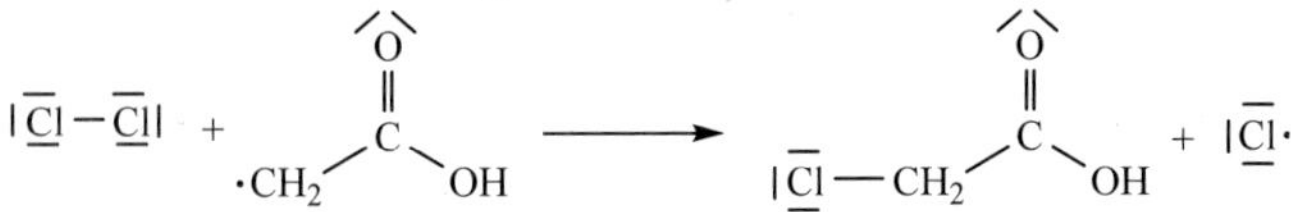

Kettenabbruchreaktion: Zwei Radikale reagieren miteinander, z. B.:

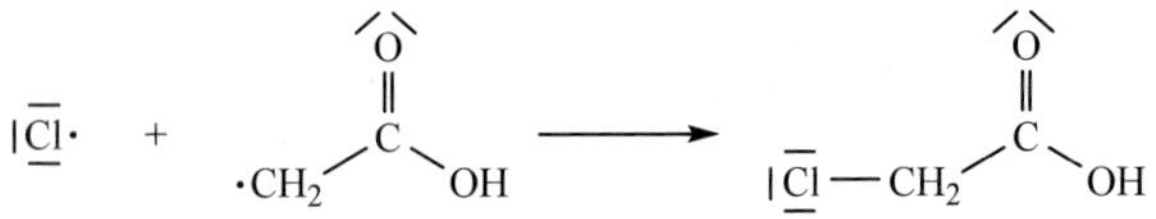

Es handelt sich hier um eine **radikalische Substitution (S_R)**.

2.5 Zweistufige Synthese von Hydroxyethansäure:

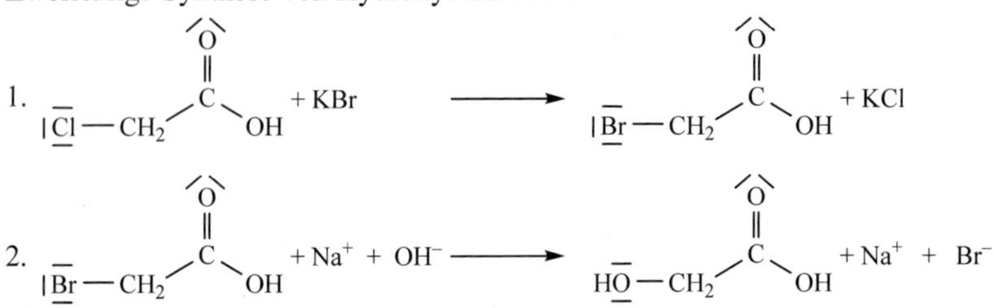

In beiden Fällen handelt es sich um eine **Substitutionsreaktion**.

2.6 *Bei der in Material 3 gezeigten Verbindung handelt es sich laut IUPAC um das Salz Ammoniumacetat. Der Begriff „Ammoniumcarboxylat“ bezieht sich üblicherweise auf Verbindungen, die innerhalb eines Moleküls eine Ammonium- sowie eine Carboxygruppe aufweisen, wie z. B. Zwitterionen einer Aminosäure. Für das erfolgreiche Lösen der Aufgabe ist die Bezeichnung der Verbindung jedoch nicht von Bedeutung.*

Protolyse zur Bildung des Salzes (Ammoniumacetat): Das Proton der Ethansäure wird vom Ammoniak-Molekül an seinem freien Elektronenpaar gebunden.

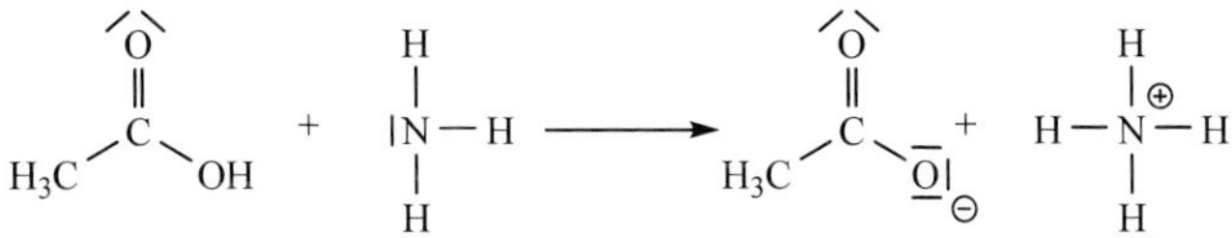

Kondensationsreaktion bei hoher Temperatur:

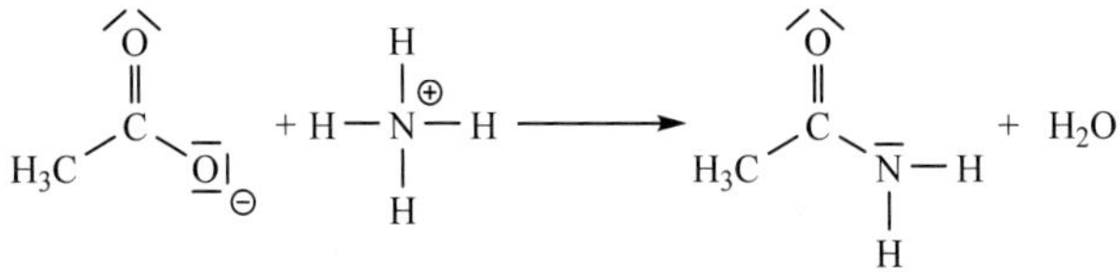

Bei dieser Reaktion handelt es sich um eine Dehydratisierung: Es wird Wasser abgespalten. Um dies zu beschleunigen, sind verschiedene Kondensationsmittel synthetisiert worden, z. B. Dicyclohexylcarbodiimid (DCC).

Aufgabe C

3.1 *Ein optisch aktives Molekül enthält ein oder mehrere asymmetrische C-Atome, das sind z. B. C-Atome mit 4 verschiedenen Substituenten, und darf keine innere Spiegelebene besitzen. Es gibt nur diese mögliche Anordnung mit einem asymmetrischen C-Atom.*

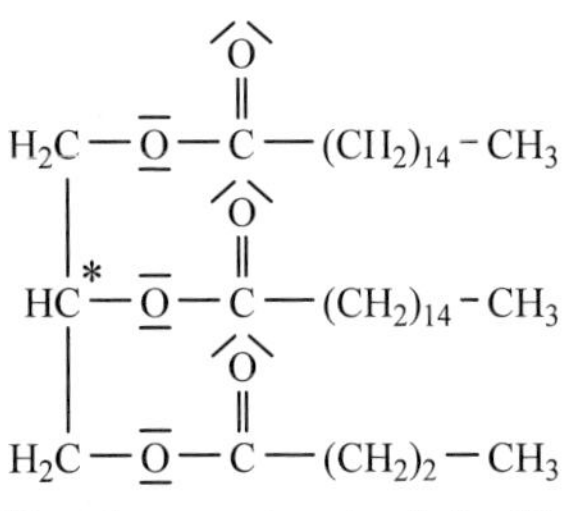

Der Aggregatzustand der Fette wird durch die **zwischenmolekularen Wechselwirkungen der Fettsäuren** bestimmt: durch VAN-DER-WAALS-Kräfte, deren Stärke auch von der Oberfläche der Moleküle abhängt. Unverzweigte gesättigte Fettsäuren haben große Oberflächen und können sich aneinanderlagern. Sie haben dadurch die größte Kontaktfläche und weisen hohe VAN-DER-WAALS-Kräfte auf.

Ungesättigte Fettsäuren mit Doppelbindungen in der Z-Konfiguration können sich nicht optimal aneinanderlagern, da ein „Knick" im Molekül entsteht. Somit sind die zwischenmolekularen Kräfte geringer.

Bei allen natürlichen ungesättigten Fetten bzw. Ölen wie z. B. Olivenöl liegt an den Doppelbindungen Z-Konfiguration vor. Aufgrund der geringeren Wechselwirkungen zwischen den Fettsäuren im Olivenöl ist dieses bei Raumtemperatur flüssig, während Milchfett, das vor allem gesättigte Fettsäuren enthält, einen festen Aggregatzustand aufweist.

Beispiele für gesättigte und natürlich vorkommende ungesättigte Fettsäuren:

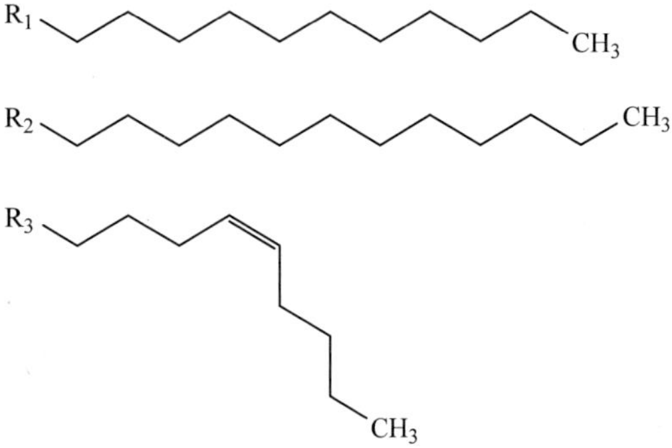

3.2 *Fette sind Ester und können quantitativ mit Lauge gespalten werden, dieser Vorgang wird auch Verseifung genannt. Die Reaktion läuft folgendermaßen ab:*
1. Nukleophiler Angriff des Hydroxid-Ions am positiv polarisierten C-Atom
2. Bildung eines Carboxylations
3. Abspaltung des Alkohols und Protonentransfer

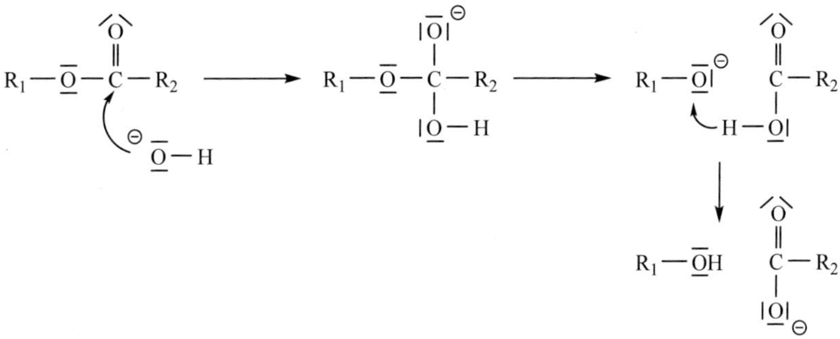

Produkte der Hydrolyse des beschriebenen Triglycerids:

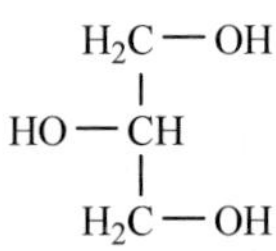

Glycerin
(1,2,3-Propantriol)

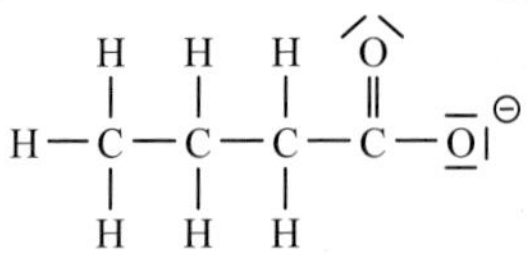

Buttersäureanion
(Butansäureanion)

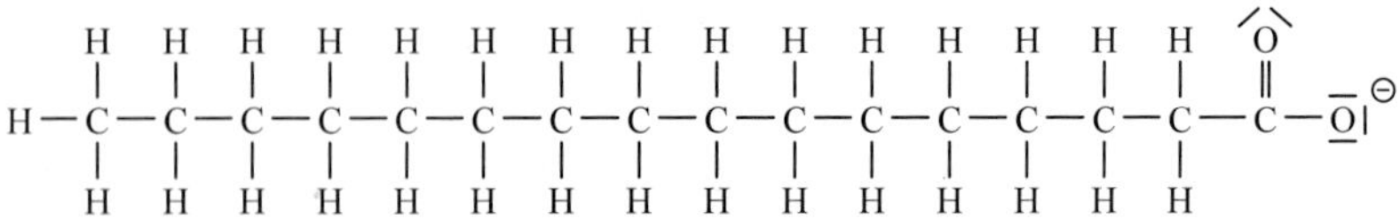

Palmitinsäureanion
(Hexadecansäureanion)

3.3 Lactose ist ein Disaccharid, in dem Galactose mit Glucose **β-1,4-glykosidisch** miteinander verbunden sind.

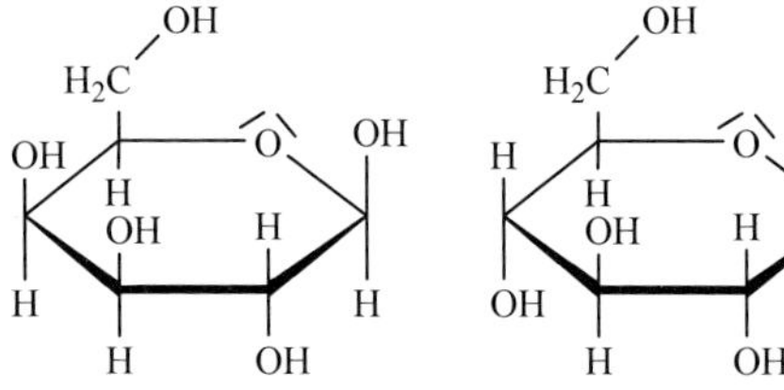

β-Galactose β-Glucose

Am anomeren C-Atom der Glucose ist eine Ringöffnung möglich, sodass die Aldehydgruppe zur Gluconsäure durch das FEHLING-Reagenz oxidiert werden kann. Die FEHLINGsche Probe verläuft somit positiv.

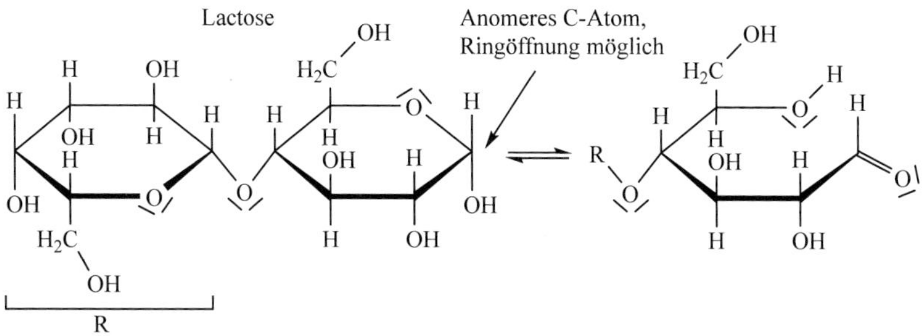

3.4 *Das NYLANDER-Reagenz (alkalische mit Tartrat komplexierte Lösung von Bismut(III)-Ionen) ist eine Variation des FEHLING-Reagenzes zum Nachweis von reduzierenden Zuckern.*

$$3\,R{-}CHO + 2\,\overset{+III}{Bi^{3+}} + 6\,OH^- \longrightarrow 3\,R{-}COOH + 2\,\overset{0}{Bi} + 3\,H_2O$$

Reduktion: $2\,Bi^{3+} + 6\,e^- \longrightarrow Bi$

Oxidation: $3\,R{-}\overset{+I}{C}HO + 6\,OH^- \longrightarrow 3\,R{-}\overset{+III}{C}OOH + 6\,e^-$

Die Aldehydgruppe wird von der Oxidationsstufe +I auf +III in der Carbonsäure oxidiert, das Bi^{3+}-Ion zur Oxidationsstufe 0 im elementaren Bismut. Es gehen jeweils 6 Elektronen über. Die Reaktion läuft nur im Alkalischen ab.

3.5 Im Vitamin-A-Molekül ist eine Aldehydgruppe vorhanden. In Pantothensäure-Molekülen sind eine Carboxygruppe, eine Säureamid- oder Peptidgruppe und eine (alkoholische) Hydroxygruppe enthalten.

„Gleiches löst sich in Gleichem." Hydrophile Stoffe lösen sich in hydrophilen Lösungsmitteln und hydrophobe in hydrophoben. Die Eigenschaften eines Moleküls hinsichtlich der Löslichkeit werden weitgehend durch die in ihm gebundenen funktionellen Gruppen und deren Anzahl bestimmt. Daneben sind noch die

Molekülgröße und die Verbindung der funktionellen Gruppen durch z. B. Kohlenwasserstoffketten entscheidend.

Ether, Ester, Aldehyde und Halogenverbindungen sind aufgrund relativ geringer polarer Anteile wenig wasserlöslich. Gut wasserlöslich sind hingegen vor allem Verbindungen mit Hydroxy- und Carboxygruppen wie z. B. Carbonsäuren und (ein- bis mehrwertige) Alkohole, da diese Wasserstoffbrückenbindungen bzw. Dipol-Dipol-Wechselwirkungen zu Wasserolekülen ausbilden können. Jedoch muss immer das gesamte Molekül betrachtet werden, da lange unpolare Molekülreste im Vergleich zu den polaren Molekülabschnitten überwiegen können (siehe Beispiel Vitamin E).

Vitamin A besteht aus hydrophoben gesättigten und ungesättigten Kohlenwasserstoffmolekülabschnitten und einer Aldehydgruppe. Das Molekül ist gut fettlöslich, da es überwiegend hydrophobe Strukturen besitzt.

Auch **Vitamin E** ist wegen seiner hydrophoben Struktur gut fettlöslich. Der einen OH-Gruppe stehen große Kohlenwasserstoffreste gegenüber.

Pantothensäure ist durch die polare Carboxyl- und die beiden OH-Gruppen wasserlöslich.

Vitamin B2 besitzt ebenfalls eine polare Struktur aufgrund der vielen OH-Gruppen, die mit Wassermolekülen über H-Brücken gut hydratisiert werden können.

Aus den strukturellen Eigenschaften lässt sich der Vitamingehalt in den verschiedenen Milchsorten begründen. In entrahmter Milch ist der Fettgehalt deutlich geringer und somit auch der Gehalt an fettlöslichen Vitaminen wie Vitamin A und Vitamin E. Der Anteil an hydrophilen Vitaminen ist in beiden Milchsorten etwa gleich hoch.

3.6 Die Berechnung der Stoffmenge erfolgt über die Definition des pH-Werts.

$\mathrm{pH} = -\log c(\mathrm{H_3O^+})$

$c(\mathrm{H_3O^+}) = 10^{-\mathrm{pH}} = 10^{-4{,}4}\ \mathrm{mol \cdot L^{-1}} = 4 \cdot 10^{-5}\ \mathrm{mol \cdot L^{-1}}$

Die Stoffmenge n an ($\mathrm{H_3O^+}$)-Ionen ist daher:

$0{,}25\ \mathrm{L} \cdot 4 \cdot 10^{-5}\ \mathrm{mol \cdot L^{-1}} = 1 \cdot 10^{-5}\ \mathrm{mol}$

Leistungskurs Chemie (Hessen)
Abiturprüfung 2018

Aufgabe A

Paprika

BE

Viele Vertreter der Gattung *Capsicum* wie zum Beispiel Paprika, Chilischoten und Cayennepfeffer sind weltweit geschätzte Gemüse und Gewürze. Der Geruch, der Geschmack und die Farbe sind auf unterschiedliche chemische Stoffe zurückzuführen.
In Material 1 sind einige charakteristische Duftstoffe angegeben.
Capsaicin ist für den scharfen Geschmack in dieser Gattung verantwortlich. Zur Bestimmung der Schärfe entwickelte der Chemiker WILBUR LINCOLN SCOVILLE 1912 ein Messverfahren. Zu seinen Ehren wird heute die Schärfe in der Einheit SHU (SCOVILLE Heat Unit) angegeben. Linderung nach einem zu scharfen Essen erfolgt nach einer Studie der Hochschule Fulda unter anderem durch den Verzehr von Mascarpone (ital. Doppelrahm-Frischkäse) (Material 3), bei Wasser hingegen tritt dieser Effekt nicht auf.
Ausgangsstoffe der Biosynthese von Capsaicin (Material 2) sind die Aminosäuren L-Phenylalanin (2-Amino-3-phenylpropansäure) und L-Valin (2-Amino-3-methylbutansäure).
Um Kosten einzusparen, wird in manchen Produkten natürlicher Paprika ersetzt. Unter anderem ist die Paprikapaste in vielen gefüllten Oliven ein sogenanntes restrukturiertes Lebensmittel. Die Konsistenz und der Geschmack des Originalproduktes werden mithilfe von Algin (Material 5) und Paprikakonzentrat erzeugt.

1.1 Geben Sie die Strukturformeln mit allen bindenden und nichtbindenden Elektronenpaaren der Verbindungen A und B an (Material 1).
Benennen Sie die Verbindungen C und D (Material 1) nach der IUPAC-Nomenklatur. 5

1.2 Verbindung D (Material 1) wird mit Iod in einer Additionsreaktion umgesetzt, wobei beide Doppelbindungen reagieren. Die Addition an beiden Doppelbindungen erfolgt allerdings unterschiedlich schnell.
Formulieren Sie für die vollständige Additionsreaktion die Reaktionsgleichung unter Verwendung von Strukturformeln für organische Verbindungen.
Entscheiden Sie, an welcher Doppelbindung die Reaktion schneller abläuft, und begründen Sie die unterschiedlichen Reaktionsgeschwindigkeiten.
Hinweis: Sterische (räumliche) Effekte spielen bei dieser Betrachtung eine untergeordnete Rolle. 9

1.3 In Material 2 finden Sie eine Beschreibung der Synthese von Capsaicin. Formulieren Sie die Strukturformeln von L-Valin (Edukt) und von dem Produkt seiner Desaminierung.
Zeigen Sie anhand der wesentlichen Oxidationszahlen, dass es sich bei der Desaminierung um eine Oxidation handelt.
Formulieren Sie entsprechend der theoretischen Vereinfachung für den letzten Schritt der Capsaicin-Synthese (Material 2) einen möglichen Reaktionsmechanismus für die Umsetzung von Vanillylamin mit 8-Methyl-non-6-ensäure.

Hinweis: Eine bei der praktischen Synthese je nach Reaktionsbedingungen störend wirkende Säure-Base-Reaktion zwischen der Carboxygruppe und der Aminogruppe soll hier vernachlässigt werden. 9

1.4 Geben Sie die Strukturformel des in Material 3 beschriebenen Triglycerid-Moleküls an und erläutern Sie mithilfe der Strukturformel den Aggregatzustand eines Fettes bei Zimmertemperatur, das nur aus den genannten Fettsäuren (Material 3) aufgebaut ist.
Die durch Capsaicin empfundene Schärfe kann durch Mascarpone gelindert werden, nicht aber durch Wasser.
Erörtern Sie auch mithilfe der Strukturformel des Capsaicins (Material 2) die Linderung der empfundenen Schärfe durch Mascarpone und das Ausbleiben beim Trinken von Wasser. 10

1.5 Mit der sogenannten Verseifungszahl kann man den Gehalt an kurz- bzw. langkettigen Fettsäuren in einem Fett ermitteln. Dazu wird das Fett mit Kaliumhydroxid (KOH) verseift (Material 4).
Geben Sie für die alkalische Hydrolyse (Verseifung) eines selbst gewählten Triglycerid-Moleküls eine Reaktionsgleichung an, organische Moleküle mit bindenden und nichtbindenden Elektronenpaaren in Strukturformeln.

Hinweis: Für die Reaktionsgleichung können nicht relevante Molekülteile mit „R“ abgekürzt werden.

Geben Sie die Verseifungszahl für das gemäß Material 4 untersuchte Fett an.
Berechnen Sie die Stoffmenge an Kaliumhydroxid, die zur Verseifung von 1 g dieses Fettes benötigt wird, sowie die Masse des Fettes, die sich mit 3 Mol Kaliumhydroxid verseifen lässt.
Erklären Sie, welche molare Masse die Triglycerid-Moleküle dieses Fettes im Durchschnitt haben. 10

1.6 In Material 5 finden Sie einen Ausschnitt aus einem Algin-Molekül. Hierbei handelt es sich um ein Polysaccharid, das Carboxygruppen enthält.
Geben Sie die Art der Verknüpfung im Algin-Molekül an und formulieren Sie die FISCHER-Projektionsformel des zugrunde liegenden D-Zuckerderivats.

Hinweis: Die Carboxygruppe befindet sich in der FISCHER-Projektion am untersten Kohlenstoffatom.

Formulieren Sie den Reaktionsmechanismus der sauren Hydrolyse von Algin (Material 5). 7

50

Material 1: Charakteristische Duftstoffe von Paprika

A: (Z)-Non-2-enal

B: (E)-Non-2-en-4-on

C:

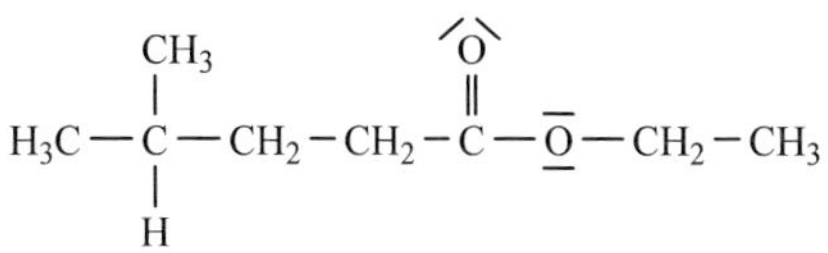

D:

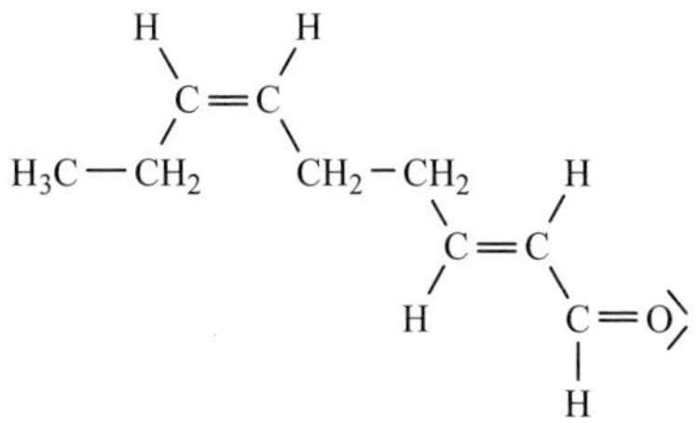

Material 2: Wichtige Schritte der Capsaicin-Synthese

Aus L-Phenylalanin und L-Valin kann in einer mehrstufigen Biosynthese Capsaicin hergestellt werden.

Erster Schritt der Capsaicin-Synthese:
In einer Desaminierungs-Reaktion wird L-Valin (2-Amino-3-methylbutansäure) zu 2-Oxo-3-methylbutansäure umgesetzt. Das Präfix „Oxo-" steht im IUPAC-Namen für ein doppelt gebundenes Sauerstoffatom.

Letzter Schritt der Capsaicin-Synthese:
In den Pflanzenzellen wird im letzten Schritt der Biosynthese mithilfe eines Biokatalysators aus den Zwischenprodukten Vanillylamin und 8-Methyl-non-6-enyl-CoA (einem energiereichen Derivat der 8-Methyl-non-6-ensäure) schließlich Capsaicin hergestellt.
Theoretisch kann man sich dies vereinfacht als Reaktion von Vanillylamin mit 8-Methyl-non-6-ensäure vorstellen.

Vanillylamin

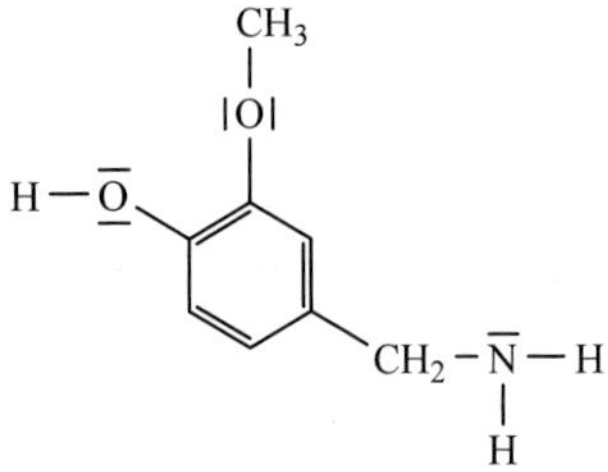

Capsaicin

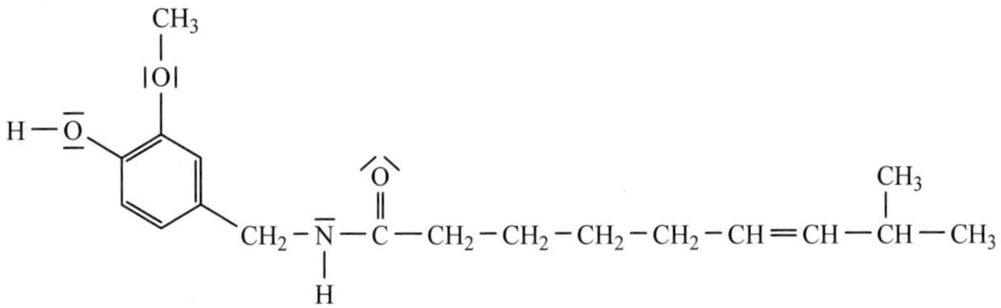

Material 3: Mascarpone

Mascarpone enthält zu 80 % Fett in der Trockenmasse Käse. Eines der enthaltenen Triglycerid-Moleküle ist aus den Fettsäuren Stearinsäure, Myristinsäure und Ölsäure aufgebaut.

Name der Fettsäure	IUPAC-Nomenklatur
Stearinsäure	Octadecansäure
Myristinsäure	Tetradecansäure
Ölsäure	(Z)-Octadec-9-ensäure

Material 4: Verseifungszahl

Die Verseifungszahl gibt definitionsgemäß an, wie viel Milligramm Kaliumhydroxid nötig sind, um ein Gramm eines Fettes zu verseifen. Je höher der Wert der Verseifungszahl, desto größer ist der Gehalt an kurzkettigen Fettsäuren.
In einem Versuch benötigt man für die Verseifung von 1 g eines Fettes 225 mg Kaliumhydroxid.

Material 5: Ausschnitt aus Algin

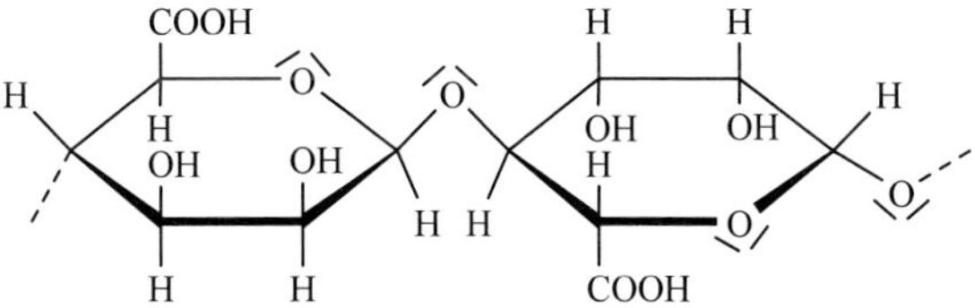

Materialgrundlage:
Chemie unserer Zeit, Wiley-VCH Verlag, Weinheim, 2010, 44, S. 138 – 151.
Amit Krishna De (Hrsg.): Capsicum – The genus Capsicum, Taylor & Francis, London and New York, 2003, S. 103.
W. Walter, W. Franke: Beyer - Walter – Lehrbuch der Organischen Chemie, Stuttgart 1991, S. 813.
Ernst Steinegger, Rudolf Hänsel: Pharmakognosie, Springer-Lehrbuch, Berlin, Heidelberg, 2006, S. 1 100–1 101.
https://www.researchgate.net/figure/7270637_fig1_Figure-1-Capsaicin-biosynthetic-pathway-PAL-phenylalanine-ammonia-lyase-Ca4H (abgerufen am 11. 07. 2016).
http://www.spiegel.de/gesundheit/ernaehrung/chili-mascarpone-hilft-am-besten-gegen-schaerfe-schock-a-990019.html (abgerufen am 11. 07. 2016).
www.cup.uni-muenchen.de/oc/mayr/lehre/vor142ss.pdf (abgerufen am 11. 07. 2016).
www.chemieunterricht.de/dc2/milch/ag-fett.htm (abgerufen am 11. 07. 2016).
G. Eisenbrand, P. Schreier, A. H. Meyer: Römpp Lexikon Lebensmittelchemie, Thieme, Stuttgart, 2006, S. 18
http://www.spektrum.de/lexikon/biochemie/alginsaeure/232. (abgerufen am 11. 07. 2016).
https://www.tu-braunschweig.de/Medien-DB/agnespockelsab/download/alginat_lehrerinformation.pdf (abgerufen am 11. 07. 2016).
http://www.chids.de/dachs/wiss_hausarbeiten/Kohlenhydrate_Gerner/versuche/protokolle/alginate_restrukturierte_paprikastreifen.pdf (abgerufen am 11. 07. 2016).
J. Falbe, M. Regitz (Hrsg.): Römpp-Lexikon Chemie, Band 1, Stuttgart 1995, S. 95.
J. Falbe, M. Regitz (Hrsg.): Römpp-Lexikon Chemie, Band 1, Stuttgart 9. Auflage 1992, S. 4 844.
http://elpub.bib.uni-wuppertal.de/edocs/dokumente/fbc/chemie/diss2004/hiepler/dc0405.pdf (abgerufen am 10. 02. 2018).
Kurt Peter Christian Vollhardt, Neil E. Schore: Organische Chemie, Weinheim 2011, S. 959 f.

Aufgabe B

PVC und Weichmacher BE

Chlorethen (Vinylchlorid) wurde 1912 erstmals zu PVC (Polyvinylchlorid) polymerisiert. Material 1 zeigt einen Strukturformelausschnitt eines PVC-Makromoleküls. Heute ist der Kunststoff PVC sowohl als Hart-PVC als auch als Weich-PVC erhältlich.
Um aus Hart-PVC Weich-PVC zu erhalten, werden während des Fertigungsprozesses sogenannte „Weichmacher" zugesetzt. Aus Weich-PVC lassen sich beispielsweise auch sehr dünne und flexible Folien erzeugen. Obwohl sich diese PVC-Folien als im Alltag allgegenwärtige und sehr nützliche Produkte erwiesen haben, ist ihre Verwendung insbesondere für die Verpackung von Lebensmitteln oder Kinderspielzeug nicht unproblematisch, da viele Weichmacher eine gesundheitsschädliche Wirkung haben. Weitverbreitete Weichmacher für PVC sind beispielsweise Di-(ethylhexyl)phthalat (DEHP) (Material 2) und Mesamoll®, ein Alkansulfonsäurephenylester.

2.1 Das Monomer des PVCs (Chlorethen bzw. Vinylchlorid) kann aus Ethin und Chlorwasserstoff hergestellt werden.
Formulieren Sie die Reaktionsgleichung für die Synthese von Chlorethen in Strukturformeln sowie den Reaktionsmechanismus.
Benennen Sie den Reaktionsmechanismus. 9

2.2 Zur Synthese von Hart-PVC aus Chlorethen wird eine Starterverbindung hinzugegeben.
Benennen Sie den Reaktionsmechanismus zur Synthese von Hart-PVC aus Chlorethen sowie dessen einzelne Reaktionsschritte.
Formulieren Sie den Reaktionsmechanismus.
Begründen Sie mithilfe von Material 1 das Verhalten von Hart-PVC beim Erwärmen. 13

2.3 Im menschlichen Körper wird DEPH (Material 2) durch Reaktion mit Wasser zum giftigen, einfach substituierten Mono-(ethylhexyl)phthalat (MEHP) umgewandelt.
Formulieren Sie die Reaktionsgleichung für die Umsetzung von DEHP zu MEHP in Strukturformeln und benennen Sie für alle organischen Stoffe jeweils die Stoffklasse sowie die funktionelle(n) Gruppe(n). 7

2.4 In Material 2 finden Sie Informationen zu Weich-PVC.
Erläutern Sie die Wirkung von DEHP als Weichmacher mithilfe von Material 1 und Material 2. 4

2.5 Ausgangsstoffe für die Synthese des Weichmachers Mesamoll®, ein sogenannter Alkylsulfonsäurephenylester, sind verschiedene Sulfonsäuren. Material 3 zeigt die Strukturformeln und die pK_S-Werte von Ethansäure und verschiedenen Sulfonsäuren.
Erklären Sie die pK_S-Werte von Ethansäure, Methansulfonsäure und Trifluormethansulfonsäure im Vergleich.
Begründen Sie das Auftreten zweier pK_S-Werte beim Taurin-Kation und geben Sie eine Zuordnung dieser Werte zu den funktionellen Gruppen an. 9

2.6 Eine sogenannte thermische Isomerisierung kann in Bezug auf substituierte Moleküle mit Mehrfachbindungen bedeutsam sein. Material 4 beinhaltet ein Schema zum Ablauf einer solchen Isomerisierung bei 1,2-Dideuterioethen sowie Erläuterungen dazu.
Beschreiben und erklären Sie das in Material 4 gezeigte Schema.
Ermitteln Sie auf Basis der gegebenen Energiewerte (Material 4) die Bindungsenergiewerte (Einheit: $kJ \cdot mol^{-1}$) sowohl für die π-Bindung als auch für die σ-Bindung in 1,2-Deuterioethen. 8

50

Material 1: Strukturformelausschnitt eines Hart-PVC-Makromoleküls

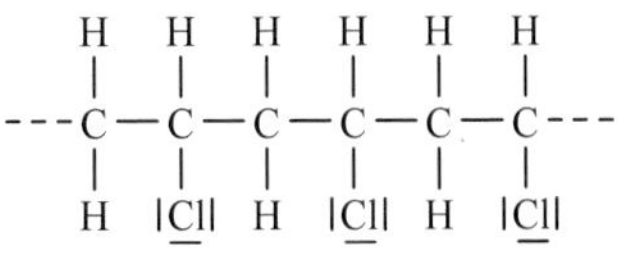

Material 2: Weich-PVC

Bei der Herstellung von Weich-PVC wird pulverförmiges Hart-PVC mit einem Weichmacher gemischt. Aus dieser Mischung kann dann das Werkstück geformt werden. Dabei gehen die Moleküle des Weichmachers keine kovalenten Bindungen mit den Makromolekülketten des Hart-PVCs ein. Je höher der Weichmacher-Anteil ist, desto geschmeidiger wird das PVC.

Di-(ethylhexyl)phthalat (DEHP)

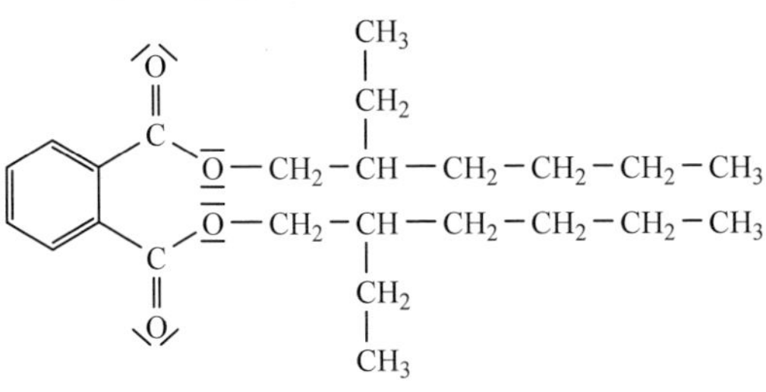

Material 3: Strukturformeln und pK_S-Werte von Ethansäure und verschiedenen Sulfonsäuren

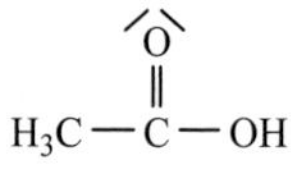

Ethansäure
pK_S = 4,76

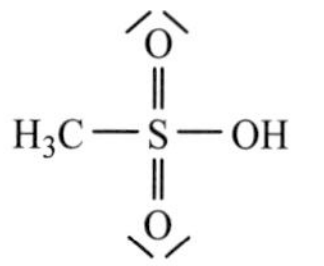

Methansulfonsäure
pK_S ≈ −2

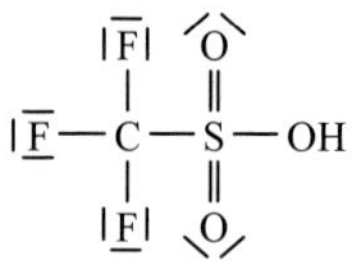

Trifluormethansulfonsäure
pK_S ≈ − 13

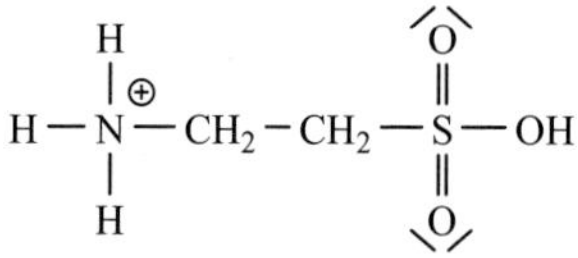

Taurin-Kation
(Kation der 2-Aminoethansulfonsäure)
pK_{S1} = 1,5
pK_{S2} = 8,74

Material 4: Thermische Isomerisierung

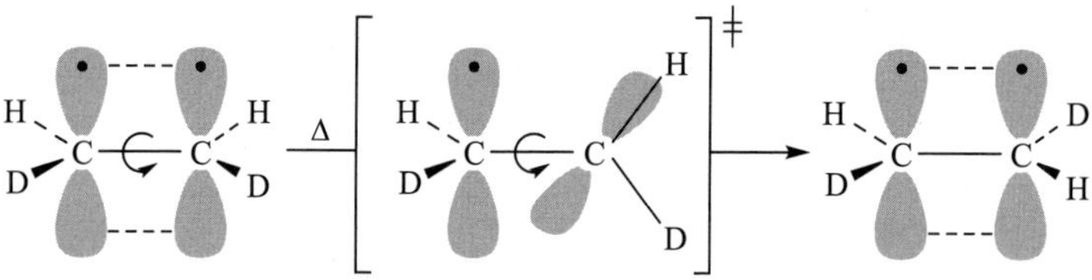

(1) (2) (3)

D: Deuterium-Atom (Wasserstoffisotop mit der Atommasse von 2 u)

Liegen in einem substituierten Molekül Mehrfachbindungen vor, gibt es ein E-Isomer und ein Z-Isomer.
Die im Schema gezeigte thermische Isomerisierung findet nur bei hohen Temperaturen statt. Ihre Aktivierungsenergie beträgt 272 $kJ \cdot mol^{-1}$.
Unterhalb von 300 °C sind die Konfigurationen von 1,2-Dideuterioethen stabil, das heißt, die E- und die Z-Isomere bleiben jeweils als solche bestehen.
Die Stärke der Doppelbindung von Ethen, das heißt die zum Zerfall in zwei CH_2-Bruchstücke benötigte Energie, beträgt 724 $kJ \cdot mol^{-1}$.

Materialgrundlage:
http://www.seilnacht.com/Lexikon/k_pvc.html (abgerufen am 15. 02. 2016).
http://www.fileadmin.com/fileadmin/user_upload/download/weichmacher/Phtalate_12_06.pdf (abgerufen am 15. 02. 2016).
http://www.bfr.bund.de/de/presseinformation/2013/A/materialien_im_kontakt_mit_lebensmitteln-9178.html (abgerufen am 11. 07. 2016).
https://www.lebensmittellexikon.de/e0002140.php (abgerufen am 13. 07. 2016).
https://techcenter.lanxess.com/fcc/emea/de/products/datasheet/Mesamoll_d.pdf?docId=78075&gid=2082&pid=780 (abgerufen am 13. 07. 2016).
https://de.wikipedia.org/wiki/(C10%E2%80%93C21)Alkansulfons%C3%A4urephenylester (abgerufen am 13. 07. 2016).
https://roempp.thieme.de/roempp4.0/do/data/RD-19-04881 (abgerufen am 13. 07. 2016).
http://www.diederich.chem.ethz.ch/teach/pKa_Table.pdf (abgerufen am 13. 07. 2016).
https://roempp.thieme.de/roempp4.0/do/data/RD-20-00298 (abgerufen am 13. 07. 2016).
K. P. Vollhardt, N. E. Schore: Organische Chemie, Weinheim 2011, S. 495 f.

Aufgabe C

Aromatische Stickstoffverbindungen — BE

Anilin (Aminobenzol) ist eine ölige Flüssigkeit, deren wässrige Lösungen schwach alkalisch sind. Mit Säuren reagiert Anilin aufgrund seiner basischen Eigenschaften zu Salzen, z. B. mit Salzsäure zu Anilin-Hydrochlorid. Dafür versetzt man Anilin mit Salzsäure.
Im Labor kann Anilin aus Nitrobenzol hergestellt werden (Material 1).
Anilin kann in mehreren Schritten nitriert werden. Ein mögliches erstes Produkt ist 4-Nitroanilin (Material 2). Dieses kann weiter zu 2,4,6-Trinitroanilin (TNA) reagieren, das in der Vergangenheit als Sprengstoff diente.
Während beim Anilin das Stickstoffatom als Substituent an den Benzolring gebunden ist, können bei den sogenannten Heteroaromaten Kohlenstoffatome eines Aromaten durch andere Atome, z. B. Stickstoff, ersetzt werden. Ein Beispiel dafür ist das Pyridin (Material 4). Auch in Heteroaromaten liegt ein delokalisiertes π-Elektronensystem vor.

3.1 Geben Sie die Reaktionsgleichung für die Protolyse von Anilin in Wasser in Strukturformeln für alle organischen Moleküle an, und erläutern Sie an diesem Beispiel die Säure-Base-Theorie nach BRÖNSTED. 6

3.2 Eine wässrige Lösung von Anilin-Hydrochlorid der Konzentration $c = 0{,}015\ \text{mol} \cdot \text{L}^{-1}$ hat einen pH-Wert von 3,2.
Berechnen Sie den $\text{p}K_\text{S}$-Wert von Anilin-Hydrochlorid und den $\text{p}K_\text{B}$-Wert von Anilin.

Hinweis: Betrachten Sie dabei Anilin-Hydrochlorid vereinfachend als schwache Säure. 8

3.3 Im Labor lässt sich Anilin aus Nitrobenzol herstellen (Material 1).
Berechnen Sie die Standardreaktionsenthalpie ($\Delta_R H^0$) für diese Reaktion. 6

3.4 Material 2 beschreibt die Herstellung von 4-Nitroanilin aus Anilin.
Entwickeln Sie für Schritt 1 einen möglichen Reaktionsmechanismus.
Formulieren Sie für Schritt 2 ebenfalls den Reaktionsmechanismus und benennen Sie die Teilschritte.

Hinweis: Für die Entstehung des angreifenden Elektrophils in Schritt 2 reicht die Formulierung einer Reaktionsgleichung aus.

Formulieren Sie für Schritt 3 eine Reaktionsgleichung, organische Verbindungen in Strukturformeln. 14

3.5 Material 3 liefert im Hinblick auf die Herstellung von 2,4,6-Trinitroanilin Informationen zur Geschwindigkeit und Orientierung von Nitrierungsreaktionen.
Begründen Sie auch mithilfe von mesomeren Grenzstrukturen den beschriebenen Sachverhalt 1.
Erklären Sie den beschriebenen Sachverhalt 2 sowie die Orientierung der Nitrierungsreaktion in Sachverhalt 3.

Hinweis: Das Zeichnen mesomerer Grenzstrukturen ist für den Sachverhalt 2 und 3 nicht erforderlich. 9

3.6 Aus dem Heteroaromaten Pyridin lässt sich der Heteroaromat 2-Aminopyridin herstellen, der in der Struktur dem Anilin ähnlich ist.
Formulieren Sie basierend auf Material 4 einen möglichen Reaktionsmechanismus für die Synthese von 2-Aminopyridin aus Pyridin.
Benennen Sie den Reaktionsmechanismus und begründen Sie Ihre Entscheidung. 7

50

Material 1: Herstellung von Anilin (Aminobenzol) aus Nitrobenzol

$$4\,C_6H_5{-}NO_{2\,(l)} + 9\,Fe_{(s)} + 4\,H_2O_{(l)} \longrightarrow 4\,C_6H_5{-}NH_{2\,(l)} + 3\,Fe_3O_{4\,(s)}$$

Substanz	molare Standardbildungsenthalpie $\Delta_f H_m^0$ [kJ · mol^{-1}]
Anilin (l)	31,6
Eisen(II,III)-oxid (s)	–1 118
Nitrobenzol (l)	13
Wasser (l)	–283

Material 2: Herstellung von 4-Nitroanilin

Die Nitrierung des Anilins zur Herstellung von 4-Nitroanilin erfolgt nicht direkt, da aufgrund der oxidierenden Wirkung der Salpetersäure die Aminogruppe des Anilins vor unerwünschter Oxidation geschützt werden muss. Insgesamt erfolgt die Herstellung von 4-Nitroanilin in drei Schritten.

Schritt 1:
Zum Anbringen einer Schutzgruppe reagiert Anilin mit Ethansäurechlorid zu Acetanilid. Durch diese Reaktion wird die Aminogruppe des Anilins vor unerwünschter Oxidation geschützt.

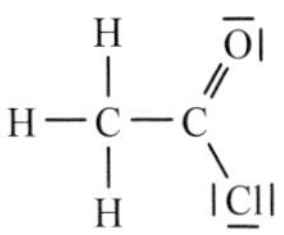

Ethansäurechlorid

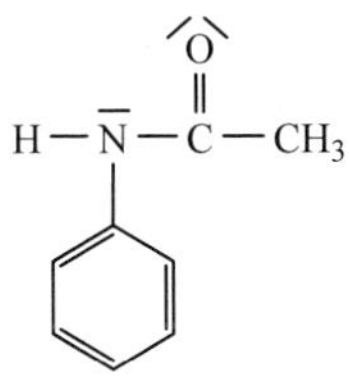

Acetanilid

Schritt 2:
Acetanilid wird am C_4-Atom nitriert.

Schritt 3:
Durch Hydrolyse wird die Schutzgruppe abgespalten. Dabei entstehen 4-Nitroanilin und eine weitere Verbindung.

Material 3: Informationen zur Herstellung von 2,4,6-Trinitroanilin

Werden Nitrierungsreaktionen – unter Vernachlässigung der in Aufgabe 3.4 angesprochenen Schutzgruppe – im Vergleich untersucht, so stellt man folgende Sachverhalte fest:

Sachverhalt 1:
Die Nitrierung von Anilin zu 4-Nitroanilin verläuft mit höherer Geschwindigkeit als die Nitrierung von Benzol zu Nitrobenzol.

Sachverhalt 2:
Die Nitrierung von Anilin zu 4-Nitroanilin verläuft mit höherer Geschwindigkeit als die Nitrierung von 4-Nitroanilin zu 2,4-Dinitroanilin.

Sachverhalt 3:
Die Nitrierung von 2,4-Dinitroanilin führt mit hohem Anteil zu 2,4,6-Trinitroanilin.

Material 4: Herstellung von 2-Aminopyridin aus Pyridin

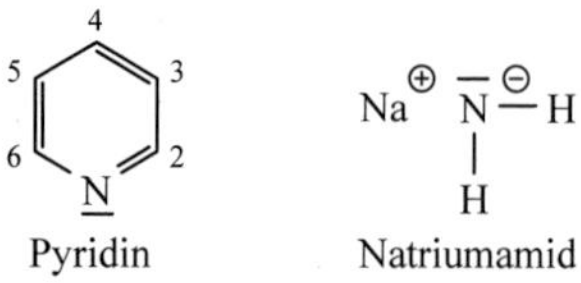

Das freie Elektronenpaar des Amidions bindet an das C_2-Atom des Pyridins, wobei sich ein mesomeriestabilisiertes Anion bildet.
Danach kommt es – vereinfacht betrachtet – durch Abspaltung eines Hydridions (H^--Ion) zu einer Rearomatisierung, deren Ergebnis die Bildung von 2-Aminopyridin ist.

Materialgrundlage:
Gordon H. Aylward, Tristan J. V. Findlay: Datensammlung Chemie in SI-Einheiten, Weinheim 1999.
Eberhard Breitmaier, Günther Jung: Organische Chemie, Stuttgart 2005, S. 387.
Kurt Peter Christian Vollhardt, Neil E. Schore: Organische Chemie, Weinheim 2011, S. 1 270 f.
Eberhard Breitmaier, Günther Jung: Organische Chemie, Stuttgart 2005, S. 689.
https://www.uni-marburg.de/fb15/ag-geyer/teaching/oc1bsc.pdf (abgerufen am 13. 07. 2016).

Lösungsvorschläge

Aufgabe A

1.1 *Neben der hier gezeigten Darstellung können auch die Halbstrukturformel- oder die Skelettformel-Schreibweise verwendet werden.*

A: (Z)-Non-2-enal

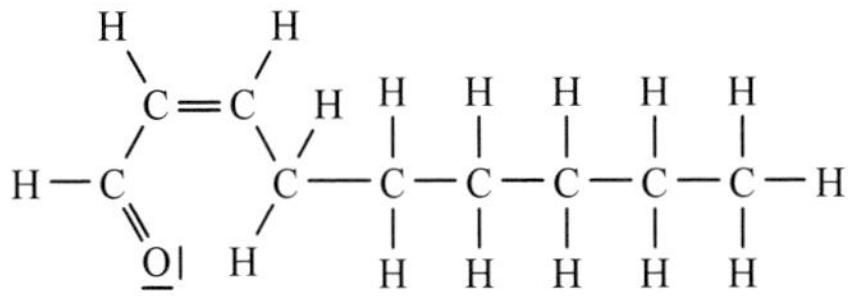

B: (E)-Non-2-en-4-on

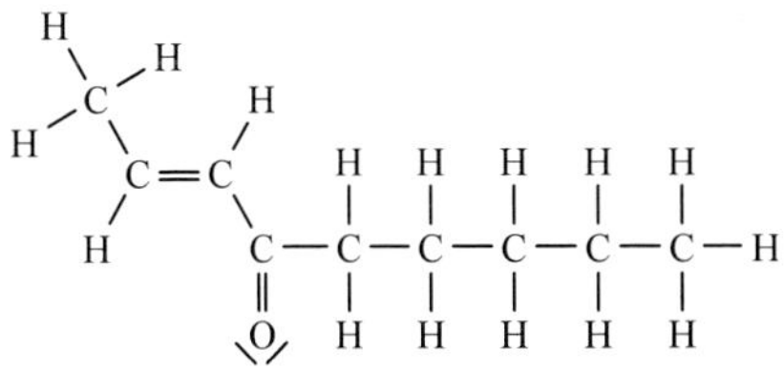

C: 4-Methylpentansäureethylester bzw. Ethyl-4-methylpentanoat

D: (E,Z)-Nona-2,6-dienal

Es handelt sich hier um die E/Z-Nomenklatur. E steht für entgegen und Z für zusammen. Früher hieß es cis/trans-Isomerie. Da die Doppelbindung nicht frei drehbar ist, gibt es zwei Isomere:

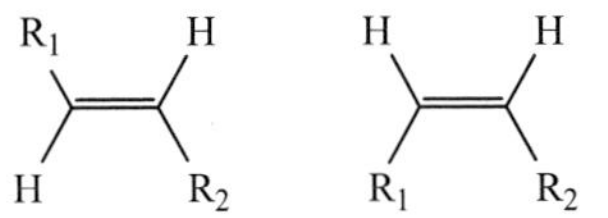

E-Konfiguration *Z-Konfiguration*

1.2 **Reaktionsgleichung:**

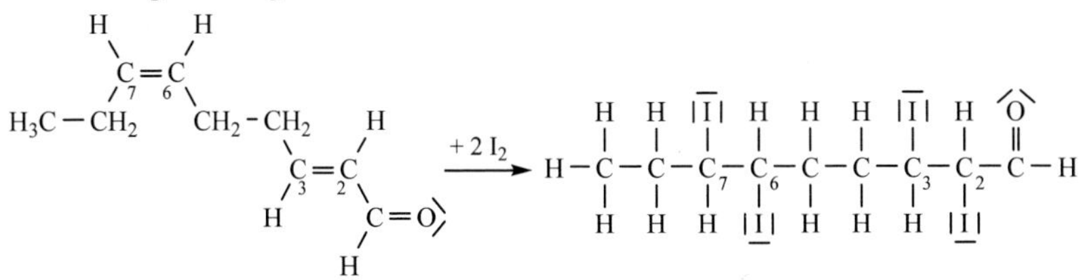

Die Reaktionsgeschwindigkeiten für die Reaktionen an den beiden Doppelbindungen sind verschieden. Verantwortlich dafür sind induktive Effekte, die die Elektronendichte in der direkten Umgebung erhöhen oder erniedrigen. Der elektronenabziehende –I-Effekt der Aldehydgruppe erniedrigt die Elektronendichte der Doppelbindung zwischen Position 2 und 3. Da es sich um eine elektrophile Addition handelt, wird die Reaktion hier langsamer verlaufen als an der Doppelbindung zwischen Position 6 und 7, da Alkylreste einen +I-Effekt ausüben und die Elektronendichte der Doppelbindung somit erhöht wird.

1.3 Zu L-Valin (2-Amino-3-methylbutansäure) und dem ersten Produkt 2-Oxo-3-methylbutansäure können die Strukturformeln erstellt werden (FISCHER-Projektionen):

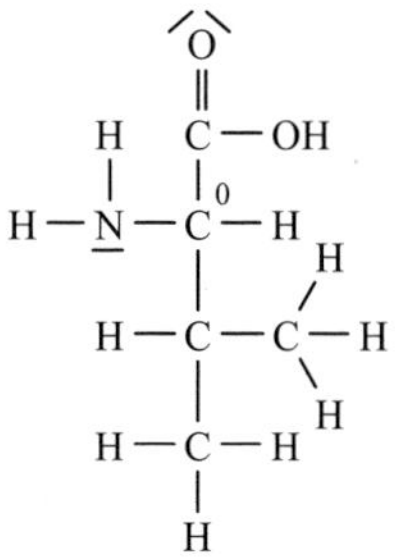

L-Valin

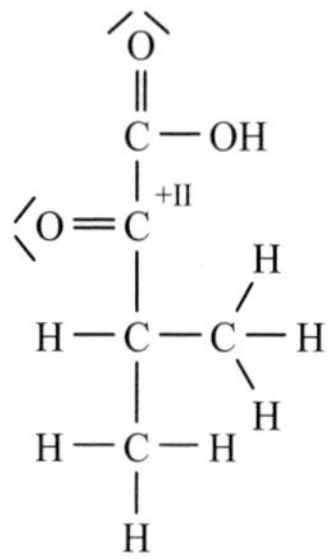

2-Oxo-3-methylbutansäure

Die Desaminierung ist eine Redoxreaktion, wobei das Kohlenstoffatom C2 von der Oxidationszahl 0 auf +II oxidiert wird.

Reaktionsmechanismus für die Synthese von Capsaicin:

Die Reaktion zum Capsaicin aus Vanillinamin und 8-Methyl-non-6-ensäure ist eine Säureamidsynthese.
Zunächst erfolgt ein nukleophiler Angriff des freien Elektronenpaars des Aminostickstoffatoms an der Carboxygruppe. Es entsteht ein Übergangszustand. Nach einem Protonentransfer und der Abspaltung von Wasser entsteht das Säureamid (Capsaicin).

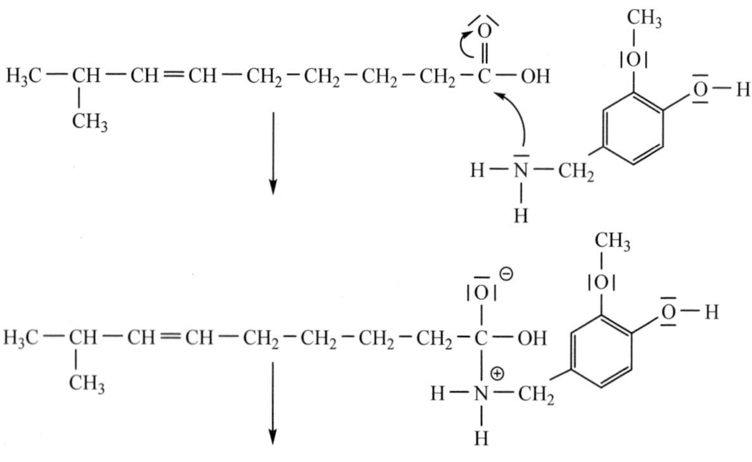

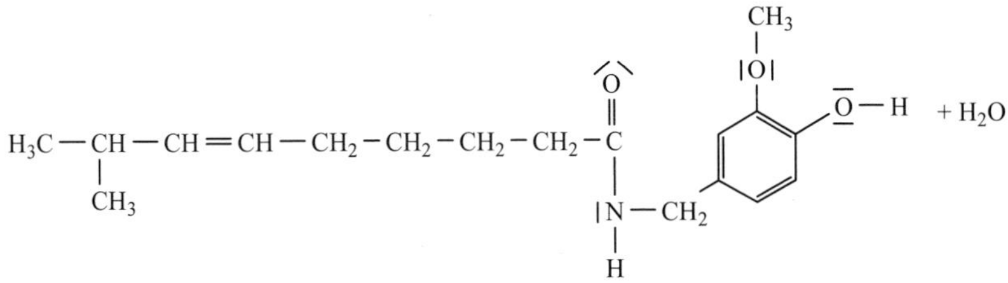

1.4 Halbstrukturformel des Triglycerids aus Octadecansäure, Tetradecansäure und (Z)-Octadec-9-ensäure:

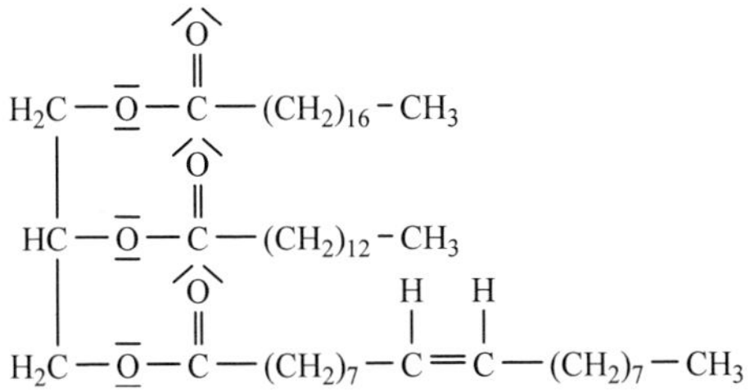

Da das Molekül überwiegend aus gesättigten Fettsäuren aufgebaut ist, können sich die Kohlenwasserstoffketten gut aneinanderlagern. Es wirken daher relativ große VAN-DER-WAALS-Kräfte, die für den bei Raumtemperatur festen Aggregatzustand des Triglycerids verantwortlich sind. Die Ölsäure mit einer Z-konfigurierten Doppelbindung kann sich schlechter an die anderen Fettsäureketten anlagern, weswegen der Schmelzpunkt des Fetts etwas niedriger ist als bei Fetten mit drei gesättigten Fettsäuren.

Die Schärfe eines Stoffes wird mithilfe der (Wärme- bzw. Schmerz-)Rezeptoren im Mund empfunden. Der Transport der Stoffe zu den Rezeptoren erfolgt durch den Speichel, der die Stoffe entweder löst oder physikalisch wegschwemmt. Capsaicin ist aufgrund seiner weitgehend **unpolaren Struktur** gut fettlöslich, aber unlöslich in Wasser, das ein polares Lösungsmittel ist. Mascarpone enthält sehr viel Fett, worin das Capsaicin gut gelöst wird, sodass es weniger in Kontakt mit den Rezeptoren kommt. Dadurch wird die Schärfe gemildert.

1.5 Reaktionsgleichung der **Verseifung** eines beliebigen Fettes:

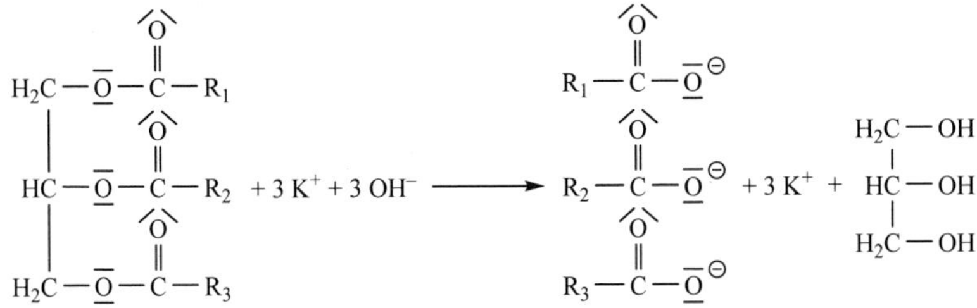

Mit der Verseifungszahl (VZ) können Fette und Öle charakterisiert werden. Die Verseifungszahl ist ein Maß für die in einem Gramm Fett gebundenen Fettsäuren. Sie gibt an, wie viel Kaliumhydroxid (in mg) notwendig ist, um die in 1 g Fett gebundenen Ester zu verseifen, d. h. zu spalten. Dabei wird jeweils ein mol KOH zur Spaltung einer Esterbindung verbraucht. Die Fette mit kurzkettigen Fettsäuren haben große Verseifungszahlen, die mit längeren kleine.

Verseifungszahl **VZ = 225**

Für die Verseifung von 1 g Fett braucht man 225 mg = **0,225 g KOH**.
Berechnung der Fettmasse, die sich mit 3 mol KOH verseifen lässt:

$M(\text{KOH}) = 56 \text{ g} \cdot \text{mol}^{-1}$

Stoffmenge n(KOH) für die Spaltung von 1 g Fett:

$$n(\text{KOH}) = \frac{m(\text{KOH})}{M(\text{KOH})} = \frac{0{,}225 \text{ g}}{56 \text{ g} \cdot \text{mol}^{-1}} \approx 4 \cdot 10^{-3} \text{ mol}$$

1 Gramm Fett wird durch 0,004 mol KOH verseift.

$$\frac{1 \text{ g Fett}}{4 \cdot 10^{-3} \text{ mol}} = \frac{\text{x g Fett}}{3 \text{ mol}}$$

$$\text{x g Fett} = \frac{1 \text{ g Fett} \cdot 3 \text{ mol}}{4 \cdot 10^{-3} \text{ mol}} = 750$$

Somit verseifen 3 mol KOH **750 g Fett**.

1 mol Fettmoleküle reagieren mit 3 mol KOH, da pro Fettmolekül drei Esterbindungen gespalten werden. Daher entspricht die durch 3 mol verseifte Fettmasse der durchschnittlichen molaren Triglyceridmasse: $\boldsymbol{M = 750 \text{ g} \cdot \text{mol}^{-1}}$.

Anhand der Formel für die molare Masse lässt sich dieser Sachverhalt sehr einfach nachvollziehen:

$n(\text{Triglycerid}) = 1 \text{ mol}$

$m(\text{Triglycerid}) = 750 \text{ g}$

$$M(\text{Triglycerid}) = \frac{m(\text{Triglycerid})}{n(\text{Triglycerid})} = \frac{750 \text{ g}}{1 \text{ mol}} = 750 \text{ g} \cdot \text{mol}^{-1}$$

1.6 Die OH-Gruppe des C1-Atoms am ersten Zuckersäuremolekül steht in der Ringebene nach oben, deshalb handelt es sich um eine **β-glykosidische** Verknüpfung.

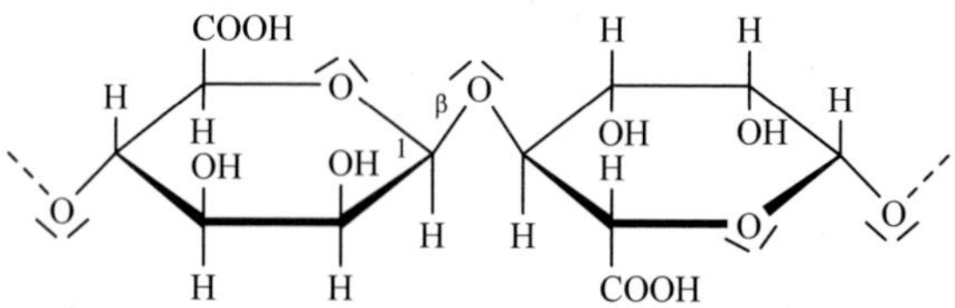

FISCHER-Projektion des D-Zuckerderivats:

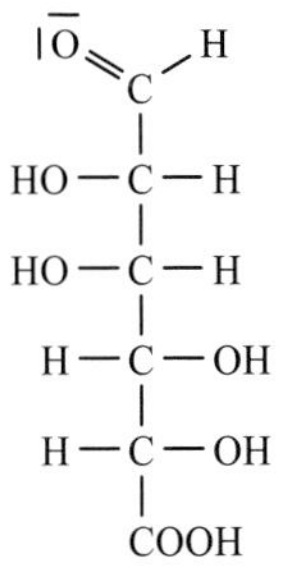

Die OH-Gruppen C2 und C3 stehen in der Ringebene nach oben folglich in der FISCHER-Projektion nach rechts. Die OH-Gruppe an C4 steht nach unten, folglich links in der FISCHER-Projektion. Aus der Information, dass es sich um einen D-Zucker handelt, lässt sich schließen, dass die OH-Gruppe am C5-Atom rechts stehen muss.
Die folgende Abbildung zeigt die gedankliche Umwandlung der HAWORTH-Projektion in die FISCHER-Projektion:

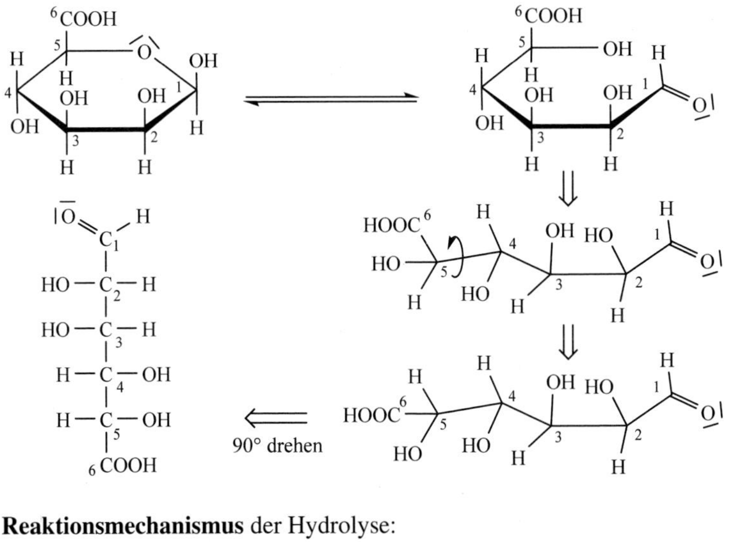

Reaktionsmechanismus der Hydrolyse:

Bei der sauren Hydrolyse findet eine Acetalspaltung statt (nukleophile Substitution): Im ersten Schritt wird das Sauerstoffatom der glykosidischen Bindung protoniert und ein Oxoniumion gebildet. Bei der anschließenden Spaltung der glykosidischen Bindung entstehen ein Carbeniumion am linken Formelausschnitt und eine alkoholische Hydroxygruppe am rechten Formelausschnitt.

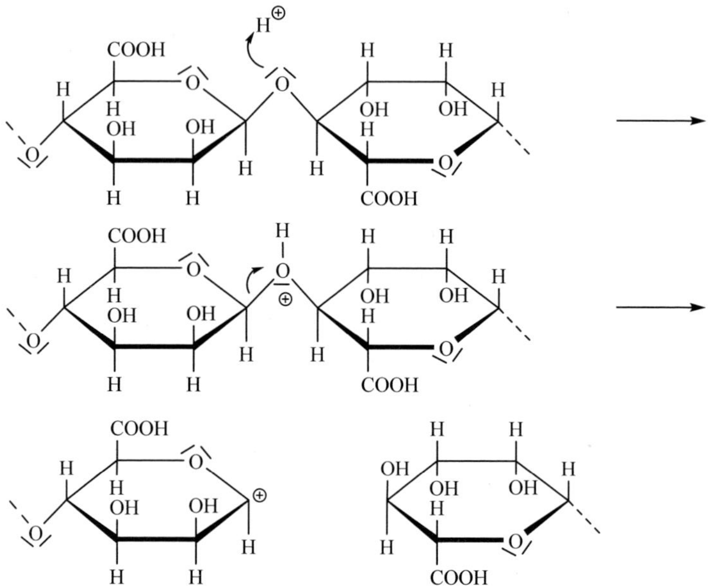

Es folgt ein nukleophiler Angriff des freien Elektronenpaars des Sauerstoffatoms eines Wassermoleküls am Carbeniumion, wodurch erneut ein Oxoniumion entsteht. Durch die Deprotonierung bildet sich eine alkoholische Hydroxygruppe, und ein Proton wird frei (die Reaktion ist somit säurekatalysiert).

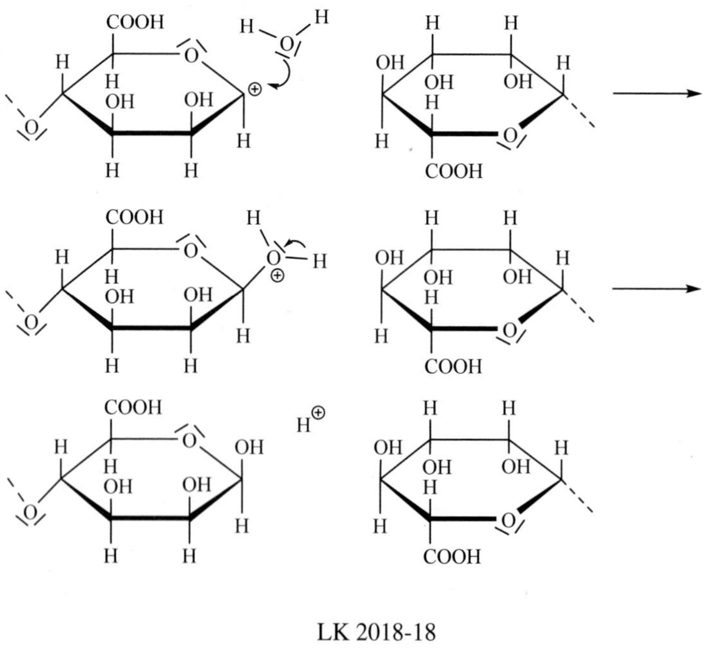

Aufgabe B

2.1 Chlorethen kann aus Ethin und Chlorwasserstoff durch eine **elektrophile Addition** des HCl-Moleküls an die Dreifachbindung hergestellt werden.

Reaktionsgleichung:

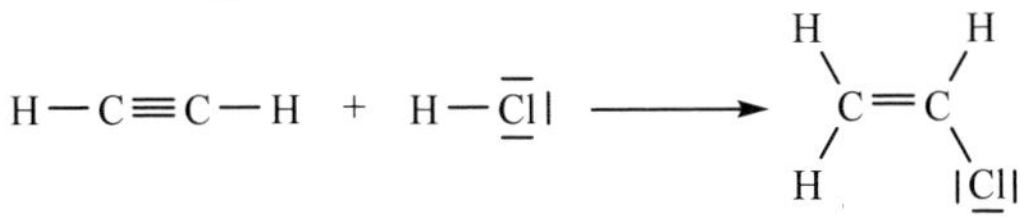

Reaktionsmechanismus:

Chlorwasserstoff ist ein stark polarisiertes Molekül und greift mit seinem positiv polarisieren Ende die elektronenreiche Dreifachbindung des Ethins an:
1. Bildung des π-Komplexes
2. Bildung des σ-Komplexes
3. Angriff des Chloridions von der Rückseite unter Bildung des Vinylchlorids

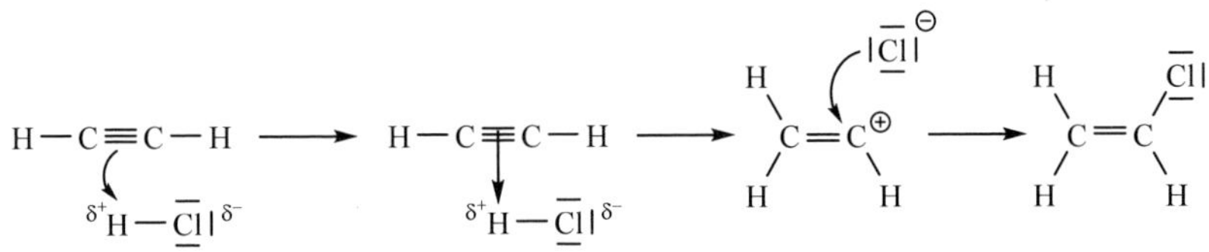

π-Komplex σ-Komplex

2.2 Die Reaktion ist eine **radikalische Polymerisation**, eine Radikalreaktion, bei der zum Start der Reaktion ein Startradikal R zugegeben werden muss.

Bildung des Startradikals:

R—R ⟶ 2 R·

Reaktionsstart:

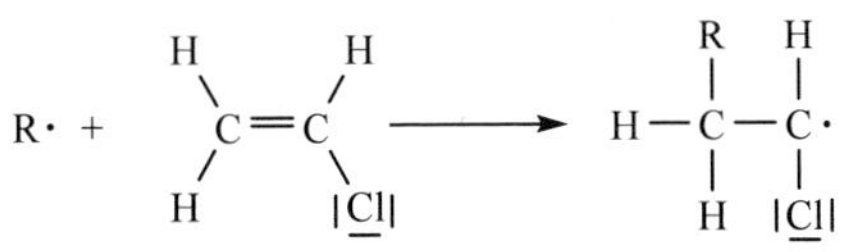

Polymerisation (Kettenreaktion) zum Makromolekül:

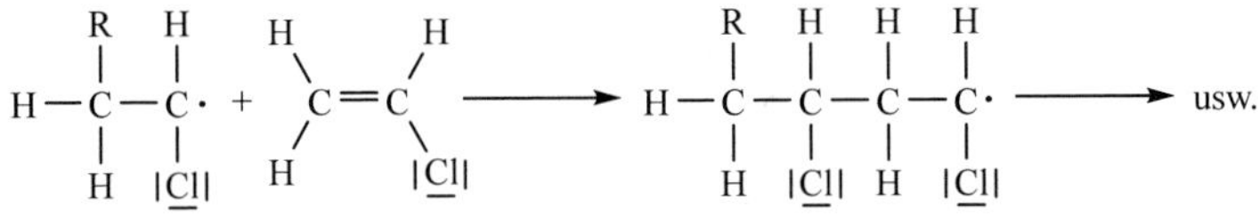

Der **Abbruch des Kettenwachstums** erfolgt durch Reaktion zweier Radikale:

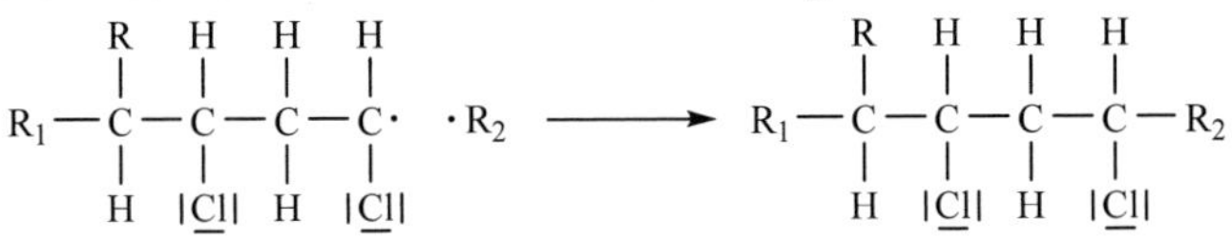

Die Eigenschaften dieses linearen, unverzweigten Polymers sind die eines **Thermoplasten**. Die langen Molekülketten werden durch relativ schwache zwischenmolekulare VAN-DER-WAALS-Kräfte zusammengehalten – hydrophobe Wechselwirkungen, die abhängig von der Oberfläche sind. Beim Erhitzen werden diese Kräfte überwunden und die Ketten können aneinander vorbeigleiten. Dadurch erweicht sich der Stoff langsam und wird formbar. Bei weiterer Temperaturerhöhung schmilzt der Kunststoff schließlich.

2.3 Es handelt sich um eine Esterspaltung (Esterhydrolyse).

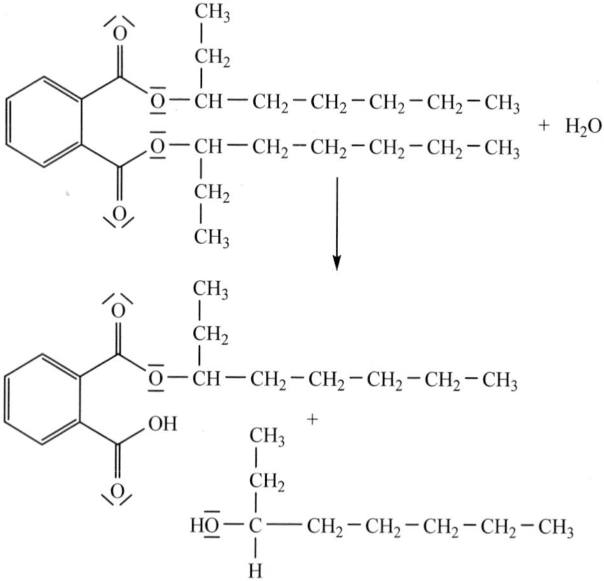

Das Ausgangsmolekül (DEHP) ist ein (Di-)Ester und enthält zwei Estergruppen. MEHP ist der entsprechende (Mono-)Ester mit einer Estergruppe und einer freien Carbonsäuregruppe. 2-Ethylhexan-1-ol (besser: Octan-3-ol) ist ein (sekundärer) Alkohol oder auch Alkanol und enthält eine Hydroxygruppe.

2.4 DEHP ist ein Ester und hat aufgrund der relativ langen Kohlenwasserstoffketten hydrophobe Eigenschaften. DEHP kann daher mit dem ebenfalls hydrophoben PVC durch Ausbildung von zwischenmolekularen VAN-DER-WAALS-Kräften interagieren. DEHP lagert sich zwischen die PVC-Ketten und verbessert das Gleiten der Ketten, da die zwischenmolekularen Kräfte zwischen den PVC-Polymerketten verringert werden. Dadurch wird der Kunststoff weicher und weniger spröde.

2.5 *Es sollen die pK_S-Werte der verschiedenen Säuren bzw. Sulfonsäuren verglichen werden.*

Der pK_S-Wert ist: $pK_S = -log K_S$, wobei K_S die Säurekonstante ist.

Für das Protolysegleichgewicht gilt:

$$HA + H_2O \rightleftharpoons H_3O^+ + A^-$$

$$K_S = \frac{c(H_3O^+) \cdot c(A^-)}{c(HA)}$$

Je **kleiner** der **pK_S-Wert** ist, desto **stärker** ist die **Säure**, d. h., desto stärker ist das Protolyse-Gleichgewicht zu den protolysierten Teilchen verschoben.

Ethansäure ist eine **schwache Säure**, der pK_S ist 4,76. Das Gleichgewicht der Protolyse liegt somit beinahe ganz auf der Seite der nicht protolysierten Teilchen. Dies hängt mit dem elektronenschiebenden (+)I-Effekt der Methylgruppe zusammen, die die Abspaltung eines Protons aus der benachbarten Carboxygruppe erschwert, da die O–H-Bindung weniger stark polarisiert wird.
Ganz anders ist es bei den Sulfonsäuren, die **starke Säuren** sind. Bei der Methansulfonsäure wirken sowohl ein +I-Effekt der Methylgruppe als auch ein starker –I-Effekt der Sauerstoffatome der Sulfongruppe, dies resultiert in einem pK_S-Wert von –2.
Bei der Trifluormethansulfonsäure treten zusätzlich starke –I-Effekte aufgrund der drei benachbarten Fluoratome auf, die die Polarität der Hydroxygruppe zusätzlich erhöhen. Somit ist Trifluormethansulfonsäure eine sehr starke Säure mit einem pK_S-Wert von –13.

Allgemein sind die Sulfonsäuren stärkere Protonendonatoren als Carbonsäuren. Dies hängt auch mit der hohen Mesomerie-Stabilisierung des Säureanions der Sulfonsäuren zusammen:

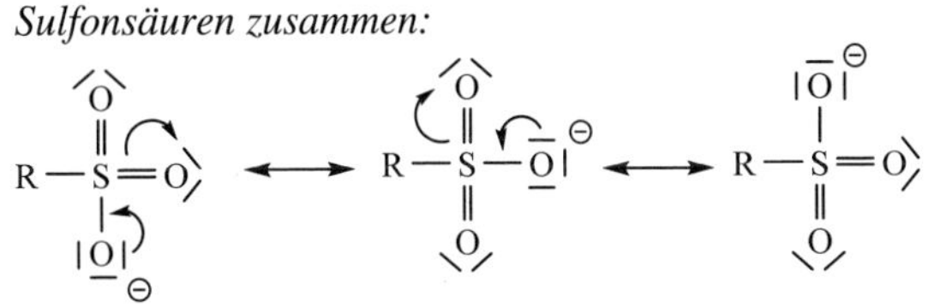

Taurin besitzt zwei pK_S-Werte, da das Molekül sowohl eine Sulfonsäure- als auch eine Ammoniumgruppe aufweist. An beiden Gruppen können Protonen abgespalten werden. Der pK_S-Wert von 1,5 beschreibt den Übergang von der SO_3H-Gruppe zur SO_3^--Gruppe, der pK_S-Wert von 8,74 den Übergang der NH_3^+-Gruppe zur NH_2-Gruppe.

In der im Materialteil gezeigten Form liegt das Molekül im stark sauren Bereich vor. Erhöht man den pH-Wert durch Zugabe von Lauge, so wird zunächst die Sulfonsäuregruppe deprotoniert. Beim $pK_S = 1,5$ liegt die Hälfte der Moleküle als Sulfonsäureanion vor.
Bei $pH = 0,5(pK_{S1} + pK_{S2})$ liegt ein Zwitterion vor.

Bei weiterem Erhöhen des pH-Werts wird die Ammoniumgruppe (Kationensäure) deprotoniert: Bei pH = 8,74 ist bei der Hälfte der Taurinmoleküle die Ammoniumgruppe zum Amin ($R-NH_2$) deprotoniert worden, erst bei pH ≈ 10 liegen schließlich alle Taurinmoleküle vollständig deprotoniert vor.

2.6 Im Materialteil wird das Z-Isomer des 1,2-Dideuterioethens (DHC=CDH) im Orbitalmodell gezeigt.

(1) Die σ-Bindung der sp^2-hybridierten C-Atome wird durch Überlappung der Molekülorbitale entlang der C–C-Bindungsachse gebildet und ist durch die durchgezogene Linie in der Abbildung dargestellt. Senkrecht dazu entsteht die π-Bindung durch Überlappung der p_Z-Orbitale (gestrichelte Linie) oberhalb und unterhalb der σ-Bindung. Auf einer Seite des Moleküls sind die Wasserstoffatome gebunden, auf der anderen die Deuteriumatome. Bei niedrigen Temperaturen ist diese Z-Konfiguration stabil.

(2) Bei hohen Temperaturen bricht die π-Bindung, eines der p_z-Orbitale steht nun senkrecht zum anderen (Übergangszustand).

(3) Anschließend findet eine Neubildung der π-Bindung statt, die *p*-Orbitale sind erneut parallel zueinander ausgerichtet. In dieser Anordnung stehen die Substituenten Wasserstoff und Deuterium entgegen zueinander (E-Konfiguration).

Die Energie zur Spaltung sowohl der π- als auch der σ-Bindung im Ethenmolekül ist mit $724\ \text{kJ} \cdot \text{mol}^{-1}$ angegeben. Da die Aktivierungsenergie zur thermischen Isomerisierung der Energie zum Bruch der π-Bindung entspricht, beträgt die Bindungsenergie der π-Bindung somit $272\ \text{kJ} \cdot \text{mol}^{-1}$. Die Energie zur Spaltung der σ-Bindung ist demnach gleich der Differenz der (Gesamt-)Bindungsenergie der Doppelbindung und der π-Bindung:

$$W_\sigma = 724\ \text{kJ} \cdot \text{mol}^{-1} - 272\ \text{kJ} \cdot \text{mol}^{-1} = 452\ \text{kJ} \cdot \text{mol}^{-1}$$

Aufgabe C

3.1 **Reaktionsmechanismus:**

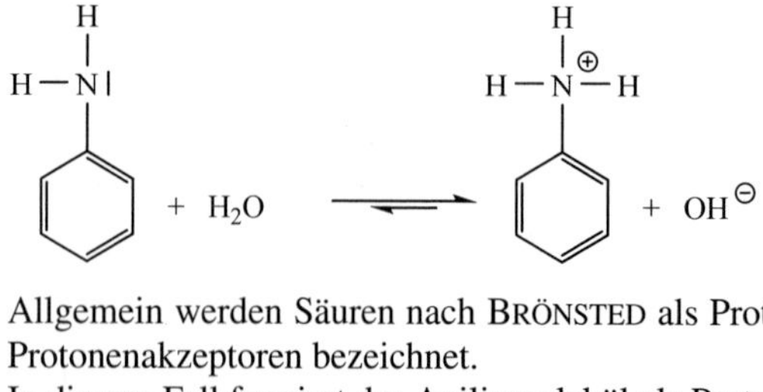

Allgemein werden Säuren nach BRÖNSTED als Protonendonatoren und Basen als Protonenakzeptoren bezeichnet.

In diesem Fall fungiert das Anilinmolekül als Protonenakzeptor, es nimmt Protonen vom Wasser auf, während das Wassermolekül als Protonendonator wirkt und Protonen an Anilin abgibt.

3.2 Berechnung des pK_S-Wert für Anilin-Hydrochlorid. Für schwache Säuren gilt:

$$pH = \frac{1}{2} \cdot (pK_S - \log c_0)$$

Auflösen der Gleichung nach pK_S:

$$2 \cdot pH = pK_S - \log c_0$$

$$pK_S = 2 \cdot pH + \log \frac{0{,}015\ mol \cdot L^{-1}}{mol \cdot L^{-1}}$$

$$pK_S \approx 2 \cdot 3{,}2 + (-1{,}82) = 4{,}6$$

Umrechnung des pK_S-Wertes zum pK_B-Wert: Für die konjugierte BRÖNSTED-Säure-Base gilt:

$$pK_S + pK_B = 14$$

Daraus folgt für den pK_B-Wert von Anilin:

$$pK_B = 14 - 4{,}6 = 9{,}4$$

3.3 Für die Berechnung der Standardreaktionsenthalpie $\Delta_R H^0$ muss die Reaktionsgleichung aufgestellt werden:

$$4\ C_6H_5{-}NO_2 + 9\ Fe + 4\ H_2O \longrightarrow 4\ C_6H_5{-}NH_2 + 3\ Fe_3O_4$$

Es gilt:

$$\Delta_R H^0 = \sum n \cdot \Delta_f H_m^0 (\text{Produkte}) - \sum n \cdot \Delta_f H_m^0 (\text{Edukte})$$

$$\Delta_R H^0 = [4\ mol \cdot (31{,}6\ kJ \cdot mol^{-1}) + 3\ mol \cdot (-1118\ kJ \cdot mol^{-1})] - [4\ mol \cdot (13\ kJ \cdot mol^{-1}) + 9\ mol \cdot (0\ kJ \cdot mol^{-1}) + 4 \cdot mol\ (-286\ kJ \cdot mol^{-1})]$$

$$= -2\,135\ kJ \cdot mol^{-1}$$

Die Reaktion ist **stark exotherm**.

3.4 **Schritt 1**

Es handelt sich bei der Reaktion um die Synthese eines Säureamids:

1. *Nukleophiler Angriff des freien Elektronenpaars am Aminostickstoffatom am positiv polarisierten C-Atom des Säurechlorids*
2. *Ausbildung eines Zwitterions, Rückbildung der Carbonylfunktion, Protonenübergang und Abspaltung von HCl*

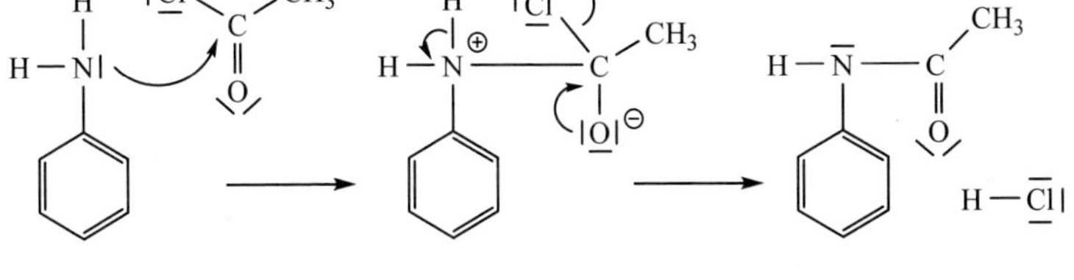

Schritt 2

Es handelt sich um eine elektrophile Substitution am elektronenreichen Benzenring. Diese erfolgt infolge des +M-Effekts der N-Acetylgruppe in para-Stellung (Position 4).

Bildung des Elektrophils:

$$HNO_3 + H_2SO_4 \longrightarrow H_2NO_3^+ \longrightarrow NO_2^+ + HSO_4^- + H_2O$$

NO_2^+ ist das elektrophile Teilchen.

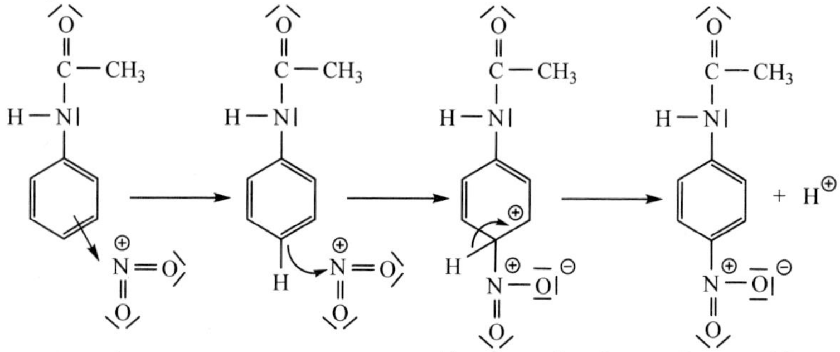

π-Komplex σ-Komplex Abspaltung eines Protons, Rearomatisierung

Die Elektronendichte wird durch den +M-Effekts der N-Acetylgruppe in para-Stellung (Position 4) erhöht. Daher erfolgt hier die Substitution.
Mesomerie im N-Acetylanilin:

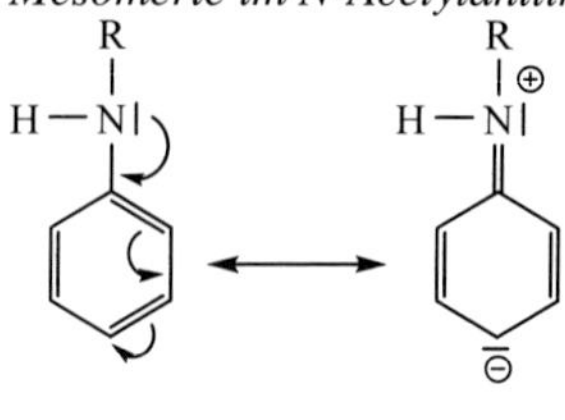

Die Abspaltung des Acetylrestes (Schutzgruppe) erfolgt durch Hydrolyse:

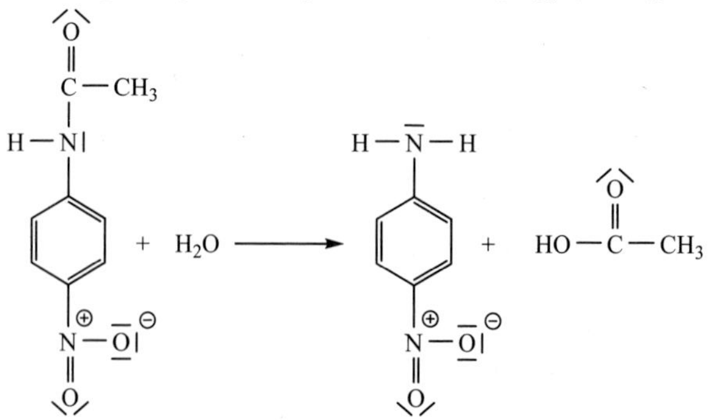

3.5 **Erklärung des Sachverhalts 1:**
Die Aminogruppe übt einen +M-Effekt aus. Somit ergibt sich eine gegenüber dem Benzen erhöhte Elektronendichte in ortho- und para-Stellung (2- bzw. 4-Stellung). Insgesamt können vier mesomere Grenzstrukturen formuliert werden, die dies zeigen.

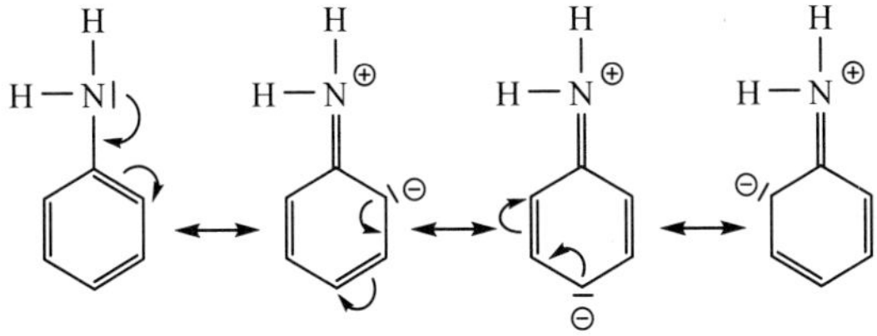

Allgemein erhöhen Substituenten mit +M-Effekt die Elektronendichte im Benzenring, sodass die elektrophile Substitution besser und schneller verläuft. Substituenten mit –M-Effekt bewirken das Gegenteil.

Erklärung des Sachverhalts 2:
4-Nitroanilin hat neben der Aminogruppe noch eine Nitrogruppe, die einen –M-Effekt ausübt, wodurch die Elektronendichte im Benzenring erniedrigt wird und somit die Reaktion langsamer abläuft, da der elektrophile Angriff dadurch erschwert wird.

Dirigierender Effekt der Nitrogruppe: Absenkung der Elektronendichte in 2-, 4-, und 6-Stellung durch –M-Effekt, deswegen bevorzugter elektrophiler Angriff in 3- und 5-Stellung (meta-Position).

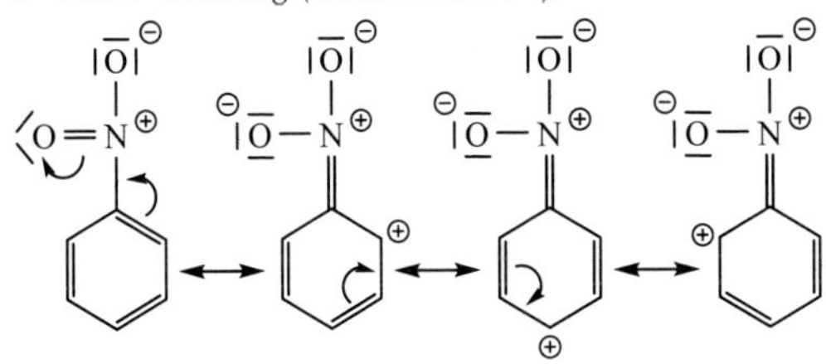

Erklärung des Sachverhalts 3:
Substituenten mit +M-Effekt dirigieren in ortho- und para-Stellung. Substituenten mit –M-Effekt hingegen in meta-Stellung.

In 2,4-Dinitroanilin dirigiert die Aminogruppe aufgrund des +M-Effekts in ortho- und para-Stellung (2-, 4-, 6-Stellung). Die Nitrogruppen dirigieren aufgrund des –M-Effekts in meta-Position (2-, 4-, 6-Stellung). Aus der Kombination dieser beiden Effekte ergibt sich die Substitution am C6-Atom und somit die Bildung des 2,4,6-Trinitroanilins.

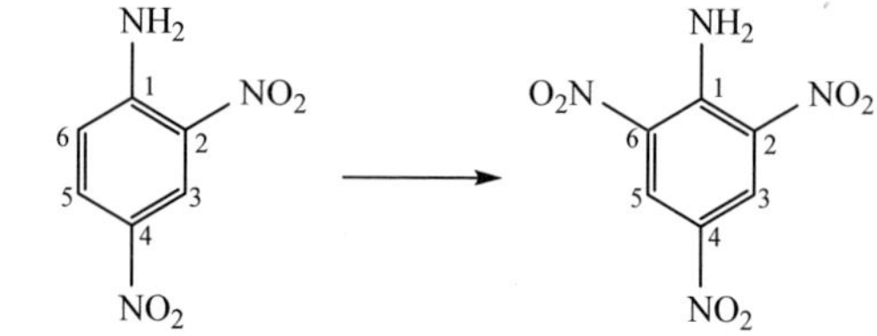

Die Substitution einer zweiten Nitrogruppe zum 2,4-Dinitroanilin läuft langsamer, die einer dritten zum 2,4,6-Trinitroanilin noch langsamer, da die Elektronendichte im Ring immer weiter verringert wird.

3.6 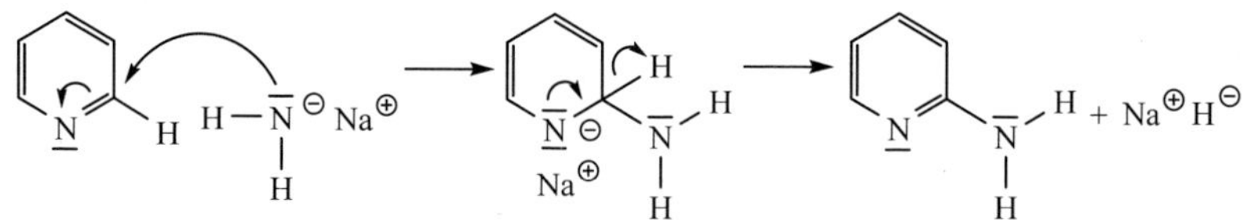

Es handelt sich um eine **nukleophile Substitution:** Es findet in 2-Position des Pyridinrings ein nukleophiler Angriff mithilfe eines freien Elektronenpaars des Stickstoffatoms im Amidion statt. Unter Abspaltung eines Hydridions entsteht 2-Aminopyridin.

Der Angriff erfolgt in 2-Position im Pyridinring, da hier die Elektronendichte aufgrund der Nachbarschaft zum Stickstoffatom geringer ist. Die negative Ladung wird im Ring delokalisiert.

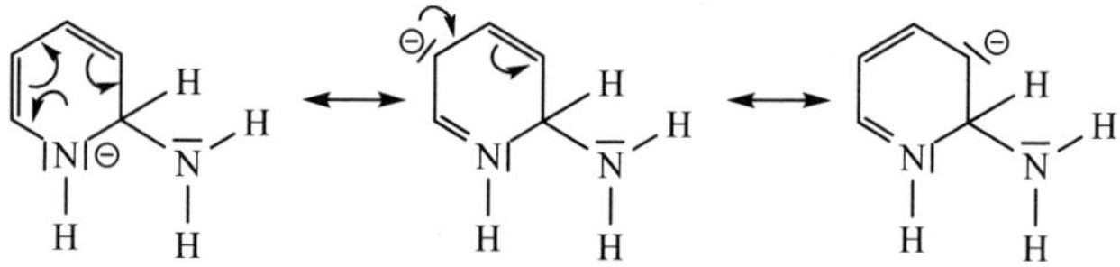

Grundkurs Chemie (Hessen)
Abiturprüfung 2019

Aufgabe A

Biokraftstoffe BE

Zur Erzeugung von Kraftstoffen kann anstelle von fossilen Brennstoffen pflanzliche Biomasse verwendet werden. Heute genutzte Biokraftstoffe der älteren Generation sind zunehmender Kritik ausgesetzt, da sie u. a. in Konkurrenz zur Lebensmittelproduktion stehen können. So wird derzeit z. B. Biodiesel aus Ölfrüchten, wie z. B. Raps, gewonnen. Die im Biodiesel enthaltenen Moleküle werden unter dem Oberbegriff FAME-Verbindungen (Fettsäure-Methylester-Verbindungen) zusammengefasst. Demgegenüber soll die Zukunft den Biokraftstoffen der neueren Generation gehören. Ihre Synthese soll künftig auf der Basis von Ganzpflanzen und Reststoffen wie Stroh- und Holzabfällen geschehen.
Bei der Herstellung von FAME-Verbindungen sind alleine in Deutschland in den letzten Jahren 400 000 Tonnen Glycerin (Propan-1,2,3-triol) pro Jahr als Abfallprodukt entstanden. Wissenschaftler forschen daher intensiv nach Verwendungsmöglichkeiten von Glycerin als Rohstoff. Neben zahlreichen anderen Möglichkeiten bietet sich der Einsatz in der Kunststoffindustrie an.

1.1 Fette enthalten Triglyceride, die als Ausgangsstoffe zur Synthese von sogenannten FAME-Verbindungen (Fettsäure-Methylester-Verbindungen) dienen. Unter einer Fettsäure versteht man eine langkettige Carbonsäure. Material 1 zeigt die Strukturformel eines Triglycerid-Moleküls und von drei verschiedenen FAME-Verbindungen mit ihren Schmelztemperaturen.
Beschreiben Sie detailliert den Aufbau des dargestellten Triglycerid-Moleküls sowie die Gemeinsamkeiten und Unterschiede im Aufbau der einzelnen FAME-Verbindungen.
Erläutern Sie die unterschiedlichen Schmelztemperaturen der FAME-Verbindungen anhand der Strukturen und unter Betrachtung des Schmelzvorganges. 11

1.2 In der Kunststoffindustrie könnte Glycerin als Rohstoff für die Synthese des Kunststoffs Polypropenal eingesetzt werden. Hierfür gewinnt man aus Glycerin Prop-2-en-1-ol, das im nächsten Schritt zu Propenal (Material 2) umgesetzt wird. Propenal ist das Monomer für den Kunststoff.
Formulieren Sie die Reaktionsgleichung für die Reaktion von Prop-2-en-1-ol mit Mangandioxid zu Propenal und Manganhydroxid ($Mn(OH)_2$).
Zeigen Sie anhand der wesentlichen Oxidationszahlen und der Elektronenübergänge, dass es sich um eine Redoxreaktion handelt.
Entwickeln Sie einen Ausschnitt aus dem Makromolekül Polypropenal und benennen Sie den Reaktionstyp für dessen Bildung. 12

1.3 Material 3 zeigt eine schematische Übersicht zur Erzeugung von Kraftstoffen der zweiten Generation aus Ganzpflanzen. Kernstück des Verfahrens zur Herstellung dieser Kraftstoffe ist die sogenannte FISCHER-TROPSCH-Synthese.
Beschreiben Sie die in der Übersicht dargestellten Vorgänge.
Formulieren Sie die Reaktionsgleichung zur vollständigen Verbrennung von Octan. Geben Sie auch die sich ändernden Oxidationszahlen an. 8

1.4 Die Reaktionsgleichungen für den ersten Schritt der in Material 3 dargestellten Übersicht und eine genauere Beschreibung der Herstellung von Synthesegas aus Biomasse sind in Material 4 zu finden.
Formulieren Sie für die unerwünschte Nebenreaktion von Kohlenstoffmonooxid mit Wasser das Massenwirkungsgesetz.
Erklären Sie die Wahl der Reaktionstemperatur im Hinblick auf das Gleichgewicht der unerwünschten Nebenreaktion.
Formulieren Sie die Reaktionsgleichung für die Reaktion von Calciumoxid mit Kohlenstoffdioxid. 8

1.5 Im Rahmen der FISCHER-TROPSCH-Synthese (Material 3, Schritt 2) wird aus dem Synthesegas (CO und H_2) ein Gemisch aus unterschiedlichen Kohlenwasserstoffverbindungen gewonnen, z. B. mit der Summenformel C_5H_{12}.
Formulieren Sie die Reaktionsgleichung für die Reaktion von Synthesegas zu Pentan und Wasser.
Zeichnen und benennen Sie die Strukturformeln der zwei zu n-Pentan isomeren Verbindungen.
Erklären Sie die Auswirkungen einer Druckerhöhung auf die Lage des chemischen Gleichgewichts bei der FISCHER-TROPSCH-Synthese. 11

50

Material 1:

Ein Triglycerid-Molekül

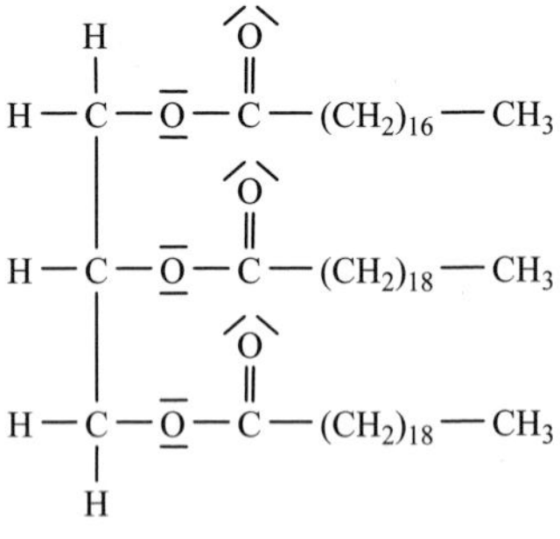

FAME-Verbindungen (Fettsäure-Methylester-Verbindungen) mit Schmelztemperaturen

Nr.	Verbindung	Schmelztemperaturen
1	$CH_3-(CH_2)_{16}-C(=O)-O-CH_3$	37 °C bis 39 °C
2	$CH_3-(CH_2)_{14}-C(=O)-O-CH_3$	29 °C bis 30 °C
3	$CH_3-(CH_2)_7-CH=CH-(CH_2)_7-C(=O)-O-CH_3$	−20 °C

Material 2: Propenal

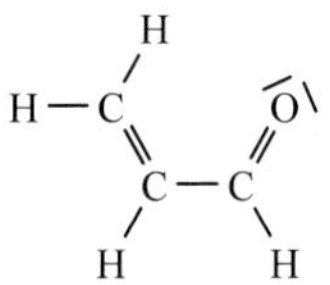

Material 3: Schematische Übersicht zur Erzeugung von Kraftstoffen der zweiten Generation aus pflanzlicher Biomasse

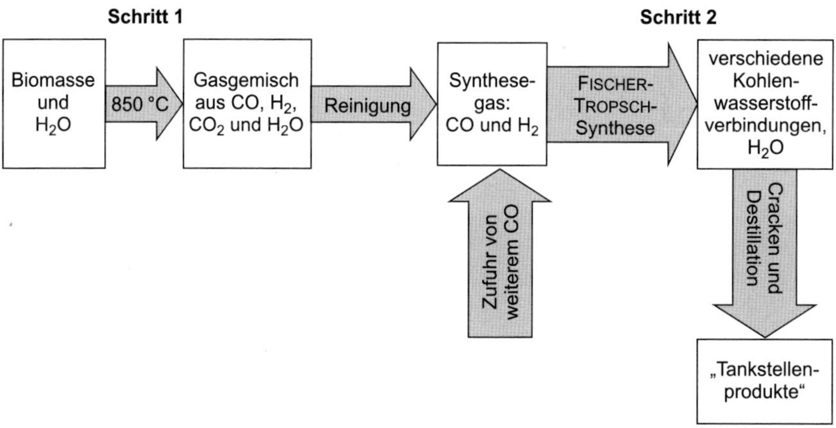

Hinweis: Cracken ist ein Verfahren der Erdölverarbeitung, mit dem Kohlenwasserstoffe längerer Kettenlänge in Kohlenwasserstoffe kürzerer Kettenlänge gespalten werden.

Material 4: Herstellung von Synthesegas aus Biomasse

Hauptreaktion:

$$\text{Biomasse} + H_2O \longrightarrow CO + H_2$$

unerwünschte Nebenreaktion:

$$CO + H_2O \rightleftharpoons CO_2 + H_2 \qquad \text{exotherm}$$

Neben der eigentlichen Reaktion der Biomasse zu Synthesegas läuft eine Nebenreaktion ab, die zu dem unerwünschten Produkt Kohlenstoffdioxid führt. Um diese Nebenreaktion möglichst gering zu halten, wählt man eine relativ hohe Reaktionstemperatur.
Das trotzdem noch entstehende Kohlenstoffdioxid wird im Reinigungsschritt durch Zugabe von Calciumoxid aus dem Gasgemisch entfernt. Dies geschieht durch die Reaktion des Calciumoxids mit dem Kohlenstoffdioxid zu festem Calciumcarbonat.

Materialgrundlage:
http://www.merckmillipore.de/germany/chemicals/methylstearat/MDA_CHEM-109602/p_E5yb.s1L2Uo AAAEWvuAfVhtl (abgerufen am 25.10.2017).
http://www.chemgapedia.de/vsengine/vlu/vsc/de/ch/6/ac/katalyse/_vlu/monsanto_verfahren.vlu/Page/vsc/de /ch/6/ac/katalyse/monsanto/konvertierung.vscml.html (abgerufen am 25.10.2017).
http://www.fvee.de/fileadmin/publikationen/Workshopbaende/ws2003-2/ws2003-2_04_03.pdf (abgerufen am 25.10.2017).
http://www.biomasse-nutzung.de/auflistung-biokraftstoffe-2-generation/ (abgerufen am 25.10.2017).
http://www.berliner-zeitung.de/archiv/die-chemikalie-entsteht-als-abfall-bei-der-biodieselproduktion--forscher-wollen-den-stoff-fuer-waschmittel--schmieroele-und-kunststoffe-nutzen-loesungen-fuer-das-glycerinprob-lem,10810590,10521334.html (abgerufen am 25.10.2017).
Hans Beyer, Wolfgang Walter: Lehrbuch der Organischen Chemie, Stuttgart 1991, S. 225.
K. P. Vollhardt, N. E. Schore: Organische Chemie, Weinheim 2009, S. 707.

Aufgabe B

Amine BE

Amine sind wichtige Verbindungen in der chemischen Industrie. Sie finden unter anderem Anwendung als Schlüssel- und Zwischenprodukte in der Herstellung von Pharmazeutika, Pflanzenschutzmitteln, Kunstharzen und Farbstoffen. Das Amin mit der größten Bedeutung ist Methylamin (Material 1). Methylamin kann ausgehend von Methan hergestellt werden. Das Gas Methylamin hat in verdünnter Form einen penetranten, fischartigen Geruch.
Fischfleisch und das Fleisch aller Meeresfrüchte ist leicht verderblich. Grund sind die Bakterien, die darauf siedeln. Sie produzieren aus Aminosäuren Amine. Das erreichen die Mikroorganismen durch Decarboxylierung, also Abspaltung von Kohlenstoffdioxid. Aus der Aminosäure Glycin entsteht so Methylamin.
Glycin ist die häufigste Aminosäure, daher ist auch Methylamin das häufigste Verwesungsamin und die zentrale Komponente von Fischgeruch. Diesem Fischgeruch

kann man mit Zitronensaft entgegenwirken. Gibt man Zitronensaft auf das Fischfleisch, riecht fischiger Fisch wieder frisch.
Methylamin kann man leicht nachweisen. Es reagiert wie das analoge Ammoniak mit Wasser zu einer alkalischen Lösung.
Amine dienen auch als Ausgangsstoffe für Polyamide. Kevlar (Material 2) ist ein Polyamid, das zum Beispiel für schusssichere Westen Verwendung findet.

2.1 Methan reagiert unter Einwirkung von Licht mit Chlor zu Chlormethan und Chlorwasserstoff.
Formulieren und benennen Sie den Reaktionsmechanismus für diese Synthese.
Erläutern Sie zudem die einzelnen Teilschritte dieses Mechanismus. 14

2.2 Die Strukturformel von Methylamin ist in Material 1 dargestellt. Dieses Gas kann hergestellt werden, indem man Chlormethan mit Ammoniak (NH_3) umsetzt. Dabei entsteht ein weiteres gasförmiges Produkt.
Formulieren Sie die zugehörige Reaktionsgleichung unter Verwendung von Strukturformeln für die organischen Verbindungen und benennen Sie den Reaktionstyp. Beschreiben Sie eine Nachweisreaktion für das entstehende weitere gasförmige Produkt.
Berechnen Sie das Volumen an Methylamin, wenn insgesamt 150 g dieses Stoffes entstanden sind. Gehen Sie dabei von einem molaren Gasvolumen von $22{,}4\ L \cdot mol^{-1}$ aus.

Hinweis: Unter dem molaren Gasvolumen versteht man dasjenige Volumen, welches ein Mol eines gasförmigen Stoffes einnimmt. 10

2.3 Die Aminosäure Glycin (2-Aminoethansäure) reagiert unter Abspaltung von Kohlenstoffdioxid zu Methylamin, der zentralen Komponente des Fischgeruchs.
Formulieren Sie die zugehörige Reaktionsgleichung unter Verwendung von Strukturformeln für die organischen Verbindungen.
Erklären Sie mithilfe einer Protolysegleichung, dass bei Zugabe einer Säurelösung der stark fischige Geruch verschwindet. 6

2.4 Die Aminosäuren Glycin (2-Aminoethansäure) und Alanin (2-Aminopropansäure) sind bei Raumtemperatur weiße, kristalline Feststoffe. Von einer der beiden Aminosäuren gibt es Enantiomere.
Geben Sie eine Definition für Enantiomere an und erläutern Sie, welche der beiden Aminosäuren Enantiomere hat. Zeichnen Sie auch die zugehörigen Strukturformeln dieser Enantiomere und benennen Sie diese.
Erklären Sie, dass beide Aminosäuren bei Raumtemperatur fest sind. 9

2.5 Alanin und Glycin können zu einem Protein reagieren.
Formulieren Sie einen Ausschnitt aus dem Protein, das aus zwei Einheiten Glycin und einer Einheit Alanin besteht.
Benennen Sie die charakteristische funktionelle Gruppe in diesem Protein-Molekül. 5

2.6 In Material 2 sind Informationen zu dem Polyamid Kevlar dargestellt.
Entwickeln Sie einen Strukturformelausschnitt von Kevlar. Verwenden Sie dabei vier Monomer-Bausteine.
Benennen Sie den Polyreaktionstyp. 6

50

Material 1: Methylamin

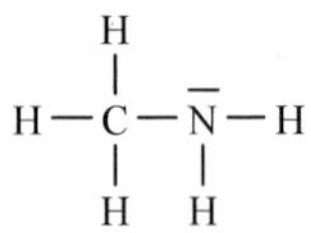

Material 2: Das Polyamid Kevlar

Die Polyamidfaser Kevlar wird aus den beiden Edukten 1,4-Diaminobenzol und Terephthalsäuredichlorid (Benzol-1,4-dicarbonsäuredichlorid) hergestellt, dabei entsteht auch ein gasförmiges Nebenprodukt. Da es sich bei den Edukten um aromatische Verbindungen handelt, bezeichnet man die entstandene Polyamidfaser auch als Aramidfaser.

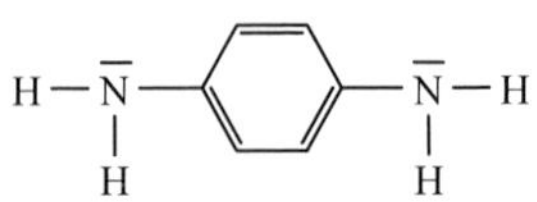

1,4-Diaminobenzol

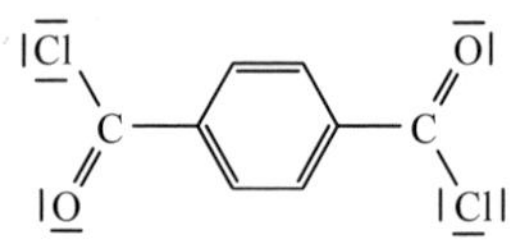

Terephthalsäuredichlorid

Materialgrundlage:
www.chemieunterricht.de/dc2/tip/09_02.htm (abgerufen am 11.06.2018).
https://books.google.de/books?isbn=311020360X – B. Schrader, P. Rademacher: Kurzes Lehrbuch der organischen Chemie, S. 162 (abgerufen am 10.06.2018).
www.chemieunterricht.de/dc2/nh3/aramid.htm (abgerufen am 10.06.2018).

Aufgabe C

Erdbeeren und Rhabarber – Smoothies und Marmelade BE

Rhabarber, Erdbeeren, Puderzucker, Joghurt, Wasser, das Mark einer Vanilleschote und zerstoßenes Eis sind die Zutaten für einen leckeren Smoothie. In der Erdbeere stecken viele geschmacksgebende Aromastoffe sowie Vitamine und Mineralstoffe. Ein typischer Vertreter des Erdbeeraromas ist 2-Methylpropansäurepropylester (Material 1). Der Gehalt an Vitamin C in Erdbeeren ist größer als in Zitronen. Hauptverantwortlich für den erfrischenden säuerlichen Geschmack des Smoothies ist allerdings der Rhabarber. Ein markanter Inhaltsstoff des Rhabarbers ist die Oxalsäure (Ethandisäure). Abgerundet wird der Geschmack des Smoothies durch das im Mark der Vanilleschote enthaltene Vanillin (Material 2).
Bei der Verarbeitung eines Erdbeer-Rhabarber-Gemisches zu Marmelade ist ein Geliermittel notwendig. Gellan (Material 5) ist ein unter der Nummer E 418 zugelassener Lebensmittelzusatzstoff, der schon in geringer Konzentration feste Gele aus wässrigen Flüssigkeiten bildet.

3.1 Erhitzt man 2-Methylpropansäurepropylester (Material 1) als typischer Vertreter des Erdbeeraromas längere Zeit mit Natronlauge, geht das typische Aroma verloren.
Formulieren und beschreiben Sie für die Reaktion von 2-Methylpropansäurepropylester mit Natronlauge den Reaktionsmechanismus und erklären Sie den Verlust des Aromas. 10

3.2 Der Gehalt an Vitamin C ($C_6H_8O_6$) in Erdbeeren wurde mit 59 mg Vitamin C pro 100 g Frucht ermittelt.
Berechnen Sie die Stoffmenge *n* an Vitamin C in einem Kilogramm Erdbeeren. 4

3.3 Oxalsäure (Ethandisäure) zersetzt sich beim Erhitzen. Dabei entstehen in einer ersten Reaktion Methansäure und Kohlenstoffdioxid. Im anschließenden Reaktionsschritt bilden sich aus Methansäure Kohlenstoffmonooxid und Wasser.
Formulieren Sie die beiden Reaktionsgleichungen für die Zersetzung von Oxalsäure (Ethandisäure).
Geben Sie die wesentlichen Oxidationszahlen an und entscheiden Sie jeweils, ob es sich um eine Redoxreaktion handelt oder nicht.
Beschreiben Sie eine Nachweisreaktion für das in Reaktion 1 entstehende Kohlenstoffdioxid und formulieren Sie für diese Nachweisreaktion eine Reaktionsgleichung. 10

3.4 Der pH-Wert eines Erdbeer-Rhabarber-Gemisches beträgt pH = 5,3.
Berechnen Sie die Konzentration an H_3O^+-Ionen in diesem Gemisch.
Formulieren Sie unter Verwendung von Strukturformeln die Reaktionsgleichungen für die vollständige Protolyse von Oxalsäure in zwei Schritten. 6

3.5 Versetzt man Vanillin (Material 2) mit FEHLING-Reagenz, beobachtet man eine positiv verlaufende Nachweisreaktion.
Benennen Sie zwei der in der Vanillin-Strukturformel vorliegenden funktionellen Gruppen.
Nennen Sie die wesentliche Beobachtung bei einer positiven FEHLING-Reaktion und formulieren Sie die zugehörige Reaktionsgleichung. Verwenden Sie dabei für die organischen Verbindungen Strukturformeln.
Zeichnen Sie die HAWORTH-Projektion für β-D-Glucose (Material 3) und entwickeln Sie die Strukturformel für Vanillosid, die Vorstufe von Vanillin (Material 4). 11

3.6 In Material 5 finden Sie einen Strukturformelausschnitt aus dem Polysaccharid Gellan sowie die HAWORTH-Projektionen von zwei im Gellan enthaltenen Monosaccharid-Bausteinen.
Zeichnen Sie die FISCHER-Strukturformeln der beiden im Material 5 gegebenen Monosaccharid-Bausteine.

Hinweis: Das C-Atom der Carboxygruppe ist hier das C_6-Atom.

Analysieren Sie auf Grundlage des Strukturformelausschnitts von Gellan die jeweilige Verknüpfungsart zwischen den Monosaccharid-Bausteinen.
Erklären Sie die Verwendung von Gellan als Geliermittel. 9

50

Material 1: 2-Methylpropansäurepropylester

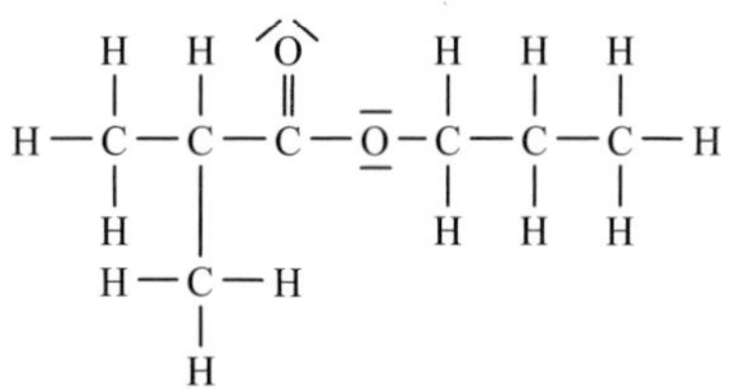

Material 2: Vanillin

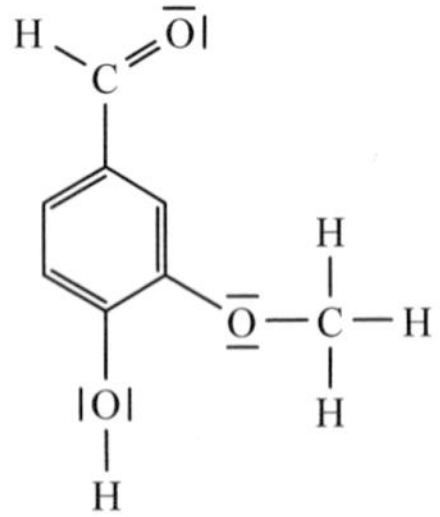

Material 3: D-Glucose

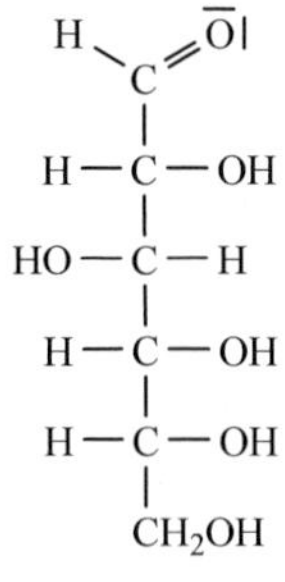

Material 4: Vanillosid – Vorstufe von Vanillin

In den noch nicht reifen Früchten der Gewürzvanille findet sich eine Vorstufe des Vanillins, das sogenannte Vanillosid. In diesem Zustand ist der typische Geruch von Vanille noch nicht festzustellen. Im Vanillosid-Molekül ist β-D-Glucose am C_1-Atom des Zuckers glycosidisch mit Vanillin verknüpft.

Material 5: Das Geliermittel Gellan

β-D-Glucuronsäure

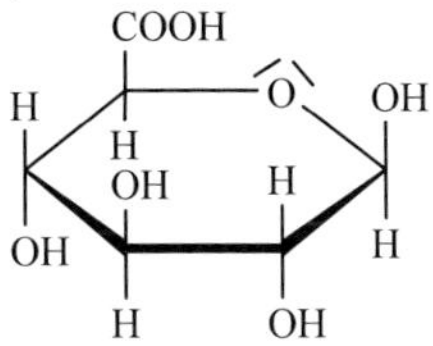

α-L-Rhamnose

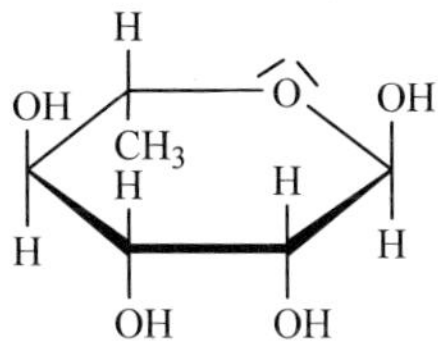

Ausschnitt aus Gellan

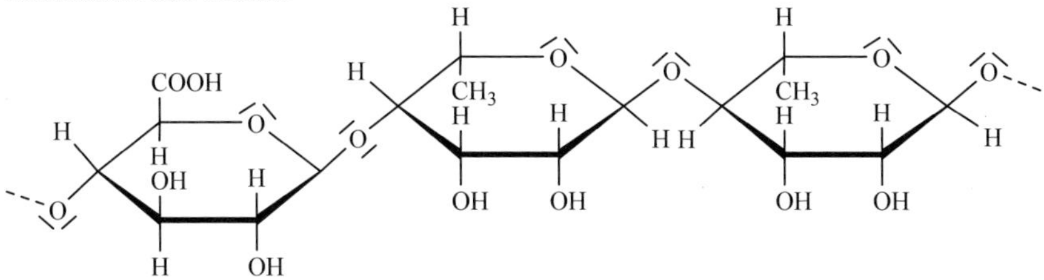

Materialgrundlage:
https://roempp.thieme.de/roempp4.0/do/data/RD-07-00533 (abgerufen am 10.06.2018).
https://books.google.de/books?isbn=3527626522 Wiley-Verlag H. G. Elias, Makromoleküle Band 4, S. 335.
https://www.apotheken-umschau.de/Erdbeere (abgerufen am 10.06.2018).
J. Falbe, M. Regnitz (Hrsg.): Römpp-Lexikon Chemie, Band 6, Stuttgart 1989, S. 4869 f.
https://www.chemie-schule.de/KnowHow/Vanillin (abgerufen am 10.06.2018).
www.chemieunterricht.de/dc2/os/os-zersetzen.htm (abgerufen am 10.06.2018).

Lösungsvorschläge

Aufgabe A

1.1 Bei allen vier Molekülen handelt es sich um Ester. Das dargestellte **Fettmolekül** ist ein Triglycerid-Ester aus Propan-1,2,3-triol (auch Glycerin genannt) und drei langkettigen gesättigten Carbonsäuren (Octadecansäure und zwei Eicosansäuren). Jede der drei Hydroxygruppen des Propan-1,2,3-triols ist dabei mit einer der genannten langkettigen Carbonsäuren verestert.

Der Schmelzbereich des angegebenen Fettmoleküls liegt oberhalb der Raumtemperatur, d. h., das Fett ist bei Raumtemperatur ein Feststoff.

Die in Material 1 dargestellten **Fettsäuremethylester** sind Ester aus Methanol und einer langkettigen Carbonsäure.
Verbindungen 1 und 2 sind gesättigte Ester. Verbindung 1 ist ein Ester aus Octadecansäure mit dem Methanol, Verbindung 2 ein Ester aus Hexadecansäure mit dem Methanol und Verbindung 3 ein ungesättigter Ester aus Methanol und Octadec-9-en.

Ob es sich bei der Octa-dec-9-ensäure um eine cis- oder trans-Verbindung handelt, geht aus dem Material 1 nicht hervor. Bei den natürlich vorkommenden Fetten sind jedoch alle Fettsäuren stets cis-konfiguriert.

Schmelzen ist ein physikalischer Vorgang (auch Phasenübergang genannt), bei dem ein Stoff aus dem **festen** in den **flüssigen Aggregatzustand** übergeht. Beim Schmelzen werden die Moleküle, die durch **zwischenmolekulare Kräfte** im festen Zustand eine klare, oft regelmäßige Ordnung besitzen, durch die von außen zugeführte **thermische Energie** (Wärme) stark in Bewegung versetzt. Dabei werden die zwischenmolekularen Kräfte weniger wirksam, die Teilchen bewegen sich immer schneller und sind nicht mehr ortsfest. Der Stoff schmilzt und wird flüssig.

Um die **Schmelztemperaturen** der drei dargestellten FAME-Moleküle korrekt erklären zu können, müssen folgende Dinge berücksichtigt werden:

1. Die **Art der zwischenmolekularen Kraft**, die vorwiegend zwischen den jeweiligen Molekülen gleicher Art wirkt.
2. Die **Molekülgröße** bzw. die **Oberfläche,** zwischen der diese Kraft/diese Kräfte wirken können. Es gilt dabei die Regel: Je größer diese Moleküloberfläche ist, desto mehr VAN-DER-WAALS-Kräfte können letztlich wirken und desto höher ist die jeweilige Schmelz- oder Siedetemperatur des Stoffes.
3. Die **Molekülmasse:** Wirken gleiche zwischenmolekulare Kräfte und weisen die Moleküle eine ähnlich große Oberfläche auf, so muss die Molekülmasse ebenfalls in die Argumentation eingebunden werden. Hierbei gilt dann, je größer die Molekülmasse ist, desto höher auch die Schmelz- oder Siedetemperatur. Dieser Faktor ist jedoch deutlich weniger einflussreich als die Art der wirkenden zwischenmolekularen Kraft.

Die Schmelztemperatur von Verbindung 1 ist höher als die von Verbindung 2, da sich durch die **größere Moleküloberfläche** von Verbindung 1 (größere Kettenlänge) mehr **VAN-DER-WAALS-Kräfte** zwischen den Molekülen ausbilden können. Die angegebenen Verbindungen 1 bis 3 sind unpolare Stoffe, weshalb die VAN-DER-WAALS Kraft die einzige zu berücksichtigende zwischenmolekulare Kraft ist. Daher sind hier die Molekülgröße und die Anzahl der möglichen VAN-DER-WAALS-Kräfte, die sich aufgrund der unterschiedlichen Molekülgrößen ausbilden können, von Bedeutung.
Verbindung 3, der ungesättigte Ester, weist eine **Doppelbindung** auf. An der Stelle der Doppelbindung entsteht durch die sp^2-Hybridisierung am jeweiligen Kohlenstoffatom ein „Knick“. Durch diesen Knick ist letztlich die wirksame **Oberfläche**, an der sich VAN-DER-WAALS-Kräfte zu anderen Molekülen gleicher Sorte ausbilden können, **kleiner**, was wiederum die niedrigere Schmelztemperatur bedingt, da sich somit zwischen den Molekülen aus Verbindung 3 die wenigsten VAN-DER-WAALS-Kräfte ausbilden können.

1.2 Prop-2-en-1-ol wird durch Mangandioxid (Braunstein) zu Propenal (dem hochgiftigen Acrolein) oxidiert. Dabei bildet sich Mangan(II)-hydroxid. Die Reaktionsgleichung der ablaufenden Redoxreaktion lautet folgendermaßen:

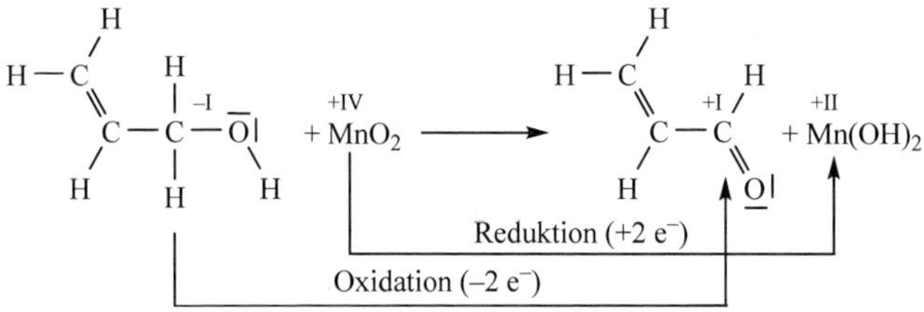

Die Hydroxygruppe des primären Alkohols Prop-2-en-1-ol wird dabei zum Aldehyd, hier Propenal, **oxidiert**. Die Oxidationszahl des C-Atoms, das die jeweilige funktionelle Gruppe trägt, ändert sich hierbei von –I zu +I. Dabei werden zwei Elektronen an das Mangan(IV)-Ion des Mangandioxids abgegeben. Dieses wird dadurch zu Mangan(II) **reduziert**.

Strukturausschnitt des **Polypropenals:**

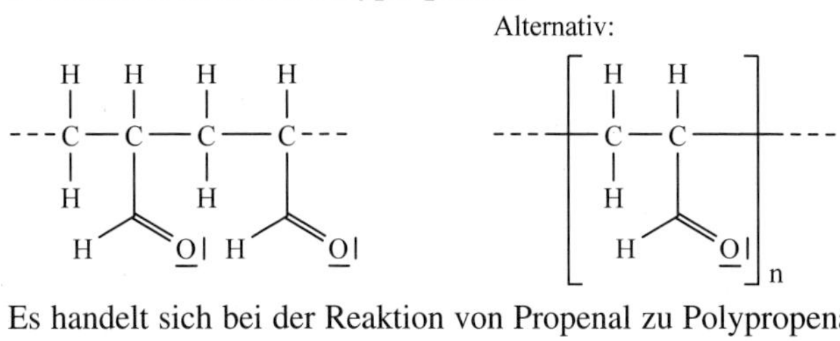

Es handelt sich bei der Reaktion von Propenal zu Polypropenal um eine **radikalische Polymerisation**.

1.3 Die schematische Übersicht zur Erzeugung von Kraftstoffen der zweiten Generation aus pflanzlicher Biomasse zeigt, wie in vier Teilschritten aus Biomasse und Wasser **Kraftstoffe** (in der Übersicht als „Tankstellenprodukte“ bezeichnet) hergestellt werden.
Dazu wird in Schritt 1 zuerst das Gemisch aus Biomasse und Wasser auf 850 °C erhitzt und so zur Reaktion gebracht. Als Produkte bilden sich Kohlenstoffmonooxid (CO), Wasserstoff (H_2), Kohlenstoffdioxid (CO_2) und Wasser (H_2O). Durch den anschließenden Reinigungsvorgang werden Wasser und Kohlenstoffdioxid aus dem Gemisch entfernt, sodass man das gewünschte Synthesegasgemisch aus Kohlenstoffmonooxid und Wasserstoff erhält.
Im 2. Schritt wird das Synthesegasgemisch mit weiterem Kohlenstoffmonooxid angereichert, und anschließend werden in der sogenannten FISCHER-TROPSCH-Synthese verschiedene Kohlenwasserstoffe hergestellt.

Dabei sind natürlich ein spezieller Katalysator sowie spezielle Reaktionsbedingungen wie erhöhte Temperatur und erhöhter Druck notwendig. Dies ist aber nicht Teil der zu leistenden Beschreibung.

Um dieses Gemisch zu Tankstellenprodukten weiterzuverarbeiten, wird das Gemisch aus den Kohlenwasserstoffen gecrackt und anschließend destilliert.

Die vollständige **Verbrennung von Octan** kann durch die folgende Reaktionsgleichung dargestellt werden:

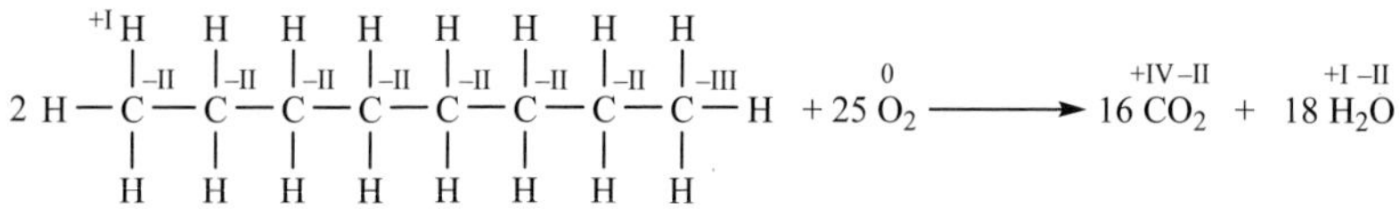

Bei der vollständigen Verbrennung eines Alkans, bei der ausreichend viele Sauerstoffmoleküle zur Verfügung stehen, bilden sich als Reaktionsprodukte ausschließlich Kohlenstoffdioxid und Wasser.

Es handelt sich bei der dargestellten Verbrennungsreaktion um eine **Redoxreaktion**. Die Kohlenstoffatome des Alkans werden oxidiert, die Sauerstoffatome des Sauerstoffmoleküls (O_2) werden zu Sauerstoffatomen mit der Oxidationszahl –II reduziert.

1.4 Das Massenwirkungsgesetz zur beschriebenen Nebenreaktion lautet:

$$K_c = \frac{c(CO_2) \cdot c(H_2)}{c(CO) \cdot c(H_2O)}$$

Eine Temperaturerhöhung führt nach dem Prinzip von LE CHATELIER und BRAUN (auch Prinzip des kleinsten Zwanges genannt) dazu, dass vermehrt die energieverbrauchende (endotherme) Rückreaktion abläuft. Durch diese endotherme Reaktion wird der äußere Zwang der Temperaturerhöhung vermindert.

$$CO + H_2O \underset{\text{endotherm}}{\overset{\text{exotherm}}{\rightleftharpoons}} CO_2 + H_2$$

Aus diesem Grund wird bei der Herstellung von Synthesegas aus Biomasse eine relativ hohe Reaktionstemperatur gewählt (850 °C), da bei diesen Bedingungen die unerwünschte Nebenreaktion, die zur Bildung von Kohlenstoffdioxid und Wasserstoff führt, **vermindert abläuft**.

Die Reaktionsgleichung der **Bildung des Calciumcarbonats** lautet wie folgt:

$$CaO + CO_2 \longrightarrow CaCO_3$$

Diese Reaktionsgleichung findet sich bereits in Wortform in Material 4. Lesen Sie daher stets auch die gegebenen Materialien zu den Aufgaben genau durch, um weitere Hilfestellungen für die Aufgabe zu erhalten.

1.5 Reaktion von Synthesegas zu Pentan:

$$5\,CO + 11\,H_2 \rightleftharpoons C_5H_{12} + 5\,H_2O$$

Die FISCHER-TROPSCH-Synthese, bei der aus dem Synthesegas (CO und H_2) eine Vielzahl gasförmiger und flüssiger Kohlenwasserstoffe gebildet werden, ist eine bereits in den 1920er-Jahren entwickelte Synthese, die derzeit eine Art Renaissance erlebt. Der Grund liegt in der Möglichkeit, die Edukte aus Biomasse zu gewinnen und somit nicht auf fossile Brennstoffe wie Kohle oder Erdöl zurückgreifen zu müssen. Dies führt zu einer neutralen CO_2-Bilanz, da die Biomasse nachwachsen kann und während der Wachstumsphase Kohlenstoffdioxid in der Pflanze durch Photosynthese gebunden wird.
Allerdings findet die FISCHER-TROPSCH-Synthese bei hohem Druck (bis zu 25 bar) und hoher Temperatur statt (je nach Katalysator zwischen 150 °C und 300 °C). Diese Reaktionsbedingungen zu erzeugen ist energieintensiv und verschlechtert die CO_2-Bilanz beträchtlich.

Für *n*-Pentan (Summenformel C_5H_{12}) existieren zwei weitere **Isomere:**

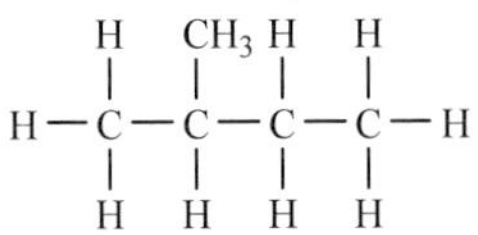

2-Methylbutan

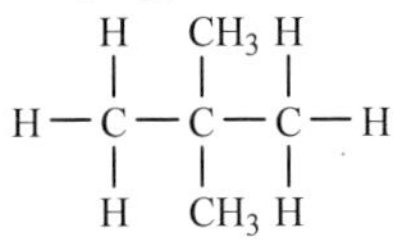

2,2-Dimethylpropan

Eine Druckerhöhung führt nach dem **Prinzip des kleinsten Zwanges** (Prinzip von LE CHATELIER und BRAUN) zu einer Verschiebung des Gleichgewichts auf die Seite der Produkte.
Dies liegt daran, dass die Anzahl der Produktteilchen (6 Teilchen) deutlich geringer ist als die Anzahl der Eduktteilchen (16 Teilchen). Erhöht man demnach den Druck, kann der Einfluss dieser Druckerhöhung, des „Zwanges" von außen, dadurch gemindert werden, dass die Reaktion vermehrt in die Richtung abläuft, bei der weniger gasförmige Teilchen vorliegen.

Bei diesen Reaktionsbedingungen sind alle an der Reaktion beteiligten Stoffe – Edukte wie Produkte – gasförmig.

Aufgabe B

2.1 Der Reaktionsmechanismus nennt sich **radikalische Substitution**. Hierbei wird im ersten Schritt ein Wasserstoffatom des Alkans (hier Methan) durch ein Halogen (hier Chlor) ersetzt. Neben dem Halogenalkan bildet sich als weiteres Produkt Chlorwasserstoff. Der Mechanismus kann wie folgt formuliert werden:

1. Startreaktion:

Durch Lichteinstrahlung wird eine homolytische Spaltung des Chlormoleküls in zwei Chlorradikale initiiert.

2. Kettenreaktion:

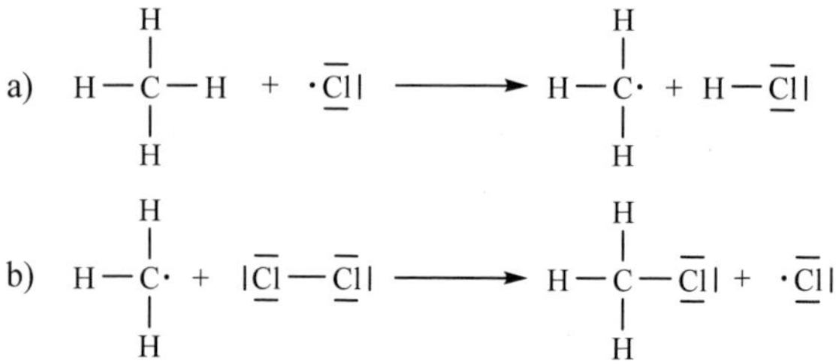

Das bei Reaktion 1 entstandene Chlorradikal reagiert in der Folge mit einem Methanmolekül zu einem Methylradikal und Chlorwasserstoff (a). Anschließend reagiert ein Methylradikal mit einem Chlormolekül zu Chlormethan und einem weiterem Chlorradikal (b). Diese Reaktionsschritte wiederholen sich immer wieder, deshalb wird dieser Reaktionsverlauf auch als Kettenreaktion bezeichnet.

Neben Chlormethan können auch mehrfach halogenierte Verbindungen wie Dichlormethan (Cl_2CH_2), Trichlormethan (Cl_3CH) oder Tetrachlormethan (CCl_4) entstehen, wenn das Chlorradikal nicht auf ein Methanmolekül, sondern auf ein bereits halogeniertes Molekül trifft. In diesen Fällen spricht man von Mehrfachhalogenierung.

3. Mögliche Abbruchreaktionen:

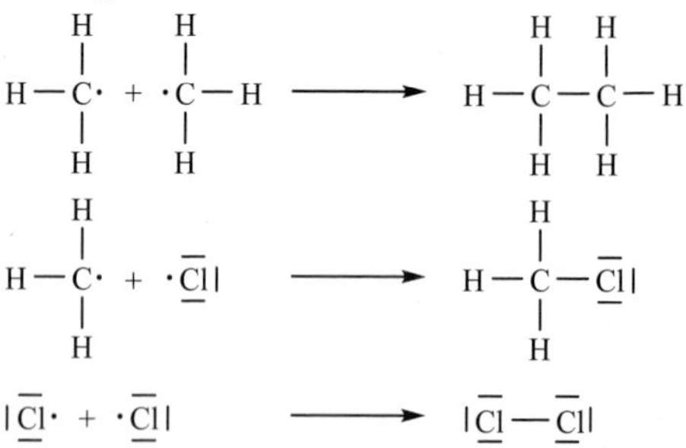

Zu einer Abbruchreaktion kommt es, wenn zwei Radikale aufeinandertreffen. Diese **Rekombination** genannte Reaktion ist im Vergleich zu den Kettenreaktionen äußerst selten.

2.2 Die Reaktionsgleichung der Bildung von Methylamin lautet wie folgt:

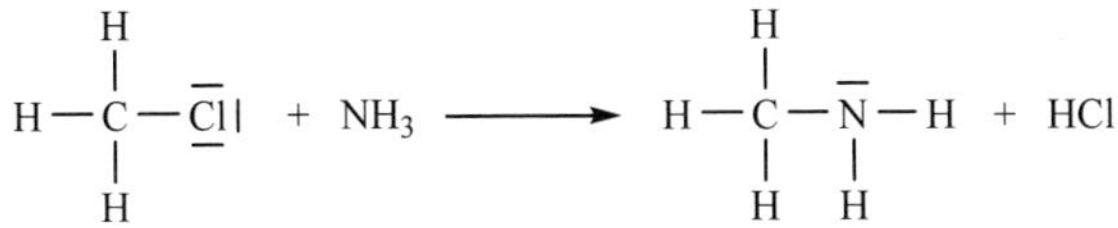

Bei der ablaufenden Reaktion handelt es sich um eine **nukleophile Substitution**.

Neben Methylamin entsteht gasförmiges Chlorwasserstoff, eine Säure. Beim Einleiten von Chlorwasserstoff in Wasser gibt das Chlorwasserstoffmolekül sein Proton an das Wassermolekül ab, wodurch sich ein Oxonium-Ion und ein Chlorid-Ion bilden.
Diese Chlorid-Ionen können durch Zugabe von **Silbernitratlösung** nachgewiesen werden. Die Silber(I)-Ionen der Silbernitratlösung reagieren dabei mit den Chlorid-Ionen zu schwerlöslichem Silberchlorid (AgCl), einem weißen Feststoff. Die zuvor klare Lösung färbt sich durch die Bildung des Silberchlorids milchigtrüb. Nach einiger Zeit bildet sich ein **weißer Niederschlag**.

Nicht Teil der geforderten Lösung:

$$H_2O\,(l) + HCl\,(g) \longrightarrow H_3O^+\,(aq) + Cl^-\,(aq)$$
$$Ag^+\,(aq) + NO_3^-\,(aq) + Cl^-\,(aq) \longrightarrow AgCl(s) + NO_3^-\,(aq)$$

Das Volumen, welches 150 g gasförmiges Methylamin einnimmt, kann wie folgt berechnet werden:
Zunächst muss die molare Masse M von Methylamin berechnet werden:

$$\begin{aligned} M(CH_3NH_2) &= 5 \cdot M(H) + M(C) + M(N) \\ &= 5 \cdot 1\,g \cdot mol^{-1} + 1 \cdot 12\,g \cdot mol^{-1} + 1 \cdot 14\,g \cdot mol^{-1} \\ &= 31\,g \cdot mol^{-1} \end{aligned}$$

Die molare Masse M beträgt demnach 31 g · mol^{-1}.

Anschließend kann mit folgender Formel die Teilchenzahl n berechnet werden:

$$n(CH_3NH_2) = \frac{m(CH_3NH_2)}{M(CH_3NH_2)} = \frac{150\,g}{31\,g \cdot mol^{-1}} = 4{,}84\,mol$$

Im Aufgabentext ist das molare Gasvolumen bei 0 °C mit 22,4 L · mol^{-1} angegeben.

Nach der These von AVOGADRO nehmen 1 mol ideale Gase bei gleichen Bedingungen (gleiche Temperatur, gleicher Druck) gleiche Volumina ein. Diese entsprechen dem sogenannten Molvolumen V_m, hier 22,4 L bei 0 °C und 1,013 bar Druck. Auch das in der Aufgabenstellung zu betrachtende Methylamin soll hier in erster Näherung als ideales Gas betrachtet werden.

Daraus lässt sich nun das Volumen der Stoffportion von 150 g oder 4,84 mol Methylamin berechnen:

$V(CH_3NH_2) = n(CH_3NH_2) \cdot V_m = 4{,}84\ mol \cdot 22{,}4\ L \cdot mol^{-1} = 108{,}4\ L$

150 g Methylamin haben ein Gasvolumen von **108,4 Litern**.

2.3 Die Reaktionsgleichung der **Decarboxylierung von Glycin**, wie die Kohlenstoffdioxidabspaltung aus einem Molekül auch genannt wird, kann wie folgt dargestellt werden:

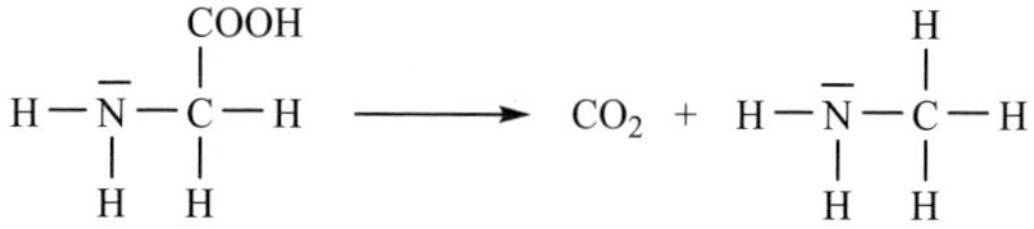

Alle natürlichen Aminosäuren kommen nur in der L-Konfiguration vor, daher muss die Aminogruppe der Aminosäure in der FISCHER-Projektion stets links dargestellt sein. Streng genommen ist dies allerdings einzig für Glycin nicht notwendig, da Glycin kein asymmetrisches Kohlenstoffatom aufweist, weshalb es von Glycin keine L- und D-Konfiguration gibt.

Das gasförmige Methylamin ist für den fischigen Geruch verantwortlich. Als häufigstes Amin, das bei der Verwesung auftritt, ist es für unseren Geruchssinn ein erstes Indiz, dass es sich bei dem Nahrungsmittel, welches einen solchen Geruch aufweist, um ein älteres und gegebenenfalls bedenkliches handeln könnte. Die Menge des Methylamins nimmt durch den Zerfall von Glycin mit dem Alter des servierten Fisches zu, daher auch der fischige Geruch. Diesen kann man durch Zugabe von Säure (oft in Form von bekömmlicher Zitronensäure) neutralisieren.
Dabei läuft folgende **Protolysereaktion** ab:

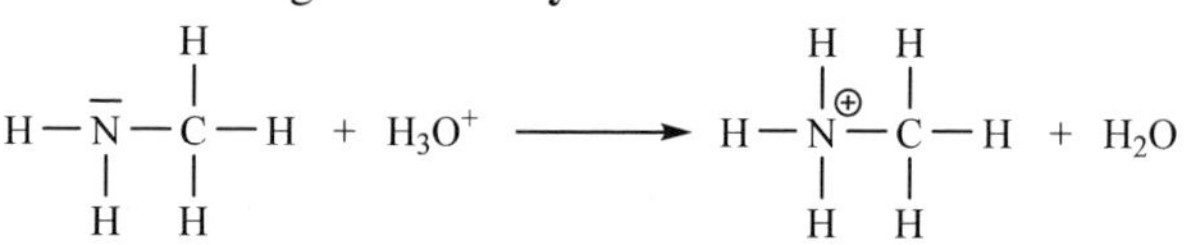

Das sich durch Protonierung der basischen Aminogruppe bildende Kation $H_3N^+–CH_3$ liegt nun aquatisiert in wässriger Lösung vor und kann dadurch nicht mehr als gasförmiger Stoff durch den Geruchssinn wahrgenommen werden. Aus diesem Grund verschwindet der fischige Geruch, der auf das gasförmige Methylamin zurückzuführen ist – der Fisch riecht wieder frisch.

2.4 **Enantiomere** sind Spiegelbild-isomere Moleküle, die sich zueinander wie **Bild** und **Spiegelbild** verhalten. Man kann sie nicht durch einfache Drehung des Moleküls ineinander überführen. Enantiomere besitzen außerdem mindestens ein **Chiralitätszentrum** (asymmetrisches Kohlenstoffatom mit vier verschiedenen Bindungspartnern).

Nur von Alanin (2-Aminopropansäure) gibt es ein Enantiomerenpaar:

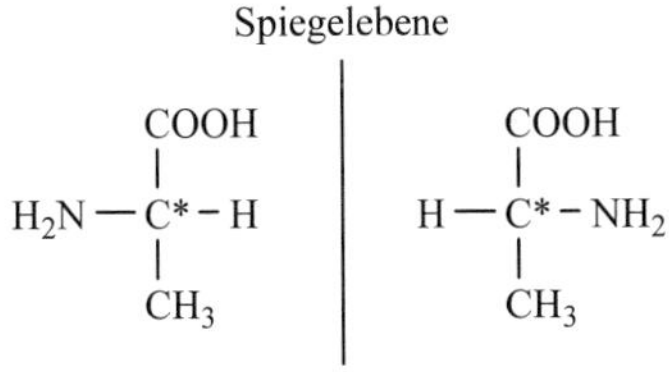

L-Alanin D-Alanin

Das mit einem * markierte Kohlenstoffatom besitzt vier verschiedene Substituenten (Bindungspartner), daher handelt es sich bei diesem um ein asymmetrisches Kohlenstoffatom.
Nur Alanin (2-Aminopropansäure) weist ein solches asymmetrisches Kohlenstoffatom auf, Glycin (2-Aminoethansäure) hingegen nicht. Aus diesem Grund gibt es zum Glycin-Molekül auch kein Spiegelbild-Isomer (kein Enantiomer).

Strukturformel von Glycin:

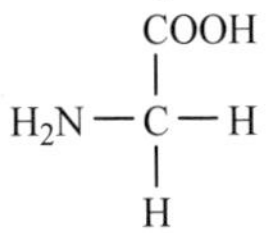

Dass Glycin und Alanin (D- oder L-Form) bei Raumtemperatur **Feststoffe** sind, liegt an der Besonderheit der Strukturformel aller Aminosäuren: Die dargestellte ungeladene Form der Aminosäuren (Glycin wie auch Alanin) existiert im Festen wie auch in wässriger Lösung praktisch nicht. Durch eine intramolekulare Säure-Base-Reaktion liegen alle Aminosäuren im festen Zustand als **Zwitterion** vor.

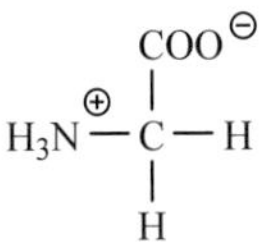

Zwitterform von Glycin

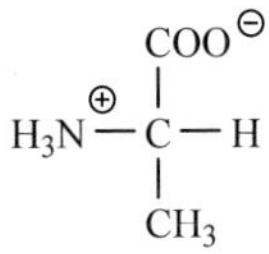

Zwitterionenform von L-Alanin

Diese Zwitterionen sind daher in der Lage, zu anderen Aminosäuremolekülen, die ebenfalls als Zwitterion vorliegen, **ionische Wechselwirkungen** (ionische Bindungen) auszubilden. Diese ionischen Wechselwirkungen sind sogar so stark, dass viele Aminosäuren gar keinen Schmelzpunkt besitzen, sondern, statt sich von anderen Aminosäuremolekülen beim Erwärmen zu trennen, so stark in Schwingung geraten, dass ihre Atombindungen vor Erreichen des Schmelzpunktes zerbrechen und sich die Aminosäure somit **zersetzt**.

2.5 Ausschnitt aus einem Protein, das eine –R–Gly–Gly–Ala–R-Sequenz aufweist:

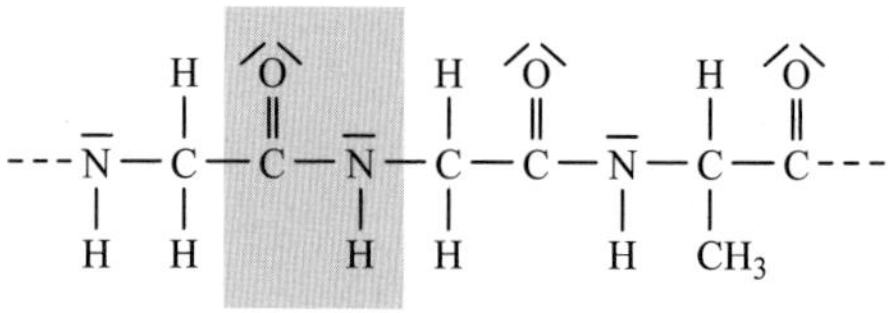

Die genaue Reihenfolge der beiden Aminosäuren in der Peptidsequenz kann beliebig gewählt werden.

Die charakteristische funktionelle Gruppe ist die **Peptidgruppe**.

Es existieren 20 versschiedene Aminosäuren, die in einem Polypeptid/Protein gebunden sein können. Die Reihenfolge der Aminosäuren wird Aminosäuresequenz genannt. Durch diese 20 Aminosäuren (AS) die auf verschiedenste Weise miteinander verknüpft werden können, ergibt sich eine immense Vielfalt an Proteinen. Es gibt bei einem Protein, das aus 100 AS aufgebaut ist, schon 20^{100} mögliche Kombinationsmöglichkeiten.

2.6 Strukturformelausschnitt des Polyamids **Kevlar:**

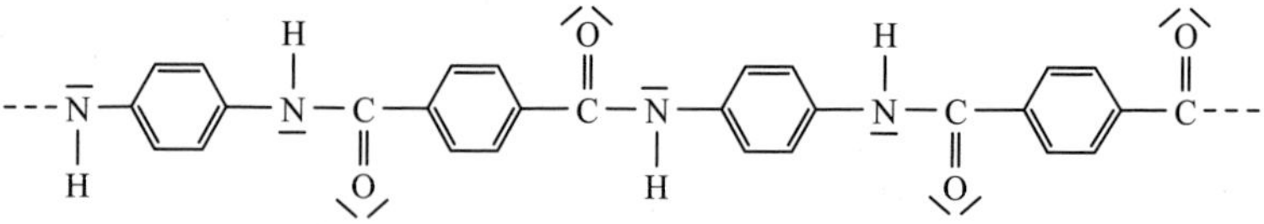

Anders als in Proteinen sind hier jedoch stets dieselben Monomere miteinander verknüpft. Die R_1–N–(C=O)–R_2-Bindung wird bei synthetischen Makromolekülen wie dem Polyamid jedoch nicht als Peptidbindung, sondern als Amidbindung bezeichnet. Damit sollen diese Kunststoffe deutlich von der Stoffklasse der natürlichen Polypeptide bzw. Proteine abgegrenzt werden.

Der Reaktionstyp, der zur Bildung des Polyamids führt, ist eine **Polykondensation**.

Bei der Verknüpfung von Monomerbausteinen wird jedes Mal ein niedermolekulares Molekül abgespalten, in diesem Fall jeweils ein Wassermolekül.

Aufgabe C

3.1 Erhitzt man 2-Methylpropansäurepropylester mit Natronlauge, so werden die Estermoleküle durch die Hydroxid-Ionen in den Alkohol (hier Propan-1-ol) und das Carboxylat-Ion der Säure (hier 2-Methylpropionat-Ion – der Name ist nicht Gegenstand der Lösung) gespalten. Der Reaktionsmechanismus der Reaktion von 2-Methylpropansäurepropylester mit dem Hydroxid-Ion der Natronlauge wird als **Verseifung** bzw. **alkalische Esterhydrolyse** bezeichnet.

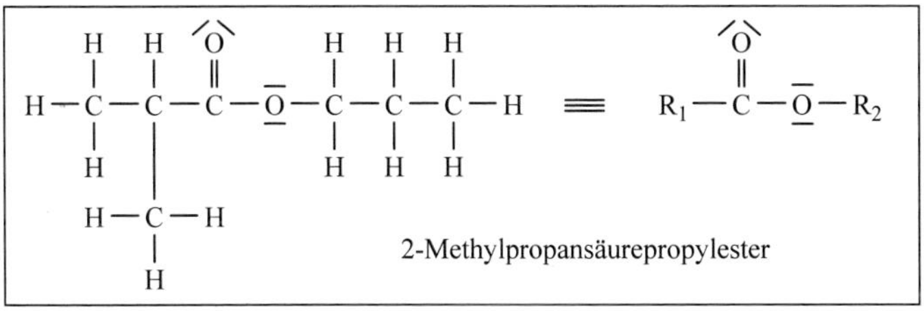

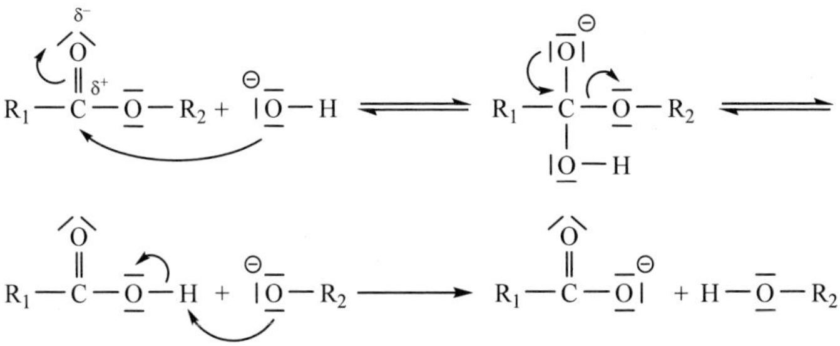

Zunächst kommt es zu einem **nukleophilen Angriff** des Hydroxid-Ions auf das positiv polarisierte Kohlenstoffatom der Carbonylgruppe. Dies führt zur Bildung eines tetraedrisch koordinierten Anions. Anschließend kommt es zur Abspaltung des Alkoholat-Ions. Alle diese Schritte sind Gleichgewichtsreaktionen. Die abschließende Protonenübertragung zwischen der Alkansäure und dem Alkoholat-Ion, einer sehr starken Base ($pK_B = -2$), wird indes als irreversibler Schritt bezeichnet.
Der für das Erdbeeraroma verantwortliche **Ester** wurde **gespalten**, wodurch der Erdbeergeschmack verloren geht.

3.2 100 g Erdbeeren enthalten 56 mg Vitamin C ($C_6H_8O_6$). Die Stoffmenge n, die in einem Kilogramm Erdbeeren enthalten ist, wird wie folgt berechnet:

Zunächst bestimmt man die molare Masse M von Vitamin C:

$M\,(\text{Vitamin C}) = 6 \cdot M\,(\text{C}) + 8 \cdot M\,(\text{H}) + 6 \cdot M\,(\text{O}) = 176\ \text{g} \cdot \text{mol}^{-1}$

Im nächsten Schritt überführt man den angegebenen Wert von 100 g Erdbeeren auf 1 kg Erdbeeren und rechnet die Milligramm-Werte in Gramm um, um in gleichen Einheiten rechnen zu können: 59 mg Vitamin C pro 100 g Frucht entsprechen 0,59 g Vitamin C pro 1 kg Frucht.

Abschließend kann die Stoffmenge n nach der folgenden Formel berechnet werden:

$$n(\text{Vitamin C}) = \frac{m(\text{Vitamin C})}{M(\text{Vitamin C})} = \frac{0{,}59\ \text{g}}{176\ \text{g} \cdot \text{mol}^{-1}} \approx 0{,}00335\ \text{mol}$$

In 1 kg Erdbeeren sind demnach **0,00335 mol Vitamin C** enthalten.

3.3 Oxalsäure (Ethandisäure) ist die einfachste der Dicarbonsäuren. Diese zersetzt sich beim Erhitzen. Im ersten Schritt entstehen bei dieser thermischen Decarboxylierung Kohlenstoffdioxid und Methansäure. Die Reaktionsgleichung der Reaktion 1:

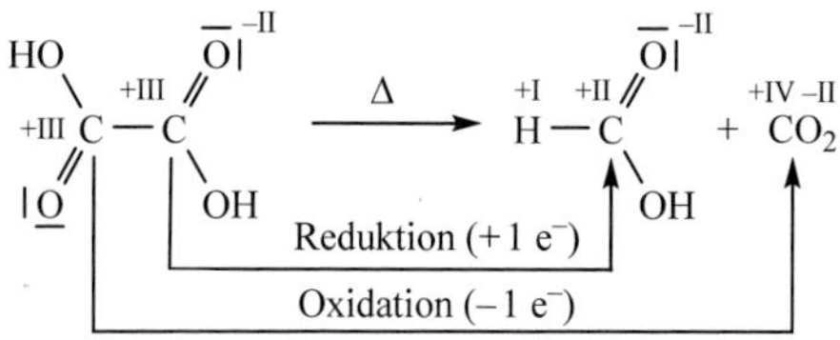

Bei der ablaufenden Reaktion handelt es sich, wie sich durch die Veränderungen der Oxidationszahlen erkennen lässt, um eine Redoxreaktion.

Da hier das gleiche Molekül jeweils als Reduktionsmittel und Oxidationsmittel fungiert, handelt es sich um eine Disproportionierung.

Die Kohlenstoffatome liegen vor der Reaktion in der Oxalsäure jeweils in der Oxidationsstufe (+III) vor. Eines wird zu Kohlenstoff mit der Oxidationsstufe +IV im Kohlenstoffdioxid oxidiert (Abgabe von einem Elektron), während das andere zu einem Kohlenstoffatom mit der Oxidationsstufe (+II) in der Methansäure reduziert wird (Aufnahme von einem Elektron).

Im zweiten Schritt bilden sich aus der Methansäure Kohlenstoffmonoxid und Wasser.
Reaktionsgleichung der Reaktion 2:

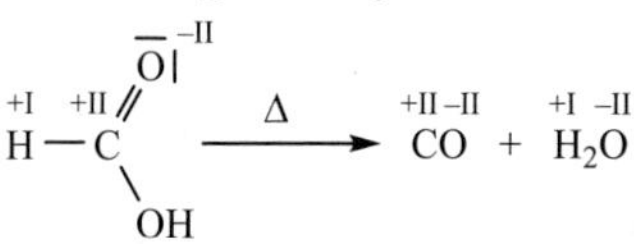

Beim zweiten Reaktionsschritt handelt es sich hingegen um **keine Redoxreaktion**. Es werden keine Elektronen übertragen, was sich an den gleichbleibenden Oxidationszahlen erkennen lässt.

Das sich bei der ersten Reaktion bildende Kohlenstoffdioxid kann mittels klarer Calciumhydroxid-Lösung, die auch **Kalkwasser** genannt wird, nachgewiesen werden. Leitet man Kohlenstoffdioxid in die klare Calciumhydroxid-Lösung ein, so trübt sich diese milchig-weiß ein. Nach kurzer Zeit fällt ein weißer Feststoff aus, bei dem es sich um Kalk (Calciumcarbonat) handelt.

$$CO_{2\,(g)} + Ca^{2+}{}_{(aq)} + 2\,OH^-{}_{(aq)} \longrightarrow CaCO_{3\,(s)} + H_2O$$

3.4 Die Konzentration der Oxonium-Ionen (H_3O^+-Ionen) des Erdbeer-Rhabarber-Gemisches aus dem angegebenen pH-Wert lässt sich wie folgt berechnen:

$c(CH_3) = 10^{-pH}\ mol \cdot L^{-1} = 10^{-5,3}\ mol \cdot L^{-1} = 5,0 \cdot 10^{-6}\ mol \cdot L^{-1}$

Die Oxalsäure als Dicarbonsäure ist eine zweiprotonige Säure. Die erste Protolysestufe weist einen pK_S-Wert von 1,53 auf. Die erste Protolysestufe ist damit die einer starken Säure und verläuft vollständig.

Die Protolysereaktion der ersten Protolysestufe lässt sich wie folgt formulieren:

Die Reaktionsgleichungen müssen nicht zwingend in Strukturformelschreibweise formuliert werden.

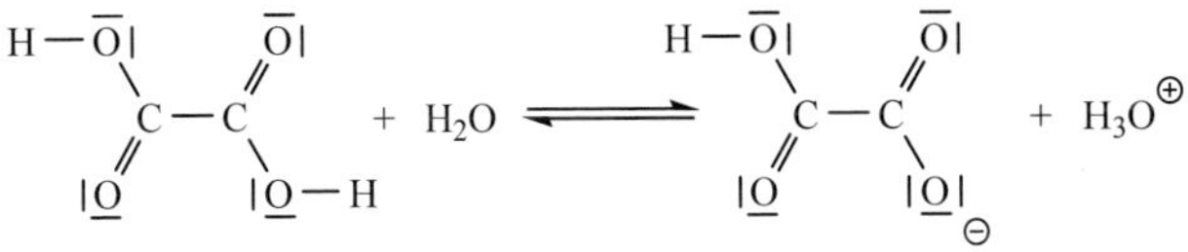

Die zweite Protolysestufe weist nur noch einen pK_S-Wert von 4,19 auf, womit diese Protolysestufe lediglich zu den mittelstarken Säuren zählt. Diese zweite Protolysereaktion ist damit ungefähr um den Faktor 1 000 schwächer.

Reaktionsgleichung der zweiten Protolysereaktion:

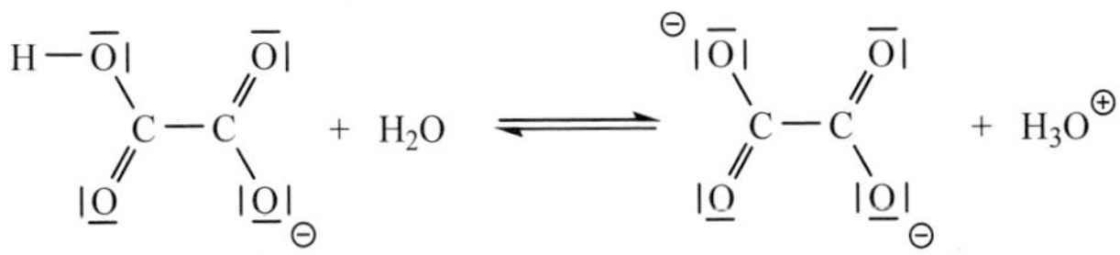

3.5 Im Vanillin sind neben der Aldehydgruppe noch die Hydroxygruppe sowie eine Ethergruppe enthalten.

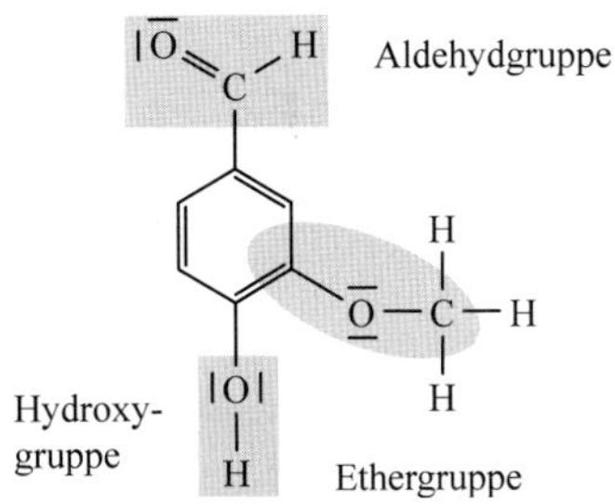

Es müssen nur zwei der drei enthaltenen funktionellen Gruppen benannt werden, auch eine Skizze ist dafür nicht notwendig.

Die FEHLING-Probe mit einer Vanillin-haltigen Lösung verläuft positiv. Die tiefblaue FEHLING-Lösung wird nach Zugabe von Vanillin-Lösung und unter Erwärmung rotbraun. Nach kurzer Zeit bildet sich aus der Rotbraunfärbung der Lösung ein rotbrauner Niederschlag.

Reaktionsgleichung der Redoxreaktion der FEHLING-Probe:

Oxidation:

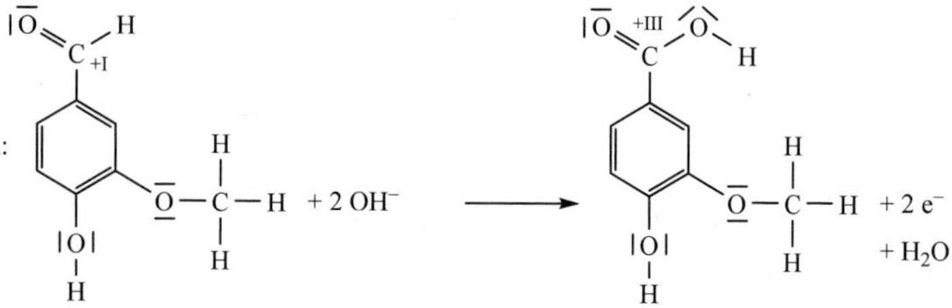

Reduktion: $2\,Cu^{2+} + 2\,OH^- + 2\,e^- \longrightarrow Cu_2O + H_2O$

Redox:

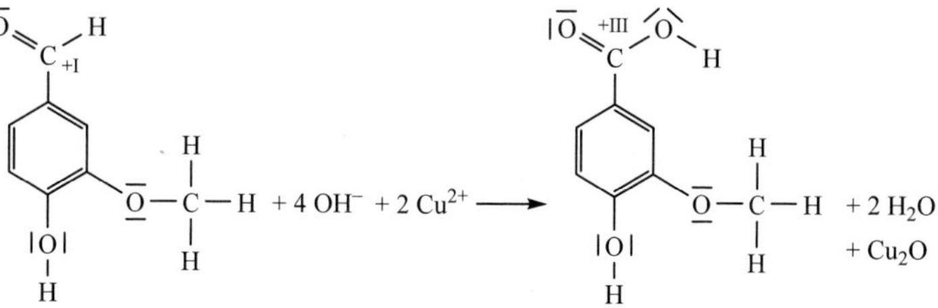

Für den rotbraunen Niederschlag der ehemals blauen Lösung ist das sich bildende Kupfer(I)-oxid (Cu_2O) verantwortlich.

β-D-Glucose in HAWORTH-Projektion:

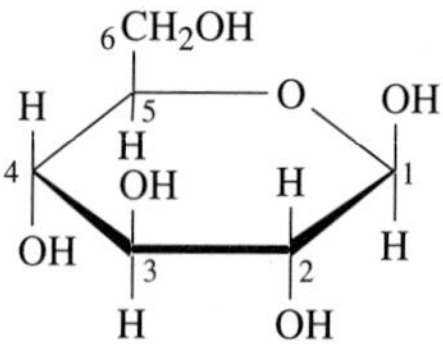

Bei der β-D-Glucose ist die Hydroxygruppe am C1-Atom der Pyranoseform nach „oben" gerichtet.

Die Strukturformel des beschriebenen Vanillosids:

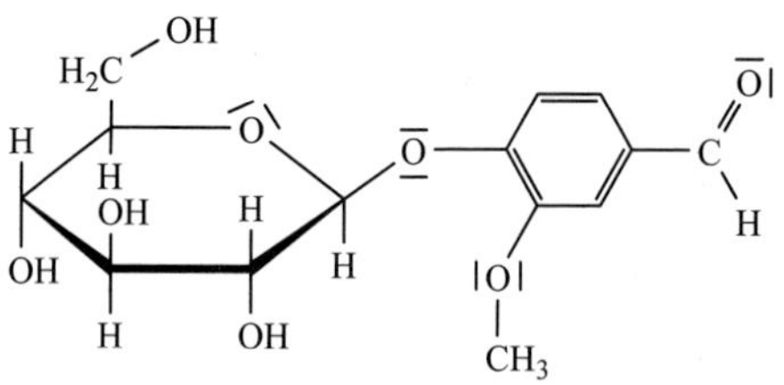

3.6 Die Strukturformeln der D-Glucuronsäure und der L-Rhamnose in FISCHER-Projektion sehen wie folgt aus:

*Für die Überführung von Kohlenhydraten aus der **FISCHER**-Projektion in die **HAWORTH**-Schreibweise und umgekehrt kann man sich als Merkregel die sogenannte „FLOH“-Regel merken: **F**ISCHER **l**inks, **o**ben **H**AWORTH.*
Dies soll bedeuten, dass eine Gruppe, die in FISCHER-Projektion links steht, oben in der HAWORTH-Darstellung dargestellt wird.

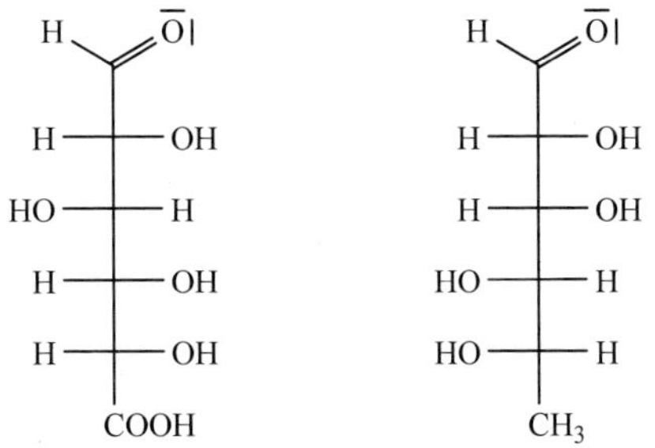

D-Glucuronsäure L-Rhamnose

In der FISCHER-Projektion wird üblicherweise eigentlich die höchst oxidierte Gruppe nach oben gezeichnet, dies wäre bei der D-Glucuronsäure die Carboxygruppe (statt der Aldehydgruppe). Um die Systematik nicht zu verändern, verbleibt man jedoch bei der bekannten Schreibweise der FISCHER-Projektion der Glucose, bei der die Aldehydgruppe „oben“ steht. Es ist somit lediglich an Kohlenstoffatom Nummer 6 statt einer Hydroxygruppe eine Carboxygruppe vorhanden.
Soll hingegen, wie eigentlich von FISCHER angedacht, die höchstoxidierte Gruppe, die Carboxygruppe an erster Position „oben“ stehen, reicht ein einfaches Drehen um 180° nicht aus. Denn dadurch würde die Dreidimensionalität der asymmetrischen Kohlenstoffatome, die durch die FISCHER-Projektion wiedergegeben wird, nicht korrekt dargestellt werden. Daher muss das Molekül folgendermaßen gedreht werden:

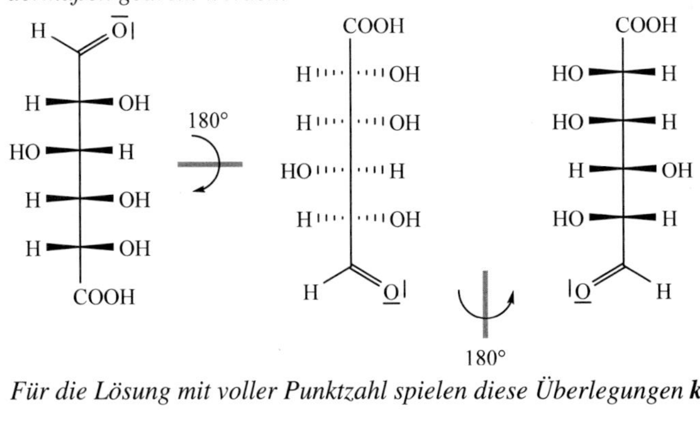

*Für die Lösung mit voller Punktzahl spielen diese Überlegungen **keine** Rolle!*

Im Kettenausschnitt des Gellanmoleküls sind die drei Monosaccharidbausteine wie folgt verknüpft:
Monosaccharidbaustein A (β-D-Glucuronsäure) ist mit Monosaccharidbaustein B (β-D-Glucose) **β-1,4-glycosidisch** verknüpft.
Monosaccharidbaustein B ist mit Monosaccharidbaustein C (β-D-Rhamnose) ebenfalls **β-1,4-glycosidisch** verknüpft.

Die Monosaccharide müssen nicht namentlich genannt werden.

Gellan kann als **Geliermittel** verwendet werden, da es aufgrund der vielen Hydroxygruppen **Wasserstoffbrückenbindungen** zu den Wassermolekülen ausbilden kann. Dadurch werden die überschüssigen Wassermoleküle der Marmelade an das Polysaccharid gebunden, die zuvor eher flüssige Mischung wird gelartig und letztlich, bei ausreichender Zugabe des Geliermittels, sogar zu einem festen Gel.

Ein Geliermittel ist ein Stoff, der in der Lage ist, Wasser zu binden, und dadurch eine gelartige Konsistenz bildet. Soll das Geliermittel in Lebensmitteln verwendet werden, so muss es natürlich selbst als Lebensmittel geeignet sein oder zumindest als unbedenklich für den menschlichen Organismus gelten. Aus diesem Grund bieten sich Polysaccharide oder Proteine mit vielen polaren Gruppen für die Verwendung als Geliermittel an. Pektin, Alginate, Methylcellulose oder das in der Aufgabe verwendete Gellan sind dabei alles Polysaccharide, die typischerweise als Geliermittel Verwendung finden.

Aufgabe A

Schwefelsäure

BE

Schwefelsäure ist eine viskose, farblose Flüssigkeit und eine starke anorganische Säure.
In der Technik kommt Schwefelsäure unter anderem im Bleiakkumulator zum Einsatz, der in der Mitte des 19. Jahrhunderts entwickelt wurde. Vereinfacht dargestellt besteht der Bleiakkumulator, wie er heute noch in Autos als Starterbatterie verwendet wird, aus sechs hintereinandergeschalteten Zellen.
Material 4 zeigt den Aufbau einer dieser Zellen im geladenen sowie im entladenen Zustand.
Im Labor kann Schwefelsäure mit Ethanol bei unterschiedlichen Reaktionsbedingungen unterschiedlich reagieren (Material 6).

1.1 Im Labor kann konzentrierte Schwefelsäure in dem in Material 1 gezeigten Versuch mit Kochsalz zur Reaktion gebracht werden.
Formulieren Sie für die Reaktion von Chlorwasserstoffgas mit Wasser in der Gaswaschflasche eine Reaktionsgleichung und geben Sie den Reaktionstyp an.
Erläutern Sie anhand der Informationen in Material 1 die Änderung der Enthalpie und der Entropie für die Reaktion im Erlenmeyerkolben sowie die Änderung der Entropie in der Gaswaschflasche. 8

1.2 Berechnen Sie für die im Erlenmeyerkolben ablaufende Reaktion mithilfe von Material 2 und Material 3 die molare Standardreaktionsenthalpie $\Delta_R S_m^0$ sowie die molare Standardreaktionsentropie $\Delta_R H_m^0$.
Beurteilen Sie mithilfe der Berechnung über die in Material 3 dargestellte Gleichung, ob die Reaktion im Erlenmeyerkolben freiwillig abläuft. 8

1.3 Material 4 zeigt schematisch den Aufbau einer Zelle eines Bleiakkumulators im geladenen und im entladenen Zustand.
Beschreiben Sie die dargestellte Veränderung beim Vorgang des Entladens.
Formulieren Sie für das Entladen des Bleiakkumulators die Teilgleichungen für die Abläufe an beiden Elektroden sowie eine Reaktionsgleichung für den Gesamtvorgang.
Zeigen Sie anhand der wesentlichen Oxidationszahlen und der Elektronenübergänge, dass es sich um eine Redoxreaktion handelt. 10

1.4 Im geladenen Zustand eines Bleiakkumulators beträgt der Volumenanteil der darin enthaltenen Schwefelsäure 0,25. Das heißt, dass die wässrige Schwefelsäurelösung zu 75 Volumen-Prozent aus Wasser und zu 25 Volumen-Prozent aus Schwefelsäure besteht.
Misst man während des Entladens des Bleiakkumulators die Konzentration der Schwefelsäure-Lösung, so kann man daraus ableiten, wie weit der Akkumulator noch geladen bzw. bereits entladen ist.
Erklären Sie diesen Sachverhalt (Material 4) und berechnen Sie mithilfe von Material 5 die Konzentration der Schwefelsäure in der Einheit $mol \cdot L^{-1}$ für einen geladenen Bleiakkumulator bei einer Temperatur von 25 °C. 8

1.5 Im Labor werden Ethanol und Schwefelsäure zur Reaktion gebracht (Material 6).
Formulieren Sie für die Reaktion bei Reaktionsbedingungen (A) einen möglichen Reaktionsmechanismus und für die Reaktionsbedingungen (B) die Reaktionsgleichung unter Verwendung von Strukturformeln.
Benennen Sie für beide Reaktionen jeweils den zugehörigen Reaktionstyp. 9

1.6 Wird im Labor eine schwefelsaure Dichromat-Lösung (wässrige Schwefelsäure-Lösung, die $Cr_2O_7^{2-}$- Ionen enthält), mit Ethanol umgesetzt, so entstehen Cr^{3+}-Ionen sowie Ethanal.
Formulieren Sie die Reaktionsgleichung für die Reaktion von Ethanol mit schwefelsaurer Dichromat-Lösung und zeigen Sie anhand der wesentlichen Oxidationszahlen und der Elektronenübergänge, dass es sich um eine Redoxreaktion handelt. 7

50

Material 1: Versuch zur Reaktion von konzentrierter Schwefelsäure mit Natriumchlorid

Über einen Tropftrichter wird bei Standardbedingungen (25 °C) konzentrierte Schwefelsäure vorsichtig auf festes Kochsalz getropft, das sich in einem Erlenmeyer-Kolben befindet. Dabei entstehen Natriumsulfat und Chlorwasserstoff-Gas, das direkt in eine mit Wasser gefüllte Gaswaschflasche geleitet wird. Im Erlenmeyer-Kolben kommt es zu einer Abkühlung und es läuft folgende Reaktion ab:

$$2\,NaCl + H_2SO_4 \rightleftharpoons 2\,HCl + Na_2SO_4$$

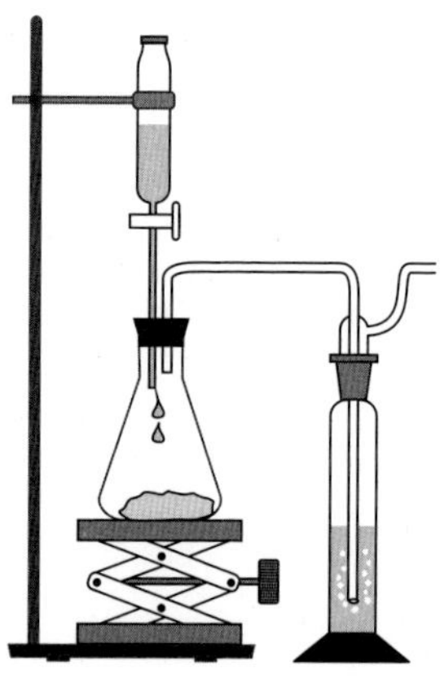

Material 2: Thermodynamische Daten der Verbindungen

Stoff	Molare Standardbildungs-enthalpie $\Delta_f H_m^0$ [$kJ \cdot mol^{-1}$]	Molare Standard-entropie S_m^0 [$J \cdot K^{-1} \cdot mol^{-1}$]
$NaCl_{(s)}$	−411	72
$HCl_{(g)}$	−92	187
$H_2SO_{4\,(l)}$	−814	157
$Na_2SO_{4\,(s)}$	−1 387	150

Material 3: Verfahren zur Beurteilung, ob eine chemische Reaktion freiwillig abläuft

Mithilfe folgender mathematischer Beziehung („GIBBS-HELMHOLTZ-Gleichung") lässt sich ermitteln, ob bei einer bestimmten Temperatur eine chemische Reaktion freiwillig abläuft:

$\Delta_R G_m^0 = \Delta_R H_m^0 - T \cdot \Delta_R S_m^0$

Erläuterung:

$\Delta_R G_m^0$ Molare freie Standardreaktionsenthalpie in $kJ \cdot mol^{-1}$.
Ergibt sich für $\Delta_R G_m^0$ ein negativer Wert, so läuft die Reaktion freiwillig ab, ergibt sich ein positiver Wert, so ist dies nicht der Fall.

$\Delta_R S_m^0$ Molare Standardreaktionsentropie in $J \cdot K \cdot mol^{-1}$.
Die Berechnung von $\Delta_R S_m^0$ erfolgt mithilfe der in Material 2 angegebenen molaren Standardentropien S_m^0 in vergleichbarer Weise wie die Berechnung von $\Delta_R H_m^0$ aus den molaren Standardbildungsenthalpien $\Delta_f H_m^0$.
Hinweis: Der für $\Delta_R S_m^0$ berechnete Wert muss vor dem Einsetzen in die Gleichung zur Berechnung von $\Delta_R G_m^0$ zunächst von Joule (J) in Kilojoule (kJ) umgerechnet werden.

T Temperatur in der Einheit Kelvin (K)
Eine Temperatur von 0 °C entspricht einer Temperatur von 273 K.
Ein Temperaturschritt von einem Grad Celsius entspricht einem Temperaturschritt von einem Kelvin.

Material 4: Aufbau einer Zelle des Bleiakkumulators im geladenen und im entladenen Zustand (schematisch)

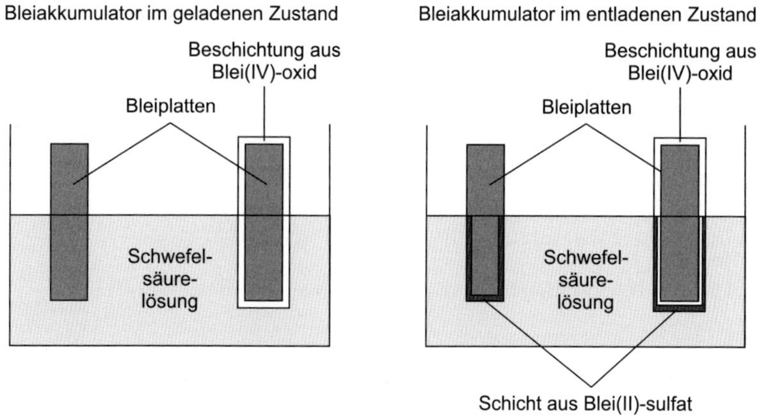

Material 5: Informationen zur Berechnung der Schwefelsäurekonzentration

Bei einer Temperatur von 25 °C beträgt die Dichte von reiner Schwefelsäure $1{,}83\ g \cdot mL^{-1}$.

$$\text{Dichte} = \frac{\text{Masse}}{\text{Volumen}}$$

Material 6: Reaktionen der Schwefelsäure bei unterschiedlichen Bedingungen

Reaktionsbedingungen (A):

Setzt man Ethanol mit Schwefelsäure um, so reagiert das Alkohol-Molekül zunächst mit einem vom Schwefelsäure-Molekül abgespaltenen Proton. Im weiteren Verlauf der Reaktion entsteht durch die Reaktion des protonierten Ethanol-Moleküls mit HSO_4^- das folgende Reaktionsprodukt:

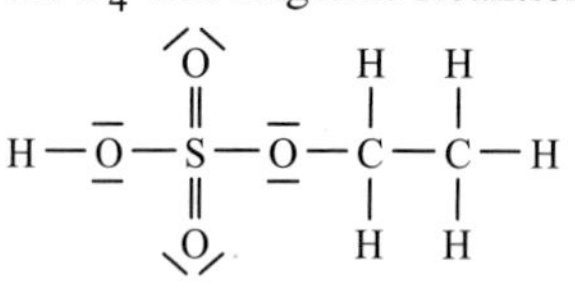

Reaktionsbedingungen (B):

Bei einer Temperatur von 150 °C reagiert Ethanol unter katalytischer Reaktion der Schwefelsäure zu einem Alken und Wasser.

Materialgrundlage:
Heinz Wambach (Hrsg.): Materialien Handbuch Kursunterricht Chemie – 4. Band, Köln, 1. Aufl. 1994, S. 307 f.
Gordon H. Aylward, Tristan J. V. Findlay: Datensammlung Chemie in SI-Einheiten, Weinheim 4. Aufl. 2014.
Wolfgang Altmayer et. al., Salters Chemie – Chemical Ideas, Hannover 1. Aufl. 2012, S. 278 f.
Wolfgang Asselborn et. al., Chemie heute – Sekundarbereich II, Hannover 1. Aufl. 2009, S. 222 f.
Arnold Frederik Holleman, Nils Wiberg: Lehrbuch der anorganischen Chemie, Berlin 102. Aufl. 2007, S. 1027.
http://www.internetchemie.info/chemie-lexikon/daten/s/schwefelsaeure-dichtetabelle.php (abgerufen am 11.02.2018).
Adalbert Wollrab: Organische Chemie – Eine Einführung für Lehramts- und Nebenfachstudenten, Berlin 2. Aufl. 2002, S. 344 f.
Karl Risch et. al.: Organische Chemie, Hannover 2003, S. 92 f.

Aufgabe B

Zimtaldehyd und Zimtsäure — BE

Der würzig-süßliche Geruch nach Zimt wird durch verschiedene ätherische Öle hervorgerufen. Eine wesentliche Rolle spielt hierbei das in der Zimtrinde enthaltene Zimtaldehyd. Zimtaldehyd ist gegen Licht und Wärme empfindlich und wird an der Luft zu Zimtsäure oxidiert.
Die direkte Herstellung der Zimtsäure gelingt Pflanzen durch Abspaltung von Ammoniak aus der Aminosäure Phenylalanin auf enzymatischem Wege.
Im Labor lässt sich Zimtsäure ausgehend vom Toluol (Methylbenzol) über mehrere Stufen synthetisieren.
Im Stoffwechsel mancher Pflanzen spielen Derivate der Zimtsäure, wie z. B. das Cumarin, eine bisher nur teilweise geklärte Rolle.
Ester der Zimtsäure sind in der Lage, UV-Strahlen zu filtern, und werden aus diesem Grund Sonnenschutzmitteln zugesetzt.

2.1 Beschreiben Sie den Aufbau einer natürlichen Aminosäure am Beispiel L-Phenylalanin (Material 1).
Formulieren Sie die Reaktionsgleichung für die enzymatische Bildung von Zimtsäure (Material 2) aus Phenylalanin und benennen Sie den Reaktionstyp. — 6

2.2 Als Ausgangsstoff für die Synthese von Zimtsäure im Labor dient Toluol (Methylbenzol). Dieses wird in zwei Schritten zu Benzaldehyd umgesetzt (Material 3).
Formulieren Sie den vollständigen Reaktionsmechanismus der Bildung von Dichlormethylbenzol (Dichlorphenylmethan) gemäß Schritt 1 einschließlich vier möglicher Abbruchreaktionen und benennen Sie den Reaktionsmechanismus sowie seine Teilschritte.

Erläutern Sie, weshalb unter den genannten Bedingungen keine Chlorierung am Benzolring selbst erfolgt.
Formulieren Sie die Reaktionsgleichung zur Herstellung von Benzaldehyd gemäß Schritt 2. 12

2.3 Auf dem weiteren Weg der Synthese von Zimtsäure wird Benzaldehyd mit Ethanal zu Zimtaldehyd umgesetzt (Material 4). An der Luft oxidiert das erhaltene Zimtaldehyd schließlich zur Zimtsäure.
Entwickeln Sie anhand der Beschreibung in Material 4 einen möglichen Reaktionsmechanismus zur Synthese von Zimtaldehyd unter Verwendung von Strukturformeln mit bindenden und nichtbindenden Elektronenpaaren für die organischen Verbindungen.
Das in Material 4 beschriebene Anion 1 ist mesomeriestabilisiert.
Zeichnen Sie für Anion 1 eine weitere mesomere Grenzformel. 9

2.4 Zimtaldehyd reagiert positiv auf die FEHLING-Probe.
Beschreiben Sie die Beobachtungen bei einer positiv verlaufenden FEHLING-Probe und geben Sie die Reaktionsgleichung für die FEHLING-Reaktion von Zimtaldehyd an.
Erläutern Sie die Bindungsverhältnisse der im Zimtaldehyd vorliegenden Aldehydgruppe mithilfe des Orbitalmodells. 11

2.5 Ein in Pflanzen auftretendes Derivat der Zimtsäure ist die Cumarinsäure (cis-2-Hydroxyzimtsäure). Sie ist Ausgangsstoff für die Bildung von Cumarin, das zum typischen Geruch einer frisch gemähten Wiese beiträgt (Material 5).
Formulieren Sie die Strukturformel eines Melilotosid-Moleküls.
Erläutern Sie die Reaktion zur Bildung von Cumarin aus Cumarinsäure (cis-2-Hydroxyzimtsäure).
Erläutern Sie, weshalb aus der trans-2-Hydroxyzimtsäure direkt kein Cumarin gebildet werden kann. 7

2.6 Material 6 zeigt Octinoxat, den Ester eines Derivates der Zimtsäure, der in einigen Sonnenschutzmitteln enthalten ist.
Benennen Sie die Alkohol-Komponente des Esters.
Geben Sie eine Definition für den Begriff Enantiomere an und zeichnen Sie ein anderes Enantiomer des dargestellten Octinoxat-Moleküls mit markiertem asymmetrischen C-Atom. 5

50

Material 1: L-Phenylalanin

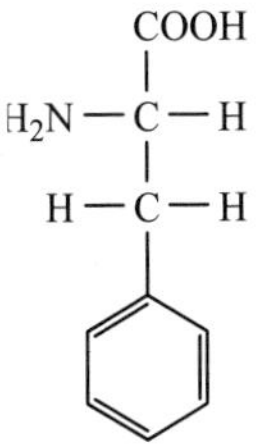

Material 2: Zimtsäure

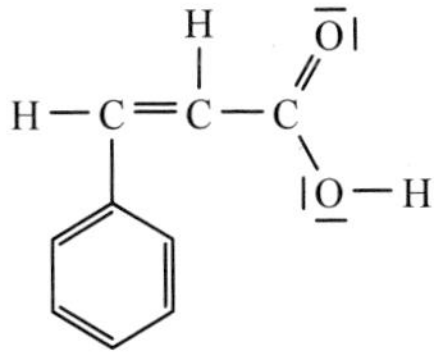

Material 3: Vom Toluol (Methylbenzol) zum Benzaldehyd

Schritt 1:

Toluol (Methylbenzol) reagiert unter Lichteinstrahlung und Erhitzen mit Chlor zu Dichlormethylbenzol (Dichlorphenylmethan). Ein Katalysator wird nicht eingesetzt.

Schritt 2:

Dichlormethylbenzol (Dichlorphenylmethan) wird bei hoher Temperatur und in Gegenwart eines Katalysators mit Wasser versetzt, wobei Benzaldehyd und ein weiterer Stoff entstehen.

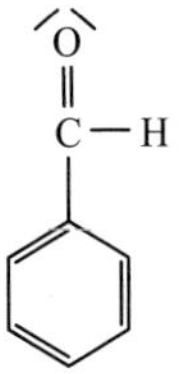

Benzaldehyd

Material 4: Reaktion von Benzaldehyd mit Ethanal zu Zimtaldehyd

Der Ablauf der Reaktion lässt sich vereinfacht folgendermaßen beschreiben:

Ein Ethanal-Molekül reagiert mit einem Hydroxid-Ion unter Abspaltung eines H^+-Ions am C-Atom des Methylrestes. Dabei entstehen ein Anion (Anion 1) und ein Wasser-Molekül.

Dieses Anion 1 greift mit seinem freien Elektronenpaar nucleophil am C-Atom der Aldehydgruppe des Benzaldehyd-Moleküls an. Unter Bildung einer neuen C–C-Bindung entsteht erneut ein Anion (Anion 2).

Anion 2 reagiert mit einem Wasser-Molekül unter Aufnahme eines H^+-Ions. Es entstehen ein Hydroxid-Ion sowie ein Molekül, das sowohl eine Aldehydgruppe als auch eine Hydroxygruppe enthält und daher als Aldol bezeichnet wird.

Das Aldol-Molekül reagiert wiederum mit einem Hydroxid-Ion unter Abspaltung eines H^+-Ions von dem C-Atom, das der Aldehydgruppe benachbart ist. Dabei entstehen ein Wasser-Molekül sowie erneut ein Anion (Anion 3).

Aus Anion 3 entsteht unter Abspaltung eines Hydroxid-Ions schließlich ein Zimtaldehyd-Molekül.

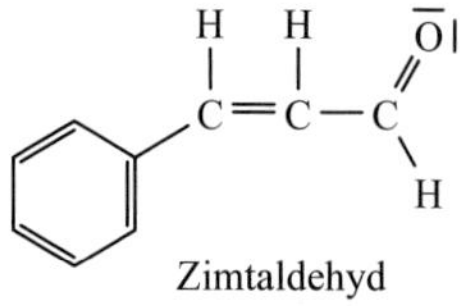

Zimtaldehyd

Material 5: Bildung von Cumarin in Pflanzen

Cumarin kommt in Pflanzen meist nicht als Reinstoff vor. Gebildet wird es in manchen Pflanzen beispielsweise beim Welken und Trocknen sowie bei einer Verletzung.
Ausgangsstoff für die im Folgenden schematisch dargestellte Synthesekette zum Cumarin ist das Melilotosid.

Melilotosid → trans-2-Hydroxyzimtsäure → cis-2-Hydroxyzimtsäure → Cumarin

Beim Melilotosid handelt es sich um eine Verbindung, bei der die halbacetalische OH-Gruppe der β-D-Glucose mit der Hydroxygruppe der trans-2-Hydroxyzimtsäure eine glycosidische Bindung eingegangen ist.

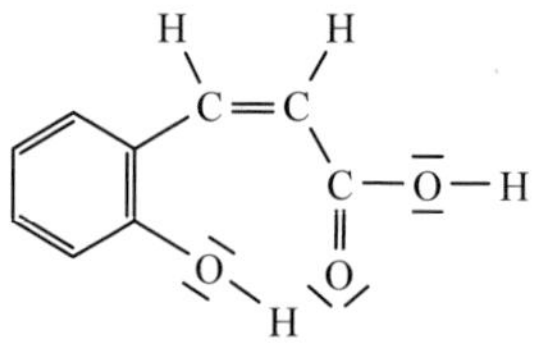

cis-2-Hydroxyzimtsäure
(Cumarinsäure bzw.
Z-2-Hydroxyzimtsäure)

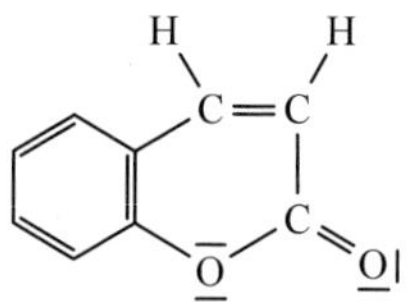

Cumarin

Hinweis: Zur Angabe der räumlichen Anordnung an Doppelbindungen sind neben den Bezeichnungen „cis“ oder „trans“ auch die Bezeichnungen „E“ oder „Z“ üblich. Unter den hier vorliegenden Bedingungen sind die Bezeichnungen „cis“ und „Z“ sowie die Bezeichnungen „trans“ und „E“ bedeutungsgleich.

Material 6: Octinoxat

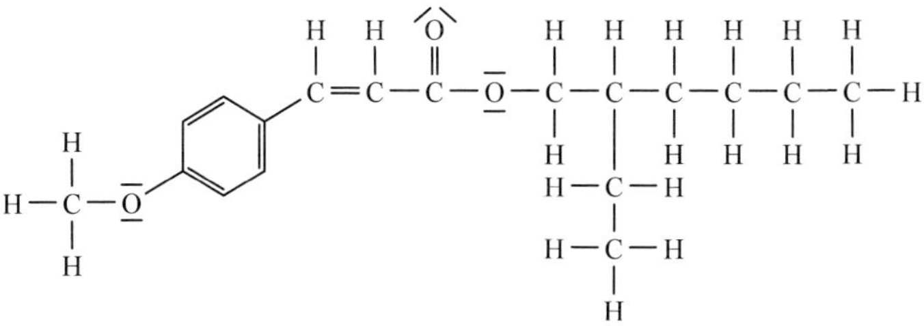

Materialgrundlage:
https://roempp.thieme.de/roempp4.0/do/data/RD-16-01650 (abgerufen am 14.08.2018).
https://roempp.thieme.de/roempp4.0/do/data/RD-16-01654 (abgerufen am 14.08.2018).
Wolfgang Walter, Witko Francke: Beyer • Walter – Lehrbuch der Organischen Chemie, Stuttgart 24. Aufl. 2004, S. 518, S. 568.
Kurt Peter Chritian Vollhardt, Neil E. Schore: Organische Chemie, Weinheim 5. Aufl. 2011, S. 899 f.
https://roempp.thieme.de/roempp4.0/do/data/RD-26-00316 (abgerufen am 31.07.2018).
http://www.chemieunterricht.de/dc2/tip/05_00.htm (abgerufen am 31.07.2018).
https://de.naturalproducts.wiki/cumarine/cumarin (abgerufen am 31.07.2018).
E. Steinegger, R. Hänsel: Lehrbuch der Pharmokognosie, Berlin Heidelberg 2. Aufl. 1968, S. 125 f.
https://www.sigmaaldrich.com/catalog/product/sigma/smb00121?lang=de&region=DE (abgerufen am 31.07.2018).
https://www.swr.de/marktcheck/bedenkliche-inhaltsstoffe-welche-sonnencreme-schuetzt/-/id=100834/did=21732700/nid=100834/zqboqo/index.html (abgerufen am 31.07.2018).
https://roempp.thieme.de/roempp4.0/do/data/RD-13-01749 (abgerufen am 14.08.2018).

Aufgabe C

Flusssäure und Fluorverbindungen BE

Flusssäure ist eine stechend riechende, stark ätzende und sehr giftige farblose Lösung von Fluorwasserstoff (HF) in Wasser. Da sie nicht nur die meisten Metalle, sondern auch Glas angreift und auflöst, wird sie beispielsweise in Gefäßen aus Polytetrafluorethen (Teflon®) aufbewahrt.
Der Kontakt von Flusssäure mit Haut führt zu starken Schmerzen und zur Gewebezerstörung. Die verätzte Hautstelle muss so schnell wie möglich mit Wasser abgespült werden. Gelöste Fluorid-Ionen sind giftig, da sie den Stoffwechsel des Körpers an verschiedenen Stellen beeinträchtigen. Die Behandlung mit einer Calciumgluconat-Lösung führt zur Bildung von in Wasser nahezu unlöslichem Calciumfluorid und vermindert die Auswirkungen der Verätzung.

3.1 Die Herstellung von Flusssäure erfolgt in zwei Schritten (Material 1). Formulieren Sie die Reaktionsgleichungen für die großtechnische Herstellung von Fluorwasserstoff sowie für die anschließende Protolyse von Fluorwasserstoff in Wasser. Beschreiben Sie allgemein VAN-DER-WAALS-Kräfte, Dipol-Dipol-Wechselwirkungen und Wasserstoffbrücken im Vergleich. 11

3.2 Ähnlich wie in Wasser tritt auch in flüssigem Fluorwasserstoff durch Autoprotolyse die Bildung von Ionen auf (Material 2). Formulieren Sie die Reaktionsgleichung für die Autoprotolyse des Wassers, den Formelausdruck für das darauf bezogene Massenwirkungsgesetz und das Ionenprodukt des Wassers. Formulieren Sie entsprechend für die Autoprotolyse des Fluorwasserstoffs das darauf bezogene Massenwirkungsgesetz und das Ionenprodukt des Fluorwasserstoffs. Berechnen Sie die Konzentrationen der beiden Ionen, die im reinen flüssigen Fluorwasserstoff vorliegen. 8

3.3 Calciumgluconat ist ein Salz der D-Gluconsäure, die durch Oxidation des C_1-Atoms der D-Glucose gebildet wird. Formulieren Sie die Reaktionsgleichung für die Reaktion von Flusssäure-Lösung mit Calciumgluconat-Lösung. Verwenden Sie dabei für die Kohlenstoffverbindungen Strukturformeln in FISCHER-Projektion mit Darstellung der bindenden und nicht bindenden Elektronenpaare. Begründen Sie die Wirksamkeit von Calciumgluconat-Lösung bei der Behandlung von Verletzungen durch Flusssäure. 8

3.4 Material 3 beschreibt den Weg zur Herstellung von Polytetrafluorethen (Teflon®), das als Gefäßmaterial zur Aufbewahrung von Flusssäure verwendet werden kann. Formulieren Sie für Schritt 1 und Schritt 2 jeweils die Reaktionsgleichung sowie einen Strukturformelausschnitt für Polytetrafluorethen (Teflon®). Verwenden Sie dabei für die Kohlenstoffverbindungen jeweils Strukturformeln. Benennen Sie für Schritt 1 den Reaktionstyp sowie für Schritt 3 einen möglichen Reaktionsmechanismus. 7

3.5 Flusssäure wird z. B. zum Ätzen von Glas, Metallen sowie von Halbleiterplatten verwendet. Den Vorgang beim Ätzen von Glas kann man vereinfacht als Reaktion von Siliciumdioxid mit Fluorwasserstoff-Lösung zu Siliciumtetrafluorid und Wasser auffassen. Dabei handelt es sich um eine Gleichgewichtsreaktion. Formulieren Sie die Reaktionsgleichung für das Ätzen von Glas. Analysieren Sie mithilfe von Material 4 und einer Berechnung den Einfluss der Temperatur auf diese Gleichgewichtsreaktion. 8

3.6 Halogenierte Kohlenwasserstoffe wie z. B. Dichlordifluormethan wurden früher als Kühlflüssigkeit in Kühlaggregaten sowie als Treib- und Lösemitteln in Spraydosen verwendet. Die Verbindung kann aufgrund ihrer Flüchtigkeit in höhere Schichten der Atmosphäre gelangen, in denen sich hohe Konzentrationen von Ozon (O_3) befinden. Ozon schützt die Erde gegenüber der harten UV-Strahlung aus dem Weltraum, die Lebewesen schädigen kann.
Beschreiben Sie anhand von Material 5 die Reaktion von Dichlordifluormethan-Molekülen in höheren Schichten der Atmosphäre.
Beurteilen Sie die Verwendung von Dichlordifluormethan hinsichtlich der Folgen für die Umwelt. 8

50

Material 1: Herstellung von Flusssäure

Ausgangsmaterial für die Herstellung von Flusssäure ist das Mineral Flussspat. Dieses besteht aus dem in Wasser fast ganz unlöslichen Calciumfluorid (CaF_2).
Im ersten Schritt wird in einem großtechnischen Verfahren Flussspat (CaF_2) mit konzentrierter Schwefelsäure bei hohen Temperaturen in einer Reaktion zu Calciumsulfat und Fluorwasserstoff umgesetzt. Wasserfreier Fluorwasserstoff ist unterhalb von 19,5 °C eine farblose Flüssigkeit, deren Moleküle untereinander Wasserstoffbrücken ausbilden.
Im zweiten Schritt wird Fluorwasserstoff mit Wasser zu Flusssäure umgesetzt.

Material 2: Autoprotolyse und Ionenprodukt des Fluorwasserstoffs

Autoprotolyse von Fluorwasserstoff:

$$3\,HF \rightleftharpoons H_2F^+ + HF_2^-$$

Wert des Ionenproduktes von Fluorwasserstoff:

$K_{HF} = 2{,}0 \cdot 10^{-11}\ mol^2 \cdot L^{-2}$ (bei 0 °C)

Wert des Ionenproduktes von Wasser:

$K_W = 1 \cdot 10^{-14}\ mol^2 \cdot L^{-2}$ (bei 25 °C)

Material 3: Syntheseweg zur Herstellung von Polytetrafluorethen (Teflon®)

Die Synthese findet in drei Schritten statt.

Schritt 1:
Chloroform (Trichlormethan) wird mit Antimontrifluorid mithilfe eines Katalysators zu Monochlordifluormethan und Antimontrichlorid umgesetzt.
(Elementsymbol für Antimon: Sb)

Schritt 2:
Monochlordifluormethan reagiert bei hohen Temperaturen zu Tetrafluorethen und Chlorwasserstoff.

Schritt 3:
Viele Tetrafluorethen-Moleküle reagieren zu Polytetrafluorethen (Teflon®).

Material 4: Thermodynamische Daten zum Ätzen von Glas

Substanz	molare Standardbildungsenthalpie $\Delta_f H_m^0$ [$kJ \cdot mol^{-1}$]
Fluorwasserstoff (aq)	–333
Siliciumdioxid (s)	–911
Siliciumtetrafluorid (g)	–1 615
Wasser (l)	–286

Material 5: Reaktion von Dichlordifluormethan-Molekülen in höheren Schichten der Atmosphäre

$$CCl_2F_2 \xrightarrow{\text{Lichtenergie}} CClF_2 + Cl\cdot$$
$$Cl\cdot + O_3 \longrightarrow ClO\cdot + O_2$$
$$ClO\cdot + O_3 \longrightarrow Cl\cdot + 2\,O_2$$

Materialgrundlage:
https://roempp.thieme.de/roempp4.0/do/data/RD-06-01504 (abgerufen am 12.04.2018).
https://roempp.thieme.de/roempp4.0/do/data/RD-06-01460 (abgerufen am 12.04.2018).
Arnold Frederik Holleman, Nils Wiberg: Lehrbuch der anorganischen Chemie, Berlin 102. Aufl. 2007, S. 449.
https://roempp.thieme.de/roempp4.0/do/data/RD-06-01399 (abgerufen am 04.06.2018).
Eberhard Breitmaier, Günther Jung: Organische Chemie, Stuttgart 5. Aufl. 2001, S. 190.
https://lp.uni-goettingen.de/get/text/1967 (abgerufen am 04.06.2018).
Wolfgang Walter, Witko Francke: Beyer, Walter – Lehrbuch der Organischen Chemie, Stuttgart 24. Aufl. 2004, S. 145.
Eberhard Breitmaier, Günther Jung: Organische Chemie, Stuttgart 5. Aufl. 2001, S. 190.

Lösungsvorschläge

Aufgabe A

1.1 Die Reaktionsgleichung der Reaktion von Chlorwasserstoffgas mit Wasser ist eine **Protolysereaktion** und kann wie folgt formuliert werden:

$$HCl_{(g)} + H_2O_{(l)} \rightleftharpoons H_3O^+_{(aq)} + Cl^-_{(aq)}$$

Chlorwasserstoff zählt zu den starken Säuren ($pK_S = -7$). Dies bedeutet, dass das Gleichgewicht dieser Protolysereaktion nahezu vollständig auf der Seite der Produkte liegt.

Die in Material 1 angegebene Reaktion

$$2\,NaCl_{(s)} + H_2SO_{4\,(l)} \underset{\text{exotherm}}{\overset{\text{endotherm}}{\rightleftharpoons}} 2\,HCl_{(g)} + Na_2SO_{4\,(s)}$$

ist in Richtung der Produktbildung **endotherm**, da sich der Inhalt des Erlenmeyerkolbens abkühlt. Es wird demnach der Umgebung Wärmeenergie entzogen. Dies bedeutet, dass $\mathbf{\Delta H > 0}$ ist.

Im **Erlenmeyerkolben** nimmt die Entropie, welche als das Maß für die Veränderung des Ordnungsgrades im Laufe einer chemischen Reaktion angesehen werden kann, in Richtung der Produkte zu: $\mathbf{\Delta S > 0}$.
Dies liegt daran, dass die Edukte der Reaktion fest bzw. flüssig sind, auf der Produktseite das Chlorwasserstoffmolekül hingegen gasförmig vorliegt.

Der Freiheitsgrad von Molekülen im gasförmigen Zustand ist größer als der von Molekülen im flüssigen oder festen Zustand. Ein höherer Freiheitsgrad ist gleichbedeutend mit einer geringeren Ordnung. In einem abgeschlossenen, isolierten System, das keinen Stoff- und Energieaustausch mit der Umgebung zulässt, kann der Grad der Unordnung und somit auch die Entropie nur zunehmen.

In der **Gaswaschflasche** nimmt die Entropie in Richtung der Produkte ab: $\mathbf{\Delta S < 0}$. Bei der Protolysereaktion zwischen Chlorwasserstoffgas und Wasser, die zur Bildung von Oxonium-Ionen und Chlorid-Ionen führt, ist das Chlorwasserstoffmolekül auf der Seite der Edukte das einzige Molekül, das gasförmig vorliegt. Daher nimmt der **Ordnungsgrad** bei dieser Reaktion zu, was sich in einem negativen Entropiewert widerspiegelt.

1.2 Für die Berechnung der molaren Standardreaktionsenthalpie $\Delta_R H_m^0$ aus den angegebenen molaren Standardbildungsenthalpien $\Delta_f H_m^0$ gilt:

$$\Delta_R H^0 = \sum n \cdot \Delta_f H^0(\text{Produkte}) - \sum n \cdot \Delta_f H^0(\text{Edukte})$$

$$\Delta_R H_m^0 = [\Delta_f H_m^0(Na_2SO_{4\,(s)}) + 2 \cdot \Delta_f H_m^0(HCl_{(g)})] - [2 \cdot \Delta_f H_m^0(NaCl_{(s)}) + \Delta_f H_m^0(H_2SO_{4\,(l)})]$$

$$\Delta_R H_m^0 = [(-1387\ kJ \cdot mol^{-1} + 2 \cdot (-92\ kJ \cdot mol^{-1})] - [2 \cdot (-411\ kJ \cdot mol^{-1}) + (-814\ kJ \cdot mol^{-1})] = \underline{\underline{+65\ kJ \cdot mol^{-1}}}$$

Für die Berechnung der **molaren Standardreaktionsentropie** $\Delta_R S_m^0$ aus den angegebenen molaren Standardentropien S_m^0 gilt:

$$\Delta_R S_m^0 = \sum n \cdot S_m^0 \text{(Produkte)} - \sum n \cdot S_m^0 \text{(Edukte)}$$

$$\Delta_R S_m^0 = [S_m^0(Na_2SO_{4\,(s)}) + 2 \cdot S_m^0(HCl_{(g)})] - [2 \cdot S_m^0(NaCl_{(s)}) + S_m^0(H_2SO_{4\,(l)})]$$

$$\Delta_R S_m^0 = [(150\ J \cdot K^{-1} \cdot mol^{-1} + 2 \cdot (187\ J \cdot K^{-1} \cdot mol^{-1})] - [2 \cdot (72\ J \cdot K^{-1} \cdot mol^{-1}) + (157\ J \cdot K^{-1} \cdot mol^{-1})] = \underline{\underline{+223\ J \cdot K^{-1} \cdot mol^{-1}}}$$

Mithilfe der GIBBS-HELMHOLTZ-Gleichung (angegeben in Material 3) lässt sich die molare **freie Standardreaktionsenthalpie** $\Delta_R G_m^0$ berechnen und damit eine Aussage über den Reaktionsablauf treffen:

$$\Delta_R G_m^0 = \Delta_R H_m^0 - T \cdot \Delta S_m^0$$

Die Ähnlichkeit in der Benennung von $\Delta_R G_m$ und $\Delta_R H_m^0$ führt oft zu Verwirrungen. Sowohl die Reaktionsenthalpie als auch die GIBBS-Energie besitzen die Kennzeichnungen (m) für molar, welche besagt, dass es sich um den Stoffumsatz von einem Mol Teilchen handelt, und (0) für die Standardbedingungen (273,15 K = 0 °C und 1,013 bar).
Die Standardreaktionsenthalpie $\Delta_R H_m^0$ gibt den Energieumsatz einer bei konstantem Druck durchgeführten Reaktion unter den genannten Bedingungen an.
$\Delta_R G_m^0$ ist die GIBBS-Energie, auch freie Reaktionsenthalpie genannt. Mithilfe der GIBBS-Energie $\Delta_R G_m^0$ lassen sich Aussagen über das Verhalten des Reaktionssystems treffen, wie beispielsweise über die Richtung freiwillig ablaufender Prozesse oder die Lage von Gleichgewichtszuständen.

$$\Delta_R G_m^0 = +65\ kJ \cdot mol^{-1} - 298\ K \cdot 0{,}223\ kJ \cdot K^{-1} \cdot mol^{-1} = \underline{\underline{-1{,}454\ kJ \cdot mol^{-1}}}$$

Um den errechneten Wert der Entropie in der GIBBS-HELMHOLTZ-Gleichung verwenden zu können, muss dieser zunächst in Kilojoule (kJ) umgerechnet werden.

Der errechnete Wert für die freie Standardreaktionsenthalpie (GIBBS-Energie) $\Delta_R G_m^0$ ist negativ, daher handelt es sich um eine **freiwillig ablaufende Reaktion** (exergonische Reaktion).

1.3 Es sind zwei schematische Darstellungen des Bleiakkumulators zu verschiedenen Ladungszuständen abgebildet: einmal der geladene Zustand, einmal der entladene Zustand.

Während des Entladevorgangs wird die linke der beiden Bleiplatten in dem Bereich, der sich in der Schwefelsäure-Lösung befindet, dünner und überzieht sich allmählich mit einer Schicht aus schwerlöslichem Blei(II)-Sulfat.
Die rechte der dargestellten Bleiplatten, die im geladenen Zustand vollständig mit einer Blei(IV)-Oxid-Schicht überzogen ist, reagiert während des Entladevorgangs nur in dem Bereich, der in die Schwefelsäure-Lösung taucht. Dabei bildet sich aus dem Blei(IV)-Oxid ebenfalls Blei(II)-Sulfat.

Die Reaktionsgleichungen des Entladevorgangs:

$$\text{Ox.:}\quad \overset{0}{Pb} + SO_4^{2-} \longrightarrow \overset{+II}{Pb}SO_4 + 2\,e^- \quad \text{Anode}$$

$$\text{Red.:}\quad \overset{+IV}{Pb}O_2 + 4\,H^+ + SO_4^{2-} + 2\,e^- \longrightarrow \overset{+II}{Pb}SO_4 + 2\,H_2O \quad \text{Kathode}$$

$$\text{Redox.:}\quad Pb + PbO_2 + 2\,H_2SO_4 \longrightarrow 2\,PbSO_4 + 2\,H_2O$$

Wie in der Reaktionsgleichung dargestellt, handelt es sich um eine **Redoxreaktion**. An der **Anode** werden Blei(0)-Atome durch Abgabe von 2 Elektronen zu Blei(II)-Ionen **oxidiert**. An der **Kathode** wird Blei(IV) durch Aufnahme von 2 Elektronen zu Blei(II) **reduziert**.

*An der Anode läuft stets die Oxidationsreaktion ab. Dies kann man sich durch die Regel merken, „Das **A** und **O** der Chemie", an der **A**node wird stets **o**xidiert.*

1.4 Beim Entladevorgang des Bleiakkumulators bildet sich aus Blei(0) und Blei(IV) an den Elektroden jeweils schwerlösliches Blei(II)-Sulfat. Die dafür benötigten Sulfat-Ionen stammen aus der Schwefelsäure.

Die Schwefelsäure ist eine starke Säure. Die erste Protolysestufe weist einen pK_S-Wert von –3, die zweite Protolysestufe einen pK_S-Wert von 1,9 auf. Damit liegt sie zu fast 100 % dissoziiert vor. Alle Schwefelsäure-Moleküle (H_2SO_4) haben demnach mit dem Wasser der Schwefelsäure-Lösung zu 2 H_3O^+ und SO_4^{2-} reagiert. Die eigentlich in wässrigen Lösungen existierenden Oxonium-Ionen (H_3O^+-Ionen) sind der Einfachheit halber hier als H^+-Ionen beschrieben.

Die H^+-Ionen-Konzentration nimmt im Laufe des Entladevorgangs ebenfalls ab. Diese reagieren mit den aus dem Blei(IV)-Oxid freiwerdenden Oxid-Ionen zu Wasser. Dadurch kann man den Ladestand des Bleiakkumulators sehr gut über die geringer werdende Konzentration der Schwefelsäure-Lösung verfolgen.

Die **Konzentration der Schwefelsäure-Lösung** des geladenen Bleiakkumulators kann wie folgt berechnet werden:

In einem Liter der wässrigen Schwefelsäure sind 250 mL reine Schwefelsäure enthalten (Volumenanteil 0,25).
$V(\text{Schwefelsäure}) = 250\text{ mL}$

$m(\text{Schwefelsäure}) = 250\text{ mL} \cdot 1{,}83\text{ g} \cdot \text{mL}^{-1} = 457{,}5\text{ g}$

Die Masse der 250 mL reinen Schwefelsäure beträgt 457,5 g.

$$n(\text{Schwefelsäure}) = \frac{m(\text{Schwefelsäure})}{M(\text{Schwefelsäure})} = \frac{457{,}5\text{ g}}{98\text{ g} \cdot \text{mol}^{-1}} \approx 4{,}67\text{ mol}$$

457,5 g Schwefelsäure entsprechen einer Teilchenzahl n von 4,67 mol Schwefelsäure. Damit befinden sich 4,67 mol Schwefelsäure in einem Volumen von 1 Liter, demnach ist die Konzentration der Schwefelsäure 4,67 mol · L^{-1}.

$$c(\text{Schwefelsäure}) = \frac{n(\text{Schwefelsäure})}{V(\text{Schwefelsäure-Lösung})} \approx 4{,}67\text{ mol} \cdot \text{L}^{-1}$$

1.5 **Reaktionsbedingungen A:**
Im ersten Schritt wird die Hydroxygruppe durch die starke Schwefelsäure protoniert. Es bilden sich ein Ethyloxonium-Ion und ein Hydrogensulfat-Ion.
Ein freies Elektronenpaar des Hydrogensulfat-Ions greift im nächsten Schritt das positiv polarisierte C1-Kohlenstoffatom an, wobei sich Wasser abspaltet und sich das in Material 6 dargestellte Reaktionsprodukt bildet.

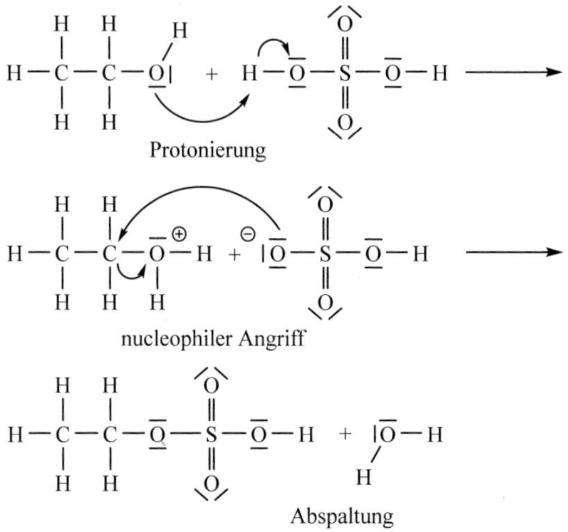

Formulierung der Reaktionsgleichung zur Reaktion unter den **Bedingungen B:**

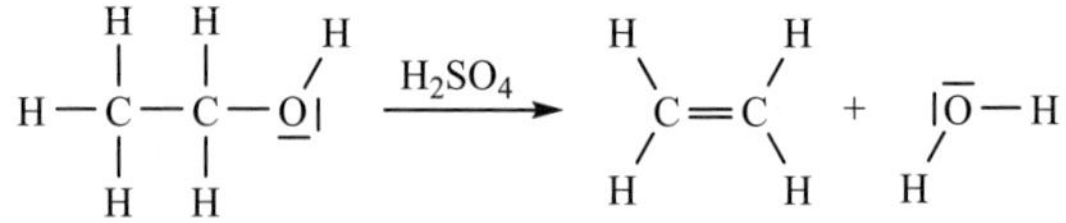

Benennung des Reaktionstyps:
Reaktionsbedingungen A: **Substitutionsreaktion**
Alternativ: Veresterung

Eine Veresterung ist als eine Reaktion einer Säure mit der Hydroxygruppe des Alkohols zum Ester und Wasser definiert. Diese ist nicht allein auf das Themenfeld der Carbonsäuren und deren Reaktion mit Alkoholen beschränkt. Aus diesem Grund könnte hier auch der Begriff der Veresterung korrekt angeführt werden. Bei dieser handelt es sich streng genommen aber eben um eine Substitutionsreaktion, weshalb auch dieser Begriff korrekt ist.

Reaktionsbedingungen B: **Eliminierung**

1.6 Red.: $\overset{+VI}{Cr_2}O_7^{2-}{}_{(aq)} + 14\,H^+ + 6\,e^- \longrightarrow 2\,\overset{+III}{Cr^{3+}}{}_{(aq)} + 7\,H_2O$

Ox.:

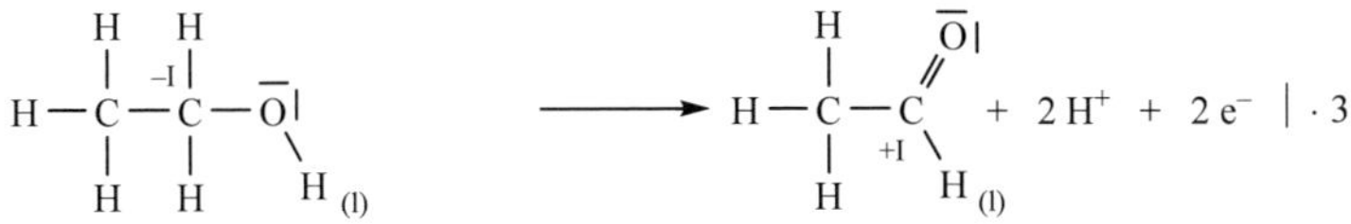

Redox.:

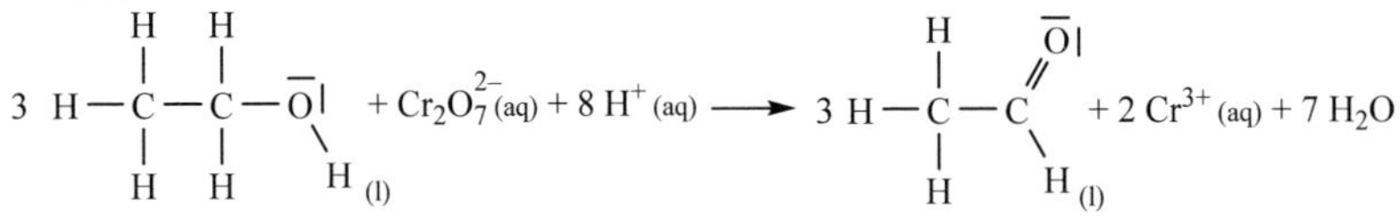

Es handelt sich um eine **Redoxreaktion**. Chrom(VI) wird dabei zu Chrom(III) **reduziert**, während das Kohlenstoffatom, das die Hydroxygruppe trägt, von der Oxidationsstufe (–I) durch die Abgabe von 2 Elektronen zur Oxidationsstufe (+I) **oxidiert** wird.

Aufgabe B

2.1 L-Phenylalanin ist eine natürliche Aminosäure. Wie alle natürlichen Aminosäuren existiert sie nur in der L-Variante.
In der FISCHER-Projektion erkennt man, dass es nur ein asymmetrisches Kohlenstoffatom gibt. In dieser befindet sich die Aminogruppe am asymmetrischen Kohlenstoffatom auf der linken Seite (L-Konformation).

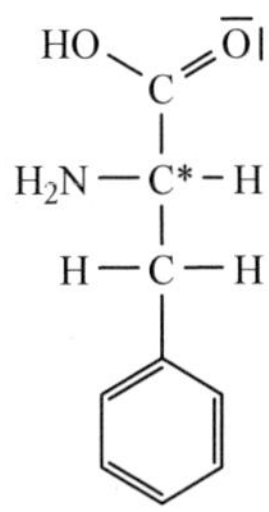

Wie alle Aminosäuren besitzt auch L-Phenylalanin (Phe) neben einer Carboxygruppe auch eine Aminogruppe am α-C-Atom, dem Kohlenstoffatom, an welches die Carboxygruppe gebunden ist.

Alle natürlichen proteinogenen Aminosäuren sind α-Aminosäuren, sie tragen die Aminogruppe demnach am α-C-Atom.

Am α-Kohlenstoffatom, das die Aminogruppe trägt, ist neben einem Wasserstoffatom ein weiterer Molekülrest gebunden, der für jede Aminosäure charakteristisch ist. Dieser Rest ist bei Phenylalanin eine CH_2-Gruppe, die mit einem aromatischen Ring, einem Phenylrest, verbunden ist.

Die Reaktionsgleichung der enzymatisch katalysierten **Bildung von Zimtsäure** kann wie folgt formuliert werden. Bei der dargestellten Reaktion handelt es sich um eine **Eliminierung**.

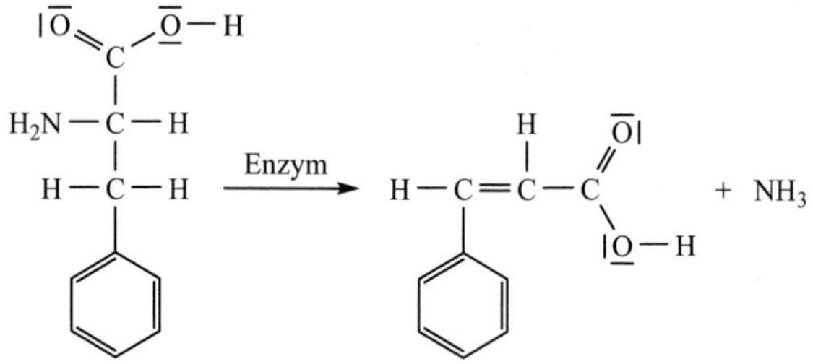

2.2 Beim 1. Schritt des zu formulierenden Reaktionsmechanismus handelt es sich um eine **radikalische Substitution**.

Reaktionsmechanismus:

1. Startreaktion

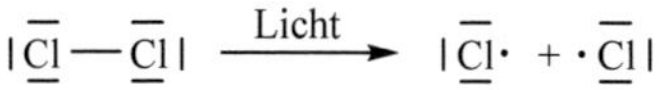

Durch Lichteinstrahlung wird eine homolytische Spaltung des Chlormoleküls in zwei Chlor-Radikale initiiert.

2. Kettenreaktion

a)

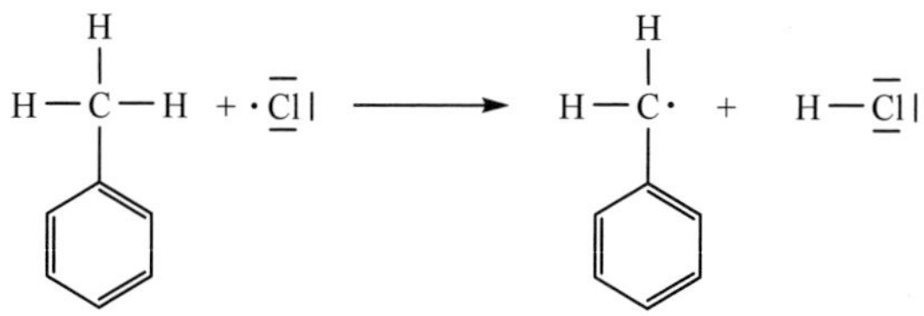

Chlor-Radikale reagieren mit dem Methylbenzol zu Methylbenzol-Radikalen und Chlorwasserstoff.

b)

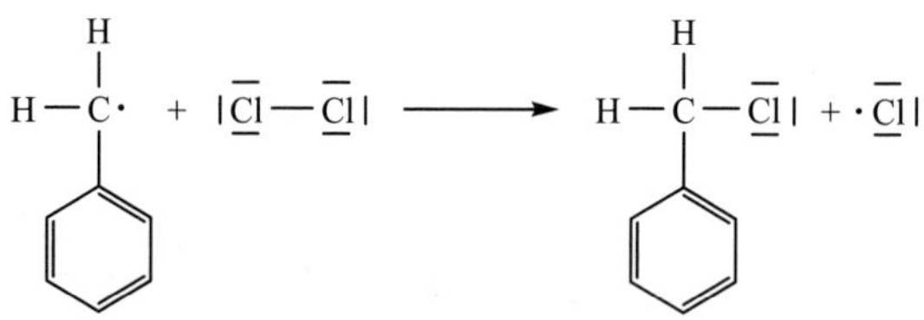

Methylbenzol-Radikale reagieren mit Chlormolekülen zu Monochlormethylbenzol und weiteren Chlor-Radikalen.

Mehrfachsubstitution:

Chlor-Radikale können nach Bildung von ausreichend Monochlormethylbenzol mit diesem wie folgt weiterreagieren:

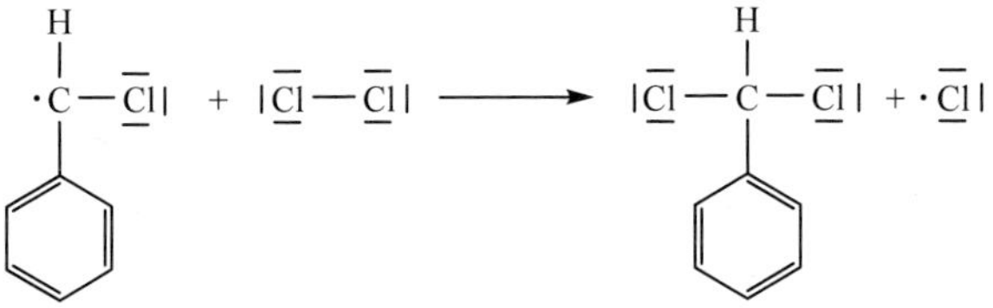

Diese Reaktion ist jedoch, aufgrund der zunächst niedrigen Menge Monochlormethylbenzol selten und unwahrscheinlich. Die Wahrscheinlichkeit nimmt aber mit steigender Reaktionsdauer zu.

So bildet sich im weiteren Reaktionsverlauf das geforderte und benötigte Dichlormetyhlbenzol.

Zu Abbruchreaktionen kommt es, wenn zwei Radikale aufeinandertreffen. Diese, Rekombination genannte Reaktion, ist äußerst selten. Anbei sind vier mögliche Abbruchreaktionen dargestellt:

3. Abbruchreaktionen

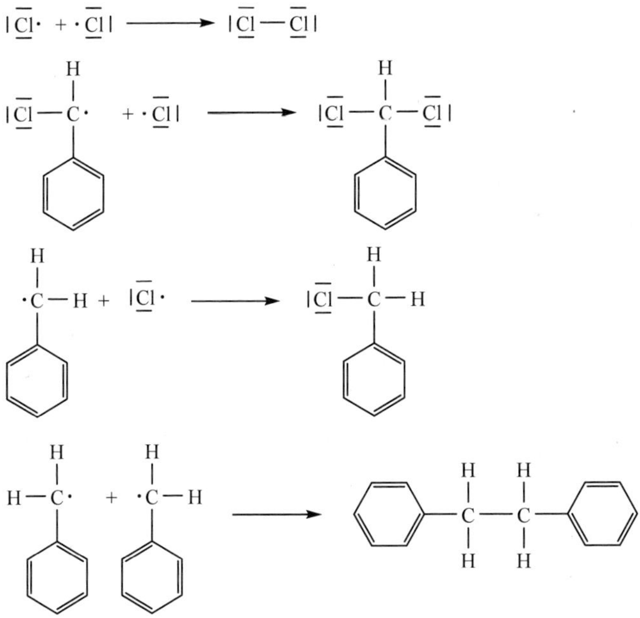

Es findet keine Chlorierung am Benzolring, also keine elektrophile aromatische Substitution, statt. Dies lässt sich durch die Reaktionsbedingungen begründen: Für eine Halogenierung am Benzolring würden eine niedrige Reaktionstemperatur und ein Katalysator benötigt (KKK-Regel).

Aufgrund der vorherrschenden Reaktionsbedingungen (Lichteinstrahlung und Erhitzen, siehe SSS-Regel) und der Tatsache, dass kein Katalysator zum Einsatz kommt, erfolgt hier stattdessen eine radikalische Reaktion an der Methylgruppe.

*Die **SSS-Regel** besagt, dass es bei **S**onne oder **S**iedehitze bei einer aromatischen Verbindung mit Seitengruppe, wie dem Methylbenzol, zu einer **S**eitenkettensubstitution kommt und nicht zu einer elektrophilen aromatischen Substitution (S_EAr) am aromatischen Ring.*
*Hierfür lässt sich die **KKK-Regel** heranziehen. Läuft die Reaktion im **K**alten ab oder kommt ein **K**atalysator wie beispielsweise $AlCl_3$ zum Einsatz, so findet eine **K**ernsubstitution statt (mit Kern ist der „Kern des Moleküls", der aromatische Ring gemeint).*

Der Grund, weshalb es trotz der Radikalbildung durch das Sonnenlicht nicht zu einer Substitution an einem der Wasserstoffatome des aromatischen Rings kommt, liegt an der besonderen Stabilität des aromatischen Ringsystems. In diesem sind die π-Elektronen delokalisiert und das ganze System dadurch resonanzstabilisiert, weshalb eine Chlorierung über eine elektrophile aromatische Substitution nur in Gegenwart eines Katalysators möglich ist, der hier jedoch nicht vorliegt.

Die genaue Erklärung ist komplizierter, jedoch nicht Teil der erwarteten Lösung! Die beiden Radikale, die sich während der radikalischen Substitution am Benzolring bzw. der Seitenkette bilden könnten, unterscheiden sich hinsichtlich ihrer Stabilität immens.

A)

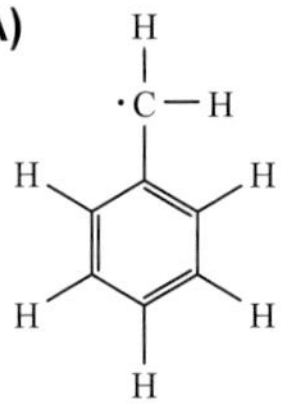

B)

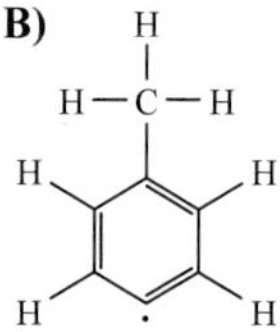

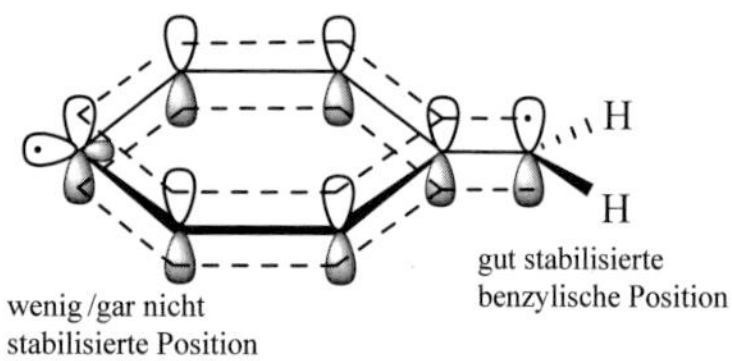

Bei Radikal A befindet sich das ungepaarte Elektron in einem p-Orbital. Dieses Radikal wird als benzylisches Radikal bezeichnet und ist besonders stabil. Das liegt daran, dass sich das p-Orbital des ungepaarten Elektrons in selber Raumrichtung wie die π-Elektronen des aromatischen Rings befindet, weshalb es zu einer erweiterten Überlappung der Orbitale über die p-Orbitale des aromatischen Rings hinaus bis zur Methylgruppe kommt und es demnach viele weitere mesomere Grenzformeln für dieses Radikal gibt:

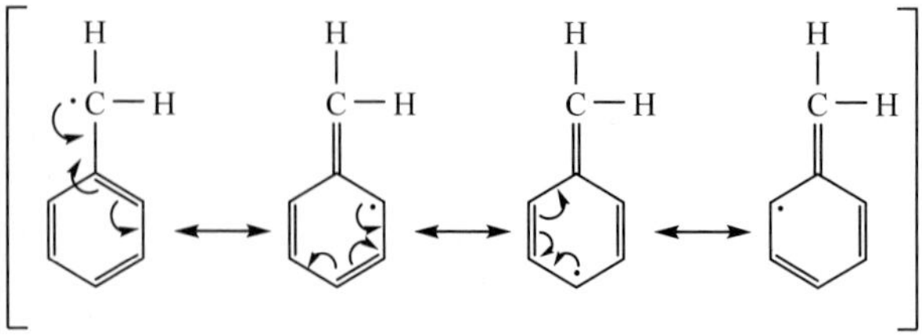

Dies führt zu einer immensen Stabilisierung dieses Radikals durch die Delokalisierung über das ganze Molekül.
Die Entstehung eines Radikals am aromatischen Ring (Radikal B) führt zwar auch nicht zum Verlust der Aromatizität, jedoch ist es durch die geometrische Besonderheit seiner Lage viel schlechter stabilisiert. Das ungepaarte Elektron befindet sich in einem sp^2-Hybrid-Orbital. Dieses steht damit (90°) geneigt zu den p-Orbitalen und den sich darin befindenden π-Elektronen des aromatischen Rings, weshalb hier keine stabilisierende Überlappung wie beim benzylischen Radikal erfolgen kann. Dementsprechend können für dieses Radikal auch keine weiteren mesomeren Grenzformeln formuliert werden.
Aus diesem Grund kommt es zur Bildung des deutlich stabileren benzylischen Radikals (A). Darüber hinaus kann auch über die Stabilität der beiden Radikale diskutiert werden: Das Radikal (A) ist durch die Tatsache der Delokalisierung der Elektronen deutlich langlebiger als das Radikal in Position (B), weshalb eine Folgereaktion wahrscheinlicher wird.

Die Reaktionsgleichung des zweiten Reaktionsschrittes zu Benzaldehyd kann dabei wie folgt formuliert werden:

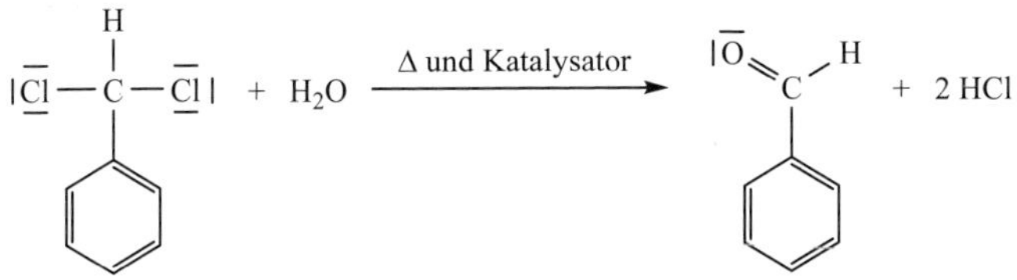

2.3 Reaktionsmechanismus:

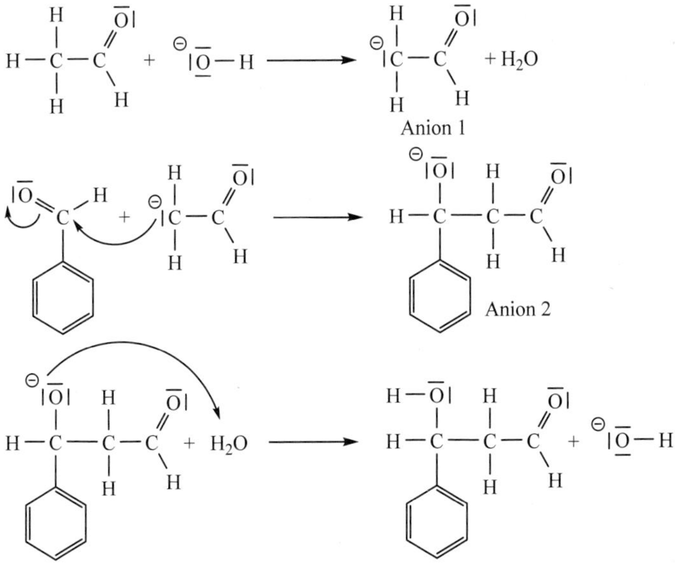

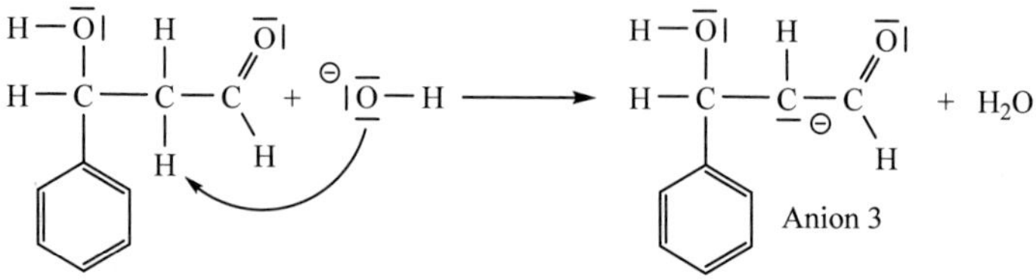

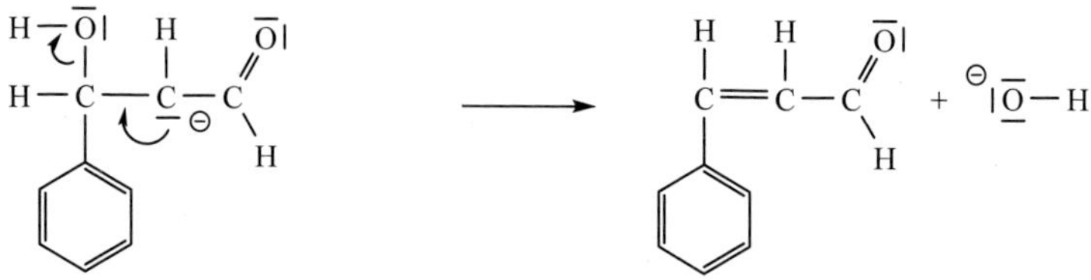

Die beiden **mesomeren Grenzformeln** des Anion 1:

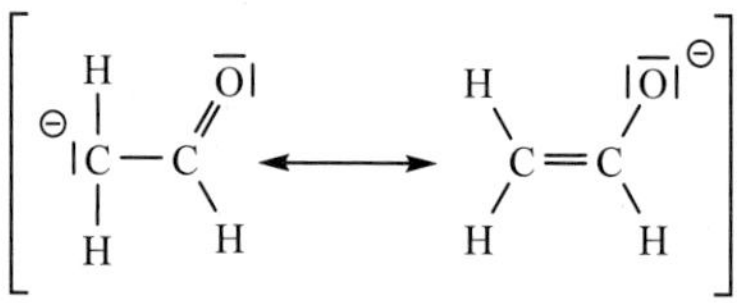

2.4 Die tiefblaue FEHLING-Reagenz verfärbt sich nach Zugabe des Zimtaldehyds und dem Erwärmen orange-rot. Nach kurzer Zeit fällt aus der orange-roten Suspension ein orange-roter Niederschlag aus.

Die **Reaktionsgleichung** kann dabei wie folgt formuliert werden:

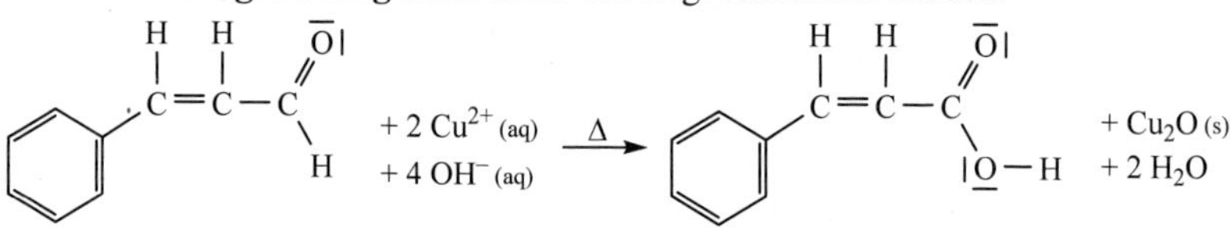

Erklärung der **Bindungsverhältnisse** in der Aldehydgruppe mittels Orbitalmodell: Das Kohlenstoffatom sowie das Sauerstoffatom der Aldehydgruppe sind **sp^2-hybridisiert**. Ein sp^2-Hybridorbital des Kohlenstoffatoms und des Sauerstoffatoms bilden durch gemeinsame Überlappung eine σ-Bindung. Ein weiteres der beiden sp^2-Hybridorbitale des Kohlenstoffatoms bildet durch Überlappung mit dem s-Orbital des Wasserstoffatoms eine weitere σ-Bindung aus. Das dritte und letzte sp^2-Hybridorbital des Kohlenstoffatoms bildet zum benachbarten Kohlenstoff mit dessen sp^2-Hybridorbital eine weitere σ-Bindung aus.

Im Sauerstoffatom befinden sich die beiden nichtbindenden Elektronenpaare in den beiden weiteren sp^2-Hybridorbitalen, die nicht Teil der Bindungen sind.

Neben den drei sp^2-Hybridorbitalen besitzen sowohl das Kohlenstoff- als auch das Sauerstoffatom ein nicht-hybridisiertes p-Orbital. Die p-Orbitale stehen senkrecht zur σ-Bindung und bilden durch gemeinsame Überlappung die **π-Bindung** (die zweite Bindung der Doppelbindung). Zur Bildung der π-Bindung überlappen die positiven und negativen Anteile der p-Orbitale oberhalb und unterhalb der Kern-Kern-Bindungsachse.

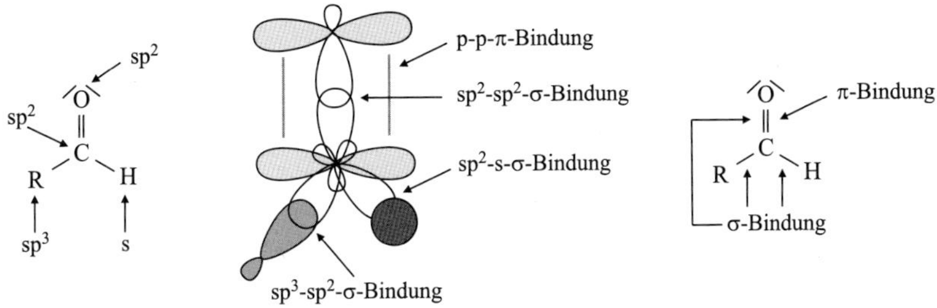

2.5 Die Strukturformel eines Melilotosid-Moleküls:

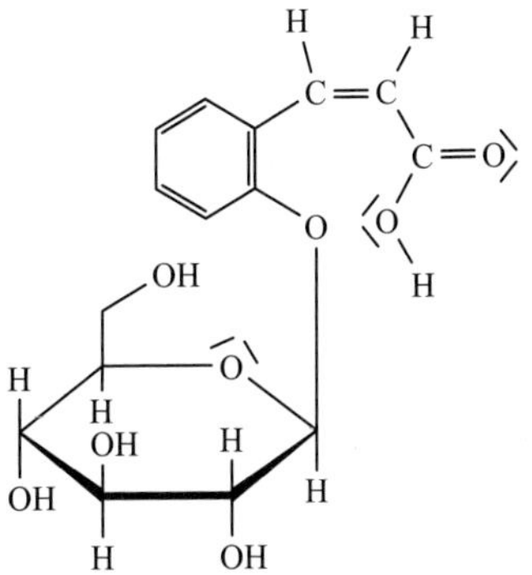

Alternativ: ohne Berücksichtigung der cis-Struktur

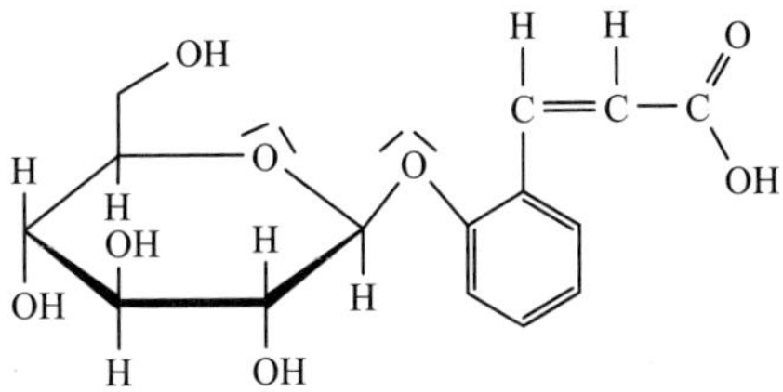

Erläuterung der Reaktion zur **Bildung von Cumarin** aus Cumarinsäure:
Durch eine **intramolekulare Veresterung** kommt es zu einem Ringschluss. Dabei reagiert die Hydroxygruppe mit der Carboxygruppe unter Wasserabspaltung zum ringförmigen Ester des Cumarins.

Bei der trans-2-Hydroxyzimtsäure stehen die Hydroxy- und die Carboxygruppe, anders als bei dem cis-Isomer, nicht in direkter Nachbarschaft, wodurch die intramolekulare Veresterung aus **sterischen Gründen** stark erschwert wird.

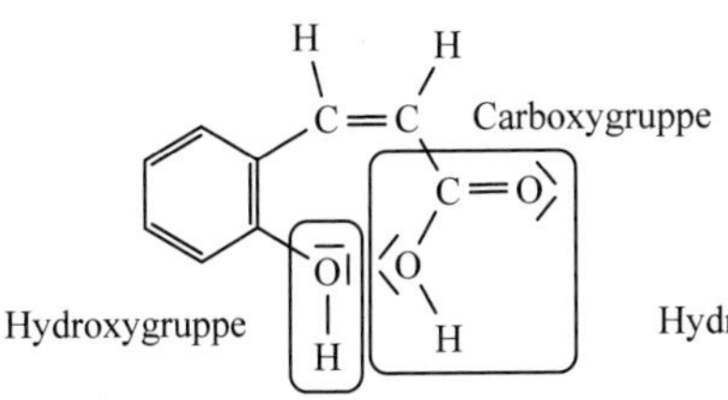

cis-2-Hydroxyzimtsäure

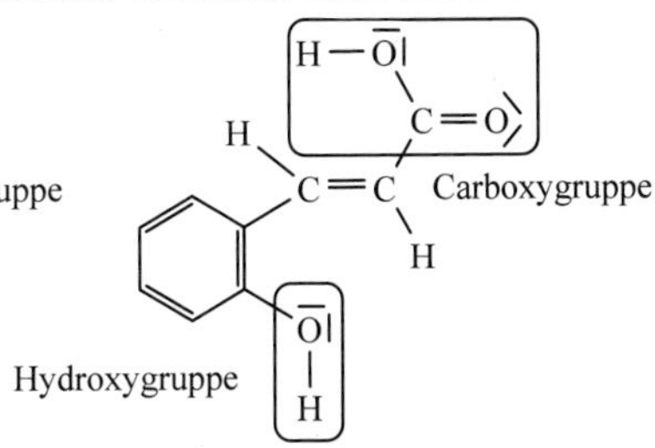

trans-2-Hydroxyzimtsäure

2.6 Die Alkoholkomponente, die mit einem Zimtsäurederivat zum Octinoxat (einem weiteren Derivat der Zimtsäure) verestert wurde, ist 2-Ethylhexan-1-ol.

Enantiomere sind Spiegelbild-isomere Moleküle, die sich zueinander wie **Bild** und **Spiegelbild** verhalten. Man kann sie nicht durch einfache Drehung des Moleküls ineinander überführen. Das folgende Molekül ist das Enantiomer zum Octinoxat. Das asymmetrische Kohlenstoffatom ist mit einem * markiert.

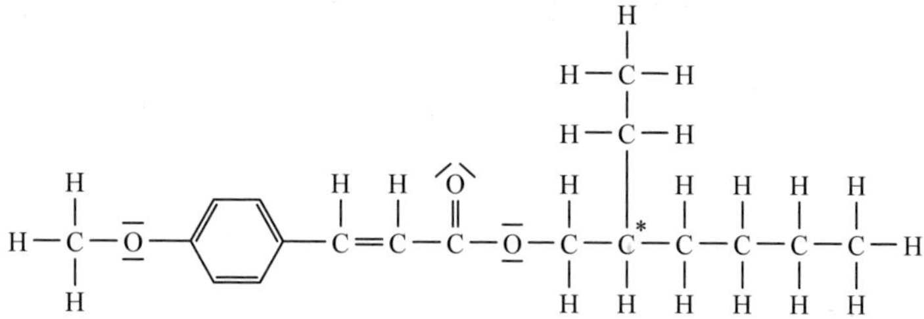

Das Enantiomerenpaar kann auch folgendermaßen dargestellt werden:

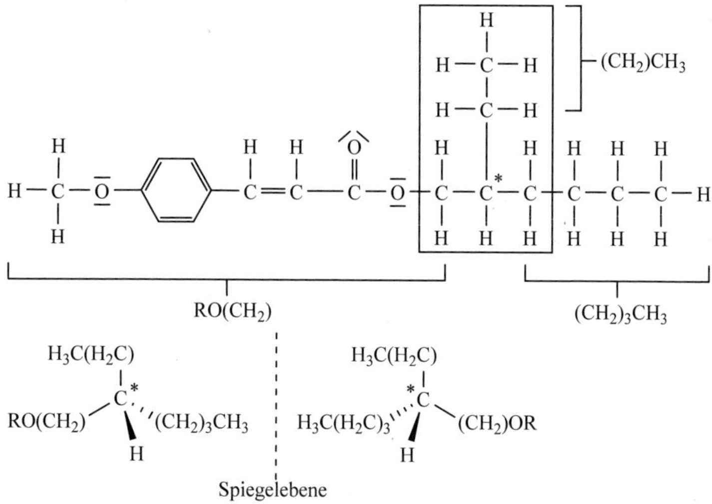

Aufgabe C

3.1 Die Reaktionsgleichung für die beschriebene großtechnische Herstellung von Flusssäure in zwei Schritten kann wie folgt formuliert werden:

Erster Schritt:

$$CaF_{2\,(s)} + H_2SO_{4\,(l)} \longrightarrow 2\,HF_{(g)} + CaSO_{4\,(s)}$$

Zweiter Schritt:

$$HF_{(g)} + H_2O_{(l)} \rightleftharpoons H_3O^+_{(aq)} + F^-_{(aq)}$$

Beschreibung der **zwischenmolekularen Kräfte:**
Die **VAN-DER-WAALS-Kraft** ist die schwächste der drei zwischenmolekularen Kräfte. Sie beruht auf der Ungleichverteilung von den sich in Bewegung befindlichen Elektronen, aufgrund deren sich kurzzeitig wirkende, fluktuierende Dipole ausbilden. Diese Dipole sind kurzlebig und nicht so stark wie die permanenten Dipole, die die Grundlage der Dipol-Dipol-Wechselwirkung oder der Wasserstoffbrückenbindung darstellen. Die kurzen Ungleichverteilungen von Ladungen in Molekülen führen zu einer kurzzeitigen, elektrostatischen Wechselwirkung zwischen Molekülen, die letztlich deren Anziehung bewirkt und VAN-DER-WAALS-Kraft genannt wird. VAN-DER-WAALS-Kräfte wirken zwischen unpolaren Molekülen. Ihre Stärke hängt stark von der Molekülgröße bzw. dessen Oberfläche ab.

Die **Dipol-Dipol-Wechselwirkungen** sind die Anziehungskräfte, die sich zwischen polaren Molekülen mit permanentem Dipol ausbilden. Sie sind stärker als die VAN-DER-WAALS-Kräfte. Je größer das Dipolmoment ist, das auf die unterschiedlichen Elektronegativitätsdifferenzen und die räumliche Struktur der Moleküle zurückgeht, umso stärker ist auch die Dipol-Dipol-Wechselwirkung.

Wasserstoffbrückenbindungen besitzen die höchsten Bindungsenergien und sind damit die stärksten der drei zwischenmolekularen Kräfte. Sie entstehen durch die unterschiedlichen Elektronegativitäten der an der Bindung beteiligten Atome (Elektronegativitätsdifferenzen dieser Atome). Wasserstoffbrückenbindungen sind demnach ein Spezialfall der Dipol-Dipol-Wechselwirkungen. Das stark positiv polarisierte Wasserstoffatom des einen Moleküls wird dabei über starke elektrostatische Wechselwirkungen von den freien Elektronenpaaren des negativ polarisierten Atoms (beispielsweise eines Sauerstoff- oder Stickstoffatoms) eines anderen Moleküls angezogen.

3.2 *Autoprotolyse Reaktionen sind Säure-Base-Reaktionen unter gleichen Teilchen.*

Autoprotolyse von Wasser:

$$H_2O + H_2O \rightleftharpoons OH^-_{(aq)} + H_3O^+_{(aq)}$$

Bei dieser Reaktion handelt es sich um eine Gleichgewichtsreaktion, wobei das Gleichgewicht stark auf der Seite der Edukte liegt.

Wassermoleküle sind Säure-Base-amphotere Stoffe, sie können also als Säure und Base auftreten. Solche Stoffe sind dazu in der Lage, Autoprotolyse-Reaktionen einzugehen. Dies gilt ebenfalls für das Fluorwasserstoffmolekül.

Das Massenwirkungsgesetz der **Autoprotolyse-Reaktion von Wasser:**

$$K_c = \frac{c(OH^-) \cdot c(H_3O^+)}{c^2(H_2O)}$$

In reinem destilliertem Wasser stellt sich nach kürzester Zeit das formulierte Autoprotolyse-Gleichgewicht ein, das sehr stark auf der Seite der Wassermoleküle liegt. Dabei ändert sich die Konzentration von Wasser beinahe nicht, da im Ver-

hältnis nur sehr wenige Wassermoleküle zu Hydroxid- und Oxonium-Ionen reagiert haben. Aus diesem Grund kann die Konzentration von Wasser als konstant angesehen werden. Dieser annähernd konstante Wert kann daher mit in die Gleichgewichtskonstante $\boldsymbol{K_C}$ *eingerechnet werden, woraus sich die neue Konstante* $\boldsymbol{K_W}$ *ergibt, die als Ionenprodukt des Wassers bezeichnet wird.*

$$K_c \cdot c^2(H_2O) = K_w = c(OH^-) \cdot c(H_3O^+)$$

Wie Wasser ist auch Fluorwasserstoff zur Autoprotolyse in der Lage. Die Reaktionsgleichung ist in Material 2 angegeben.

$$3\,HF \rightleftharpoons H_2F^+ + HF_2^-$$

Entsprechend lässt sich für diese Reaktion das Massenwirkungsgesetz folgendermaßen formulieren:

$$K_c = \frac{c(H_2F^+) \cdot c(HF_2^-)}{c^3(HF)}$$

Durch die Überführung der c^3 (HF) in die Gleichgewichtskonstante ergibt sich die im Material angegebene Gleichgewichtskonstante K_{HF}:

$$K_{HF} = c(H_2F^+) \cdot c(HF_2^-) = 2{,}0 \cdot 10^{-11}\ mol^2 \cdot L^{-2}$$

Da im Gleichgewicht die Konzentration der H_2F^+*-Ionen genauso groß ist wie die der* H_2F^-*-Ionen, kann man zur Berechnung eines durch das andere substituieren und anschließend die Quadratwurzel ziehen und rücksubstituieren.*

$$c(H_2F^+) = c(HF_2^-) \qquad \text{daraus folgt:}$$

$$c(H_2F^+)^2 = 2{,}0 \cdot 10^{11}\ mol^2 \cdot L^{-2}$$

$$c(H_2F^+) = \sqrt{2{,}0 \cdot 10^{11}\ mol^2 \cdot L^{-2}} = 4{,}47 \cdot 10^{-6}\ mol \cdot L^{-1} = c(HF_2^-)$$

Die Konzentrationen an HF_2^--Ionen und H_2F^+-Ionen in flüssigem Fluorwasserstoff liegen bei $4{,}47 \cdot 10^{-6}\ mol \cdot L^{-1}$.

3.3 Reaktion der Flusssäure-Lösung mit der Calciumgluconat-Lösung:

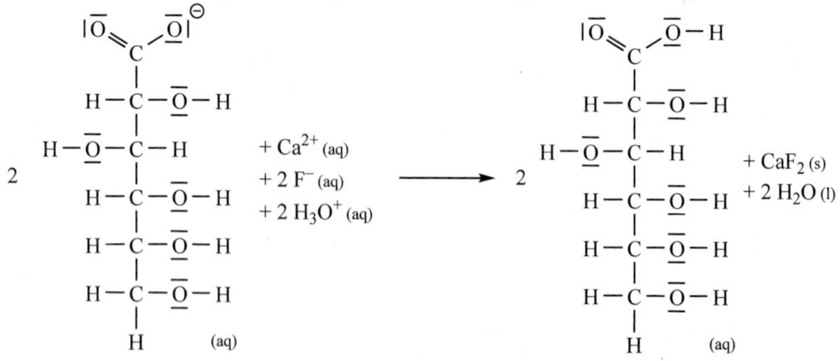

Die Wirkweise der Calciumgluconat-Lösung, um die akute Toxizität der Fluorid-Ionen bei einem Unfall mit Flusssäure zu behandeln, liegt in der Tatsache, dass die Calcium-Ionen der Calciumgluconat-Lösung mit den Fluorid-Ionen nahezu unlösliches **Calciumfluorid** bilden. Damit werden die giftigen Fluorid-Ionen aus der Lösung entfernt, sodass fast keine gelösten Fluorid-Ionen, die in Stoffwechselprozesse eingreifen könnten, im Körper vorliegen. Letztlich sind demnach die **Calcium-Ionen** der wirksame Bestandteil dieser Notfallmedizin.

Der Vorteil in der Verwendung von Calciumgluconat liegt darin, dass es sich dabei um ein sehr gut lösliches Calciumsalz handelt, in welchem das Anion zusätzlich als schwache Base reagiert und mit den Oxonium-Ionen Gluconsäure bildet. Gluconsäure ist eine physiologisch relativ unbedenkliche Verbindung, die sich daher sehr gut zur Anwendung bei Verletzungen dieser Art eignet.

3.4 Schritt 1:

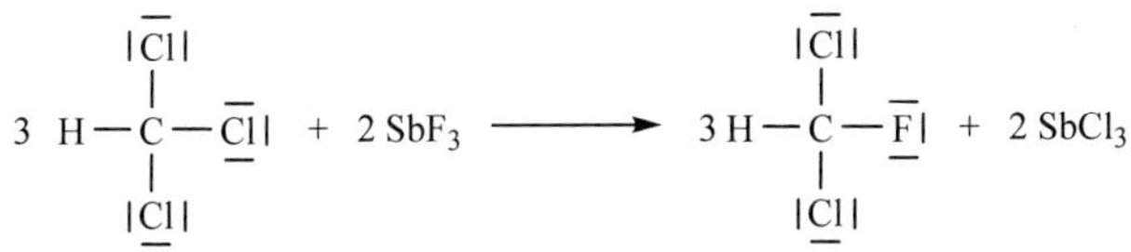

Schritt 2:

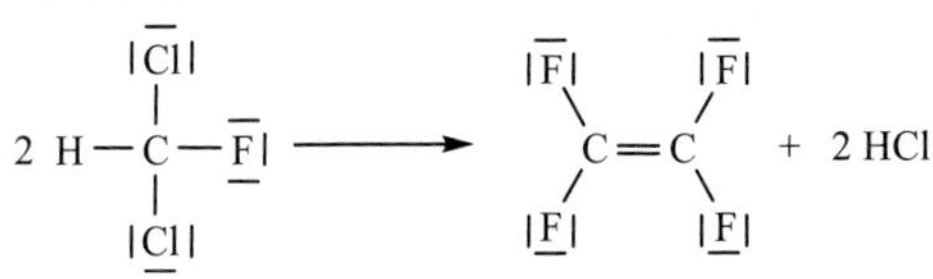

Strukturformelausschnitt des Polytetrafluorethens:

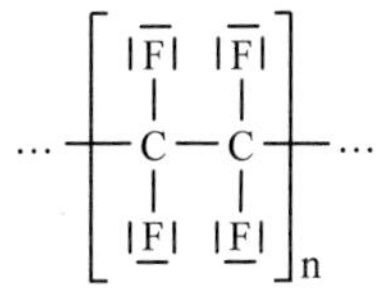

Bei Schritt 1 handelt es sich um eine **nucleophile Substitution**.

Antimontrifluorid ist eine ionische Verbindung. Die Fluorid-Ionen substituieren zwei der Chlor-Atome des Chloroforms. Aufgrund der Tatsache, dass es sich bei Chloroform (Trichlormethan) um keine tertiäre oder sekundäre Verbindung handelt und das Fluorid-Ion ein kleines, wenig sterisch anspruchsvolles Nucleophil ist, läuft diese Reaktion sicherlich über eine S_N2-Reaktion ab.

Polytetrafluorethen lässt sich aus Tetrafluorethen über eine **radikalische Polymerisation** herstellen.

3.5 Die Reaktionsgleichung zur Reaktion von Flusssäure (hier vereinfacht als Fluorwasserstoff angegeben) mit Siliciumdioxid des Glases kann wie folgt formuliert werden:

$$SiO_2 + 4\,HF \rightleftharpoons SiF_4 + 2\,H_2O$$

Reaktionsgleichung für die in der Aufgabenstellung angegebene Reaktion von Flusssäure mit Siliciumdioxid:

$$SiO_{2\,(s)} + 4\,F^-_{(aq)} + 4\,H_3O^+_{(aq)} \rightleftharpoons SiF_{4\,(g)} + 6\,H_2O$$

Um den Einfluss der Temperatur auf die Gleichgewichtslage vorhersagen zu können, muss zunächst aus den in Material 4 angegebenen Standardbildungsenthalpien $\Delta_f H_m^0$ die Reaktionsenthalpie $\Delta_R H_m^0$ errechnet werden. Dabei gilt:

$$\Delta_R H_m^0 = \sum n \cdot \Delta_f H_m^0 \text{(Produkte)} - \sum n \cdot \Delta_f H_m^0 \text{(Edukte)}$$

Hierfür soll die vereinfachte Reaktionsgleichung verwendet werden, da für H_3O^+ und F^- keine Standardbildungsenthalpien gegeben sind.

$$\Delta_R H_m^0 = [\Delta_f H_m^0(SiF_4) + 2 \cdot \Delta_f H_m^0(H_2O)] - [\Delta_f H_m^0(SiO_2) + 4 \cdot \Delta_f H_m^0(HF)]$$

$$\Delta_R H_m^0 = [(-1615\ kJ \cdot mol^{-1} + 2 \cdot (-286\ kJ \cdot mol^{-1})] - [(-911\ kJ \cdot mol^{-1}) + 4 \cdot (-333\ kJ \cdot mol^{-1})] = +56\ kJ \cdot mol^{-1}$$

Anhand des errechneten Wertes lässt sich erkennen, dass es sich beim Ätzen von Glas (Siliciumdioxid) um eine **endotherme Reaktion** handelt ($\Delta_R H_m^0 > 0$). Gemäß dem Prinzip des kleinsten Zwangs (Prinzip von LE CHATELIER und BRAUN) lässt sich daraus schließen, dass eine Temperaturerhöhung eine vermehrte Ätzung des Glases bzw. die Reaktion zu den Produkten begünstigt.

3.6 Beschreibung der **Reaktion der CCl_2F_2-Moleküle** in der Ozonschicht:
Unter Einfluss von Lichtenergie zerfallen die Dichlordifluormethan-Moleküle in ein Chlor-Radikal und ein Monochlordifluormethan-Radikal. Die gebildeten Chlor-Radikale reagieren in der Folge mit den Ozon-Molekülen (O_3) der Atmosphäre zu Chlormonoxid-Radikalen (ClO•) und Sauerstoffmolekülen (O_2). Die Chlormonoxid-Radikale (ClO•) reagieren wiederum mit Ozon-Molekülen (O_3) zu Sauerstoff-Molekülen und neuen Chlor-Radikalen. Diese Reaktionsschritte wiederholen sich nun vielfach.

Beurteilung der Verwendung von Dichlordifluormethan:
Fluorchlorkohlenwasserstoffe (FCKW genannt), wozu auch das Dichlordifluormethan zählt, sind gasförmige oder leicht flüchtige Stoffe, die, wenn sie in höhere Schichten der Atmosphäre gelangen, durch die Lichtenergie in Radikale zerfallen. Diese Radikale sind in der Lage, in einer Art Kettenreaktion nach und nach das Ozon (O_3) abzubauen und damit die uns vor der gefährlichen UV-Strahlung schützende Ozonschicht auszudünnen. Dünnt sich diese Ozonschicht durch diesen kettenreaktionsartigen Abbau aus, so kommt in der Folge mehr der schädlichen und hautkrebsauslösenden harten UV-Strahlung zur Erde und gefährdet dadurch Menschenleben.

Aus diesem Grund ist auf die Verwendung von Dichlordifluormethan und anderen Fluorchlorkohlenwasserstoff-Verbindungen, die in ähnlichen Reaktionen die Ozonschicht abbauen, zu verzichten.

Aufgabe A

Apfelsaft

BE

Der Apfel (lat.: *malus domesticus*) ist in der gemäßigten Klimazone die wichtigste Rohware für die Fruchtsaftindustrie und eignet sich aufgrund des ausgeglichenen Zucker-Säure-Verhältnisses sehr gut zur Verarbeitung. 2017 betrug in Deutschland der durchschnittliche Pro-Kopf-Verbrauch an Apfelsaft 7,6 Liter. Die Erkenntnis, aus Früchten nährende Säfte herzustellen, führt bis in die menschliche Frühzeit zurück. Heutzutage liegt die Bedeutung der Fruchtsäfte nicht nur in ihrem erfrischenden und aromatischen Geschmack, sondern auch in ihrer ernährungsphysiologischen Wertigkeit.
Der Zuckergehalt des Apfelsaftes wird im Wesentlichen durch das Vorkommen von D-Glucose, D-Fructose und Saccharose bestimmt. Die vorherrschende Säure im Apfelsaft ist die L-Äpfelsäure. Nach IUPAC wird Äpfelsäure als 2-Hydroxybutandisäure bezeichnet. Äpfelsäure kann künstlich unter Zufuhr von Wasser aus Fumarsäure (But-2-endisäure, siehe Material 1) hergestellt werden. Die Fumarsäure ist aber auch ein bedeutender Grundstoff für die Synthese von Kunststoffen.
Das Aroma von Apfelsaft wird durch eine Vielzahl von Aromastoffen geprägt. So gehören Hex-2-enal, Hexan-1-ol und Butansäureethylester zu den Aromakomponenten im Apfelsaft.

1.1 Die Aromastoffe Hexan-1-ol und Butansäureethylester sollen im Labor hergestellt werden.
Formulieren Sie die Reaktionsgleichung für die Reduktion von Hex-2-enal mit elementarem Wasserstoff zu Hexan-1-ol unter Verwendung von Strukturformeln für die organischen Verbindungen.
Formulieren Sie den Mechanismus der Reaktion zur Herstellung von Butansäureethylester in Gegenwart von einer Säure als Katalysator. 10

1.2 Erläutern Sie unter Verwendung der Strukturformeln, dass Hexan-1-ol mit 157 °C eine höhere Siedetemperatur besitzt als Butansäureethylester mit 121 °C. 5

1.3 D-Glucose, D-Fructose und Saccharose sind die vorherrschenden Zucker des Apfelsaftes.
Zeichnen Sie die Strukturformel von D-Fructose in der Fischerprojektion sowie die HAWORTH-Formel von Saccharose.
Formulieren Sie die Reaktionsgleichung für die FEHLING-Probe von Glucose unter Verwendung von Strukturformeln für die organischen Stoffe und zei-

gen Sie anhand der wesentlichen Oxidationszahlen und der Elektronenübergänge, dass es sich dabei um eine Redoxreaktion handelt. 10

1.4 Zeichnen Sie die Strukturformeln der D-Äpfelsäure und der L-Äpfelsäure in der Fischerprojektion und geben Sie den Fachbegriff für diese Isomerieart an.
Formulieren Sie mithilfe von Material 1 die Reaktionsgleichung zur künstlichen Herstellung von L-Äpfelsäure aus Fumarsäure.
Benennen Sie auch den zugehörigen Reaktionsmechanismus. 5

1.5 Fumarsäure kann als Monomer in der Kunststoffindustrie genutzt werden.
Entwickeln Sie mithilfe der in Fumarsäure vorkommenden funktionellen Gruppen (Material 1) zwei unterschiedliche Möglichkeiten für die Synthese von Makromolekülen, wobei weitere Edukte frei wählbar sind.
Beurteilen Sie zudem, inwiefern Fumarsäure für die Herstellung eines Duroplasten bei freier Wählbarkeit weiterer Edukte geeignet ist. 9

HINWEIS: Fachbegriffe sind zu verwenden; Reaktionsgleichungen sind nicht erforderlich.

1.6 Der biologische Abbau von Äpfelsäure kann durch Bakterien erfolgen und führt zur Bildung von Milchsäure (2-Hydroxypropansäure) und einem Gas, das beim Einleiten in Kalkwasser eine Trübung hervorruft.
Formulieren Sie unter Verwendung von Strukturformeln für die organischen Verbindungen die Reaktionsgleichung zum biologischen Abbau der Äpfelsäure zu Milchsäure.
Formulieren Sie die Reaktionsgleichung der Protolysereaktion von Milchsäure ($pK_S = 3{,}9$) mit Wasser und erläutern Sie den Unterschied bezüglich der Gleichgewichtslage zur Protolyse von Chlorwasserstoff.
Begründen Sie unter Verwendung der Strukturformeln, dass Äpfelsäure mit einem pK_S-Wert von 3,4 (für die erste Protolysestufe am C_1-Atom) eine etwas stärkere Säure ist als Milchsäure. 11

50

Material 1: Fumarsäure

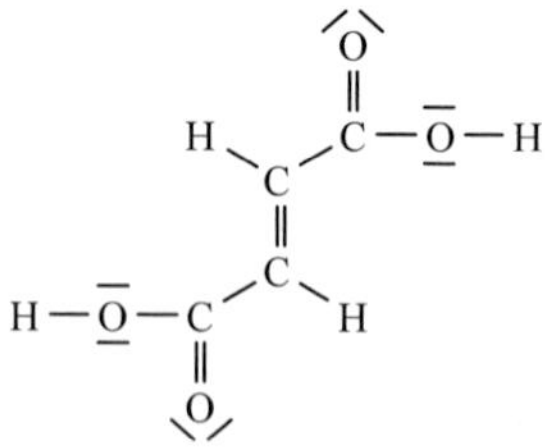

Materialgrundlage:
URL: https://d-nb.info/1036551555/34; Busse, Mareike. 2011. Bestimmung von Aromastoffen in Apfel- und Orangensäften. Dissertation Universität Paderborn. S. 22, 39 ff. (abgerufen am 28. 10. 2018).
URL: http://www.boku.ac.at/fileadmin/data/H03000/H73000/H73300/PF- BioLandwirtschaft/pubs/ProdSys/2006_Garnweidner_DA.pdf; Garnweidner, Lisa. 2006. Vergleich gesundheitsrelevanter Inhaltsstoffe von biologisch und konventionell hergestellten Apfelsäften. S. 24 – 26 (abgerufen am 28. 10. 2018).
URL: www.seilnacht.com; Chemikaliendatenbank Organik Fumarsäure (abgerufen am 12. 12. 2018).
URL: https://www.schneider-oenologie.com/downloads/BSA.AT.pdf (abgerufen am 12. 12. 2018).

Aufgabe B

Grillen

BE

Das abendliche Grillen erfährt in den Sommermonaten eine große Beliebtheit. Ob mit Holzkohle oder mit Gas, das Zubereiten von Mahlzeiten auf einem Grill nimmt mehr und mehr zu. An einem Grill und beim Zubereiten von Fleisch treten viele chemische Prozesse auf.
Gasgrills werden bevorzugt mit Propan betrieben, welches verbrannt wird und die nötige Hitze zum Garen des Fleischs liefert. Um das Propan zu verwenden, muss das Gas-Luft-Gemisch nach Aufdrehen der Gaszufuhr entzündet werden. Hierfür kann eine Batterie genutzt werden, die die nötige Spannung für einen Zündfunken zur Verfügung stellt.
Fleisch enthält neben anderen Inhaltsstoffen vor allem Proteine, die aus Aminosäuren aufgebaut sind. Der Prozess des Fleischbratens, der die Bräunung hervorruft, ist eine besondere Reaktionsart. Dabei werden die den Geschmack stark beeinflussenden Röstaromen gebildet. Diese Aromen entstehen in einer mehrstufig ablaufenden, komplexen chemischen Reaktion, der sogenannten Maillard-Reaktion (Material 3).
Viele der zum Grillen verwendeten Grillmatten haben eine Antihaftbeschichtung aus Teflon, damit das Grillgut nicht an der Grillmatte kleben bleibt.

2.1 Eine handelsübliche Propangasflasche enthält 5 Kilogramm Propan.
Formulieren Sie eine Reaktionsgleichung für die vollständige Verbrennung von Propan.
Berechnen Sie das Volumen an Kohlenstoffdioxid, das bei der Verbrennung von einem Mol Propan entsteht. Gehen Sie dabei von einem Molvolumen von 22,4 Litern für gasförmiges Kohlenstoffdioxid aus.
Berechnen Sie die Stoffmenge an Propan in einer Gasflasche, die 5 Kilogramm Propan enthält. 9

2.2 In Material 1 finden Sie Informationen zu einer Alkali-Mangan-Batterie.
Formulieren Sie die Reaktionsgleichungen für die an den Polen stattfindenden Teilreaktionen sowie die Reaktionsgleichung für die Gesamtreaktion.
Ordnen Sie ohne Begründung die Begriffe Oxidation, Reduktion, Oxidationsmittel, Reduktionsmittel, Pluspol und Minuspol den Vorgängen in der Batterie zu. 9

2.3 Der Kunststoff Teflon, mit dem Grillmatten beschichtet werden können, wird aus Tetrafluorethen hergestellt. Dabei reagiert Tetrafluorethen unter Wirkung eines Peroxids (R–O–O–R) als Startermolekül zu dem gewünschten Polymer.
Formulieren und benennen Sie den Mechanismus der Reaktion von Tetrafluorethen zu dem Kunststoff Teflon.
Erläutern Sie die dabei ablaufenden Teilschritte. 10

2.4 In Material 2 ist ein Ausschnitt aus einem Proteinmolekül gegeben, das in Fleisch enthalten sein kann.
Zeichnen Sie die Strukturformeln der im Molekülausschnitt enthaltenen Aminosäuren, und zwar mit allen bindenden und nicht bindenden (freien) Elektronenpaaren.
Benennen Sie diese Aminosäuren nach IUPAC. 6

2.5 In Material 3 finden Sie Informationen zur sogenannten Maillard-Reaktion.
Geben Sie die Definition für ein anomeres C-Atom an.
Entwickeln Sie mithilfe von Material 3 und Material 4 eine Reaktionsgleichung der Reaktion von α-D-Glucose (in HAWORTH-Projektion) mit der Aminosäure L-Leucin und benennen Sie den Reaktionstyp. 8

2.6 Die Aminosäure L-Leucin (Material 4) wird in Wasser gegeben und anschließend mit einer Säure beziehungsweise einer Base versetzt.
Formulieren Sie die beiden zugehörigen Reaktionsgleichungen in saurer bzw. in alkalischer Lösung und benennen Sie jeweils die reagierenden funktionellen Gruppen der organischen Edukte und Produkte. 8

50

Material 1: Die Alkali-Mangan-Batterie

Als Batterie für die Erzeugung eines Zündfunkens steht eine Alkali-Mangan-Batterie zur Verfügung. In einer solchen Batterie sind Zinkpulver sowie Mangandioxid enthalten. Zwischen den Elektroden befindet sich eine wässrige Elektrolytlösung mit verschiedenen Ionen. Die elektrische Energie wird dabei aus an den Polen stattfindenden Teilreaktionen gewonnen. Dabei reagiert an dem einen Pol Zink zu Zn^{2+}-Ionen. Am anderen Pol reagiert Mangandioxid mit Wasser zu Manganoxidhydroxid (MnO(OH)), der Elektrolyt wird dabei alkalischer.

Material 2: Ausschnitt aus einem Peptid

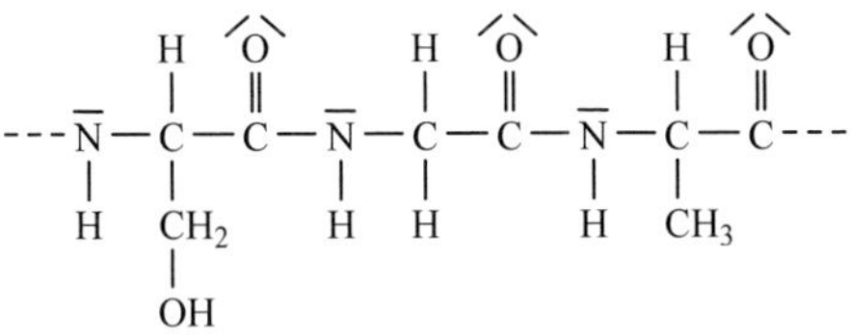

Material 3: Die Maillard-Reaktion

Vereinfacht kann der erste Schritt der mehrstufigen Maillard-Reaktion folgendermaßen beschrieben werden:
Eine Aminosäure reagiert mit einem reduzierenden Kohlenhydrat, wie zum Beispiel Glucose. Hierbei reagiert die Aminogruppe der Aminosäure mit dem anomeren Kohlenstoffatom des Kohlenhydrats und unter Beteiligung dessen Hydroxy-Gruppe. Dabei entsteht neben einem organischen Produkt noch Wasser.
Das organische Produkt reagiert in mehreren weiteren Schritten zu den Röstaromen.

Material 4: L-Leucin

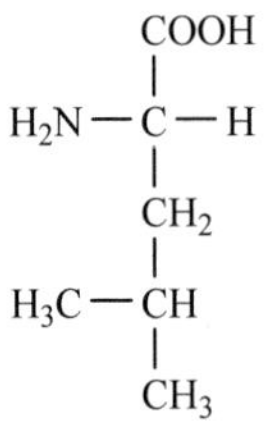

Materialgrundlage:
URL: http://www.u-helmich.de/che/Q1/inhaltsfeld-3-ec/61-Batterien/seiteEC-61A2.html (abgerufen am 29. 01. 2019).
URL: https://www.chemie-schule.de/KnowHow/Alkali-Mangan-Batterie (abgerufen am 29. 01. 2019).
URL: https://www.derhobbykoch.de/blog/die-maillard-reaktion-verantwortlich-fur-die-rostaromen-von-gebratenem-oder- gegrilltem-fleisch/ (abgerufen am 29. 01. 2019).
URL: http://www.chemieunterricht.de/dc2/milch/maillard.htm (abgerufen am 29. 01. 2019).

Aufgabe C

Alkohole und Redoxreaktionen BE

Traubensaft lässt sich durch alkoholische Gärung zu Wein umsetzen. Diese Reaktion findet unter Luftausschluss statt, wobei neben dem Alkohol auch Kohlenstoffdioxid entsteht. Bei der Herstellung von Wein durch alkoholische Gärung entstehen neben dem gewünschten Ethanol auch zahlreiche weitere organische Verbindungen als Nebenprodukte des Gärungsprozesses. Bekannte Vertreter dieser Gärungsnebenprodukte sind Ethanal und Glycerin (Propan-1,2,3-triol). Das im jungen Wein enthaltene Ethanal wird bei der Konservierung des Weins durch das Schwefeln entfernt.
Glycerin (Propan-1,2,3-triol) kann im Labor, ausgehend von 3-Chlorpropen, in einem mehrstufigen Verfahren hergestellt werden.
Über die Oxidation von Alkoholen lassen sich auch im Labor zahlreiche weitere Stoffklassen erschließen. Dazu gehören beispielsweise Aldehyde, Ketone oder Carbonsäuren.

3.1 In einem Liter Wein sind aufgrund des Gärungsvorgangs auch 4,86 g Glycerin (Propan-1,2,3-triol) enthalten.
Formulieren Sie die Reaktionsgleichung für die alkoholische Gärung von Glucose ($C_6H_{12}O_6$) zu Ethanol und Kohlenstoffdioxid.
Berechnen Sie die Stoffmenge von Propan-1,2,3-triol in einem Glas Wein von 250 mL. 6

3.2 Bei der Herstellung von Glycerin (Propan-1,2,3-triol) reagiert 3-Chlorpropen in einem ersten Schritt ohne Lichteinwirkung mit Chlor zu 1,2,3-Trichlorpropan.
Formulieren und benennen Sie den zugehörigen Reaktionsmechanismus und erläutern Sie die dabei ablaufenden Teilschritte. 10

3.3 1,2,3-Trichlorpropan reagiert in einem zweiten Schritt in einer Gleichgewichtsreaktion mit einer Lösung, die Hydroxid-Ionen enthält, zu Propan-1,2,3-triol (Glycerin) und einem weiteren Produkt. Bei dieser Gleichgewichtsreaktion ist bei niedrigeren Temperaturen die Konzentration des Produktes Propan-1,2,3-triol höher, bei höheren Temperaturen niedriger.
Formulieren Sie die zugehörige Reaktionsgleichung unter Verwendung von Strukturformeln für organische Verbindungen und benennen Sie den Mechanismus.
Formulieren Sie das auf die Reaktionsgleichung bezogene Massenwirkungsgesetz.
Erläutern Sie auch mithilfe einer Reaktionsgleichung eine Nachweisreaktion für das weitere Produkt.
Erklären Sie den Sachverhalt zur unterschiedlichen Konzentration des Produktes Propan-1,2,3-triol mithilfe des Prinzips vom kleinsten Zwang. 12

3.4 In Material 1 finden Sie Informationen zur Oxidation von Propan-1,2,3-triol. Zeichnen Sie die Strukturformeln der drei in Material 1 genannten Oxidationsprodukte von Propan-1,2,3-triol und benennen Sie diese nach IUPAC. Geben Sie jeweils die Oxidationszahlen der Kohlenstoff-Atome der neu gebildeten funktionellen Gruppen an.
Formulieren Sie die Reaktionsgleichung für die Reaktion von Propan-1,2,3-triol mit Permanganat-Ionen in saurer Lösung zu einem Alkanal und zeigen Sie anhand der wesentlichen Oxidationszahlen, dass es sich um eine Redoxreaktion handelt. 14

3.5 Ein im Wein unerwünschter Stoff ist Ethanal. Beim sogenannten Schwefeln – einer Methode, die eigentlich zum Konservieren des Weins dient – reagiert nebenbei auch unerwünschtes Ethanal mit dem eingesetzten Schwefeldioxid und Wasser zu der geschmacksneutralen 1-Hydroxyethansulfonsäure ($CH_3-CHOH-SO_3H$).
Ethanal bildet bei Redoxreaktionen sowohl mit Ethanol als auch mit Ethansäure jeweils ein Redoxpaar; diese Redoxpaare besitzen unterschiedliche Standardpotenziale (Material 2).
Formulieren Sie die Reaktionsgleichung für die Reaktion des Ethanal beim Schwefeln des Weins.
Geben Sie eine Definition für den Begriff Standardpotenzial an.
Begründen Sie mithilfe von Material 2, dass die beiden Aussagen in Material 3 korrekt sind. 8

50

Material 1: Oxidation von Propan-1,2,3-triol

Bei der Oxidation von Propan-1,2,3-triol können – je nach Versuchsbedingungen oder Reaktionspartner – verschiedene Produkte entstehen, zum Beispiel kann das erste Kohlenstoffatom zur Aldehyd-Gruppe oder zur Carboxy-Gruppe oxidiert werden oder das zweite Kohlenstoffatom zu einer Keto-Gruppe.
Mit Permanganat-Ionen (MnO_4^--Ionen) als Oxidationsmittel reagiert Propan-1,2,3-triol in saurer Lösung unter bestimmten Bedingungen zu einem organischen Produkt mit einer Aldehyd-Gruppe. Dabei entstehen auch Mn^{2+}-Ionen.

Material 2: Redoxpaare mit Beteiligung des Ethanal und deren Standardpotenziale

Redoxpaar	**Standardpotenzial bei pH = 7**
Ethanal/Ethansäure + 2 e^-	−0,58 V
Ethanol/Ethanal + 2 e^-	−0,20 V

Material 3: Aussagen zur Spannungsreihe

Aussage 1: Ethanal lässt sich einfacher oxidieren als Ethanol.

Aussage 2: Ethanal lässt sich einfacher reduzieren als Ethansäure.

Materialgrundlage:
Hans Beyer, Wolfgang Walter: Lehrbuch der Organischen Chemie 24. Aufl. Stuttgart 2004, S. 328 f.
Fokus Chemie, Sekundarstufe II, Cornelsen, Berlin 2018, S. 167.
URL: http://www.biologydiscussion.com/biology/differentiation-between-redox-reactions-and-redox-couples/3368 (abgerufen am 02. 02. 2019).

Lösungsvorschläge

Aufgabe A

1.1 Die Reaktionsgleichung zur Bildung von Hexan-1-ol durch **Reduktion** von Hex-2-enal mit elementarem Wasserstoff lautet wie folgt:

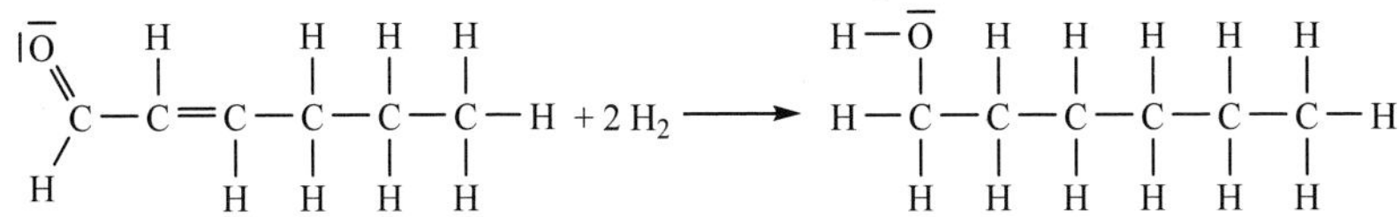

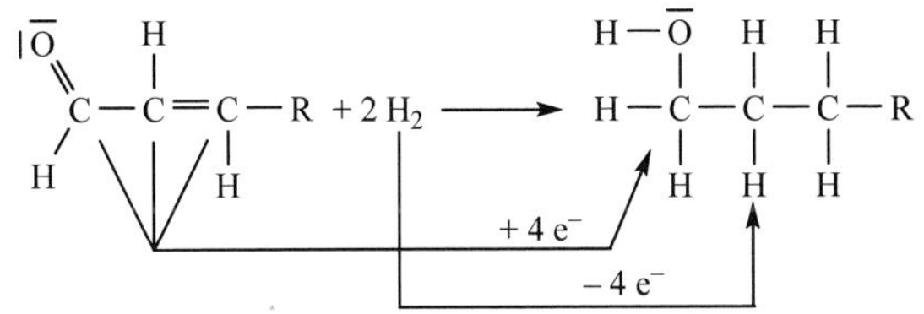

In der Darstellung sind die Elektronenübertragungen im Verlauf dieser Reaktion hervorgehoben. Der Wasserstoff wird bei dieser Reaktion oxidiert, Kohlenstoffatom 1, 2 und 3 werden jeweils reduziert, d. h., diese nehmen die Elektronen auf. Dies ist nicht Teil der geforderten Lösung.

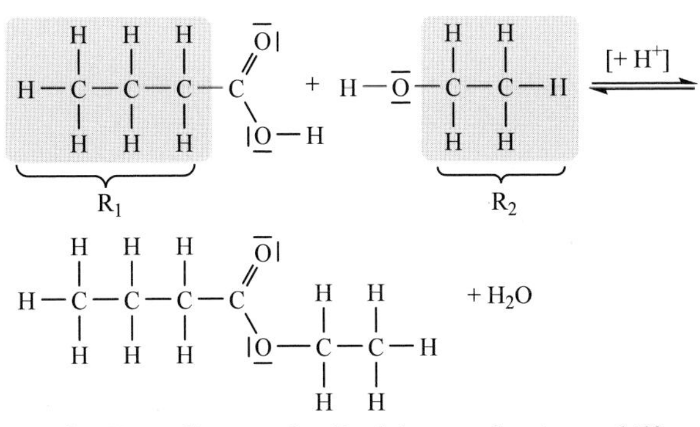

Für die Formulierung des Reaktionsmechanismus hilft es oft, zuvor die Reaktionsgleichung zu formulieren. Die Gleichung zeigt die Veresterung von Butansäure mit Ethanol zu Butansäureethylester und Wasser. Diese Reaktionsgleichung ist nicht Gegenstand der zu erbringenden Leistung. Die Abkürzungen von nicht relevanten Molekülresten helfen aber bei der Formulierung des Mechanismus. Der zu formulierende Mechanismus zur Herstellung von Butansäureethylester ist eine Veresterungsreaktion, die säurekatalysiert verläuft.

Der Reaktionsmechanismus (RM) kann dabei wie folgt formuliert werden:

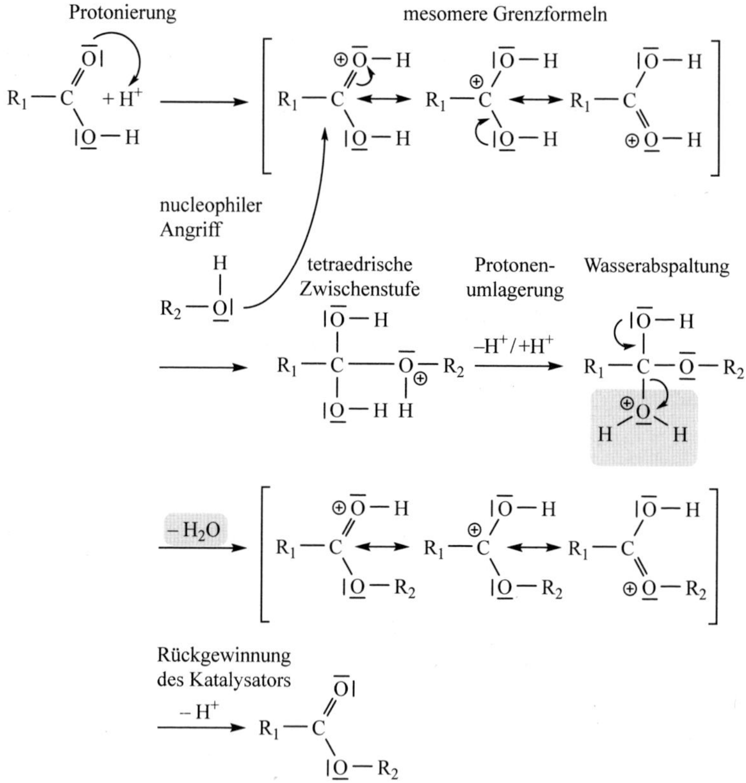

1.2 *Zur Lösung dieser Aufgabe hilft es, die zu vergleichenden Moleküle zunächst in Strukturformeln anzugeben, die relevanten Molekülteile zu markieren und mögliche intermolekulare Kräfte zwischen diesen Teilen anzugeben. Auf diese Markierungen kann man sich dann in den Erläuterungen beziehen und sich das Erklären deutlich erleichtern.*

Hexan-1-ol (Siedetemperatur: 157 °C):

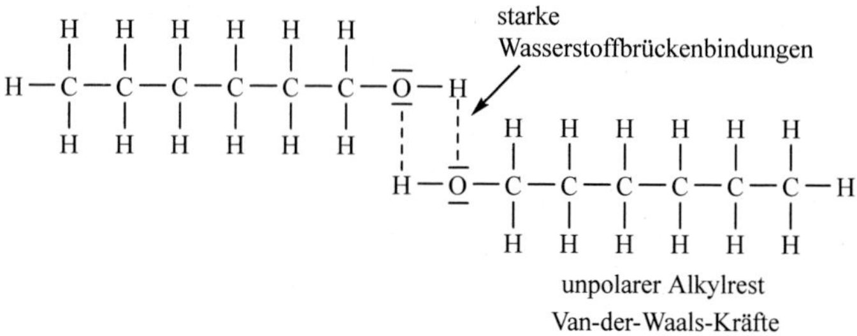

Butansäureethylester (Siedetemperatur: 121 °C):

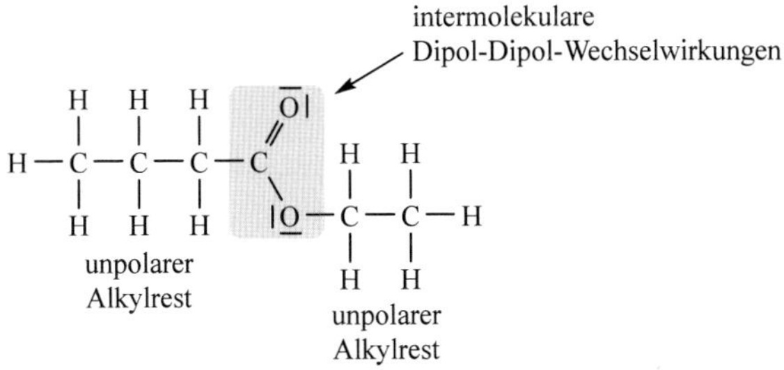

Um die Siedetemperatur eines Stoffes korrekt erklären zu können, müssen **Art und Stärke der zwischenmolekularen Kraft**, die vorwiegend zwischen den jeweiligen Molekülen gleicher Art wirkt, betrachtet werden.

Zwischen den **Hexan-1-ol-**Molekülen können sich, abgesehen von den schwachen VAN-DER-WAALS-Kräften, die zwischen den unpolaren Molekülteilen wirken (s. o.), auch starke Wasserstoffbrückenbindungen zwischen den polaren Hydroxy-Gruppen der verschiedenen Alkohol-Moleküle ausbilden.

Zwischen den **Butansäureethylester-**Molekülen können sich hingegen keine Wasserstoffbrückenbindungen ausbilden. Zwischen ihnen wirken, wie in der Skizze dargestellt, ebenfalls schwache VAN-DER-WAALS-Kräfte. Diese sind zusammengenommen ähnlich groß wie die VAN-DER-WAALS-Kräfte zwischen den unpolaren Teilen der Hexan-1-ol-Moleküle, da die unpolaren Teile beider Moleküle annähernd gleich groß sind (d. h., sie besitzen eine ähnlich große Oberfläche). Zusätzlich können sich zwischen den polaren Estergruppen der Moleküle mittelstarke Dipol-Dipol-Wechselwirkungen ausbilden. VAN-DER-WAALS-Kräfte und Dipol-Dipol-Wechselwirkungen sind allerdings immer noch bedeutend schwächer als Wasserstoffbrückenbindungen.

Daher sind die zwischenmolekularen Kräfte zwischen den **Hexan-1-ol-**Molekülen stärker als die Wechselwirkungen zwischen den **Butansäureethylester-**Molekülen. Aus diesem Grund wird mehr thermische Energie benötigt, um die starken Wasserstoffbrückenbindungen zu überwinden und die Moleküle voneinander zu trennen. Daher ist die Siedetemperatur des Alkohols höher als die Siedetemperatur des Esters.

Werden die Siedetemperaturen zweier Moleküle betrachtet, die die gleiche Art an zwischenmolekularen Wechselwirkungen aufweisen, muss deren Stärke verglichen werden. In diesem Fall ist grundsätzlich auch die Molekülgröße bzw. die Oberfläche, zwischen der intermolekulare Kräfte wirken können, von Bedeutung. Für unpolare Molekülteile gilt die folgende Regel: Je größer diese Moleküloberfläche ist, desto mehr VAN-DER-WAALS-Kräfte können sich ausbilden und desto höher ist die jeweilige Schmelz- oder Siedetemperatur des Stoffes.

Ein weiterer Faktor ist die Molekülmasse – die molare Masse M. Weisen die zu vergleichenden Moleküle neben annähernd gleichen zwischenmolekularen Kräften auch eine ähnlich große Oberfläche auf, gilt die folgende Regel: Je größer die Molekülmasse, desto höher ist auch die Siedetemperatur.

Beide Aspekte spielen hier jedoch nur eine untergeordnete Rolle, da die zu vergleichenden Moleküle annähernd gleich groß sind, eine vergleichbare Molekülmasse haben und, bezogen auf den unpolaren Molekülteil, eine ähnlich große Oberfläche besitzen.

$M_{Butansäureethylester} = 116\ g \cdot mol^{-1}$ $\quad M_{Hexan\text{-}1\text{-}ol} = 102\ g \cdot mol^{-1}$

Beim moderaten Erwärmen und Erreichen der Siedetemperatur bleiben die Moleküle als solche intakt. Sie werden nur durch die thermische Energie so stark in Bewegung versetzt, dass sie sich voneinander trennen und in die Gasphase übergehen. Erst bei ***sehr viel*** *höheren Temperaturen geraten die Moleküle so stark in Schwingung, dass sie in kleinere Fragmente zerbrechen und irreversibel zerstört werden.*

1.3 **D-Fructose:**

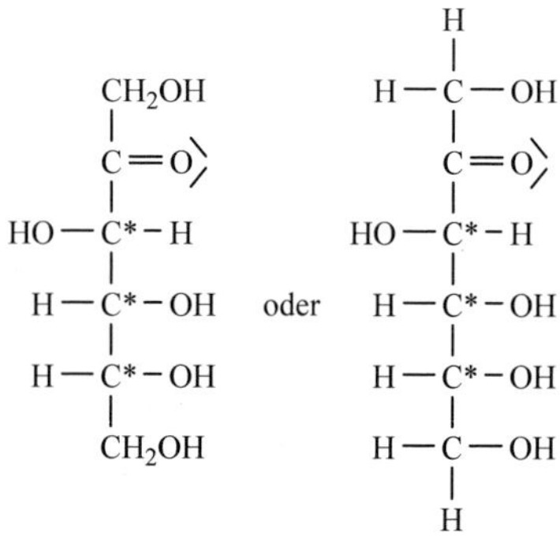

L-Fructose:

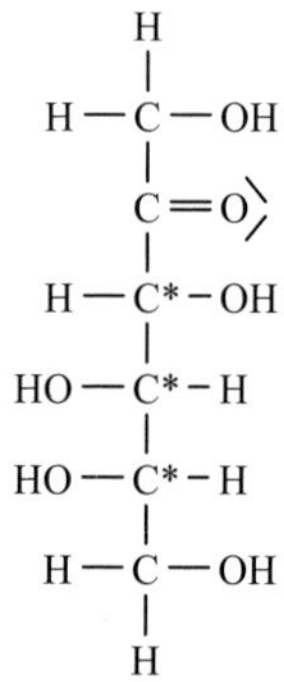

*Die Darstellung der L-Fructose ist nicht erforderlich. D-Fructose und L-Fructose sind Spiegelbildisomere (Enantiomere). In der Darstellung sind die asymmetrischen Kohlenstoffatome, die jeweils vier verschiedene Bindungspartner aufweisen, mit einem * markiert. Dies ist ebenfalls nicht Teil der zu erbringenden Lösung, wird aber oft gefordert. Bei Enantiomeren unterscheidet sich die Konfiguration an allen asymmetrischen Kohlenstoffatomen.*

Saccharose in Haworthprojektion:

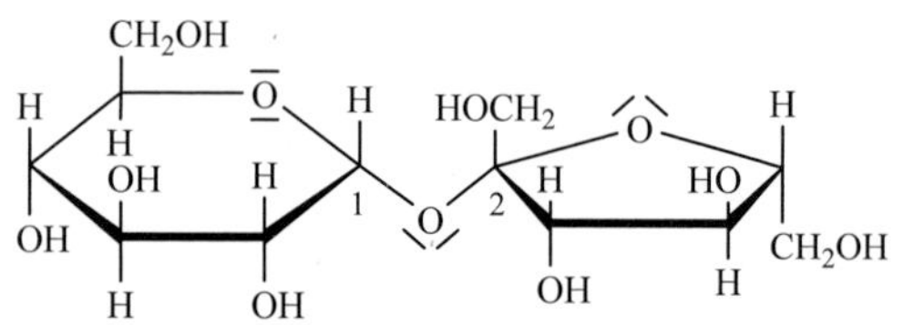

Die Saccharose besteht aus einem α-D-Glucosebaustein und einem β-D-Fructosebaustein. Das C1-Atom der Glucose und das C2-Atom der Fructose sind über eine glycosidische Bindung miteinander verknüpft. Zur besseren Darstellung wurde daher der Fructosebaustein um 180° gedreht, sodass funktionelle

Gruppen, die erst nach oben standen, nun nach unten zeigen, und umgekehrt.

Die Reaktionsgleichung der Redoxreaktion, die während einer positiven FEHLING-Probe abläuft, lässt sich wie folgt formulieren:

Reduktion:

$$2\,\overset{+II}{Cu}{}^{2+}{}_{(aq)} + 2\,OH^{-}{}_{(aq)} + 2\,e^{-} \longrightarrow \overset{+I}{Cu_2}O_{(s)} + H_2O$$

Die Kupfer(II)-Ionen erzeugen mit dem Tartrat der FEHLING II-Lösung die tiefblaue Färbung. Kupfer(I)-oxid ist ein orangebrauner Feststoff, welcher ausfällt. Kupfer(II) wird von +II zu +I im Kupfer(I)-oxid reduziert.

Oxidation:

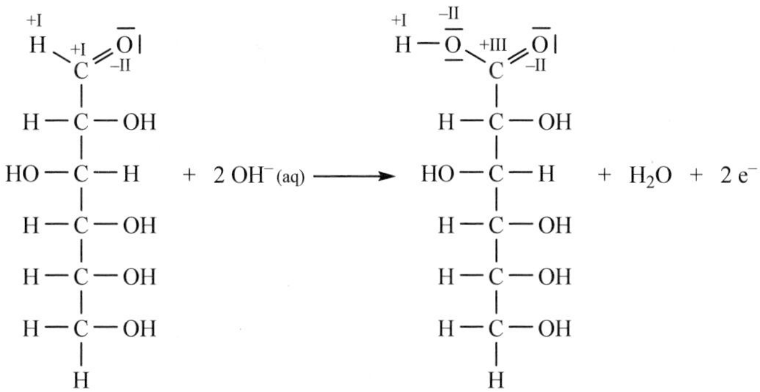

D-Glucose Gluconsäure

Das C1-Atom wird von der Oxidationsstufe +I zu +III oxidiert.

Gesamtreaktion:

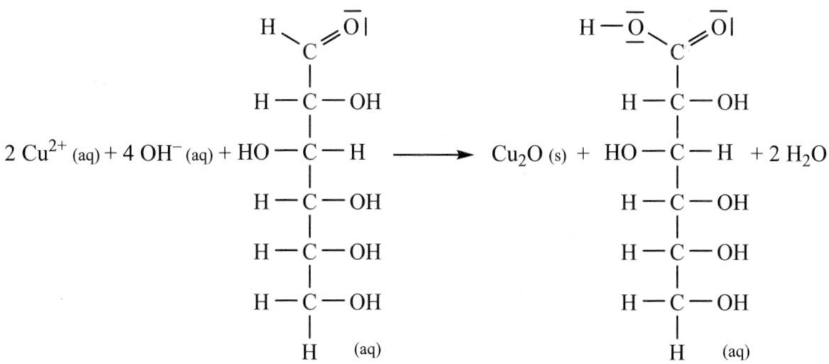

1.4 Die Strukturformeln der beiden Spiegelbildisomere der Apfelsäure sehen wie folgt aus.

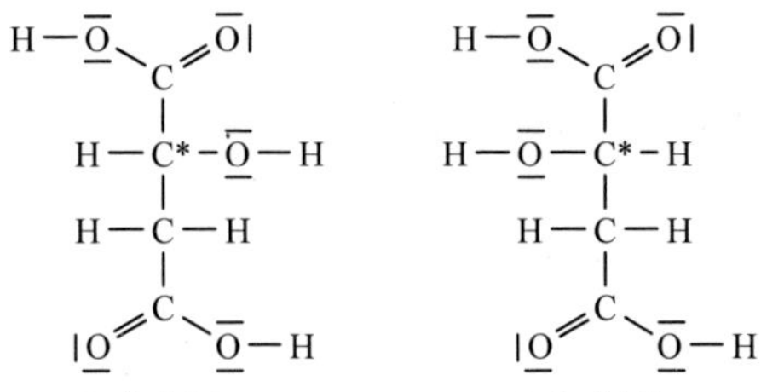

Der Fachbegriff für diese Art der Isomerie lautet **Spiegelbildisomerie** oder **Enantiomerie**.

Die Reaktionsgleichung der künstlichen Herstellung von Apfelsäure aus der Fumarsäure lautet:

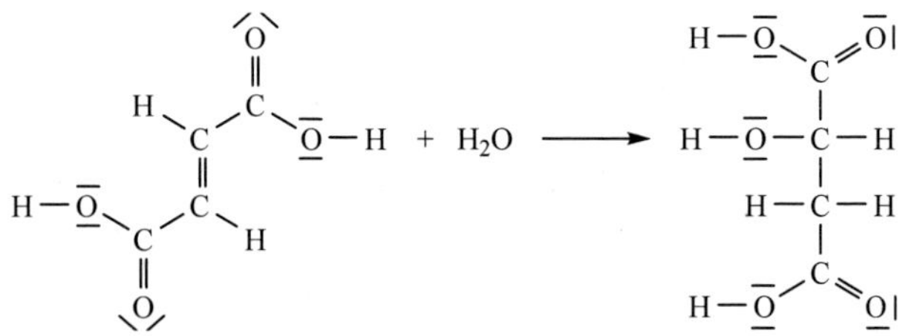

Der Reaktionsmechanismus heißt elektrophile Addition.

Hierbei wird Wasser an die Doppelbindung addiert, dies verläuft in der Regel säurekatalysiert. Das entstehende Kation ist elektrophil (elektronenliebend) und der Reaktionspartner Wasser dementsprechend nucleophil. Diese Reaktion, die zur künstlichen Herstellung von Alkoholen aus Alkenen allgemein verwendet werden kann, lässt sich wie folgt formulieren:

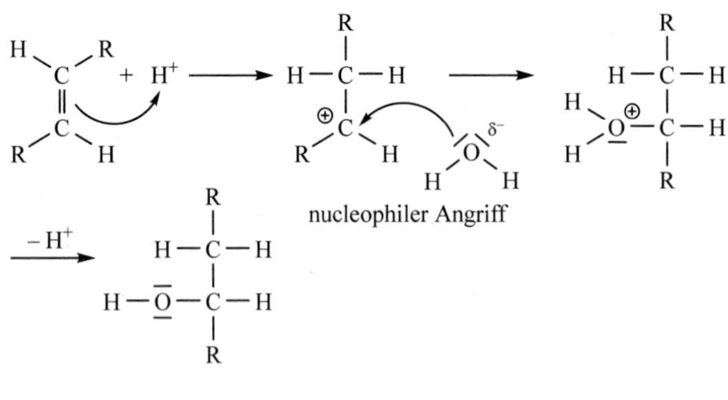

1.5 Aus der Fumarsäure lässt sich auf zweierlei Art und Weise ein Polymer herstellen.

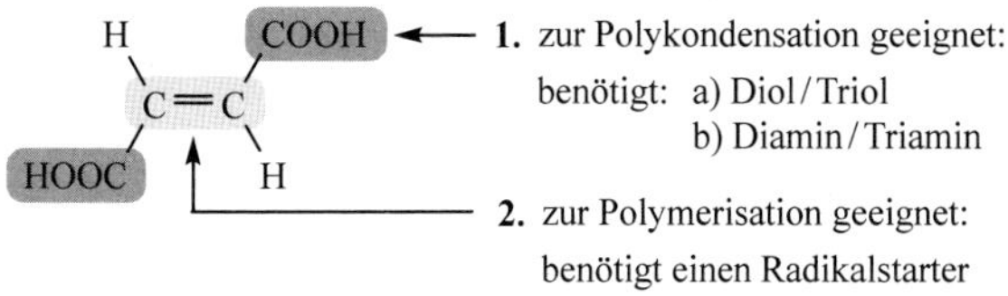

Polykondensationsreaktion:
Hierbei werden die beiden Carboxyl-Gruppen des Moleküls entweder mit einem Diol oder einem Diamin zur Reaktion gebracht. Dabei bildet sich jeweils ein unvernetzter thermoplastischer Kunststoff, den man sich auf Teilchenebene wie folgt vorstellen kann:

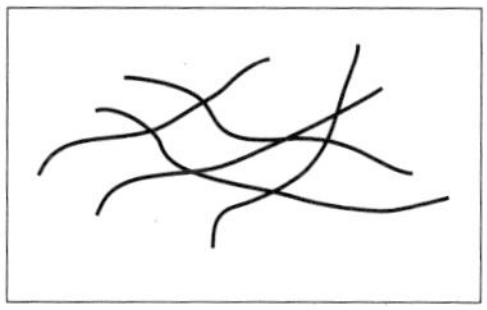

Verwendet man als zweite Monomerart hingegen trifunktionelle Moleküle wie ein Triol oder ein Triamin, so bildet sich ein vernetztes Polymer. Dieses ist je nach Vernetzungsgrad entweder ein stark vernetzter Duroplast oder ein weniger stark vernetztes Elastomer und wird auf Teilchenebene wie folgt dargestellt:

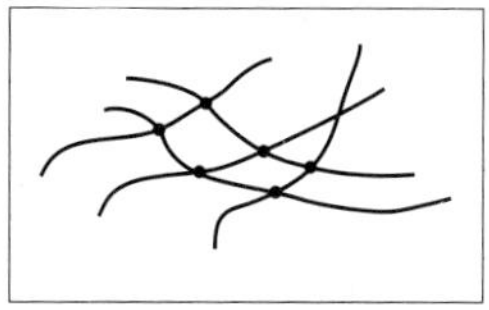

Polymerisationsreaktion:
Alternativ lässt sich die Fumarsäure auch vereinfacht als Ethenderivat ansehen, sodass aus dieser über eine Polymerisation ein thermoplastischer Kunststoff hergestellt werden kann:

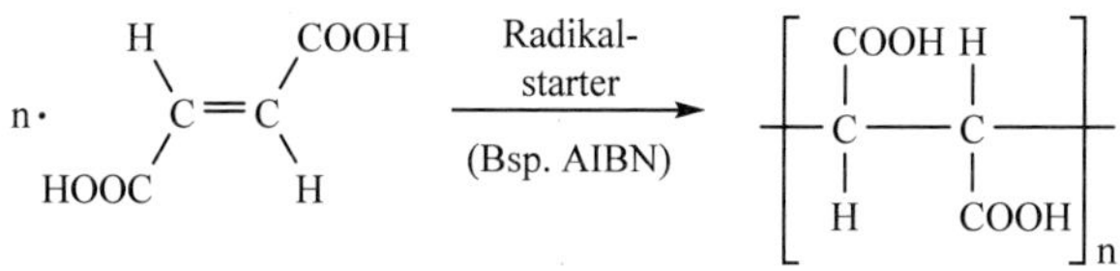

Aufgrund der beiden genannten Reaktionsmöglichkeiten, die nacheinander verwendet werden können, ist die Fumarsäure sehr gut geeignet, um einen duroplastischen Kunststoff herzustellen.
Wird zum Beispiel zunächst ein Polymer über Syntheseweg 2 erzeugt, so besitzt das Polymer jeweils noch die Carboxyl-Gruppen, die anschließend mit Diolen/Triolen, Diaminen oder Triaminen zu einem hochvernetzten Polymer reagieren können (siehe zweite obere Grafik).

1.6 Die Reaktionsgleichung des **biologischen Abbaus** der Apfelsäure zur Milchsäure kann wie folgt formuliert werden:

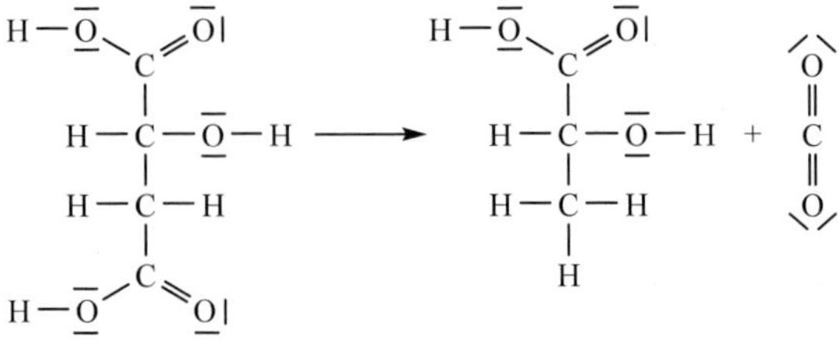

Die **Protolysereaktion** der Milchsäure lautet wie folgt:

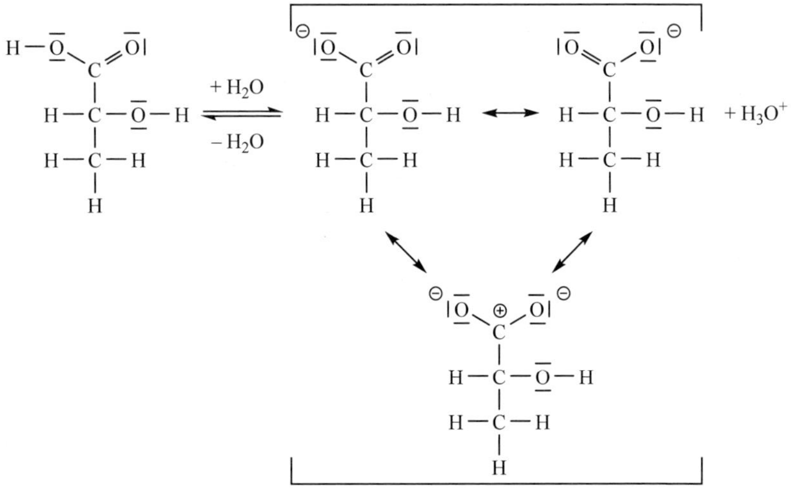

Diese Protolysereaktion ist, wie alle Säure-Base-Reaktionen, als Gleichgewichtsreaktion zu formulieren. Der pK_S-Wert der Milchsäure ist mit 3,9 angegeben, d. h., dass diese Reaktion nicht vollständig abläuft und ein nicht geringer Teil undissoziiert vorliegt.

Die Protolysereaktion des Chlorwasserstoffmoleküls verläuft annähernd vollständig zu dem Chlorid und dem Oxonium-Ion und lässt sich wie folgt darstellen:

$$HCl + H_2O \rightleftharpoons Cl^-{}_{(aq)} + H_3O^+{}_{(aq)}$$

Der pK_S-Wert für Chlorwasserstoff (HCl) ist in der Literatur mit –6 angegeben. Chlorwasserstoff zählt damit zu den stärksten Säuren überhaupt.

Der pK_S-Wert** und die **Säurestärke:
*Allgemein gilt: Je **kleiner** der **pK_S-Wert** ist, desto **stärker ist die Säure**. Der pK_S-Wert ist der negative dekadische Logarithmus des K_S-Wertes:*
$pK_S = -log_{10}(K_S)$
Das bedeutet, dass starke Säuren einen großen K_S-Wert aufweisen. Am Beispiel der Protolysereaktion des Chlorwasserstoffmoleküls gilt demnach folgendes Massenwirkungsgesetz (MWG):

$$K_C = \frac{c(Cl^-)\cdot c(H_3O^+)}{c(HCl)\cdot c(H_2O)} \quad umgeformt \Rightarrow K_C \cdot c(H_2O) = K_S = \frac{c(Cl^-)\cdot c(H_3O^+)}{c(HCl)}$$

Der K_S-Wert für diese Protolysereaktion beträgt hier $10^6 = 1\,000\,000$. Bildet man von diesem nun den negativen dekadischen Logarithmus, so erhält man für den pK_S-Wert das folgende Ergebnis:

$pK_S = -log_{10}(10^6) = -6$

Bei einer pH-Wert-Messung von einer jeweils einmolaren Lösung dieser Säuren würde sich Folgendes für den pH-Wert beobachten lassen:

Einmolare Milchsäure-Lösung:
Der pK_S-Wert der Milchsäure ist nahe vier, weshalb sie als schwache Säure gilt. Für diese gilt die folgende pH-Wert-Berechnungsformel:

$$pH = \frac{1}{2}\cdot(pK_S - log_{10}(HA) \quad hier{:}\ pH = \frac{1}{2}\cdot(3{,}9 - log_{10}(1)) = 1{,}95$$

(HA ist die oft verwendete Abkürzung für eine Säure allgemein, das A steht dabei für das englische Wort für Säure: Acid).

Einmolare Chlorwasserstoff-Lösung (Salzsäure):
Der pK_S-Wert der Salzsäure ist deutlich kleiner als vier, weshalb sie als starke Säure gilt. Für diese gilt die folgende pH-Wert-Berechnungsformel:

$$pH = -log_{10}(HA) \quad hier{:}\ pH = -log_{10}(1) = 0$$

Nun soll die Acidität von Milchsäure mit der Acidität der ersten Protolysestufe der Apfelsäure verglichen werden.

Protolysestufen:
*Die Apfelsäure ist eine **zweiprotonige Säure**, d. h., sie ist in der Lage, zwei Protonen (H^+-Ionen) abzugeben. Dies macht sie jedoch prinzipiell noch nicht zu einer stärkeren Säure als die Milchsäure. Die Säurestärke ist nämlich unabhängig von der Anzahl der Protonen, die ein Stoff abgeben kann. Für jede dieser Protonenabgabemöglichkeiten (Protolysestufen) lässt sich ein **eigener pK_S-Wert** ermitteln.*
In diesem Fall soll nur der pK_S-Wert der ersten Protolysestufe der Apfelsäure mit dem pK_S-Wert der Milchsäure verglichen und die Unterschiede erklärt werden. Die zweite Protolysestufe spielt für diesen Sachverhalt in der Aufgabe keine Rolle. Dafür ist es hilfreich, die beiden Moleküle in ihrer Strukturformel darzustellen und gegenüberzustellen.

Für die **Säurestärke** von Carbonsäuren sind mögliche **induktive**, also elektronendichteschiebende (+I-Effekt genannt) und elektronendichteziehende **Effekte** (–I-Effekt genannt) zu betrachten:

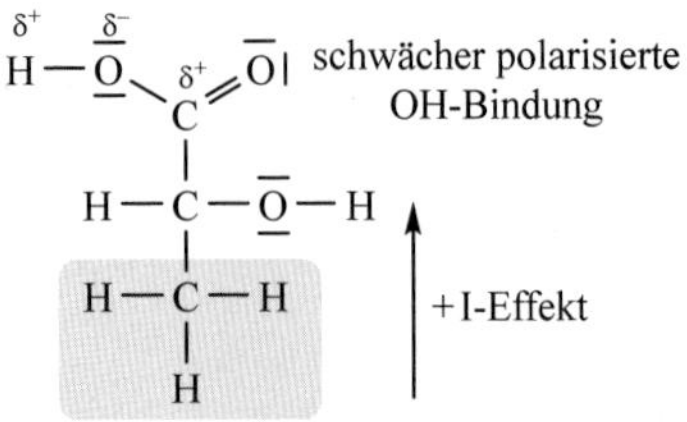

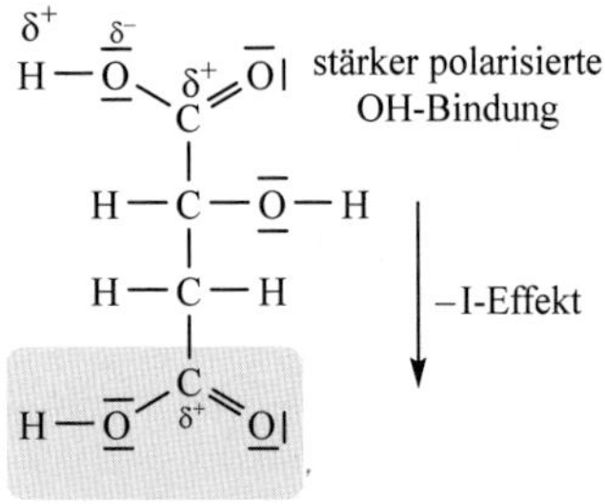

⇒ OH-Bindung ist stärker
⇒ H^+ kann schwerer abgegeben werden

⇒ OH-Bindung ist schwächer
⇒ H^+ kann leichter abgegeben werden

Anhand der Strukturformel der **Milchsäure** kann man erkennen, dass die endständige Methylgruppe einen **elektronenschiebenden** Einfluss (+I-Effekt) auf die saure Carboxyl-Gruppe ausübt. Dadurch wird die Bindung zwischen dem Sauerstoffatom und dem Wasserstoffatom weniger polar (vgl. hierzu die Ergänzungen in der Strukturformel) und damit stabiler. Daher ist die Protonenabgabe etwas erschwert, der Stoff somit weniger sauer.

Bei der ersten Protolysestufe der **Apfelsäure** dagegen übt die Carboxyl-Gruppe mit ihren zwei elektronegativen Sauerstoffatomen einen **elektronenziehenden** Effekt (–I-Effekt) aus. Dadurch wird die Abspaltung des Protons der Carboxyl-Gruppe am C1-Atom im Vergleich zur Milchsäure erleichtert, da die Bindung durch diesen –I-Effekt polarer und geschwächt wird. Deshalb ist die Verbindung etwas saurer.

Aufgabe B

2.1 Die Reaktionsgleichung der vollständigen **Verbrennung** von Propan lautet wie folgt:

$$C_3H_8 + 5\,O_2 \longrightarrow 3\,CO_2 + 4\,H_2O$$

Bei der vollständigen Verbrennung steht der Reaktion ausreichend Sauerstoff zur Verfügung, sodass das Alkan vollständig zu Kohlenstoffdioxid und Wasser verbrennt. Es handelt sich dabei um eine Redoxreaktion.
Mithilfe der Reaktionsgleichung lässt sich erkennen, dass sich aus 1 mol Propan 3 mol Kohlenstoffdioxid bilden.

Im Aufgabentext ist das molare Gasvolumen bei 0 °C mit $22{,}4\ \text{L} \cdot \text{mol}^{-1}$ angegeben. Daraus lässt sich nun das Volumen, das die 3 mol Kohlenstoffdioxid bei 0 °C einnehmen, wie folgt berechnen:

$V = n \cdot V_m$ hier: $V = 3\ \text{mol} \cdot 22{,}4\ \text{L} \cdot \text{mol}^{-1} = 67{,}2\ \text{L}$

Die 3 mol Kohlenstoffdioxid haben ein Gasvolumen von 67,2 L.

Das mit 22,4 L $\cdot$ mol^{-1} angegebene molare Volumen V_m beschreibt, dass 1 mol eines Gases bei einer Temperatur von 0 °C und einem Druck von 1,013 bar genau 22,4 L an Volumen einnimmt.

Die Stoffmenge des Propans, welche in der 5 kg fassenden Propangasflasche enthalten ist, lässt sich wie folgt berechnen:

$$n = \frac{m}{M} = \frac{5000\ \text{g}}{44\ \text{g} \cdot \text{mol}^{-1}} = 113{,}64\ \text{mol}$$

5 000 g Propangas entsprechen einer Stoffmenge von 113,64 mol.

2.2 Die Reaktionsgleichung der an den Polen der Alkali-Mangan-Batterie ablaufenden Redoxreaktionen lässt sich wie folgt formulieren:

$$\text{Ox.:}\quad \overset{0}{\text{Zn}} \longrightarrow \overset{+\text{II}}{\text{Zn}^{2+}} + 2\,e^- \qquad \ominus\text{-Pol:}$$

$$\text{Red.:}\quad \overset{+\text{IV}}{\text{MnO}_2} + \text{H}_2\text{O} + 1\,e^- \longrightarrow \overset{+\text{III}}{\text{MnO(OH)}} + \text{OH}^- \quad |\cdot 2 \qquad \oplus\text{-Pol:}$$

$$\text{Redox.:}\ 2\,\text{MnO}_2 + 2\,\text{H}_2\text{O} + \text{Zn} \longrightarrow 2\,\text{MnO(OH)} + 2\,\text{OH}^- + \text{Zn}^{2+}$$

Zuordnung der Begriffe:
Am Minuspol wird Zink zu Zink(II)-Ionen oxidiert. Zink wirkt daher auf **andere** Stoffe reduzierend, weshalb man Zink als Reduktionsmittel bezeichnet.

Am Pluspol wird das Mangan(IV) durch Aufnahme eines Elektrons zu Mangan(III) reduziert. Stoffe, die selbst reduziert werden, wirken auf andere Stoffe oxidierend. Aus diesem Grund bezeichnet man Stoffe wie das Mangandioxid (MnO_2) in dieser Reaktion als **Oxidationsmittel**.

Die Begriffe Oxidation und Reduktion sind entsprechend den Teilgleichungen der Redoxreaktion zugeordnet.

2.3 Der Reaktionsmechanismus der radikalischen Polymerisation lässt sich wie folgt formulieren:

Die für die radikalische Polymerisation benötigten Radikale besitzen ein ungepaartes Elektron und sind dadurch hochreaktiv und nur sehr kurzlebig. Aus diesem Grund müssen sie für diese Reaktion ad hoc, also augenblicklich, in einem der Reaktion vorgelagerten Schritt zu Reaktionsbeginn hergestellt werden. Dafür bieten sich sogenannte ***Radikalstarter*** *wie das im Labor häufig verwendete Dibenzoylperoxid an. Es besitzt eine durch Wärme oder energiereiche Strahlung leicht zu spaltende Bindung, wodurch es durch einen homolytischen Bindungsbruch in die benötigten Radikale zerfällt.*

Startreaktion (inklusive der Erzeugung des Radikals):

$$R-\overline{\underline{O}}-\overline{\underline{O}}-R \xrightarrow{\text{Wärme}} 2\,R-\overline{\underline{O}}\cdot$$

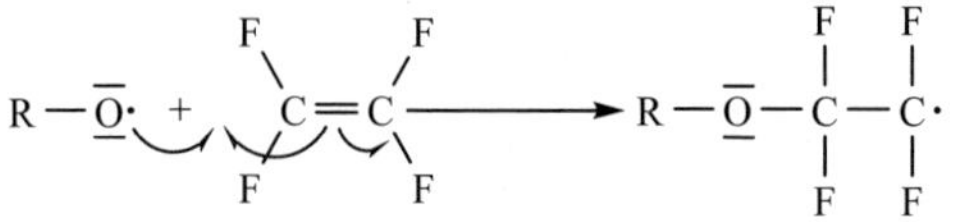

Bei radikalischen Reaktionen wird anstelle einer ganzen Pfeilspitze nur eine halbe Pfeilspitze verwendet. Dies zeigt, dass sich ein einzelnes ungepaartes Elektron bewegt und kein ganzes Elektronenpaar.

Zunächst kommt es bei dieser Reaktion zu einem **homolytischen** Bindungsbruch der schwachen Peroxid-Bindung des Radikalstarters, wodurch zwei gleichwertige Radikale erzeugt werden.

Diese Radikale reagieren dann mit dem Monomer Tetrafluorethen zu einem neuen Radikal. Dieses Radikal reagiert in dem als **Wachstumsreaktion/Kettenreaktion** bezeichneten Abschnitt der Polymerisation mit mehr Tetrafluorethen-Monomeren weiter. Es bilden sich die langkettigen unvernetzten Polymerketten.

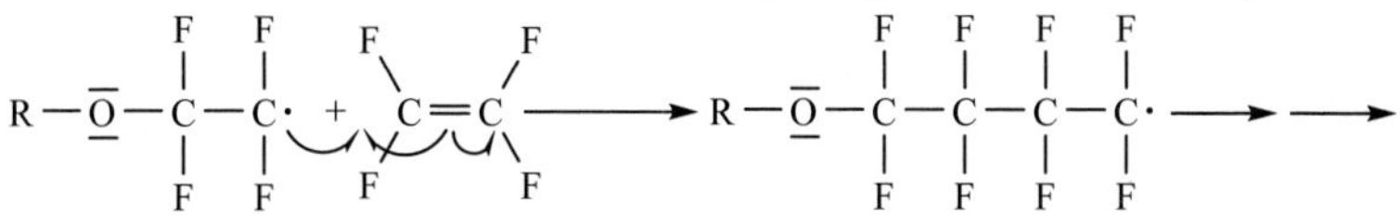

Der Wachstumsprozess des sich bildenden Polymers endet erst, wenn in der **Abbruchreaktion** durch Rekombination zwei Radikale miteinander zu einem stabilen Molekül reagieren. Dieser Reaktionsschritt ist aber äußerst selten, da im Verlauf der Reaktion nur wenige Radikale im Verhältnis zu den vielen Monomeren und wachsenden Polymerketten vorliegen.

Abbruchreaktionen: Rekombination von Radikalen

Zwei Startradikale:

$$R-\overline{\underline{O}}\cdot + \cdot\overline{\underline{O}}-R \longrightarrow R-\overline{\underline{O}}-\overline{\underline{O}}-R$$

Startradikal mit wachsender Kette:

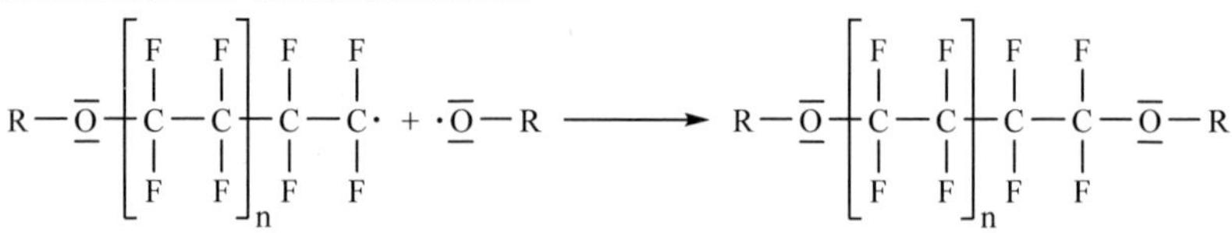

Zwei wachsende Ketten:

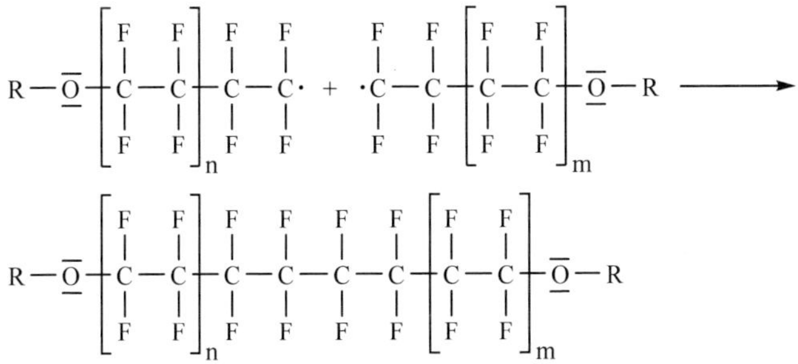

*Eine weitere Möglichkeit zum Kettenabbruch ist die **Disproportionierungsreaktion**, bei der sich auch noch vereinzelt Alkenderivate bilden. Bei dieser Reaktion entreißt ein radikalisches Kettenfragment einem zweiten, ebenfalls radikalischen Fragment ein Wasserstoffatom. Zurück bleibt kurzzeitig ein Diradikal an zwei benachbarten Kohlenstoffatomen des zweiten Fragmentes. Die beiden ungepaarten Elektronen rekombinieren intramolekular durch Ausbilden einer weiteren Bindung, hier der Pi-Bindung, wodurch eine Doppelbindung entsteht. Diesem Schritt des Kettenabbruchs wird im Grundkurs oft keine große Beachtung zugesprochen. Auch hier muss er nicht formuliert werden.*

2.4

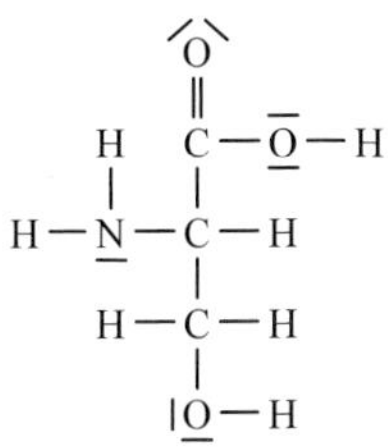

L-Serin
2-Amino-3-hydroxy-
propansäure

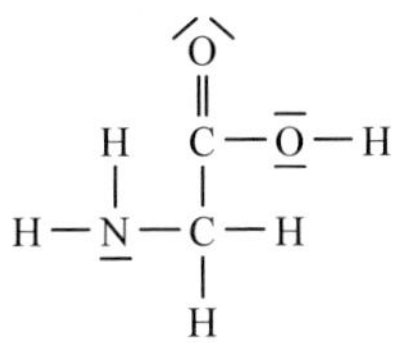

Glycin
2-Aminoethansäure

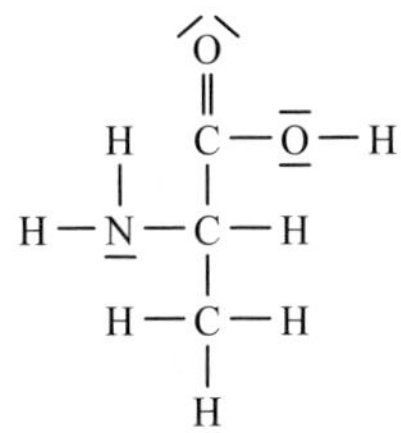

L-Alanin
2-Aminopropansäure

*Durch eine intramolekulare Säure-Base-Reaktion liegen die Aminosäuren natürlicherweise nicht ungeladen vor, wie oben dargestellt, sondern als **Zwitterion**, wie hier exemplarisch am L-Serin dargestellt:*

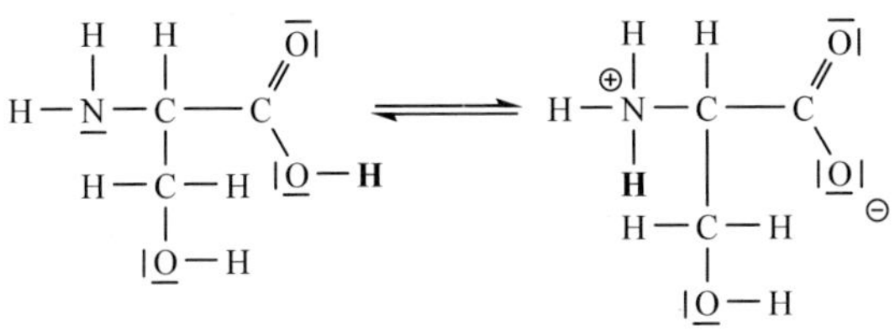

Alle natürlichen Aminosäuren kommen nur in der L-Konfiguration vor, daher muss die Aminogruppe der Aminosäure in der FISCHER-Projektion stets links dargestellt sein. Da Glycin kein asymmetrisches Kohlenstoffatom aufweist und deshalb auch keine L- und D-Konfiguration besitzt, entfällt dies für Glycin.

2.5 Das anomere Kohlenstoffatom ist ein neu gebildetes **Chiralitätszentrum**, das durch den Ringschluss einer offenkettigen Form eines Kohlenhydrates entsteht (wie in der Abbildung dargestellt). Hier im Beispiel das Kohlenstoffatom C1:

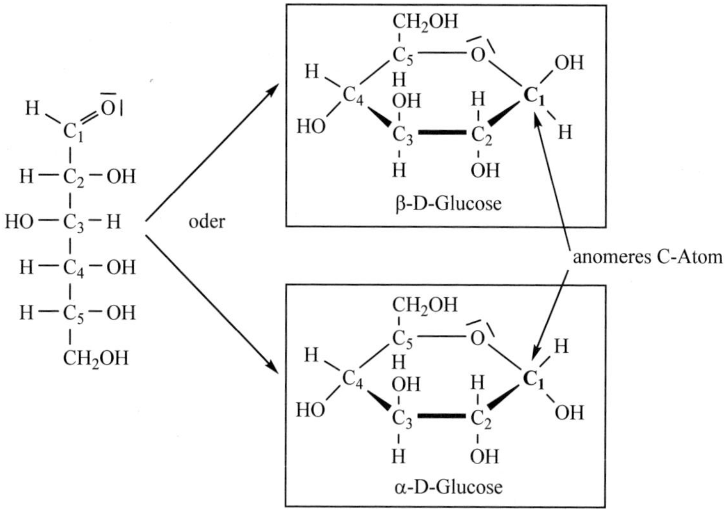

Das Beispiel dient nur der Verdeutlichung und ist nicht Teil der geforderten Lösung. Die α-D-Glucose und die β-D-Glucose sind Diastereomere.

Die zu entwickelnde Reaktionsgleichung lässt sich wie folgt formulieren:

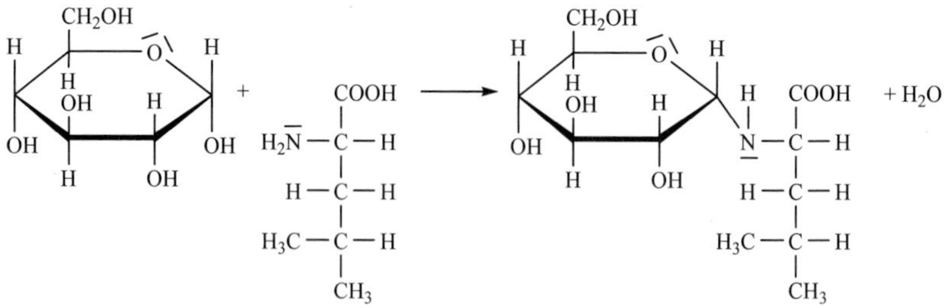

α-D-Glucose | L-Leucin | organisches Produkt des ersten Schrittes der Maillard-Reaktion | Wasser

Der Reaktionstyp hier ist eine **Kondensationsreaktion**.

2.6 Die Reaktionsgleichung der Reaktion der Aminosäure L-Leucin mit dem Oxonium-Ion (H_3O^+-Ion), das eine Säure mit Wasser bildet, lautet wie folgt:

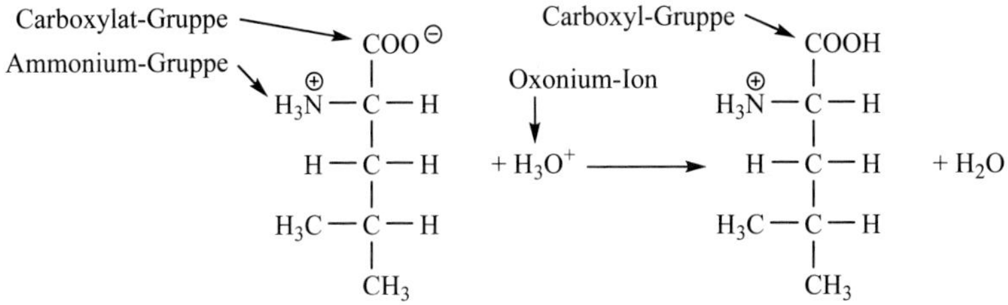

Die zu benennenden funktionellen Gruppen sind direkt in der Reaktionsgleichung entsprechend zugeordnet.

Die Reaktionsgleichung der Reaktion der Aminosäure L-Leucin mit dem Hydroxid-Ion (OH^--Ion), das eine beliebige Base mit Wasser bildet, lässt sich wie folgt formulieren:

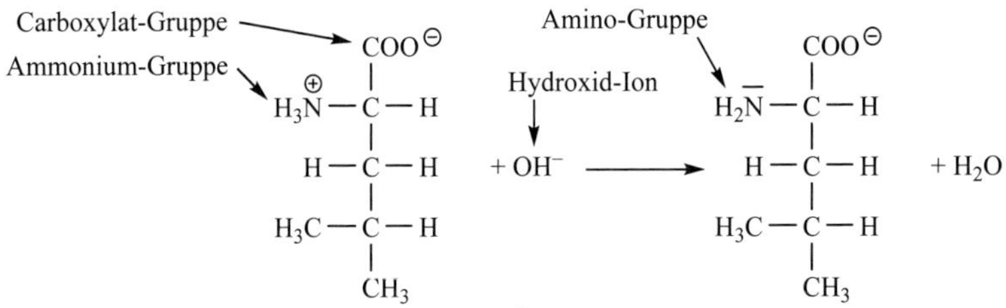

Die saure Ammoniumgruppe der zwitterionischen Form der Aminosäure gibt dem Hydroxid-Ion ein Proton ab und neutralisiert es unter Bildung von Wasser. Durch diese Fähigkeit, zum einen Protonen einer Säure aufzunehmen und zum anderen auch einer Base Protonen zur Verfügung zu stellen, haben Aminosäure-Lösungen eine ***Pufferwirkung****. Das heißt, sie sind innerhalb bestimmter Grenzen in der Lage, den pH-Wert einer Lösung trotz Zugabe einer Säure/Base annähernd konstant zu halten.*

3.1 Die Reaktionsgleichung des **Gärprozesses** lautet wie folgt:

$$C_6H_{12}O_6 \longrightarrow 2\,C_2H_5OH + 2\,CO_2$$

Das sich bildende gasförmige Kohlenstoffdioxid lässt sich mit Calciumhydroxid-Lösung (Kalkwasser) nachweisen (in der Schule seltener verwendet wird auch Bariumhydroxid-Lösung). Dieser als ***Kalkwassernachweis*** *bekannte Nachweis ist eine der wichtigen qualitativen Nachweisreaktionen, die sowohl für den GK als auch den LK von Bedeutung sind.*
Die zugehörige Reaktionsgleichung lautet:

$$Ca^{2+}{}_{(aq)} + 2\,OH^{-}{}_{(aq)} + CO_{2\,(g)} \longrightarrow CaCO_{3\,(s)} + H_2O_{(l)}$$

Die Stoffmenge an Propan-1,2,3-triol (Glycerin genannt), die in einem Glas Wein von 250 mL enthalten ist, lässt sich wie folgt berechnen:

Die Angabe zur Masse an Glycerin ***m*** *[g], die in einem Liter Wein enthalten ist, ist dem Text zu entnehmen. Daher bezieht sich die Berechnung der Stoffmenge* ***n*** *[mol] zunächst auf einen Liter und muss anschließend auf 0,25 Liter heruntergerechnet werden.*

Die für die Berechnung benötigte molare Masse M von Glycerin ($C_3H_8O_3$) wird folgendermaßen bestimmt:

$$M_{\text{Glycerin}} = 3 \cdot M_{\text{C}} + 8 \cdot M_{\text{H}} + 3 \cdot M_{\text{O}} = 92\ \text{g} \cdot \text{mol}^{-1}$$

Diese Angaben zu den molaren Massen der einzelnen Atome sind dem beigefügten Periodensystem zu entnehmen.

$$n\,[\text{mol}] = \frac{m\,[\text{g}]}{M\,[\text{g} \cdot \text{mol}^{-1}]} \qquad M_{C_3H_8O_3} = 92\ \text{g} \cdot \text{mol}^{-1} \qquad m = 4{,}86\ \text{g}$$

$$n = \frac{4{,}86\ \text{g}}{92\ \text{g} \cdot \text{mol}^{-1}} \approx 0{,}0528\ \text{mol}$$

In **1 L Wein** sind **0,0528 mol** Glycerin enthalten.

Demnach sind in **0,25 L** Wein **0,0132 mol** Glycerin enthalten.

3.2 Der Reaktionsmechanismus der Reaktion von 3-Chlorpropen mit elementarem **Chlor** zu 1,2,3-Trichlorpropan lässt sich wie folgt formulieren:

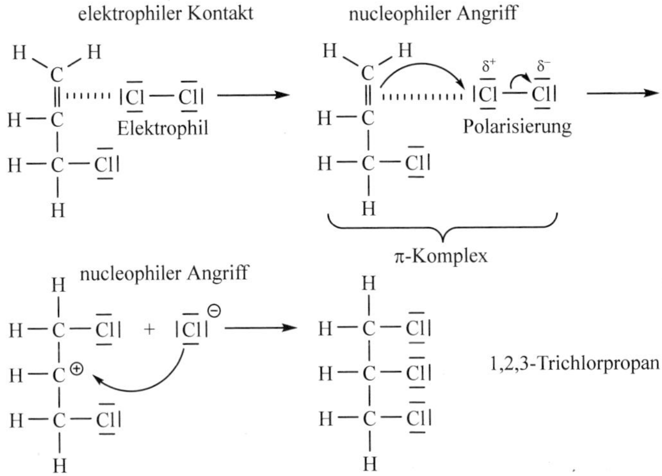

Die elektrophile Addition, wie diese Reaktion genannt wird, ist eine zweistufige Reaktion, bei der sich als Intermediat ein Carbokation bildet. Das positive Ladungszentrum des Carbokations wird daraufhin vom Chlorid-Ion nucleophil angegriffen.

Zu einer **elektrophilen Addition** kommt es schon bei Raumtemperatur und ohne Lichteinwirkung. Dies liegt an der Reaktivität der elektronenreichen Doppelbindung. Dabei tritt zunächst ein elektrophiles Teilchen, wie in diesem Fall das Chlormolekül, mit den π-Elektronen der Doppelbindung des Alkens in Wechselwirkung (auch Pi-Komplex genannt). Dieser Vorgang wird auch elektrophiler Kontakt genannt. Dabei werden gleichzeitig die bindenden Elektronen der Chlor-Chlor-Bindung durch die hohe Elektronendichte der Doppelbindung geringfügig verschoben, wodurch es zu einer Polarisierung des Chlormoleküls kommt. Diese Polarisierung ist, wie im Reaktionsmechanismus erkennbar, durch Partialladungen δ^+ und δ^- gekennzeichnet.

Im Folgenden kommt es zu einem nucleophilen Angriff der π-Elektronen der Doppelbindung auf das positiv polarisierte Chloratom des Chlormoleküls. Dabei wird das Chlormolekül heterolytisch gespalten und ein Chlorid-Ion wird als Abgangsgruppe gebildet. Gleichzeitig hat sich ein Carbokation gebildet. Dieses Kation wird im nächsten Schritt vom Chlorid-Ion über einen Rückseitenangriff nucleophil angegriffen, wodurch letztlich das Produkt 1,2,3-Trichlorpropan gebildet wird.

Die Reaktion von ***Brom*** *mit demselben Alken verläuft prinzipiell nach dem gleichen Mechanismus. Allerdings kommt es durch die Größe des Bromatoms zur Ausbildung einer weiteren mesomeren Grenzformel am Intermediat, die Bromonium-Ion genannt wird. Das nucleophile Bromid-Ion kann also an beiden C-*

Atomen angreifen. Beim Chlor gibt es so ein Teilchen als mesomere Grenzformel zum sich bildenden Carbokation aufgrund der Größenverhältnisse nicht.

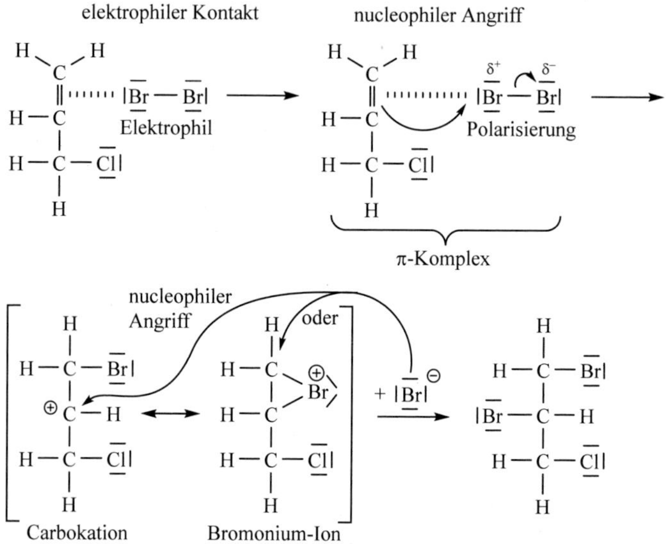

3.3 Die Reaktionsgleichung der Reaktion von 1,2,3-Trichlorpropan mit den Hydroxid-Ionen zu Propan-1,2,3-triol und Chlorid-Ionen lässt sich wie folgt formulieren:

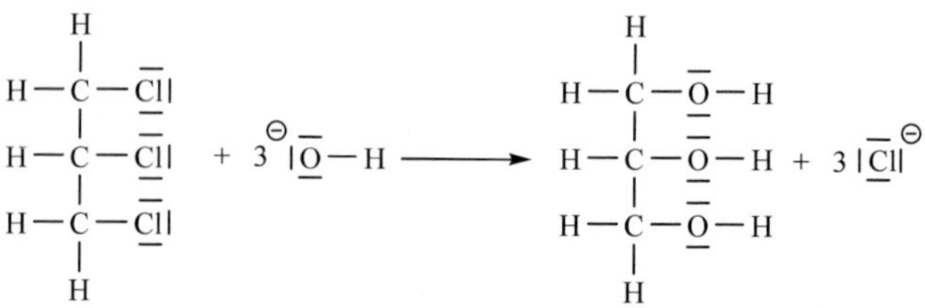

Bei der Reaktion handelt es sich um eine **nucleophile Substitution**.

Das zugehörige Massenwirkungsgesetz kann anschließend wie folgt formuliert werden:

$$K_c = \frac{c(C_3H_8O_3) \cdot c^3(Cl^-)}{c(C_3H_5Cl_3) \cdot c^3(OH^-)}$$

Die sich bildenden Chlorid-Ionen können durch Zugabe von **Silbernitrat-Lösung** nachgewiesen werden. Dadurch bildet sich ein weißer Niederschlag aus schwerlöslichem Silber(I)-chlorid.

$$Ag^{+}(aq) + NO_3^{-}(aq) \quad Cl^{-}(aq) \longrightarrow \{Ag^{+}Cl^{-}\} + NO_3^{-}(aq)$$

Silbernitrat-Lösung	nachzuweisende Chlorid-Ionen	schwerlösliches, weißes Silber(I)-chlorid

Der Vollständigkeit halber sind die Nitrat-Ionen (NO_3^-) in der Reaktionsgleichung mit angegeben. Da diese jedoch nicht an der Reaktion teilnehmen, kann man die Reaktionsgleichung auch ohne sie formulieren.

Betrachtung der Veränderung der Gleichgewichtslage für die folgende Reaktion:

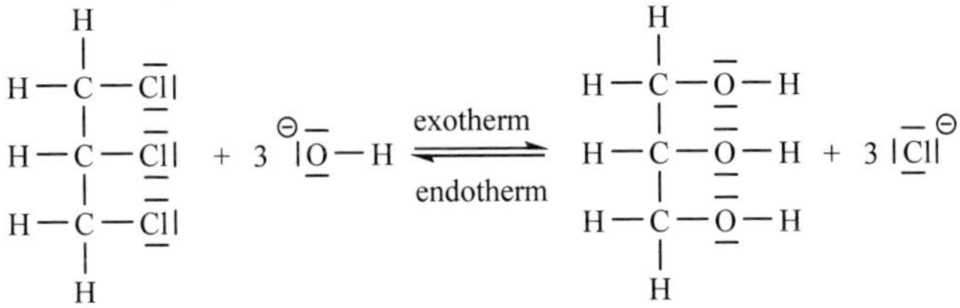

Nach dem **Prinzip des kleinsten Zwanges** von LE CHATELIER und BRAUN führt eine Temperaturerhöhung dazu, dass vermehrt die energieverbrauchende endotherme Reaktion abläuft (hier die Rückreaktion zu 1,2,3-Trichlorpropan). Denn durch diese wird der äußere Zwang der Temperaturerhöhung vermindert. Die Konzentration der Produkte im Gleichgewichtszustand nimmt demnach ab.

Erkennbar ist diese Zuordnung dadurch, dass wie angegeben durch die Temperaturerhöhung die Konzentration von Propan-1,2,3-triol abnimmt. Demnach muss die Rückreaktion die energieverbrauchende endotherme Reaktion sein.

3.4 Die Zeichnung der Strukturformeln der in Material 1 genannten Verbindungen sieht wie folgt aus:

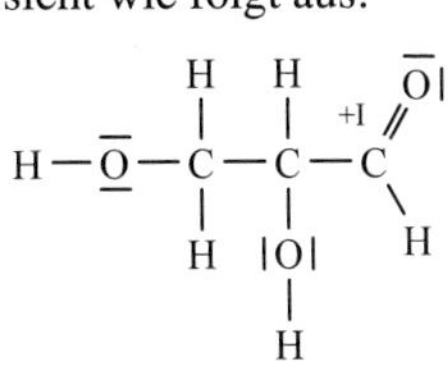

2,3-Dihydroxypropanal

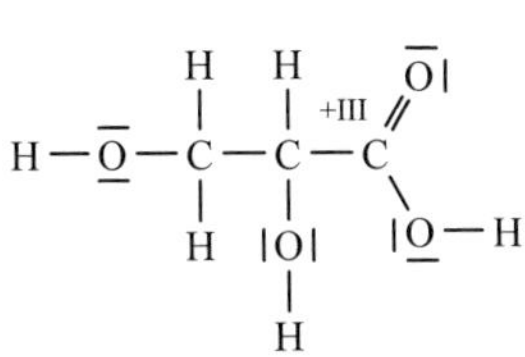

2,3-Dihydroxypropansäure

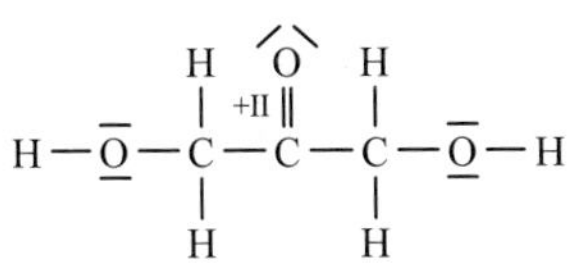

1,3-Dihydroxypropanon

Die Oxidationszahlen der Kohlenstoffatome der neu gebildeten funktionellen Gruppe lauten:

Kohlenstoffatom der Aldehyd-Gruppe: +I

Kohlenstoffatom der Carboxyl-Gruppe: +III

Kohlenstoffatom der Keto-Gruppe: +II

Das Molekül Propan-1,2,3-triol wurde der Übersichtlichkeit halber mit einem Rest abgekürzt.
Die Reaktionsgleichung der Redoxreaktion zwischen Propan-1,2,3-triol und einer sauren Permanganat-Lösung lautet im Einzelnen wie folgt:

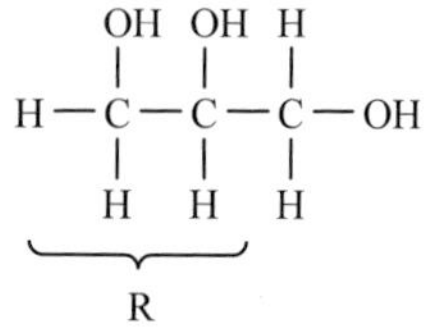

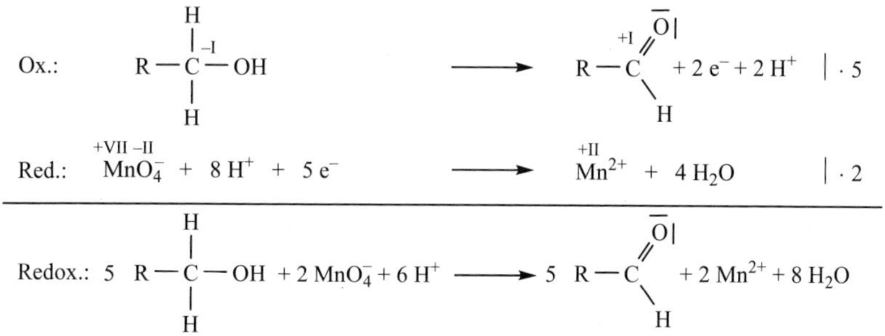

Um die Aufgabe vollständig und korrekt zu lösen, ist es nicht erforderlich, beide Teilreaktionen zu formulieren. Es reicht hier aus, wenn die Gesamtreaktionsgleichung vollständig und korrekt dargestellt ist. Es ist jedoch immer ratsam, gerade solch komplexe Redoxreaktionen in ihre einfachen Teilreaktionen (Oxidations- und Reduktionsreaktion) aufzuteilen und diese Schritt für Schritt aufzustellen, da dies die Arbeit erleichtert und häufig Fehler reduziert. Denn sind die Teilgleichungen korrekt formuliert, ist es im Anschluss lediglich ein Zusammenschreiben der Teilergebnisse. Darüber hinaus ist bei diesem kleinschrittigeren Vorgehen das explizite Auflisten des Oxidations- und des Reduktionsvorganges mit der Elektronenübertragung bereits geleistet und nicht noch mal erforderlich.

Oxidation: Kohlenstoffatom 1 im Propan-1,2,3-triol wird von –I auf +I in der Aldehyd-Gruppe oxidiert.

Reduktion: Das Manganatom im Permanganat-Ion wird von der Oxidationsstufe +VII zu +II im Mangan(II)-Ion reduziert.

Bei dieser Redoxreaktion werden jeweils 10 Elektronen übertragen.

3.5 Die Reaktionsgleichung, die als Nebenreaktion beim Schwefeln des Weins abläuft, lässt sich wie folgt formulieren:

$$H_3C-CHO + SO_2 + H_2O \longrightarrow H_3C-CHOH-SO_3H$$

Unter dem **Standardpotenzial** eines Redoxpaares versteht man den messbaren Spannungswert einer Elektrode (meist mit dazugehöriger Salzlösung), die unter Standardbedingungen mit einer Standardwasserstoffelektrode in einem galvanischen Element verbunden ist.

Die Standardwasserstoffelektrode ist eine platinierte ***Platinelektrode****, die mit Wasserstoffgas eines Druckes von* ***1,013 bar*** *umspült wird und die in eine* ***einmolare Säure-Lösung*** *taucht, welche die H^+-Ionen des Redoxpaares liefert.*

Oxidationsgleichung des Redoxpaares:

$H_2 \longrightarrow 2\,H^+ + 2\,e^-$ +/– 0 V

Alternativ auch oft formuliert als:

$H_2 + H_2O \longrightarrow 2\,H_3O^+ + 2\,e^-$

Die Wasserstoffelektrode ist eine wichtige Referenzelektrode und ein wichtiges Hilfsmittel für Messungen in der Elektrochemie, da ihr Potenzial als Nullpunkt der Standardpotenzialskala definiert ist. Mit einem unedleren Redoxpaar in der anderen Halbzelle wird das Wasserstoffgas in der standardisierten Halbzelle zu Protonen oxidiert, mit edleren Redoxpaaren werden Protonen der Säure zu Wasserstoff reduziert. Die nach Größe geordnete Tabellierung der Standardpotenziale ergibt die ***elektrochemische Spannungsreihe****, mit der sich Redoxreaktionen voraussagen lassen. Je stärker positiv das Standardpotenzial ist, desto edler ist das Element.*

Beurteilung der Aussagen in Material 3:
Die erste Aussage ist korrekt, denn je negativer das Standardpotenzial eines Redoxpaares ist, desto leichter verläuft die Oxidation. Das Redoxpaar Ethanal/Ethansäure hat mit –0,58 V ein **negativeres Standardpotenzial** als das Redoxpaar Ethanol/Ethanal (–0,2 V). Deshalb wird die Oxidationsreaktion von Ethanal zur Ethansäure leichter verlaufen als die Oxidationsreaktion von Ethanol zu Ethanal.

Die zweite Aussage ist ebenfalls korrekt, denn je positiver (oder hier weniger negativ) das Standardpotenzial ist, desto einfacher verläuft die Reduktion. Das Standardpotenzial des Redoxpaares Ethanol/Ethanal hat einen (bezogen auf den Wert des zu vergleichenden Redoxpaares) positiveren (weniger negativen) Standardpotenzialwert.

Leistungskurs Chemie (Hessen)
Abiturprüfung 2020

Aufgabe A

Eisen, Korrosionsschutz und Kunststoffe

BE

Eisen ist ein unedles Metall, das relativ leicht oxidiert wird. Eisen-Halbzellen finden vielfältige Anwendung beim Aufbau galvanischer Elemente.
In Delhi (Indien) befindet sich als Sehenswürdigkeit die „Eiserne Säule“, die dadurch berühmt geworden ist, dass sie nicht rostet, seit sie vor etwa 1600 Jahren aufgestellt wurde. Das Klima in Delhi ist zwar heiß und trocken, jedoch fällt in den Monsunmonaten viel Regen. Üblicherweise kommt es in solchen Situationen zur Sauerstoffkorrosion (Material 1).
Als Ursache des Nichtrostens der „Eisernen Säule“ vermutet man neben anderen Faktoren einen natürlich entstandenen Schutz vor Korrosion.
Die Karosserie vieler Autos besteht auch heute noch vorwiegend aus Eisen. Um diese vor Korrosion zu schützen, werden die Karosserieteile in aufwändigen Verfahren mit Lackschichten überzogen.

1.1 Beschreiben Sie das Zustandekommen eines Elektrodenpotenzials E an einer Eisenelektrode, die sich in einer Fe^{2+}-Ionen-haltigen Salzlösung befindet. 6

1.2 Formulieren Sie für die Sauerstoffkorrosion (Material 1) die Teilgleichungen für die Oxidation und für die Reduktion sowie die Gesamtgleichung.
Formulieren Sie außerdem die Reaktionsgleichung für die Bildung von festem Eisen(II)-hydroxid.
Erläutern Sie mithilfe der angegebenen Standardelektrodenpotenziale und einer Rechnung, dass die beschriebene Sauerstoffkorrosion freiwillig abläuft. 10

1.3 Bei der Korrosion von Eisen können neben Fe^{2+}-Ionen auch Fe^{3+}-Ionen auftreten. Diese beiden Ionensorten können als Redoxpaar eine Halbzelle eines galvanischen Elements bilden. Material 2 beschreibt Versuche zum Elektrodenpotenzial der Fe^{3+}/Fe^{2+}-Halbzelle.
Berechnen Sie das Elektrodenpotenzial der in Material 2 beschriebenen Fe^{3+}/Fe^{2+}-Halbzelle mithilfe von Material 3.
Erklären Sie anhand der Nernst-Gleichung (Material 3) jeweils die Auswirkung der in Versuch A bzw. Versuch B vorgenommenen Veränderungen auf das Elektrodenpotenzial.
Hinweis: Eine Berechnung ist hierfür nicht erforderlich. 10

1.4 Im Verfahren der kathodischen Tauchlackierung (Material 4) spielen polymere Amine eine zentrale Rolle für den Korrosionsschutz.
Erläutern Sie dieses Verfahren bezogen auf die polymeren Amine, auch mithilfe von Reaktionsgleichungen für die Reaktionen 1 und 2, und begründen Sie damit die Löslichkeitsänderungen der Lackbestandteile. 9

1.5 Manche funktionelle Gruppen kommen sowohl in Lacken als auch in Kunststoffen vor (Material 5).
Formulieren Sie die Reaktionsgleichung für die Reaktion beim Erhitzen der dargestellten Lackkomponente sowie die jeweilige Strukturformel der Monomere des dargestellten Kunststoffs.
Benennen Sie von allen in der Reaktionsgleichung auftretenden Stoffen die jeweilige funktionelle Gruppe sowie zum Kunststoff die jeweilige Stoffklasse der Monomere.
Erläutern Sie das Verhalten des Kunststoffs beim Erwärmen unter Angabe aller zwischenmolekularen Kräfte. 10

1.6 Material 6 beschreibt das Aufschäumen bei der Herstellung von PU-Schaumstoffen.
Formulieren Sie die Reaktionsgleichung für das Aufschäumen bei der Herstellung von PU-Schaumstoffen, wobei Sie alle beteiligten Stoffe in Strukturformeln mit bindenden und nicht bindenden Elektronenpaaren darstellen.
Formulieren Sie die Reaktionsgleichung für die Reaktion des entstehenden Gases mit Wasser. 5

50

Material 1: Sauerstoffkorrosion

Bei der Sauerstoffkorrosion reagieren Eisen, Wasser und der in Wasser gelöste Sauerstoff aus der Luft miteinander zu einer Lösung, die Ionen enthält.

Anschließend fällt aus dieser Lösung Eisen(II)-hydroxid als Feststoff aus. Dieser Feststoff kann schließlich zu Rost weiter reagieren, der an seiner rotbraunen Farbe erkennbar ist.

Redoxpaar	**Standardelektrodenpotenzial E^0 [V]**
Oxidationsreaktion der Sauerstoffkorrosion	−0,44
Reduktionsreaktion der Sauerstoffkorrosion	+0,40

Material 2: Versuche zum Elektrodenpotenzial der Fe^{3+}/Fe^{2+}-Halbzelle

Als Bestandteil eines galvanischen Elements wird eine Fe^{3+}/Fe^{2+}-Halbzelle hergestellt, in der Fe^{3+}-Ionen in einer Konzentration von $c = 0{,}1\ mol \cdot L^{-1}$ und Fe^{2+}-Ionen in einer Konzentration von $c = 0{,}001\ mol \cdot L^{-1}$ vorliegen.

Für das Redoxsystem:

$$Fe^{2+} \rightleftharpoons Fe^{3+} + 1\ e^-$$

gilt: $E^0 = 0{,}77\ V$

Dieses galvanische Element wird bei einer Temperatur von 25 °C zweimal aufgebaut und die jeweils darin enthaltene Fe^{3+}/Fe^{2+}-Halbzelle in unterschiedlichen Versuchen verändert.

Versuch A:
In die Fe^{3+}/Fe^{2+}-Halbzelle werden Fe^{2+}-Ionen in Form eines sich lösenden Salzes zugegeben.

Versuch B:
Die Fe^{3+}/Fe^{2+}-Halbzelle wird erwärmt.

Material 3: Die NERNST-Gleichung als Hilfsmittel

Im Jahr 1884 formulierte WALTHER NERNST eine mathematische Beziehung, mit deren Hilfe sich das Elektrodenpotenzial *E* einer Halbzelle unter Nicht-Standardbedingungen berechnen lässt:

$$E = E^0 + \frac{R \cdot T}{z \cdot F} \cdot \ln \frac{c(\mathrm{Ox})}{c(\mathrm{Red})}$$

mit

E^0: Standardelektrodenpotenzial in Volt (V)

R: allgemeine Gaskonstante $R \approx 8{,}314\ J \cdot K^{-1} \cdot mol^{-1}$

T: Temperatur in Kelvin (K)
Eine Temperatur von 0 °C entspricht einer Temperatur von 273 K.
Der Temperaturschritt von einem Grad Celsius entspricht grundsätzlich einem Temperaturschritt von einem Kelvin.

z: Anzahl der je Teilchen übertragenen Elektronen

F: Faraday-Konstante $F \approx 96485\ C \cdot mol^{-1}$

$c(\mathrm{Ox})$: Konzentration (in $mol \cdot L^{-1}$) der oxidierten Form des Redoxpaares

$c(\mathrm{Red})$: Konzentration (in $mol \cdot L^{-1}$) der reduzierten Form des Redoxpaares

HINWEISE:
$\ln x \approx 2{,}302 \cdot \log x$

Volt: $1\ V = 1\ J \cdot C^{-1}$

Material 4: Verfahren der kathodischen Tauchlackierung (KTL)

Autokarosserieteile können durch eine Lackbeschichtung vor Korrosion geschützt werden. Dies kann mithilfe der kathodischen Elektrotauchlackierung (KTL) geschehen. Dabei wird das Karosserieteil in eine wässrige Lösung getaucht, die verschiedene Lackbestandteile enthält.
Als ein wesentlicher Lackbestandteil werden polymere Amine (siehe Abbildung und Erläuterung auf der folgenden Seite) verwendet, die wasserunlöslich sind. Durch Reaktion mit einer Säure werden sie in eine besser wasserlösliche Form überführt (Reaktion 1).
Nun wird im Rahmen einer Elektrolyse eine Spannung angelegt und das Karosserieteil als Kathode (Minus-Pol) geschaltet. An der Kathode bilden sich durch die Elektrolyse des Wassers OH^--Ionen (Hydroxid-Ionen).

Die besser wasserlösliche Form des Lackbestandteils wandert gleichzeitig zum negativ geladenen Karosseriestück und reagiert mit den dort gebildeten Hydroxid-Ionen zur unlöslichen Form des Lackbestandteils und Wasser (Reaktion 2). Dies führt zur Bildung einer schützenden Lackschicht, die durch weitere Reaktionen noch chemisch verändert wird.

Langkettiges polymeres Amin (schematisches Beispiel):

Erläuterung:

= langkettiger Polymer-Rest

R = kurzkettiger organischer Rest

Material 5: Funktionelle Gruppen im Lack und im Kunststoff

Um einen beständigen Lack zu erhalten, ist eine Vernetzung der verschiedenen Lackkomponenten notwendig. Hierzu kann im Lack eine funktionelle Gruppe genutzt werden, die auch für den Aufbau verschiedener Kunststoffe prägend ist.
Ausschnitt aus der Lackkomponente:

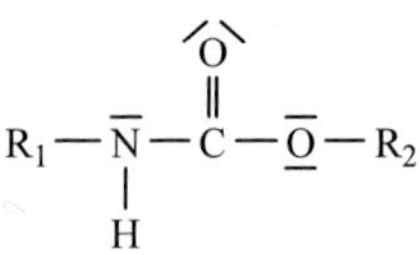

Ausschnitt aus einem Kunststoff:

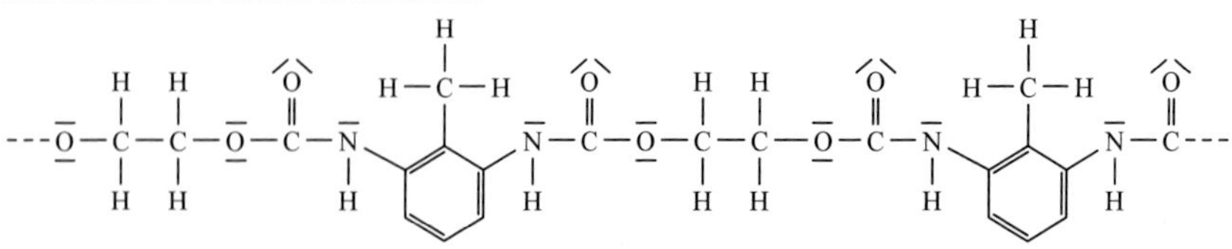

Die Lackkomponente setzt durch Erhitzen des gereinigten Karosserieteils eine Verbindung frei, die durch folgende allgemeine Strukturformel beschrieben werden kann:

$$R_1-\overline{N}=C=O\rangle$$

Daneben entsteht noch ein weiterer Stoff.

Material 6: Aufschäumen bei der Herstellung von PU-Schaumstoffen

Bei der Herstellung von PU-Schaumstoffen kommt es zum Aufschäumen, wenn die NCO-Gruppe mit Wasser reagiert.

$$R-\overline{N}=C=O\rangle$$

Dabei entstehen ein Gas, das zum Aufschäumen der Reaktionsmischung führt, sowie ein weiteres Produkt.

Leitet man das Gas in Kalkwasser ein, so kommt es zur Bildung eines weißen Niederschlags. Leitet man das Gas stattdessen in Wasser ein, so kommt es zur Bildung einer Säure.

Materialgrundlage:

URL: http://daten.didaktikchemie.uni-bayreuth.de/umat/nernst_gleichung/nernst_gleichung.htm (abgerufen am 31. 01 .2019).

URL: http://www.orangesmile.com/extreme/de/mysterious-structures/delhi-pillar.htm (abgerufen am 31. 01. 2019).

Salters Chemie – Chemical Storylines, Braunschweig 2012, S. 167f.

URL: http://bibd.uni-giessen.de/gdoc/2001/uni/d010087/d010087h.pdf (abgerufen am 31. 01. 2019).

Arnold, K. et al. (Hrsg.): Chemie Oberstufe Gesamtband, Cornelsen, Berlin 2010, S. 219 f.

Gordon H. Aylward, Tristan J. V. Findlay: Datensammlung Chemie in SI-Einheiten, Weinheim 4. Aufl. 2014.

Magdalene von Wachtendonk, Michael W. Tausch: Unterrichtspraxis SII Chemie Band 2: Elektrochemische Stromquellen, Köln 2003, S. 41 f.

Thomas Brock: Synergie von Wasser-, Elektro- und Lackchemie – Elektrotauchlackierung, in: Chemie in unserer Zeit 5 /2017, S. 300 – 307.

URL: http://www.lackieren-und-umwelt.de/deu/dateien/m_3_2210.pdf (abgerufen am 31. 01. 2019).

URL: https://roempp.thieme.de/roempp4.0/do/data/RD-05-00787 (abgerufen am 31. 01. 2019).

URL: https://roempp.thieme.de/roempp4.0/do/data/RD-21-00930 (abgerufen am 31. 01. 2019).

URL: http://www.european-coatings.com/content/download/70678/893739/version/1/file/47933.pdf (abgerufen am 31. 01. 2019).

Aufgabe B

Nitrile und Cyanide

BE

Nitrile sind zum Beispiel in der Kunststoffsynthese wichtige Ausgangsverbindungen für bedeutende großtechnische Verfahren. Ihre funktionelle Gruppe wird als Nitril-Gruppe bezeichnet und besteht aus einem Kohlenstoff- und einem Stickstoff-Atom, die über eine Dreifachbindung miteinander verknüpft sind.
Bei der Benennung von Nitrilen kann die Endung „…-nitril" verwendet werden, wobei das Kohlenstoff-Atom der Nitril-Gruppe das C_1-Atom darstellt. Demnach wird zum Beispiel das Nitril mit insgesamt vier Kohlenstoffatomen – einschließlich dem der Nitril-Gruppe – als Butannitril bezeichnet.
Die großtechnische Herstellung von Acrylnitril (Prop-2-ennitril) erfolgt durch das sogenannte Sohio-Verfahren (Material 3).
In derselben Weise wie in der Nitril-Gruppe sind das Kohlenstoff- und das Stickstoff-Atom im Cyanid-Ion (Material 1) verbunden, das als Anion in manchen Salzen auftritt.
Nitrile werden in saurer Lösung zu Carbonsäuren hydrolysiert (Material 5).

2.1 Die Herstellung von Nitrilen kann über die Kolbe-Nitril-Synthese (Material 1) erfolgen.
Formulieren Sie für die Reaktion von Iodmethan und Natriumcyanid unter Verwendung von Strukturformeln für die organischen Stoffe eine Reaktionsgleichung.
Beschreiben Sie für die Anionen des neben dem Nitril entstehenden weiteren Stoffs eine geeignete Nachweisreaktion. 5

2.2 Formulieren Sie den Reaktionsmechanismus für die Kolbe-Nitril-Synthese mit Silbercyanid zu Isonitril und einem weiteren Produkt (Material 2). 5

2.3 Erläutern Sie für alle Bindungen im Ethannitril-Molekül die Bindungsverhältnisse auf der Grundlage des Orbitalmodells und zeichnen Sie zur Veranschaulichung eine Skizze.

HINWEIS: Gehen Sie davon aus, dass das Stickstoff-Atom der funktionellen Gruppe sp-hybridisiert ist. 14

2.4 Formulieren Sie die Reaktionsgleichung für die Herstellung von Acrylnitril (Prop-2-ennitril) nach dem Sohio-Verfahren (Material 3).
Erläutern Sie die Auswirkungen einer Temperatur- und Druckveränderung auf die Lage des Gleichgewichts. Gehen Sie dabei vereinfachend davon aus, dass bei den gegebenen Reaktionsbedingungen alle an der Reaktion beteiligten Stoffe im gasförmigen Aggregatzustand vorliegen.
Berechnen Sie die prozentuale Ausbeute, wenn bei der Umsetzung von 4 mol Propen im Sohio-Verfahren 2,84 mol Acrylnitril erhalten werden.

HINWEIS: Zur Berechnung kann Material 4 verwendet werden. 13

2.5 Formulieren Sie den Reaktionsmechanismus der säurekatalysierten Hydrolyse eines Nitrils zum Zwischenprodukt (Material 5) und benennen Sie die wesentlichen Reaktionsschritte des Mechanismus. 8

2.6 In Material 6 sind die Siedetemperaturen zweier Stoffe angegeben.
Ordnen Sie Acrylnitril (Prop-2-ennitril) und Natriumcyanid jeweils eine Siedetemperatur zu.
Beschreiben Sie im Zusammenhang die jeweiligen Wechselwirkungen zwischen den Teilchen der Stoffe. 5

50

Material 1: Kolbe-Nitril-Synthese mit Natriumcyanid

Bei der Kolbe-Nitril-Synthese versetzt man ein Halogenalkan (zum Beispiel Iodmethan) mit einem Alkalimetallcyanid (zum Beispiel Natriumcyanid, NaCN). In einem polaren Lösungsmittel entstehen dabei das entsprechende Nitril (zum Beispiel Ethannitril) und ein weiterer Stoff.

Cyanid-Ion:

$\overset{\ominus}{|C}\equiv N|$

Material 2: Kolbe-Nitril-Synthese mit Silbercyanid

Erfolgt die Kolbe-Nitril-Synthese (Material 1) zwischen Iodmethan und Silbercyanid in einem unpolaren Lösungsmittel, so bildet sich ein Stoff, der als Isonitril bezeichnet wird.
Außergewöhnlich ist der Ablauf der Reaktion nach dem S_N1-Mechanismus, wobei der nukleophile Angriff des Cyanid-Ions vom freien Elektronenpaar des Stickstoff-Atoms ausgeht.
Auch bei dieser Reaktion entsteht noch ein weiterer Stoff.

Material 3: Sohio-Verfahren

Beim Sohio-Verfahren reagieren Propen, Ammoniak und Sauerstoff in einer Gleichgewichtsreaktion zu Acrylnitril (Prop-2-ennitril) und Wasser. Die Reaktion findet bei einer Temperatur von 450 °C und einem Druck von 1 bis 2 bar an einem Katalysator statt. Die Reaktion verläuft exotherm.

Material 4: Berechnung der prozentualen Ausbeute

$$\text{Prozentuale Ausbeute} = \frac{\text{tatsächliche Masse an Produkt}}{\text{theoretisch mögliche Masse an Produkt}} \cdot 100\,\%$$

Material 5: Säurekatalysierte Hydrolyse von Nitrilen

In einer säurekatalysierten Reaktion reagieren Nitrile in mehreren Schritten zu einem Zwischenprodukt, das über weitere Reaktionsschritte zur entsprechenden Carbonsäure umgesetzt wird.

Zwischenprodukt:

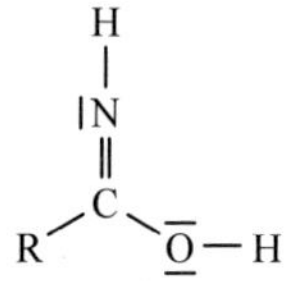

Material 6: Siedetemperaturen zweier Stoffe

Verbindung 1: 77 °C
Verbindung 2: 1 496 °C

Materialgrundlage:
URL: http://www.organische-chemie.ch/OC/Namen/kolbe- nitril-synthese.html (abgerufen am 31. 01. 2019).
URL: http://www.chemie.de/lexikon/Kolbe-Nitrilsynthese.html (abgerufen am 31. 01. 2019).
Organikum, Berlin 15. Aufl. 1976, S. 269 ff.
Thomas Laue, Andreas Plangens: Namen- und Schlagwort-Reaktionen der Organischen Chemie, Stuttgart 3. Aufl. 1998, S. 205.
Hans-Jürgen Arpe: Industrielle Organische Chemie, Weinheim 2007, S. 339.
Jens Hagen: Technische Katalyse, Weinheim 1. Aufl. 1996, S. 339.
Ulfert Onken, Arno Behr: Chemische Prozesskunde – Lehrbuch der Technischen Chemie, Stuttgart 1. Aufl. 1996, S. 315 ff.
Charles E. Mortimer, Ulrich Müller: Chemie – Das Basiswissen der Chemie, Stuttgart 9. Aufl. 2007, S. 40.
Kurt Peter Christian Vollhardt, Neil E. Schore: Organische Chemie, Weinheim 5. Aufl. 2011, S. 1 023.
URL: https://roempp.thieme.de/roempp4.0/do/data/RD-01-00634 (abgerufen am 31. 01. 2019).
Gordon H. Aylward, Tristan J. V. Findlay: Datensammlung Chemie in SI-Einheiten, Weinheim 4. Aufl. 2014.

Aufgabe C

Xanthan

BE

Xanthan ist ein in der Natur vorkommendes Polysaccharid, das von Bakterien der Gattung Xanthomonas aus zuckerhaltigen Substraten hergestellt wird.
Als Lebensmittelzusatzstoff mit der Kennzeichnung E 415 wird es als Verdickungs- und Geliermittel eingesetzt.
Das Polysaccharid Xanthan besteht aus einem Cellulose-Grundgerüst und daran gebundenen Seitenketten. An jede zweite Glucoseeinheit des Cellulose-Grundgerüsts ist eine Seitenkette geknüpft, die jeweils aus verschiedenen Monomer-Einheiten (zum Beispiel aus Mannose, Material 1) besteht. Außerdem ist auch Brenztraubensäure (Material 2) am Aufbau beteiligt.

3.1 Das Grundgerüst von Xanthan ist Cellulose.
Zeichnen Sie einen Strukturformelausschnitt der Cellulose, der drei Monomer-Einheiten umfasst.
Benennen Sie die Monomere und die Art der Verknüpfung der Monomer-Einheiten innerhalb der Cellulose. 5

3.2 In einem Laborpraktikum wird die FEHLING-Probe mit Fructose durchgeführt. Die Probe fällt erwartungsgemäß positiv aus. Eine Laborantin behauptet: „Der positive Verlauf der Probe kann auch auf das Vorhandensein von Mannose zurückgeführt werden."
Material 1 zeigt den Aufbau des Xanthans einschließlich eines am C_6-Atom veresterten Mannose-Bausteins der Seitenkette.
Zeichnen Sie die FISCHER-Projektionsformel eines D-Mannose-Moleküls sowie eines D-Fructose-Moleküls.
Prüfen Sie die Richtigkeit der Aussage der Laborantin.
Entwickeln Sie für die α-D-Mannose die Fünfring-Struktur und für die α-D-Fructose die Sechsring-Struktur jeweils in der HAWORTH-Projektion.

HINWEIS: Bei der HAWORTH-Projektion für die Fünfring-Struktur der α-D-Mannose muss die Stereochemie am C_5-Atom nicht berücksichtigt werden. 14

3.3 Die Ester-Gruppe des Mannose-Bausteins 1 im Xanthan-Molekül wird in einem ersten Reaktionsschritt hydrolysiert (Material 1). Im zweiten Reaktionsschritt reagiert die entstehende Säure mit Wasser.
Formulieren Sie für beide Reaktionsschritte jeweils die Reaktionsgleichung.

HINWEIS: An der Reaktion nicht beteiligte Molekülteile können für den ersten Reaktionsschritt mit „R" abgekürzt werden.

Berechnen Sie den pH-Wert einer wässrigen Natriumacetat-Lösung (Natriumethanoat-Lösung) mit der Konzentration $c = 0{,}2\ \text{mol} \cdot \text{L}^{-1}$ ($\text{p}K_B = 9{,}24$). 7

3.4 Brenztraubensäure (Material 2) kann aus 2-Hydroxypropansäure durch Umsetzung mit elementarem Sauerstoff gewonnen werden.
Formulieren Sie die Reaktionsgleichung für die Herstellung von Brenztraubensäure, wobei Sie für die organischen Moleküle Strukturformeln verwenden.
Zeigen Sie anhand der wesentlichen Oxidationszahlen und der Elektronenübergänge, dass es sich um eine Redoxreaktion handelt.
Berechnen Sie das Volumen an Sauerstoff, das für eine vollständige Umsetzung zu 5 g Brenztraubensäure bei 25 °C benötigt wird.

Hinweis: Bei 25 °C beträgt das molare Volumen $V_m = 24\ L \cdot mol^{-1}$. 10

3.5 Im Xanthan ist Brenztraubensäure mit Mannose verbunden (siehe Pfeil-Markierung in Material 1).
Formulieren Sie den Reaktionsmechanismus für die säurekatalysierte Reaktion der funktionellen Gruppe des zweiten C-Atoms des Brenztraubensäure-Moleküls mit der Hydroxy-Gruppe am vierten C-Atom des Mannose-Bausteins, sodass die mit dem Pfeil markierte Gruppierung entsteht.

Hinweis: Für den Reaktionsmechanismus nicht relevante Molekülteile des Mannose-Bausteins 2 können mit „R (2)" abgekürzt werden.

Benennen Sie den Reaktionsmechanismus. 9

3.6 Material 3 beschreibt zwei mögliche Reaktionen von Mannose-Molekülen.
Beurteilen Sie, welche der beiden Reaktionen die Entropie betreffend bevorzugt ist. 5

50

Material 1: Aufbau einer Seitenkette des Polysaccharids Xanthan

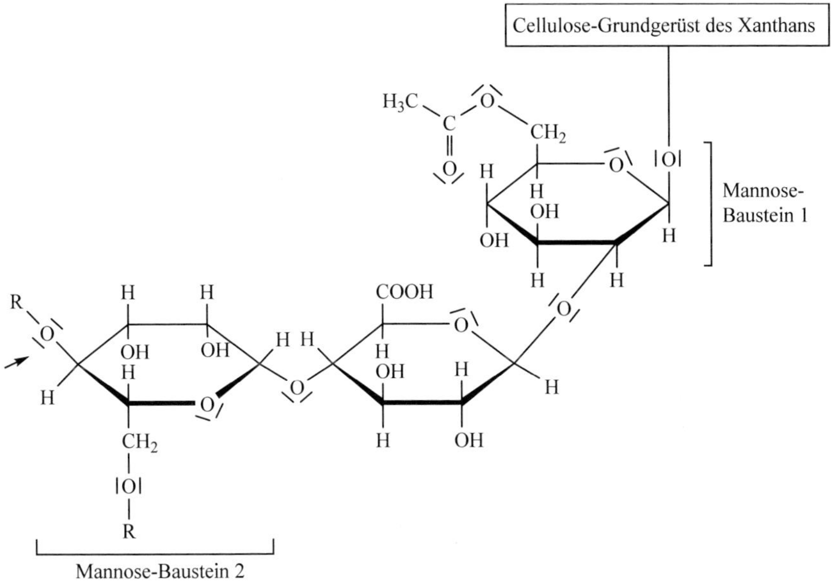

R = Brenztraubensäure-Baustein im Mannose-Baustein 2

Material 2: Brenztraubensäure

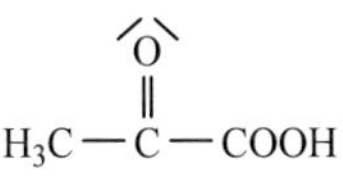

Material 3: Reaktionen von Mannose

Möglichkeit 1: Bei der Umwandlung eines Mannose-Moleküls von der offenkettigen Form zur ringförmigen Struktur kommt es zur Reaktion der Aldehyd-Gruppe mit der Hydroxy-Gruppe am C_5-Atom.

Möglichkeit 2: Die Aldehyd-Gruppe des Mannose-Moleküls reagiert mit einer Hydroxy-Gruppe eines anderen Mannose-Moleküls.

Materialgrundlage:
URL: http://www.chids.de/dachs/praktikumsprotokollePP0060Fehling-Reaktion.pdf (abgerufen am 05. 11. 2018).
URL: http://www.patent-de.com/19991014/DE69417892T2.html (abgerufen am 05. 11. 2018).
Kurt Peter Christian Vollhardt, Neil E. Schore: Organische Chemie, Weinheim 2005, S. 849–851.
Gordon H. Aylward, Tristan J. V. Findlay: Datensammlung Chemie in SI-Einheiten, Weinheim 4. Aufl. 2014.

Lösungsvorschläge

Aufgabe A

1.1 *Das Elektrodenpotenzial einer Elektrode, hier der Eisenelektrode, ist gleichzusetzen mit ihrer stromlos gegen die Referenzelektrode (Normalwasserstoffelektrode) gemessenen Spannung. Man kann das Elektrodenpotenzial daher als Fähigkeit eines Redoxsystems (wie einer Eisen/Eisen(II)-Halbzelle) verstehen, eine Spannung zu erzeugen.*
Die Entstehung des Elektrodenpotenzials geht dabei auf folgende Vorgänge an der zu beschreibenden Eisenelektrode zurück, die sich über ein dynamisches Gleichgewicht beschreiben lassen:

Taucht man elementares Eisen in eine Lösung, so hat dieses Eisen die Fähigkeit, in wässriger Lösung Ionen zu bilden. Diese Fähigkeit unterscheidet sich dabei von Metall zu Metall und wird **Lösungstension** genannt.

Treten nun aus dem metallischen Eisen ($Fe_{(s)}$) Eisen(II)-Ionen ($Fe^{2+}{}_{(aq)}$) in Lösung, so bleiben die Elektronen (hier zwei Elektronen) im Metall (hier in der Elektrochemie als Eisenelektrode bezeichnet) zurück, wodurch sich dieses negativ auflädt. Die umgebende Lösung lädt sich indes durch die in Lösung tretenden Ionen positiv auf.

$$Fe_{(s)} \rightleftharpoons Fe^{2+}{}_{(aq)} + 2\,e^-$$

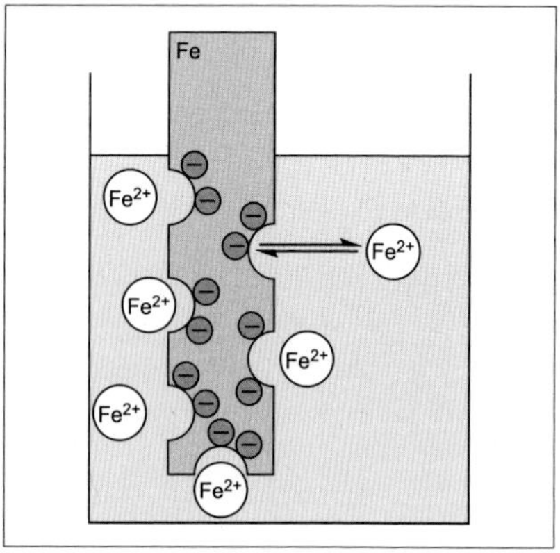

Die negativ aufgeladene Eisenelektrode wirkt anziehend auf die aquatisierten Eisen(II)-Ionen in der Lösung. An der Grenze zwischen Metall und Lösung entsteht so ein elektrisches Feld, das die Bildung weiterer Ionen behindert.

Gleichzeitig wandern auch einige Eisen(II)-Ionen durch das elektrische Feld wieder zum Metall zurück und bilden dort mit den verbliebenen Elektronen wieder elementares Eisen. Es stellt sich so ein dynamisches Gleichgewicht ein, das zur Bildung einer **Doppelschicht** aus Ionen und Elektronen führt. Die Lage dieses Gleichgewichtes variiert für jedes Metall und ist für dieses charakteristisch. Dieses Gleichgewicht lässt sich letztendlich durch das Elektrodenpotenzial eines Stoffes darstellen.

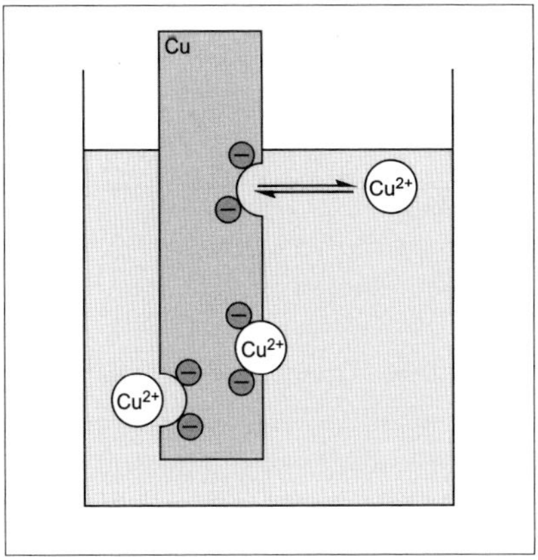

Das Zustandekommen der Spannung beispielsweise in einer galvanischen Zelle aus $Fe/Fe^{2+}//Cu/Cu^{2+}$ lässt sich mit der Ausbildung dieser Doppelschicht erklären. An der Kupferelektrode gehen weit weniger Ionen in die Lösung über als an der Eisenelektrode (siehe Grafik oben). In der Kupferelektrode bleiben somit deutlich weniger Elektronen zurück als an der Eisenelektrode, die mit mehr Elektronen beladen und somit deutlich negativer ist. Dadurch herrscht ein niedrigerer „Elektronendruck" an der Kupferelektrode. Verbindet man nun durch einen Draht beide Halbzellen dieser galvanischen Zelle miteinander, so werden die Elektronen vom Ort des größeren Elektronendrucks zum Ort des niedrigeren Elektronendrucks (der Kupferelektrode) verschoben. Nimmt dort die Menge an Elektronen zu, so kann nach dem Prinzip des kleinsten Zwanges dieser Elektronenüberschuss dadurch abgebaut werden, dass Kupfer(II)-Ionen vermehrt mit den Elektronen zurück zum elementaren Kupfer reagieren. Umgekehrt werden an der Anode (der Eisenelektrode) ständig neue Elektronen nachgebildet, da diese über den elektrischen Leiter zur Kupferelektrode verschoben und somit aus dem Gleichgewicht entfernt werden. Dies gelingt nur, indem stetig neues elementares Eisen zu Eisen(II)-Ionen reagiert.

1.2 Die ablaufende Reaktion der **Sauerstoffkorrosion**, die in Material 1 beschrieben ist, lässt sich wie folgt formulieren. Wie in der Aufgabenstellung gefordert, müssen die Teilreaktionen der Oxidation und der Reduktion sowie die Gesamtreaktion aufgestellt werden.

$$\text{Ox.:}\quad 2\,\overset{0}{Fe} \longrightarrow 2\,\overset{+II}{Fe^{2+}} + 4\,e^-$$

$$\text{Red.:}\quad \overset{0}{O_2} + 2\,H_2O + 4\,e^- \longrightarrow 4\,\overset{-II}{OH^-}$$

$$\text{Redox.:}\quad 2\,Fe + O_2 + 2\,H_2O \longrightarrow 2\,Fe^{2+} + 4\,OH^-$$

Die Reaktionsgleichung, die zur Bildung des schwer löslichen, festen Eisen(II)-Hydroxides führt, lässt sich folgendermaßen darstellen:

$$Fe^{2+}{}_{(aq)} + 2\,OH^-{}_{(aq)} \rightleftharpoons Fe(OH)_{2\,(s)}$$

Die durch Sauerstoffkorrosion gebildeten Eisen(II)-Ionen reagieren dabei augenblicklich mit Hydroxid-Ionen, die aufgrund der Autoprotolyse des Wassers auch bei neutralem pH-Wert immer in geringer Anzahl vorliegen. Im Laufe der Sauerstoffkorrosion werden außerdem Hydroxid-Ionen gebildet bzw. es werden Protonen verbraucht.

Autoprotolyse-Reaktion:
Die Bildung von OH^-- und H_3O^+-Ionen in neutralem Wasser geht auf die Autoprotolyse-Reaktion des Wassers zurück, die temperaturabhängig ist.

$$H_2O + H_2O \rightleftharpoons H_3O^+_{(aq)} + OH^-_{(aq)}$$

In neutralem Wasser beträgt bei 25 °C die Konzentration der Hydroxid-Ionen (OH^-) und die der Oxonium-Ionen (H_3O^+) $1 \cdot 10^{-7}$ mol · L^{-1}. Beide Konzentrationen sind in einer neutralen Lösung gleich groß.

Mithilfe der angegebenen Standardelektronenpotenziale für die beiden Redoxpaare (siehe Material 1) kann man ein **galvanisches Element** aus den beiden Paaren beschreiben, dessen **Spannung** sich wie folgt berechnen lässt:

$$\Delta E^0 = E^0(\text{Kathode}) - E^0(\text{Anode})$$
$$= 0{,}40\ \text{V} - (-0{,}44\ \text{V}) = 0{,}84\ \text{V}$$

Da dieser Wert positiv ist, lässt sich daraus schließen, dass die Reaktion freiwillig abläuft.

Für die Oxidationsgleichung und für die Reduktionsgleichung gibt es jeweils ein eigenes Standardelektrodenpotenzial E^0 (siehe Material 1). Die Elektroden (Anode/Kathode) müssen den Teilgleichungen zugeordnet werden, sodass anschließend die Spannung mit der angegebenen Formel berechnet werden kann.
*Mithilfe des folgenden Merksatzes kann man sich leicht die Zuordnung Anoden- und Kathodenreaktion merken: „Das **A** und **O** der Chemie – an der **A**node findet immer die **O**xidationsreaktion statt."*
Die obige Berechnungsformel lässt sich so nur für Standardbedingungen verwenden. Weichen die Bedingungen in den betrachteten Halbzellen einer galvanischen Zelle von diesen ab, wird statt E^0 das Elektrodenpotenzial E verwendet, das mithilfe der NERNST-Gleichung (siehe Material 3) für das jeweilige Redoxpaar bestimmt werden kann.

1.3 Das Elektrodenpotenzial der Fe^{3+}/Fe^{2+}-Halbzelle kann mithilfe der in Material 2 und 3 angegebenen Informationen folgendermaßen berechnet werden:

NERNST-Gleichung:

$$E = E^0 + \frac{R \cdot T}{z \cdot F} \cdot \ln \frac{c(\text{Ox})}{c(\text{Red})}$$
$$= 0{,}77\ \text{V} + \frac{8{,}314\ \text{J} \cdot \text{K}^{-1} \cdot \text{mol}^{-1} \cdot 298\ \text{K}}{1 \cdot 96485\ \text{C} \cdot \text{mol}^{-1}} \cdot \ln \frac{0{,}1\ \text{mol} \cdot \text{L}^{-1}}{0{,}001\ \text{mol} \cdot \text{L}^{-1}} \approx 0{,}888\ \text{V}$$

Die Berechnung des Elektrodenpotenzials bezieht sich auf die folgende Reaktion:

$Fe^{2+} \rightleftharpoons Fe^{3+} + e^-$

Um die in Material 2 angegebenen Eisen-Ionenkonzentrationen (Fe^{2+} und Fe^{3+}) korrekt in den Quotienten im Logarithmus der Formel einzusetzen, muss zugeordnet werden, welches Teilchen die reduzierte und welches Teilchen die oxidierte Form in der Reaktionsgleichung des Redoxpaares darstellt.
In diesem Fall ist leicht zu erkennen, dass Fe^{2+} die reduzierte Form und Fe^{3+} die oxidierte Form des Redoxpaares darstellt. Daraus folgt:

$c(Red) = c(Fe^{2+}) = 0{,}001\ mol \cdot L^{-1}$ *und*
$c(Ox) = c(Fe^{3+}) = 0{,}1\ mol \cdot L^{-1}$

Um die Werte in der Gleichung addieren zu können, können die Einheiten folgendermaßen ineinander umgewandelt werden (siehe Material 3):

$1\ V = 1\ J \cdot C^{-1}$

Wird, wie in Versuch A beschrieben, die Konzentration der Eisen(II)-Ionen der Halbzelle erhöht, so wird der Quotient im Logarithmus kleiner. Somit wird zum entsprechenden E^0-Wert der Halbzelle ein kleinerer Wert addiert als zuvor, sodass letztlich auch das Elektrodenpotenzial gegenüber der vorherigen Konzentration sinkt.

Das Erwärmen der Halbzelle wie in Versuch B führt hingegen dazu, dass der Zähler des Quotienten, in den die Temperaturwerte in der Kelvinskala eingesetzt werden, größer wird. Dadurch steigt auch der Wert des Elektrodenpotenzials.

1.4 Das langkettige polymere Amin ist der wasserunlösliche Teil des Lackes, der das Karosserieteil eines Autos vor Korrosion schützen soll. Dieses langkettige Amin (hier ein tertiäres Amin) ist, bis auf die leicht polare Amin-Gruppe, unpolar und deshalb **schlecht wasserlöslich**. Durch Zugabe einer Säure kann die tertiäre Amin-Gruppe protoniert werden, wodurch sich die kationische Form des Polymermoleküls bildet.

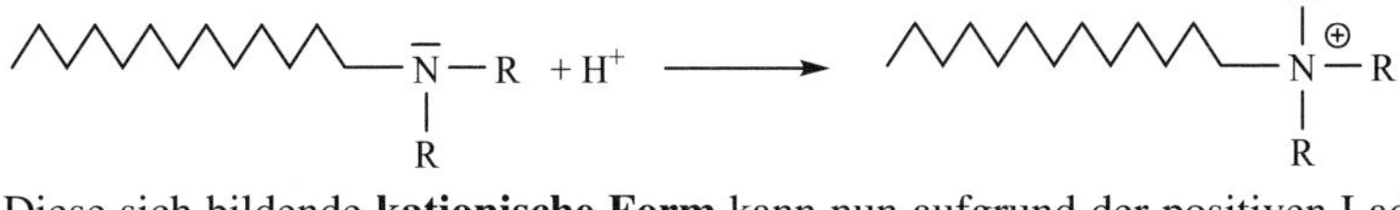

Diese sich bildende **kationische Form** kann nun aufgrund der positiven Ladung viel besser hydratisiert werden, wodurch die **Löslichkeit** deutlich zunimmt und der Stoff letztlich in Lösung geht.
Nachdem sich nun die kationische Form des Polymers in Lösung befindet, wenden die Techniker einen weiteren Trick an, um den Lackbestandteil an die korrekte Stelle zu bekommen: Das Werkstück der Karosserie, das mit dem Lack überzogen werden soll, wird als Minuspol geschaltet. Das kationische Polymer wandert anschließend zum Minuspol und reagiert mit den dort gebildeten Hydroxid-Ionen zurück zum wasserunlöslichen polymeren Amin.

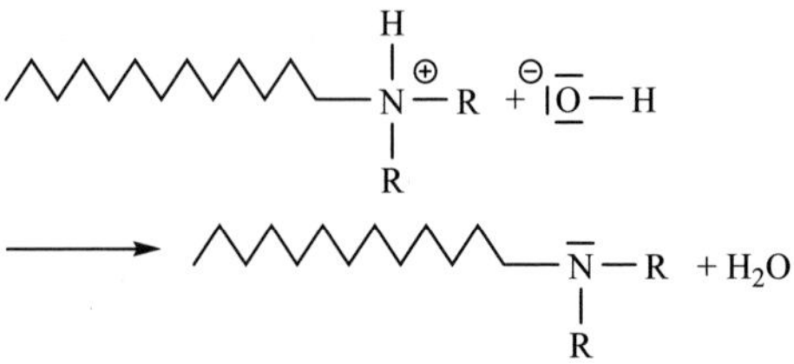

Diese Säure-Base-Reaktion stellt letztlich das Ausgangsmolekül in ungeladener und wasserunlöslicher Form wieder her.

Der gesamte Prozess dreht sich letztlich um die Säure-Base-Reaktion der tertiären Amin-Gruppe. Dieses tertiäre Amin ist mit einem Ammoniak-Molekül in seinem Reaktionsverhalten gegenüber Säuren vergleichbar.

Ammoniak | primäres Amin | sekundäres Amin | tertiäres Amin

Basizität steigt →

pK_B-Wert sinkt →

Elektronendichte am N-Atom steigt →

tertiäres Amin

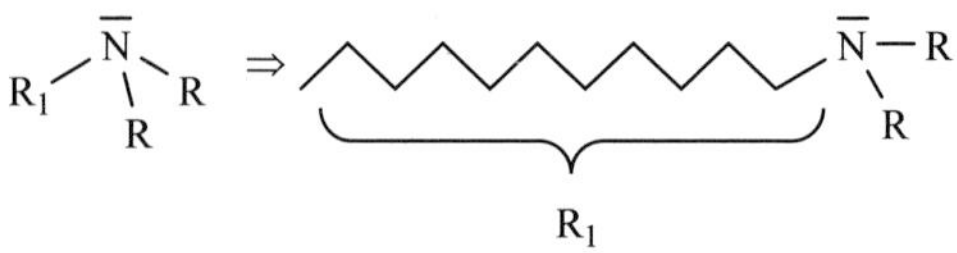

Ein tertiäres Amin, wie auch das dargestellte Polymer, ist sogar noch etwas basischer als ein Ammoniak-Molekül, d. h., es weist einen niedrigeren pK_B-Wert als Ammoniak auf. Die Elektronendichte am Stickstoffatom ist durch die positiven induktiven Effekte der Alkylreste erhöht, was die Protonenanlagerung entsprechend erleichtert.

1.5 Die Reaktionsgleichung für die Reaktion, die beim Erhitzen des Lackes abläuft, kann wie folgt formuliert werden:
Die zu benennenden funktionellen Gruppen sind in den Strukturformeln benannt.

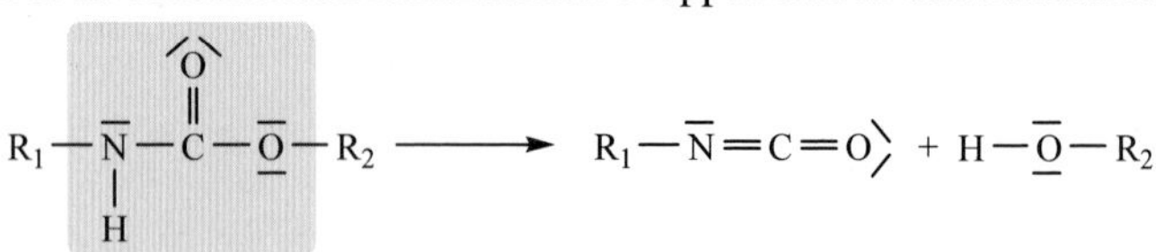

Urethan-Gruppe

Die Strukturformeln der Monomerbestandteile, die zur Herstellung des in Material 5 dargestellten Kunststoffs verwendet wurden, sehen wie folgt aus:

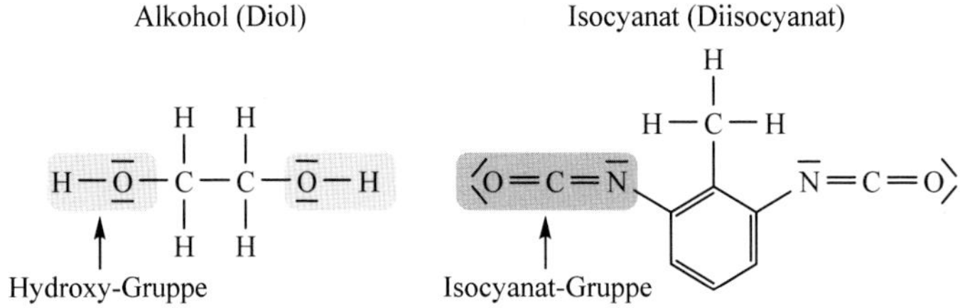

Zu den Stoffklassen der Monomere: Das Ethandiol gehört zur Stoffklasse der **Alkohole** und das Diisocyanat zur Stoffklasse der **Isocyanate**.

Das dargestellte Polymer hat eine lineare Struktur. Zwischen den einzelnen Polymerketten wirken an den verschiedenen Molekülteilen VAN-DER-WAALS-Kräfte, Dipol-Dipol-Kräfte und Wasserstoffbrückenbindungen. Vernetzende Strukturbestandteile zu anderen Polymerketten über kovalente Bindungen, wie in Duroplasten und Elastomeren, existieren nicht. Aus diesem Grund zählt der dargestellte Kunststoff zu den Thermoplasten.

Thermoplastische Kunststoffe zerfließen beim Erwärmen allmählich, da durch die Zufuhr thermischer Energie die Makromoleküle stark in Bewegung versetzt werden, wodurch die zwischenmolekularen Kräfte allmählich überwunden werden und die Polymerketten aneinander vorbeigleiten können.

Ein thermoplastischer Kunststoff wie dieses Polyurethan kann vereinfacht wie folgt dargestellt werden. Es liegen unvernetzte Polymerketten vor.

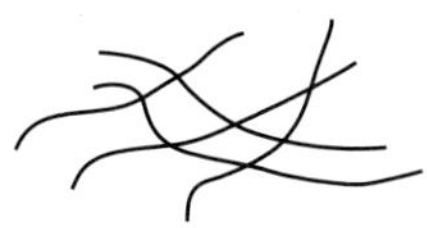

1.6 Die Reaktionsgleichung, die das Aufschäumen eines Polyurethanschaums erklärt, lässt sich wie folgt formulieren:

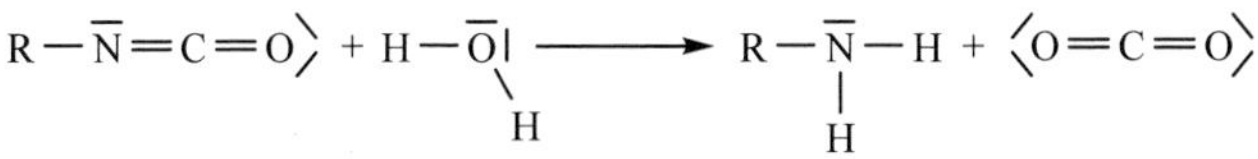

Fügt man der Reaktionsmischung der Monomere eine kleine Menge Wasser zu, so reagiert dieses Wasser mit einem Teil der Isocyanatgruppen des einen Monomers. Dabei wird gasförmiges Kohlenstoffdioxid gebildet. Dieses Kohlenstoffdioxid schäumt die bisher noch weiche Reaktionsmasse auf, wodurch sich letztlich ein Polyurethanschaum statt einer festen Masse bildet.

Das sich bildende **Kohlenstoffdioxid** reagiert mit Wasser gemäß folgender Reaktionsgleichung:

$CO_2 + H_2O \longrightarrow H_2CO_3$

besser:

$CO_2 + 2\,H_2O \longrightarrow HCO_3^- + H_3O^+$

Aufgabe B

2.1 Die Reaktionsgleichung zur in Material 1 beschriebenen Kolbe-Nitril-Synthese am Beispiel der Reaktion von Iodmethan mit Natriumcyanid lautet wie folgt:

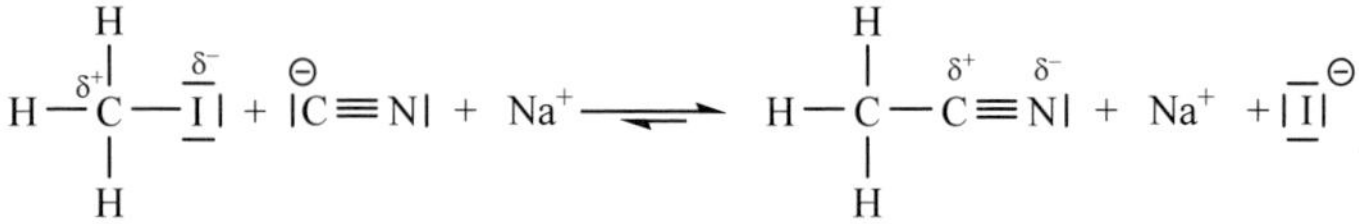

Das sich bildende Iodid-Ion kann durch Zugabe von **Silbernitrat-Lösung** nachgewiesen werden.

$$Ag^{+}{}_{(aq)} + NO_3^{-}{}_{(aq)} + I^{-}{}_{(aq)} \rightleftharpoons AgI_{(s)} + NO_3^{-}{}_{(aq)}$$

Während die Silbernitrat-Lösung eine klare, farblose Lösung darstellt, bildet sich aus dieser bei Anwesenheit eines Halogenid-Ions (Cl^-, Br^- oder I^-) sofort eine trübe **Suspension**, die auf die Bildung eines schwer löslichen Silber(I)-Halogenid-Salzes zurückgeht.

Fluorid-Ionen (F^-) lassen sich durch eine solche Niederschlagsreaktion nicht nachweisen, da Silber(I)-fluorid als einziges Silberhalogenid gut wasserlöslich ist. Die anderen Halogenide dagegen bilden mit Silber(I)-Ionen sehr schwer lösliche Silbersalze, bei denen schon kleinste Mengen Iodid, Bromid oder Chlorid ausreichen, um das jeweilige Silberhalogenid ausfallen zu lassen. Daher sind diese sehr gut geeignet, um Halogenide nachzuweisen.
An dieser Stelle sei erwähnt, dass die auch im Reaktionsgemisch vorhandenen Cyanid-Ionen ebenfalls mit den Silber(I)-Ionen der Silbernitrat-Lösung reagieren und einen schwer löslichen Niederschlag bilden. Deshalb könnte der Nachweis des sich bildenden Silber-Iodids an dieser Stelle experimentell schwieriger sein als zunächst angenommen. Cyanide werden als sogenannte Pseudohalogenid-Ionen bezeichnet, da diese in einigen Reaktionen den Halogenid-Ionen ähneln.

2.2 Bei dieser Reaktion, die wie in Material 2 dargestellt mit Silbercyanid $\{Ag^+CN^-\}$ und Iodmethan durchgeführt wird, bildet sich in einem unpolaren Lösungsmittel ein **Isonitril**. In diesem Fall entsteht das Methylisonitril, das gemäß IUPAC-Regeln Isocyanomethan heißt.

Um sich den Unterschied zur Reaktion von 2.1 an dieser Stelle zu verdeutlichen, hilft es ggf., die Reaktionsgleichung zu formulieren. Diese ist allerdings nicht Teil der geforderten Lösung.

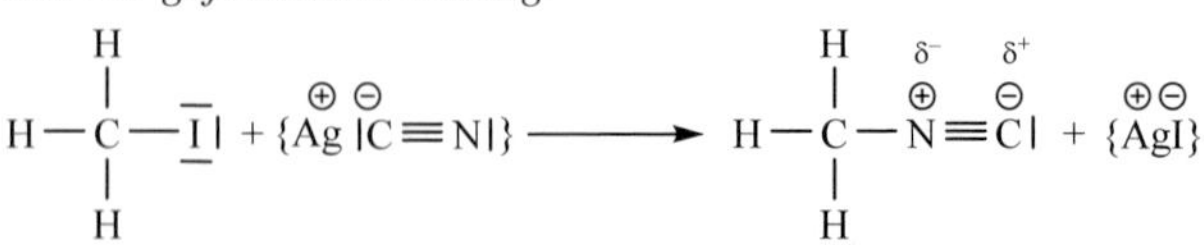

Durch diese Reaktionsgleichung wird deutlich, dass beide Verbindungen (Nitril aus Aufgabe 2.1 und das Isonitril aus Aufgabe 2.2) isomere Verbindungen zueinander darstellen. Dies liegt in diesem Fall daran, dass die Cyanid-Ionen (CN^-)

ambidente Nucleophile sind, d. h., diese können je nach Bedingungen und zugegebenen Reagenzien von zwei verschiedenen Enden her als Nucleophil agieren. So bildet sich im Fall von 2.1 das Nitril und in diesem Fall eben das Isonitril.

Im sich hier bildenden Isonitril ist das Stickstoffatom mit dem Kohlenstoffatom der Methylgruppe verbunden. Wichtig ist, dass das Stickstoffatom durch diese Bindung eine positive Formalladung in der wichtigsten mesomeren Grenzformel aufweisen muss, das Kohlenstoffatom dagegen eine negative Formalladung.
Schaut man sich jedoch die echten Partialladungen dieser Isonitrilgruppe an, so stellt man natürlich fest, dass das Stickstoffatom aufgrund der höheren Elektronegativität partiell negativ und das Kohlenstoffatom entsprechend partiell positiv geladen ist, entgegengesetzt zu den Formalladungen. Diese Formalladungen, die mit einem Kreis um das + oder – gekennzeichnet sind, sind aber unbedingt zu formulieren, da ein Vergessen dieser zu Punktabzug führt.

Der zu formulierende Reaktionsmechanismus, der im Material 2 als S_N1-Mechanismus beschrieben wird, lässt sich wie folgt formulieren:

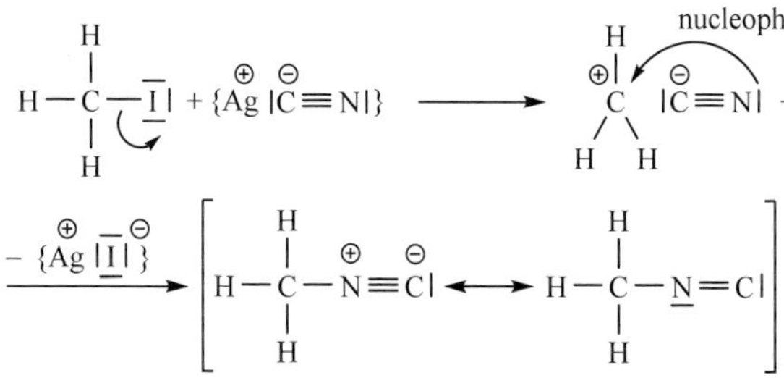

Nachdem sich aus dem Iodmethan das Iodid, das eine hervorragende Abgangsgruppe darstellt, abgespalten hat, reagiert in der Folge das Cyanid-Ion in einem **nucleophilen Angriff** mit dem sich intermediär bildenden Carbokation.

Wichtig ist an dieser Stelle, wie in Material 2 beschrieben, dass das freie Elektronenpaar des Stickstoffatoms den nucleophilen Angriff ausübt.
Im Material 2 wird ausdrücklich auf die nucleophile Substitution erster Ordnung (S_N1) als Reaktionstyp hingewiesen. Dies ist auf den ersten Blick natürlich verwunderlich, da das sich bildende Carbokation durch keine +I-Effekte (elektronenschiebende Effekte) stabilisiert wird, wie es beispielsweise bei einem höher substituierten, tertiären Carbokation der Fall wäre. Nach den bekannten Regeln reagieren solche nicht oder nur wenig substituierten Verbindungen wie das Iodmethan eigentlich nicht nach einem S_N1-Mechanismus. Unter den in Material 2 genannten Bedingungen läuft die Reaktion allerdings trotzdem nach diesem hier nicht typischen Reaktionsweg ab. Die Ursache dafür liegt Konzepten zugrunde, die über das Schulwissen der Chemie hinausgehen und hier deshalb nicht weiter behandelt werden können.
Trotzdem gilt (wenn dies nicht explizit anders in der Aufgabenstellung erwähnt wird), dass Verbindungen wie Iodmethan oder primäre Reaktanten grundsätzlich

dazu neigen, nach einer S_N2-Reaktion mit einem Nucleophil zu reagieren, d. h., dass der nucleophile Angriff und die Abspaltung der Abgangsgruppe gleichzeitig verlaufen und kein Carbokation als Zwischenprodukt entsteht.

2.3 Um die Bindungsverhältnisse am Ethannitril vollständig darstellen zu können, hilft es, zunächst die Strukturformel darzustellen und die **Hybridisierungen** der beteiligten Atome aufzulisten.

Ein Hybridorbital entsteht durch Mischung von Orbitalen verschiedener Sorten eines Atoms. Durch die Mischung vom 2s-Orbital mit allen drei 2p-Orbitalen des C-Atoms entstehen vier energetisch gleichwertige sp^3-Hybridorbitale, die in die verschiedenen Raumrichtungen zeigen. Die Mischung des 2s-Orbitals mit zwei 2p-Orbitalen ergibt drei sp^2-Hybridorbitale, die alle in einer Ebene liegen (zwei Raumrichtungen). Ein p-Orbital bleibt in ursprünglicher Form übrig. Die Mischung des 2s-Orbitals mit nur einem 2p-Orbital ergibt zwei sp-Hybridorbitale, die nur in eine einzelne Raumrichtung zeigen. Die restlichen zwei p-Orbitale bleiben unverändert und können π-Bindungen eingehen.

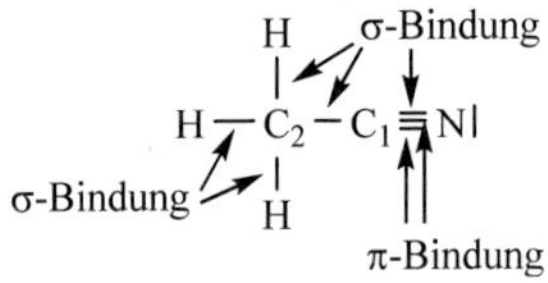

C_1-Atom: sp-hybridisiert
C_2-Atom: sp^3-hybridisiert
N-Atom: sp-hybridisiert

Anschließend kann man auf Basis dieser aufgelisteten Hybridisierungen die Bindungsverhältnisse vereinfacht folgendermaßen beschreiben:
Die C–H-Bindungen, die das C2-Atom der Methylgruppe mit je einem Wasserstoffatom eingeht, sind jeweils **σ-Bindungen** und kommen durch je eine Überlappung eines sp^3-Hybridorbitals des sp^3-hybridisierten C-Atoms mit je einem 1s-Orbital des Wasserstoffatoms zustande.

Die Kohlenstoff-Kohlenstoffbindung zwischen dem C2- und dem C1-Atom ist ebenfalls eine σ-Bindung, die durch eine Überlappung des vierten sp^3-Hybridorbitals des sp^3-hybridisierten C2-Atoms mit einem sp-Hybridorbital des C1-Atoms der Nitrilgruppe zustande kommt.

Das zweite sp-Hybridorbital des C1-Atoms der Nitrilgruppe überlappt mit einem sp-Hybridorbital des sp-hybridisierten Stickstoffatoms. Auch diese daraus resultierende Bindung ist eine σ-Bindung.

Die nicht an der Hybridisierung beteiligten p-Orbitale des C1-Atoms und des Stickstoffatoms bilden durch Überlappung (oberhalb und unterhalb bzw. vor und hinter der Kern-Kern-Bindungsachse) die zwei **π-Bindungen**. Hierbei überlappen beispielsweise die p_y-Orbitale der beiden Atome miteinander und erzeugen die erste der beiden π-Bindungen, während die p_z-Orbitale des C1-Atoms in der Nitrilgruppe mit dem p_z-Orbital des Stickstoffatoms durch Überlappung die zweite π-Bindung bilden. Diese beiden π-Bindungen stehen um 90° versetzt zueinander.

Das freie Elektronenpaar des Stickstoffatoms befindet sich im zweiten sp-Hybridorbital des sp-hybridisierten Stickstoffatoms.
Achtung, dieses wird häufig vergessen!

Die **Orbitalskizze**, die ebenfalls angegeben werden muss, kann wie folgt aussehen:

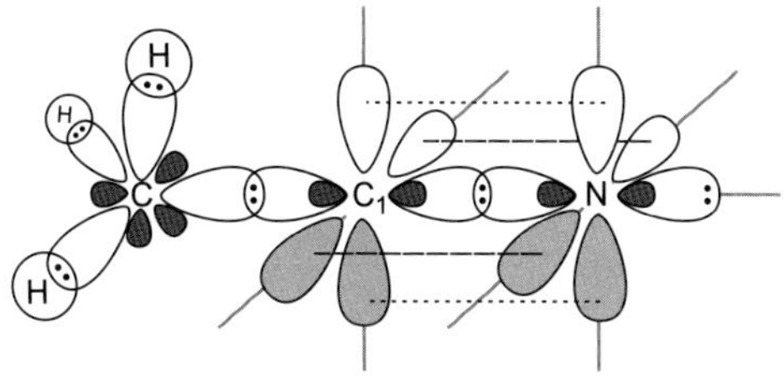

2.4 Die Reaktionsgleichung zur Herstellung von Acrylnitril (Prop-2-ennitril) aus Propen, Ammoniak und Sauerstoff nach dem Sohio-Verfahren, das in Material 3 beschrieben ist, kann wie folgt formuliert werden:

$$2\ H_2C{=}CH{-}CH_3 + 2\ NH_3 + 3\ O_2 \underset{\text{endotherm}}{\overset{\text{exotherm}}{\rightleftharpoons}} 2\ H_2C{=}CH{-}C{\equiv}N| + 6\ H_2O$$

7 mol gasförmige Teilchen — 8 mol gasförmige Teilchen

In Material 3 ist angegeben, dass es sich um eine exotherme Reaktion handelt. Demnach ist die Hinreaktion die exotherme Reaktion, die Rückreaktion entsprechend die endotherme Reaktion. Es hilft meist, diese Begriffe über den jeweiligen Teil des Gleichgewichtspfeiles zu schreiben, da dies hilfreich für die Vorhersage der Auswirkungen einer Temperaturänderung des Gleichgewichtszustandes ist.

Nach dem **Prinzip des kleinsten Zwanges** nach LE CHATELIER und BRAUN führt eine **Temperaturerniedrigung** dazu, dass vermehrt die wärmeerzeugende, **exotherme** Reaktion abläuft, um den äußeren Zwang der Temperaturabnahme zu vermindern. Dies ist hier die produktbildende Hinreaktion. Entsprechend führt eine **Temperaturerhöhung** dazu, dass vermehrt die wärmeverbrauchende Eduktbildung (Rückreaktion) abläuft, da sie den äußeren Zwang der Temperaturzufuhr durch die **endotherme** wärmeverbrauchende Reaktion vermindert.

Da alle an der Reaktion beteiligten Stoffe gasförmig sind, muss zunächst die genaue Anzahl der gasförmigen Edukte und gasförmigen Produkte ermittelt werden.

Sind auch nicht gasförmige Stoffe an der Reaktion beteiligt, werden diese bei dieser Zählung nicht einberechnet, da deren Volumen im Vergleich zu einem gasförmigen Stoff verschwindend gering ist und sich eine Druckänderung auf deren Volumen praktisch nicht auswirkt.

Auf der Eduktseite befinden sich 7 mol gasförmige Teilchen (manchmal auch als 7 Raumteilchen bezeichnet) und auf der Produktseite 8 mol gasförmige Teilchen (8 Raumteilchen). Damit begünstigt ein **niedriger Druck** die **Produktbildung**. Wird dagegen der **Druck erhöht**, so würde sich die Gleichgewichtslage hin zu einer vermehrten **Eduktbildung** verschieben, da sich auf der Eduktseite weniger gasförmige Teilchen befinden. Auf diese Weise würde der äußere Zwang einer solchen Druckveränderung vermindert werden.

Berechnung der prozentualen Ausbeute:

$$m_{\text{tatsächlich (Acrylnitril)}} = 2{,}84\ \text{mol} \cdot 53\ \text{g} \cdot \text{mol}^{-1} \approx 150{,}5\ \text{g}$$

$$m_{\text{theoretisch (Acrylnitril)}} = 4\ \text{mol} \cdot 53\ \text{g} \cdot \text{mol}^{-1} = 212\ \text{g}$$

$$\text{Prozentuale Ausbeute} = \frac{150{,}5\ \text{g}}{212\ \text{g}} \cdot 100\ \% = 71\ \%$$

Alternativ:

$$\textit{Prozentuale Ausbeute} = \frac{2{,}8\ \textit{mol}}{4\ \textit{mol}} \cdot 100\ \% = 71\ \%$$

In dieser Aufgabenstellung sind die tatsächliche und die theoretische Ausbeute bereits mit einer Teilchenzahl in mol angegeben (2,84 mol und 4 mol), daher wäre es an dieser Stelle auch ausreichend, diese Werte zu dividieren und mit 100 zu multiplizieren.

2.5 Im zu formulierenden Reaktionsmechanismus der säurekatalysierten Hydrolyse von Nitrilen entsteht das in Material 5 dargestellte Zwischenprodukt. Zuerst wird die Reaktion durch die Protonierung des Stickstoffatoms der **Nitrilgruppe** eingeleitet. Hierbei reagiert das freie Elektronenpaar des Stickstoffatoms mit dem Wasserstoff-Ion. Anschließend bildet sich ein **mesomeriestabilisiertes Carbokation**. Dieses kann daraufhin vom freien Elektronenpaar des Sauerstoffatoms eines Wasser-Moleküls **nucleophil** angegriffen werden. Als Übergangszustand bildet sich kurzzeitig ein Oxonium-Ion. Durch Deprotonierung der Oxonium-Gruppe entsteht die Hydroxy-Gruppe und somit das dargestellte Zwischenprodukt. Dieser Reaktionsschritt kann auch als Rückgewinnung des Katalysators, eines Protons, angesehen werden.

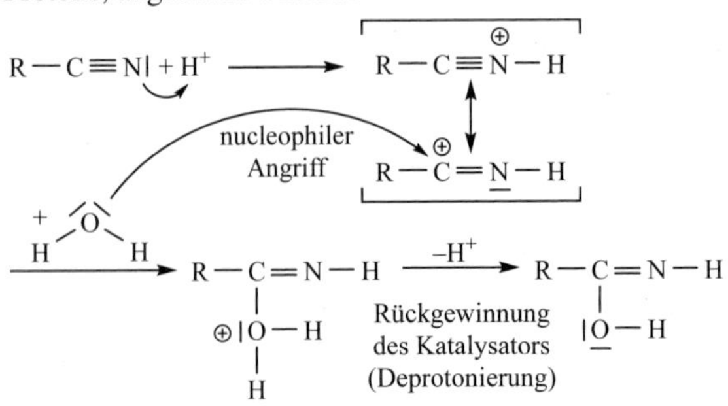

2.6 Siedetemperaturen der zu betrachtenden Stoffe:

Acrylnitril: 77 °C

Natriumcyanid: 1 496 °C

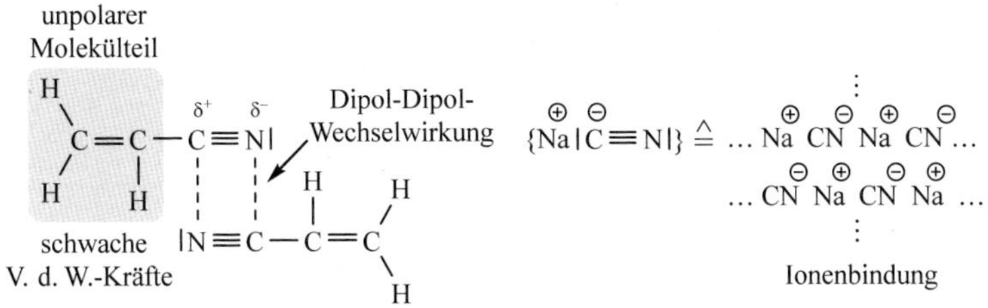

Den immensen Unterschied in den Siedetemperaturen kann man damit begründen, dass es sich beim Natriumcyanid um eine **ionische** Verbindung handelt, beim Acrylnitril hingegen um eine **molekulare**. Somit wirken zwischen den verschiedenen Stoffen Kräfte deutlich unterschiedlicher Stärke.

Zwischen den Natrium-Kationen und den Cyanid-Anionen des Natriumcyanids herrschen starke ionische Bindungen, also starke **elektrostatische Wechselwirkungen**. Aus diesem Grund muss, wie bei fast allen Salzen, sehr viel Wärmeenergie zugeführt werden, um die Anionen und Kationen voneinander zu trennen. In dieser starken Bindung, die zwischen den entgegengesetzten Teilchen herrscht, liegt die Erklärung für deren hohen Schmelz- und Siedepunkt.

Zwischen den Acrylnitril-Molekülen wirken hingegen nur viel schwächere zwischenmolekulare Kräfte. In diesem Fall sind dies die **Dipol-Dipol-Wechselwirkungen**, die, wie in der Abbildung dargestellt, zwischen den Nitrilgruppen der Moleküle wirken. Außerdem können sich zwischen den unpolaren Alkenylresten verschiedener Moleküle die noch schwächeren **VAN-DER-WAALS-Kräfte** ausbilden. Um die zwischen den Acrylnitril-Molekülen wirkenden zwischenmolekularen Kräfte zu überwinden, muss deutlich weniger Wärmeenergie zugeführt werden, als dies beim ionisch aufgebauten Natriumcyanid der Fall ist.

Aufgabe C

3.1 Der Strukturformelausschnitt der Cellulose in HAWORTH-Darstellung lässt sich wie folgt darstellen:

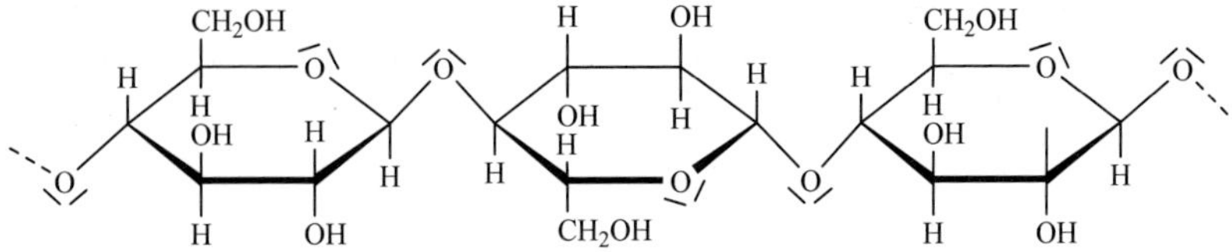

Cellulose ist ein Polysaccharid, in dem die **β-D-Glucose-**Einheiten über eine **β-1,4-glycosidische Bindung** miteinander verknüpft sind.

Neben dem oberen Strukturausschnitt, in dem jedes zweite Monomer formal gedreht ist, ist ebenfalls die folgende Darstellung denkbar:

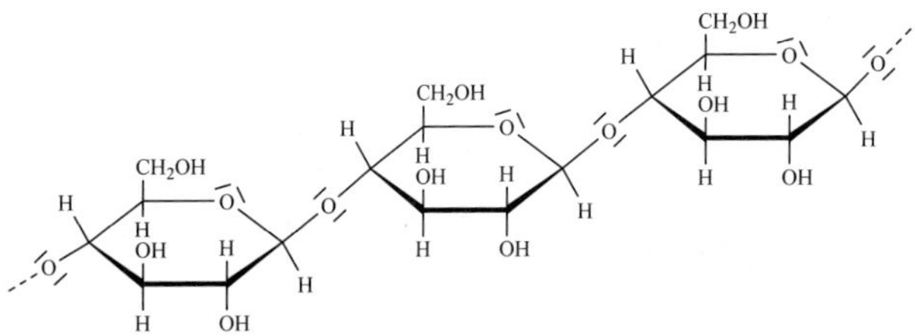

Neben der Cellulose sollte auch das Polysaccharid Stärke in seinen beiden Modifikationen (Amylose und Amylopektin) ohne weitere Ausführungen in der Aufgabenstellung oder den Materialien auswendig dargestellt werden können. Darüber hinaus sollten die Schülerinnen und Schüler laut Kerncurriculum für das Fach Chemie die Monosaccharide Glucose, Fructose und die Disaccharide Maltose sowie die Saccharose darstellen können.

3.2 FISCHER-Projektion der D-Mannose:

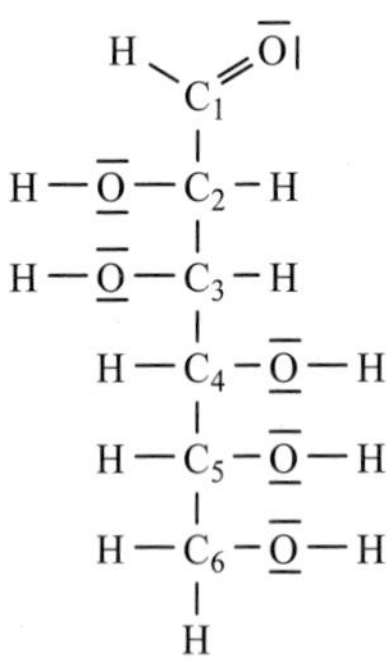

FISCHER-Projektion der D-Fructose:

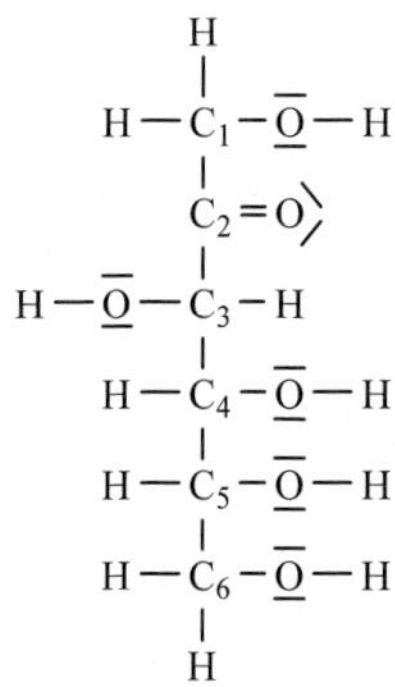

D-Fructose steht in der alkalischen FEHLING-Lösung über die Keto-Enol-Tautomerie mit der D-Glucose und der D-Mannose in einem dynamischen Gleichgewicht. Die D-Fructose tautomerisiert dabei über die Endiolform zur D-Glucose oder zur D-Mannose, die sich nur in der Stellung der Hydroxy-Gruppe am zweiten C-Atom von der D-Glucose unterscheidet. D-Glucose sowie D-Mannose sind Aldohexosen und weisen daher die leicht zu oxidierende Aldehyd-Gruppe auf, weshalb die FEHLING-Probe mit beiden Verbindungen positiv verläuft.

*Bei einer Tautomerie besteht ein dynamisches Gleichgewicht zwischen zwei Isomeren, die sich leicht durch Wanderung eines Atoms oder einer Gruppe von Atomen ineinander umwandeln können. Das folgende Reaktionsbeispiel der **Keto-Enol-Tautomerie** von D-Fructose, D-Glucose und D-Mannose ist nicht Teil der zu erbringenden Lösung, kann aber im GK wie auch im LK gefordert werden.*

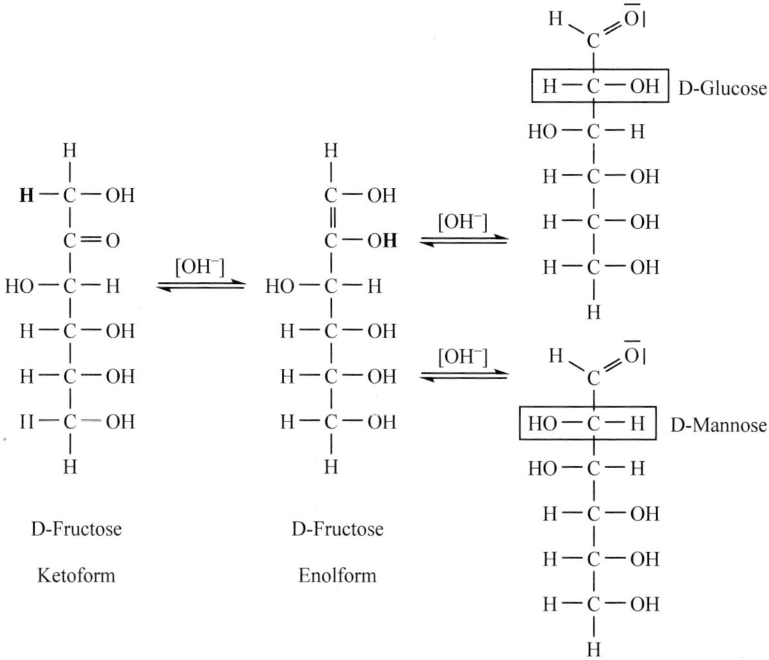

*Erst im nachfolgenden Reaktionsmechanismus kann über die **Enolform** nachvollzogen werden, weshalb sich neben D-Glucose bei der **Tautomerisierung** ebenfalls die D-Mannose bilden kann. Für diesen Schritt ist die mit einem Sternchen* markierte **Carbanionform**, die als weitere mesomere Grenzformel zum Enolat-Ion vorliegt, verantwortlich. In dieser Form liegt eine Einfachbindung zwischen dem C1- und dem C2-Atom vor, die **frei drehbar** ist und bei der auch noch kein chirales Kohlenstoffatom an C2 vorliegt. D-Glucose und D-Mannose unterscheiden sich lediglich in der Konfiguration an diesem chiralen **C2-Atom**. Dieses Chiralitätszentrum bildet sich jedoch erst im weiteren Verlauf der Reaktion aus. Dessen Konfiguration fällt durch Rotation der Bindung während der Reaktion **zufällig** aus. Daraus resultieren D-Glucose und D-Mannose, zwei voneinander unabhängige, eigenständige Moleküle. Auch dieser Reaktionsmechanismus ist nicht Teil der zu erbringenden Lösung.*

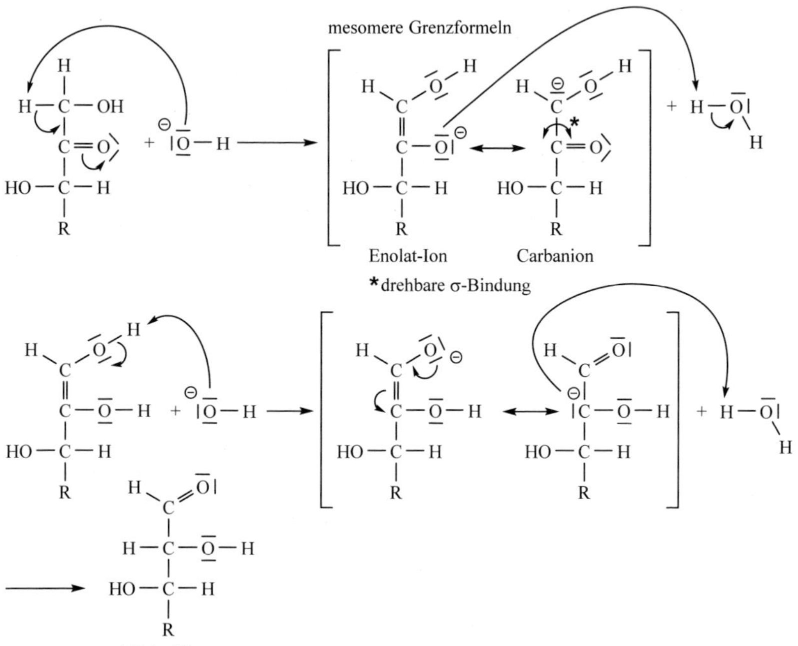

Wie im obigen Hinweis dargestellt, ist es möglich, dass sich bei der **Keto-Enol-Tautomerie** aus der D-Fructose auch D-Mannose bildet. D-Mannose und D-Glucose unterscheiden sich nämlich lediglich in der Stellung der Hydroxygruppe am C2-Atom. Diese bildet sich wie dargestellt erst über eine Tautomerisierung. Deshalb hat die Laborantin recht mit ihren Aussagen.

Die Entwicklung der Strukturformeln für den Fünfring der α-D-Mannose und den Sechsring für die α-D-Fructose in HAWORTH-Projektion sieht wie folgt aus:

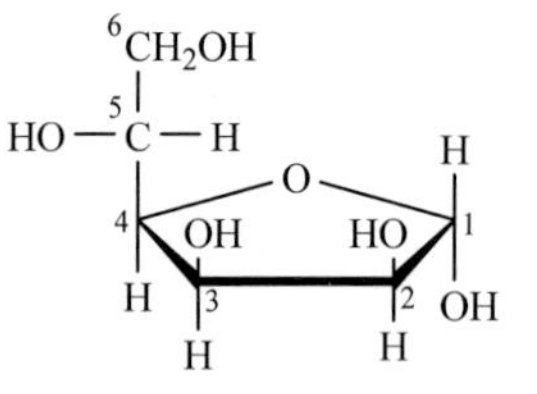

α-D-Mannose als Fünfring

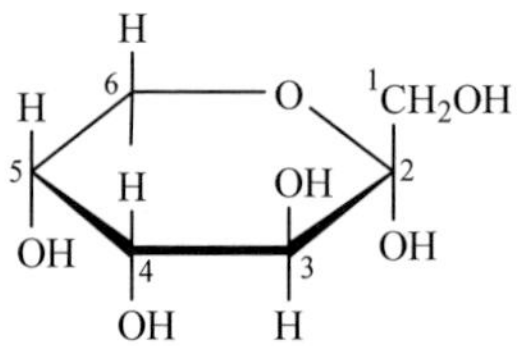

α-D-Fructose als Sechsring

Der dargestellte Fünfring der D-Mannose besitzt eine am C1-Atom nach unten stehende Hydroxy-Gruppe und wird deshalb als α-Variante bezeichnet. Das C1-Atom heißt hier auch ***anomeres C-Atom****, da durch den Ringschluss ein neues Chiralitätszentrum entstanden ist. Diese Fünfring-Form kommt zustande, indem die Hydroxy-Gruppe des C4-Atoms in der offenkettigen Form mit der Aldehyd-Gruppe am C1-Atom reagiert und sich ein* ***Halbacetal*** *bildet. Der Sechsring der D-Fructose kommt dadurch zustande, dass die Hydroxygruppe am C6-Atom mit der Keto-Gruppe an C2 zu einem Halbacetal reagiert.*
Solch ein Ringschluss wird häufig in der Abiturprüfung gefordert und kann am besten am Beispiel der D-Glucose nachvollzogen werden:

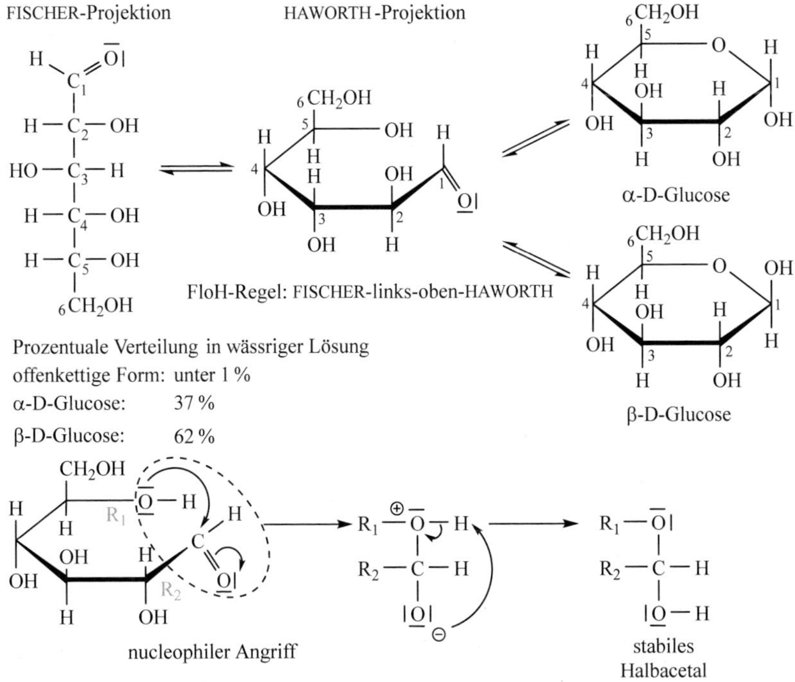

3.3 Die Reaktionsgleichung der Esterhydrolyse am Mannose-Baustein 1 lautet wie folgt:

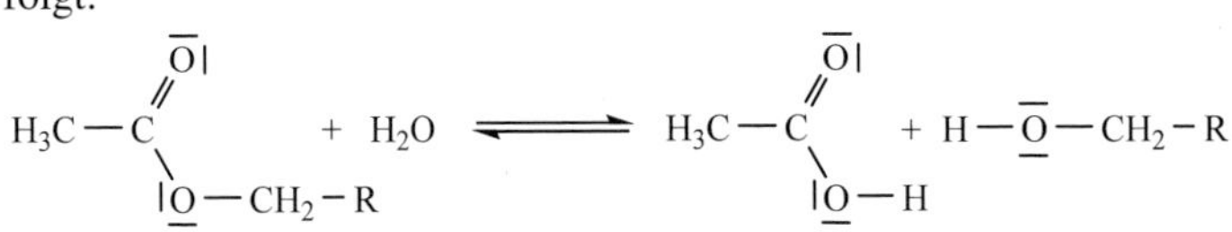

Diese Reaktion muss, um in adäquater Zeit ablaufen zu können, säurekatalysiert vollzogen werden. Der Reaktionsmechanismus dieses Reaktionsschrittes ist letztlich die Veresterung in umgekehrter Reihenfolge.

Darauf folgt die Säure-Base-Reaktion der sich bildenden Ethansäure:

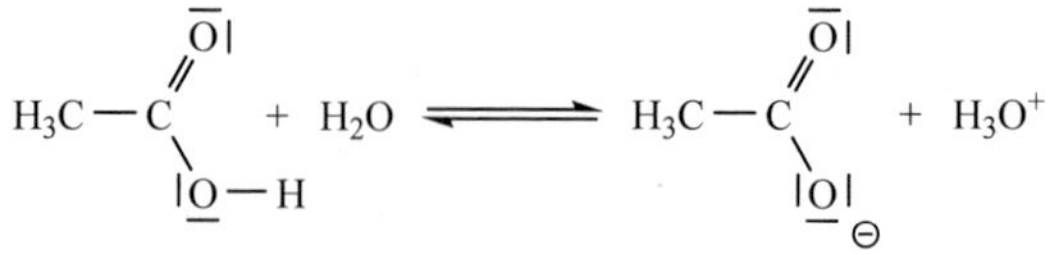

Der pH-Wert der wässrigen Natriumacetat-Lösung kann folgendermaßen berechnet werden:

$c(\text{Natriumacetat}) = 0{,}2\ \text{mol} \cdot \text{L}^{-1} \qquad \text{p}K_\text{B} = 9{,}24$

$$\text{pOH} = \frac{1}{2} \cdot [\text{p}K_\text{B} - \log(c_0)]$$

$$\text{pOH} = \frac{1}{2} \cdot [9{,}25 - \log(0{,}2)]$$

$$\text{pOH} = 4{,}96$$

$$\text{pH} + \text{pOH} = 14$$

$$14 - 4{,}96 = \text{pH} = 9{,}04$$

Wie beim pK_S-Wert gilt auch beim pK_B-Wert: Je kleiner dieser Wert ist, desto stärker ist die jeweilige Säure/Base. Zur Abgrenzung, ab wann eine Base als stark anzusehen ist, kann folgende Näherung verwendet werden: Unter einem pK_B von 4 handelt es sich um eine starke Base.
Für diesen Fall kann der pOH-Wert vereinfacht wie folgt berechnet werden: $pOH = -log_{10}(c_0(Base))$. Andernfalls ist die zur obigen Lösung verwendete Berechnungsformel zu benutzen.
Mit der Formel pH + pOH = 14 können pH- und pOH-Wert umgerechnet werden.

3.4 Für die Herstellung der Brenztraubensäure aus 2-Hydroxypropansäure lautet die Reaktionsgleichung wie folgt:

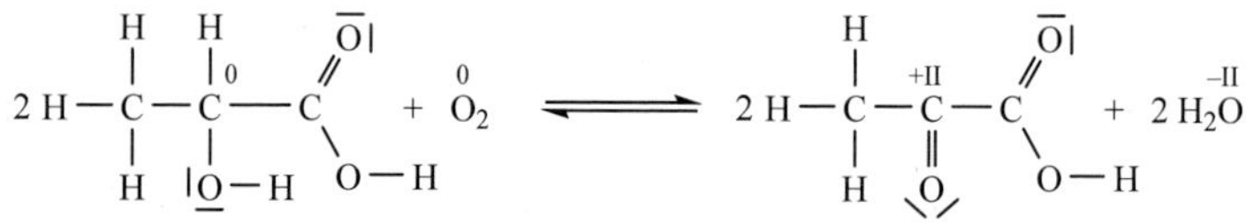

Oxidation: Das C2-Atom der 2-Hydroxypropansäure gibt zwei Elektronen ab, wodurch sich die Oxidationszahl von +/–0 auf +II erhöht.

Reduktion: Das Sauerstoffatom des Sauerstoffmoleküls nimmt jeweils zwei Elektronen auf, wodurch sich dessen Oxidationszahl von +/–0 auf –II reduziert.

Dadurch werden im Verlauf der Redoxreaktionen 4 Elektronen übertragen.

Das Sauerstoffvolumen, das bei 25 °C für die vollständige Umsetzung von 2-Hydroxypropansäure zur Brenztraubensäure (ist im Folgenden als BTS abgekürzt) benötigt wird, kann folgendermaßen berechnet werden:

$m(\text{BTS}) = 5\text{ g} \qquad M(\text{BTS}) = 88\text{ g} \cdot \text{mol}^{-1}$

$$n = \frac{m}{M} \quad \Rightarrow \quad n = \frac{5\text{ g}}{88\text{ g} \cdot \text{mol}^{-1}} \approx 0{,}057\text{ mol}$$

Mithilfe der Reaktionsgleichung lässt sich aus der berechneten Stoffmenge der Brenztraubensäure der Verbrauch an Sauerstoff berechnen, da die Stoffmengen der BTS und die des Sauerstoffs über die Reaktionsgleichung im Zusammenhang stehen.

Für das molare Volumen gilt: $V = n \cdot V_m$

$$n(O_2) = \frac{1}{2} \cdot n(\text{BTS}) \approx 0{,}029\text{ mol}$$

$$V(O_2) = 24\text{ L} \cdot \text{mol}^{-1} \cdot 0{,}029\text{ mol} = 0{,}696\text{ L}$$

3.5 Die Reaktion führt zu der in der Angabe mit einem Pfeil markierten Bindung, die durch Reaktion zwischen der Keto-Gruppe des C2-Atoms der Brenztraubensäure und der Hydroxy-Gruppe des C4-Atoms des Mannose-Bausteins 2 entsteht.

Die Schwierigkeit dieser Aufgabe liegt sicher in der Komplexität des in Material 1 dargestellten Xanthan-Moleküls. Aus diesem Grund sollten hier zuerst beide Moleküle/Molekülfragmente dargestellt und deren funktionelle Gruppen am zu betrachtenden Kohlenstoffatom genauer hervorgehoben werden. Nun können sinnvolle Abkürzungen für den zu formulierenden Reaktionsmechanismus gewählt werden. Erst danach folgen die Überlegungen, wie diese funktionellen Gruppen miteinander reagieren könnten, in diesem Fall eben die Hydroxy-Gruppe des Mannose-Bausteins mit der Keto-Gruppe am Brenztraubensäuremolekül.
Vorsicht: *Hier läuft* ***keine*** *Veresterung ab. Die Carboxyl-Gruppe stellt letztlich das C1-Atom der Brenztraubensäure dar, was auf den ersten Blick schwierig zu erkennen sein könnte.*

Der Reaktionsmechanismus lässt sich wie folgt formulieren:

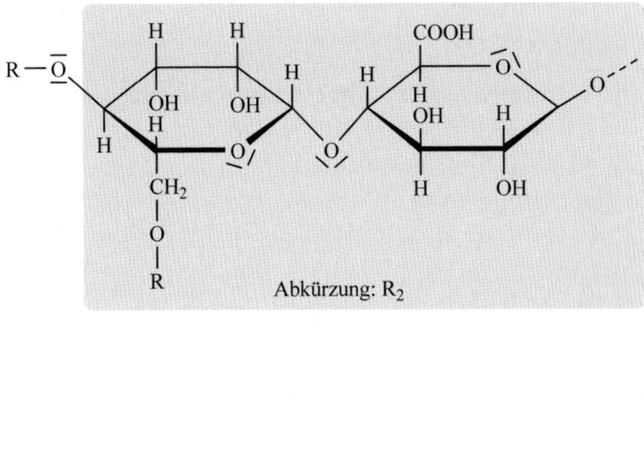

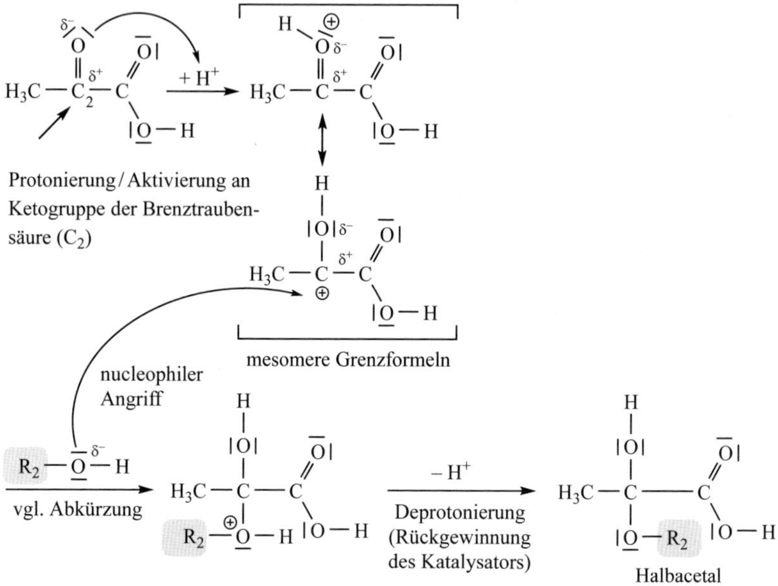

Der ablaufende Reaktionsmechanismus der Halbacetalbildung ist eine **nucleophile Addition**.

3.6 Reagieren zwei Mannose-Bausteine in einer intermolekularen Reaktion miteinander zu einem Disaccharid, so nimmt die Anzahl der Moleküle ab.
Die Entropie kann als das Maß für die Veränderung des Ordnungsgrades im Laufe einer chemischen Reaktion angesehen werden. Im Erlenmeyerkolben nimmt die Entropie während der Bildung des Disaccharids also ab, da die Anzahl der Moleküle kleiner wird, was als **Zunahme der Ordnung** aufzufassen ist. Daher gilt für diese Reaktion $\Delta S < 0$.

Der Ringschluss ist hingegen eine intramolekulare Reaktion der Hydroxy-Gruppe der Mannose mit der Aldehyd-Gruppe desselben Moleküls. Dieser führt zu keiner Veränderung der Molekülanzahl oder des Aggregatzustandes der Teilchen, weshalb die **Entropieänderung** in diesem Fall gleich **null** ist.

In einem abgeschlossenen, isolierten System, das keinen Stoff- und Energieaustausch mit der Umgebung zulässt, kann die Entropie nur zunehmen, wenn der ***Grad der Unordnung*** *(der größeren Freiheitsgrade) entsprechend zunimmt.*

Bezogen auf die zu betrachtende Entropie ist daher die intramolekulare Reaktion der Mannose-Moleküle, also Möglichkeit 1, **entropisch bevorzugt**.

Für die Freiwilligkeit, mit der eine chemische Reaktion abläuft, ist die Entropiezunahme ($\Delta S > 0$) ein wichtiger Faktor. Allerdings müssen noch andere Faktoren berücksichtigt werden.

Mithilfe der ***GIBBS-HELMHOLTZ-Gleichung*** *lässt sich ermitteln, ob die Reaktion freiwillig abläuft oder nicht:*

$\Delta_R G_m^0 = \Delta_R H_m^0 - T \cdot \Delta S_m^0$

Über die Formel lässt sich die molare ***freie Standardreaktionsenthalpie*** $\Delta_R G_m^0$ *(auch* ***GIBBS-Energie*** *genannt) berechnen und damit eine Aussage über den Reaktionsablauf treffen.*

Eine chemische Reaktion, die ***freiwillig*** *abläuft, wird als* ***exergonische*** *Reaktion bezeichnet. Bei exergonischen Reaktionen ist die Änderung der freien Enthalpie* $\Delta_R G_m$ *kleiner null, also negativ:* $\Delta_R G_m < 0$.
Eine ***endergonische*** *Reaktion mit* $\Delta_R G_m > 0$ *läuft* ***nicht freiwillig*** *ab.*

Schon an der Gleichung der GIBBS-Energie ist zu erkennen, dass die Veränderung der Entropie ΔS_m^0 *für die Freiwilligkeit eine bedeutende Rolle spielt, gerade bei hohen Temperaturen.*

Eine Reaktion kann allerdings trotz einer ***Entropieabnahme*** *auch freiwillig ablaufen, wenn es sich um eine stark exotherme Reaktion handelt (bei einer solchen ist* $\Delta_R H_m^0 < 0$*). Denn auch so ist es möglich, dass die freie Standardreaktionsenthalpie* $\Delta_R G_m$ *trotzdem zu einem Wert unter null kommt. Die* ***Entropiezunahme*** *ist also nicht der einzige Faktor für die „Freiwilligkeit" einer chemischen Reaktion.*

Zu beachten ist hierbei, dass die Werte für die Temperatur in ***Kelvin*** *einzusetzen sind. Die Kelvinskala kennt nur positive Werte für die Temperatur T.*

Die Ähnlichkeit in der Benennung von $\Delta_R G_m^0$ *und* $\Delta_R H_m^0$ *führt oft zu Verwirrungen. Die* ***molare Standardreaktionsenthalpie*** $\Delta_R H_m^0$ *gibt lediglich den Energieumsatz einer bei konstantem Druck durchgeführten Reaktion von einem Mol unter Standardbedingungen an (d. h., die Temperatur und der Druck sind vorgegeben!). Dagegen kann mit der GIBBS-Energie bzw. der* ***freien Reaktionsenthalpie*** $\Delta_R G_m^0$ *wie oben erklärt eine Vorhersage über den Reaktionsablauf getroffen werden, indem neben der molaren Standardreaktionsenthalpie auch die Entropieänderung und die Temperatur miteinbezogen werden.*

Grundkurs Chemie (Hessen)
Abiturprüfung 2021

Aufgabe B

Chloramphenicol BE

Chloramphenicol ist ein Breitbandantibiotikum, das zur Behandlung bakterieller Infektionskrankheiten eingesetzt wird. Außer in Form von Tabletten kann es auch in Form von Salben oder Tropfen eingesetzt werden, zum Beispiel zur Behandlung von Augeninfektionen.
Tabletten und Salben enthalten neben dem Wirkstoff noch zahlreiche weitere Bestandteile. Beispielsweise werden als Füllmittel bei Tabletten Stärke oder Saccharose verwendet.
Wie viele andere Arzneistoffe weist auch Chloramphenicol einen bitteren Geschmack auf, den viele Patienten als unangenehm empfinden. Um den bitteren Geschmack zu umgehen, kann Chloramphenicol mit einer langkettigen Carbonsäure verestert werden.

2.1 Benennen Sie für Saccharose und für lösliche Stärke (Amylose) jeweils die Monosaccharid-Bausteine und ihre Verknüpfungsart.
Zeichnen Sie einen Strukturformelausschnitt aus einem Amylose-Molekül mit drei Monosaccharid-Einheiten.
Erläutern Sie eine Nachweisreaktion, mit der sich Stärke und Saccharose voneinander unterscheiden lassen. 10

2.2 Ein Zwischenprodukt bei der Synthese von Chloramphenicol ist Dichlorethansäure. Dichlorethansäure und Ethansäure sind zwei Carbonsäuren, die sich in ihren Strukturen ähneln. Beide Säuren sind jedoch unterschiedlich stark. Die pK_S-Werte betragen 4,76 und 1,30.
Zeichnen Sie jeweils die Strukturformel von Dichlorethansäure und Ethansäure mit allen bindenden und nichtbindenden Elektronenpaaren.
Formulieren Sie die Reaktionsgleichung für die Reaktion von Dichlorethansäure mit Wasser sowie den Formelausdruck für die Berechnung des K_S-Werts.
Ordnen Sie die oben genannten pK_S-Werte der Dichlorethansäure sowie der Ethansäure zu und erläutern Sie Ihre Zuordnung anhand der Strukturformeln. 11

2.3 Die in Material 1 angegebene Verbindung ist ein Ausgangsstoff zur Herstellung von Chloramphenicol und besitzt zwei asymmetrische Kohlenstoff-Atome.
Benennen Sie jeweils die beiden in Material 1 mit „A“ und „B“ bezeichneten funktionellen Gruppen.

Geben Sie eine Definition für den Begriff „asymmetrisches Kohlenstoff-Atom“ an und beschriften Sie die beiden asymmetrischen Kohlenstoff-Atome in der in Material 1 angegebenen Strukturformel. 5

2.4 In Material 2 finden Sie eine Beschreibung des Mechanismus der Synthese von Chloramphenicol. In einer Kondensationsreaktion reagiert dabei die Verbindung aus Material 1 mit Dichlorethansäurechlorid aus Material 2. Entwickeln Sie mithilfe von Material 1 und 2 einen Reaktionsmechanismus.

HINWEIS: Für den Reaktionsmechanismus nicht relevante Molekülteile aus Material 1 können mit „R“ abgekürzt werden. 7

2.5 In 5 mL Augentropfen sind 0,025 g Chloramphenicol (Material 2) enthalten. Berechnen Sie die Stoffmengen-Konzentration *c* von Chloramphenicol in diesen Augentropfen. 5

2.6 Zur Herstellung eines besser schmeckenden Wirkstoffes wird Chloramphenicol (Material 2) mit Palmitinsäure (Hexadecansäure, $C_{15}H_{31}COOH$) verestert. Dabei entstehen das sogenannte Chloramphenicol-Palmitat (Material 3) und Wasser.
Bei dieser Veresterung sind außer Chloramphenicol-Palmitat (Material 3) zwei weitere Reaktionsprodukte denkbar.
Formulieren Sie den Reaktionsmechanismus für die säurekatalysierte Veresterung von Chloramphenicol mit Palmitinsäure (Hexadecansäure) und erläutern Sie die einzelnen Reaktionsschritte.
Begründen Sie die Bildung der beiden weiteren prinzipiell denkbaren Reaktionsprodukte.

HINWEIS: Für den Reaktionsmechanismus nicht relevante Molekülteile können mit „R_1“, „R_2“ usw. abgekürzt werden. 12

50

Material 1: Verbindung zur Herstellung von Chloramphenicol

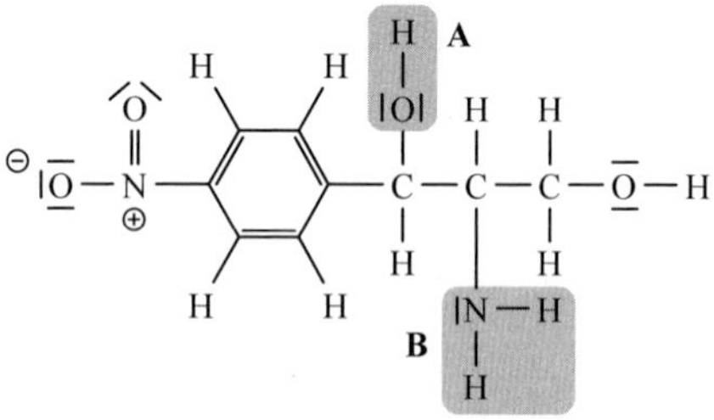

Material 2: Synthese von Chloramphenicol

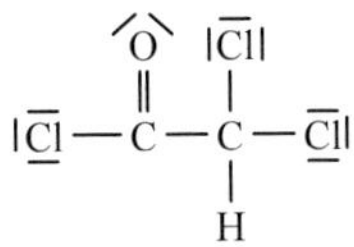

Dichlorethansäurechlorid

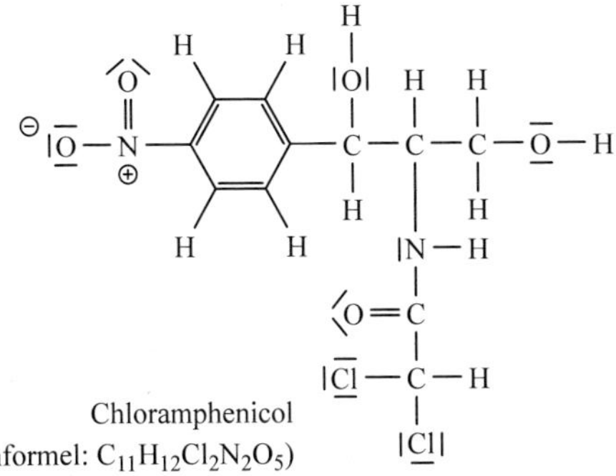

Chloramphenicol
(Summenformel: $C_{11}H_{12}Cl_2N_2O_5$)

Herstellung von Chloramphenicol in drei Schritten

Schritt 1: Die Verbindung aus Material 1 reagiert mit Dichlorethansäurechlorid zum Zwischenprodukt 1. Hierbei greift die mit „B“ bezeichnete funktionelle Gruppe der Verbindung aus dem Material 1 nucleophil am Kohlenstoff-Atom der funktionellen Gruppe des Dichlorethansäurechlorids an. Das Zwischenprodukt 1 enthält eine positive Ladung am Stickstoff-Atom und eine negative Ladung am Sauerstoff-Atom.

Schritt 2: Aus Zwischenprodukt 1 wird vom Stickstoff-Atom ein Proton abgespalten. Es entsteht Zwischenprodukt 2, das ein Anion ist.

Schritt 3: Das negativ geladene Zwischenprodukt 2 spaltet ein Chlorid-Ion ab. Es entsteht das Produkt Chloramphenicol.

Material 3: Chloramphenicol-Palmitat

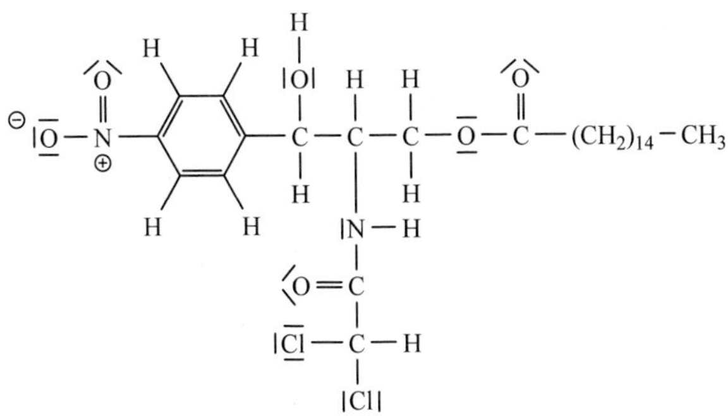

Materialgrundlage: URL: https://i.stack.imgur.com/galQ1.png (abgerufen am 31. 10. 2019).
URL: https://www.pharmazeutische-Zeitung.de/ausgabe-262011/arzneistoffe-mit-massgeschneiderten-Eigenschaften/ (abgerufen am 31. 10. 2020).
Duden, Formeln und Werte. Berlin 1. Aufl. 2011, S. 155.
Jonathan Clyden, Nick Greeves, Stuart Warren: Organische Chemie, Heidelberg 2. Aufl. 2013, S. 227.

Aufgabe C

Fette BE

Fette sind wichtige Bestandteile unserer Ernährung. Neben Energie liefern sie uns auch wichtige essenzielle Fettsäuren und Vitamine. Hauptbestandteil von Fetten sind Triglyceride, die alle einen grundlegend gleichen Aufbau haben. Material 1 zeigt ein Beispiel für ein Triglycerid. Versetzt man dieses Triglycerid unter Lichtausschluss mit elementarem Brom, so stellt man eine Entfärbung fest.
Bei zu starkem Erhitzen von Fetten, wie beispielsweise beim Frittieren, kann Acrolein (Prop-2-enal, Material 2) als unerwünschtes Produkt entstehen.
Elaidinsäure ist eine Fettsäure, die unter anderem als Baustein von Triglyceriden in Milchfett vorkommt, Ölsäure ist ein häufiger Bestandteil von Triglyceriden in Olivenöl. Die beiden zueinander isomeren Fettsäuren Elaidinsäure und Ölsäure (Material 3) haben unterschiedliche Schmelztemperaturen.
Die bei der Aufspaltung von Triglyceriden gewonnenen Fettsäuren sind Ausgangsstoffe für die Herstellung von waschaktiven Substanzen. Dabei stellt man bei der Synthese aus den freien Fettsäuren zunächst die jeweiligen sogenannten Fettalkohole her. Diese Fettalkohole wiederum sind Ausgangsstoffe für die Synthese der waschaktiven Substanzen.

3.1 Beschreiben Sie detailliert den Aufbau des in Material 1 angegebenen Triglycerid-Moleküls.
Bestimmen Sie alle für eine Reaktion mit Brom unter Lichtausschluss geeigneten Teilbereiche des Moleküls.
Formulieren, beschreiben und benennen Sie den Reaktionsmechanismus für die unter Lichtausschluss stattfindende Reaktion von Brom mit einem geeigneten Teilbereich des Triglycerid-Moleküls aus Material 1.

HINWEIS: Für den Reaktionsmechanismus nicht relevante Molekülteile können mit „R_1“, „R_2“ usw. abgekürzt werden. 14

3.2 Erwärmt man ein Fett längere Zeit mit Natronlauge, so erhält man Propan-1,2,3-triol (Glycerin) und die Natrium-Salze der jeweiligen Fettsäure-Moleküle.
Formulieren Sie exemplarisch für ein Triglycerid-Molekül an einer funktionellen Gruppe den Reaktionsmechanismus und geben Sie für jeden Teilschritt eine fachlich aussagekräftige Überschrift an.

HINWEIS: Für den Reaktionsmechanismus nicht relevante Molekülteile können mit „R_1“, „R_2“ usw. abgekürzt werden. 9

3.3 Beim Erhitzen von Fetten wird ebenfalls Propan-1,2,3-triol gebildet, das bei zu hohen Temperaturen zu dem giftigen Acrolein (Prop-2-enal, Material 2) weiterreagieren kann.
Formulieren Sie die Reaktionsgleichung für die Reaktion von Propan-1,2,3-triol zu Acrolein (Prop-2-enal) und Wasser.

Bestimmen Sie bei allen Kohlenstoff-Atomen in Propan-1,2,3-triol und Prop-2-enal die jeweilige Oxidationszahl und zeigen Sie, dass es sich um eine Redoxreaktion handelt. 7

3.4 Prop-2-enal (Acrolein, Material 2) kann mithilfe der FEHLING-Probe nachgewiesen werden.
Nennen Sie die wesentliche Beobachtung bei einer FEHLING-Probe, die positiv verläuft. Formulieren Sie die Reaktionsgleichung für die FEHLING-Probe von Prop-2-enal (Acrolein). 5

3.5 Material 3 zeigt die jeweilige Strukturformel der beiden zueinander isomeren Fettsäuren Elaidinsäure und Ölsäure sowie deren jeweilige Schmelztemperatur.
Bestimmen Sie die Art der Isomerie hinsichtlich der beiden Fettsäuren.
Erklären Sie die unterschiedlichen Schmelztemperaturen der beiden Fettsäuren unter Verwendung der Strukturformeln (Material 3). 6

3.6 Material 4 zeigt, ausgehend von Dodecansäure, einen Überblick über die mehrstufige Synthese der waschaktiven Substanz Natriumdodecylsulfat.
Formulieren Sie in Strukturformeln die beiden Reaktionsgleichungen zur Reaktion von Dodecansäure zu Dodecan-1-ol (Material 4, Schritte 1 und 2).
Entwickeln Sie mithilfe von Material 4 (Schritte 3 und 4) sowie von Material 5 die beiden Reaktionsgleichungen zur Synthese von Natriumdodecylsulfat.

HINWEIS: Für die Reaktionsgleichung nicht relevante Molekülteile können mit „R_1“, „R_2“ usw. abgekürzt werden. 9

50

Material 1: Triglycerid

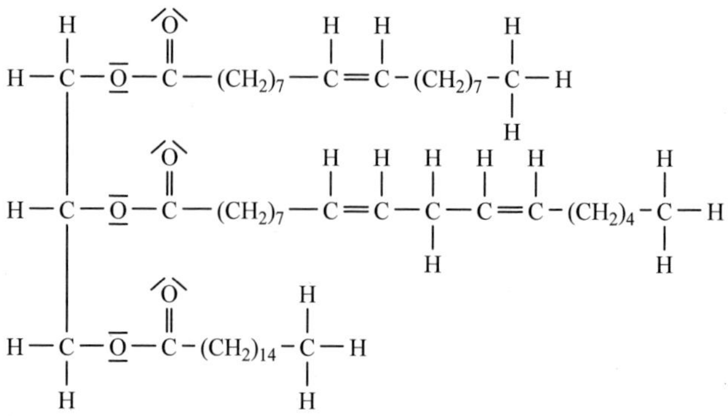

Material 2: Prop-2-enal

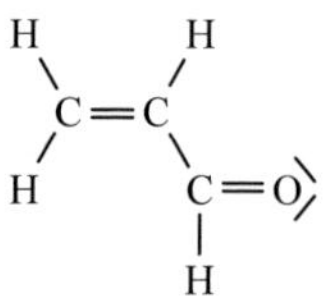

Material 3: Fettsäuren: Elaidinsäure und Ölsäure

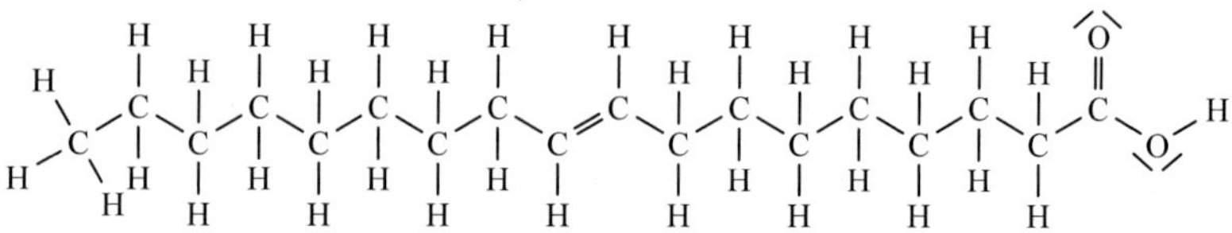

Elaidinsäure (Schmelztemperatur: ca. 47 °C)

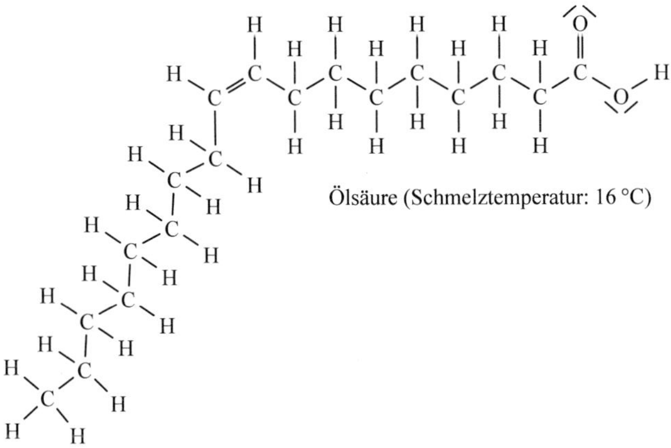

Ölsäure (Schmelztemperatur: 16 °C)

Material 4: Synthese von Natriumdodecylsulfat

Schritt 1:
Die Fettsäure Dodecansäure $CH_3-(CH_2)_{10}-COOH$ reagiert mit Methanol zu einem Ester und Wasser.

Schritt 2:
Der Ester aus Schritt 1 reagiert mit Wasserstoff zu dem sogenannten Fettalkohol Dodecan-1-ol und Methanol.

Schritt 3:
Anschließend erfolgt die Reaktion von Dodecan-1-ol mit Schwefelsäure (H_2SO_4) zum Schwefelsäuredodecanyl-Ester (Material 5). Dabei handelt es sich um eine Kondensationsreaktion.

Schritt 4:
Schwefelsäuredodecanyl-Ester reagiert in einer Säure-Base-Reaktion mit Natronlauge zur gewünschten waschaktiven Substanz Natriumdodecylsulfat.

Material 5: Schwefelsäuredodecanyl-Ester

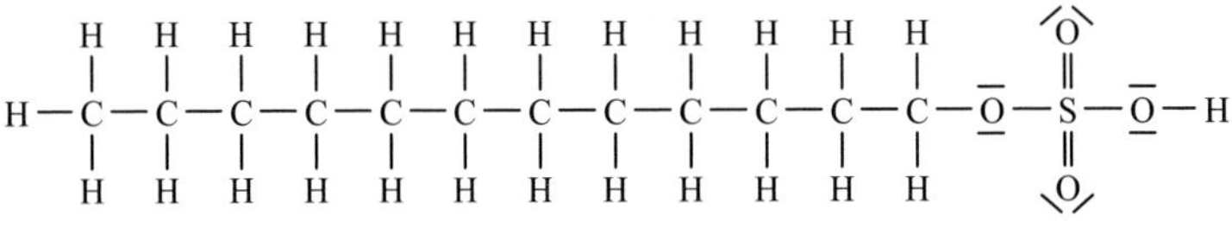

Materialgrundlage: Günther Wagner: Waschmittel, Weinheim 2005, S. 262 f.
URL: https://www.u-helmich.de/che/lexikon/F/fettsaeuren-trans.html (abgerufen am 17. 02. 2020).
J. Falbe, M. Regitz (Hrsg.): Römpp-Lexikon Chemie, Band 4, Stuttgart 9. Aufl. 1995, S. 3 095.
J. Falbe, M. Regitz (Hrsg.): Römpp-Lexikon Chemie, Band 2, Stuttgart 9. Aufl. 1995, S. 1 103.

Aufgabe D

Bodenbeläge aus PVC und Kork BE

PVC (Polyvinylchlorid, Material 2) ist ein vielseitiger und preiswerter Kunststoff, der häufig als Fußbodenbelag eingesetzt wird. Es gibt Hart-PVC sowie das biegsamere Weich-PVC, das aus sogenannten Copolymeren bestehen kann. Polyvinylchlorid ist allerdings in die Kritik gekommen, da beispielsweise bei der Verbrennung zahlreiche giftige Stoffe freigesetzt werden. Ein mögliches Verbrennungsprodukt ist das Gas Phosgen (Material 4). Atmet man Phosgen ein, reagiert es mit der Feuchtigkeit in den Lungen zu Kohlenstoffdioxid und Chlorwasserstoff.
Als Alternative zu PVC kommen verschiedene andere Materialien als Bodenbeläge in Frage, unter anderem das Naturprodukt Kork. Dieser Naturstoff enthält zahlreiche verschiedene Substanzen wie zum Beispiel Cellulose und Polyester, die aus verschiedenen Hydroxydicarbonsäuren aufgebaut sind.

4.1 Die mehrstufige Synthese von PVC (Polyvinylchlorid) ist in Material 1 dargestellt. Geben Sie in Strukturformeln die Reaktionsgleichung der Reaktion von Schritt 1 an.
Formulieren Sie in Strukturformeln die Reaktionsgleichung für die Reaktion des Zwischenprodukts aus Schritt 1 der Synthese zu Chlorethen (Schritt 2).
Erläutern Sie die Nachweisreaktion in Schritt 2. 8

4.2 Formulieren und benennen Sie für den dritten Schritt aus Material 1 den vollständigen, zugehörigen Reaktionsmechanismus. Verknüpfen Sie dabei drei Monomere.
Erläutern Sie die dabei ablaufenden Teilschritte. 10

4.3 Das in Material 2 gezeigte PVC ist steifer, während das in Material 3 gezeigte sogenannte PVC-Copolymer weicher und biegsamer ist. Für die Herstellung dieses Copolymers werden neben Chlorethen zwei weitere Monomere als Edukte verwendet.
Ermitteln Sie die Strukturformeln der beiden weiteren Edukte, aus denen das in Material 3 dargestellte Copolymer hergestellt wird.
Erklären Sie mithilfe von Material 2 das Verhalten von Hart-PVC beim Erwärmen.
Begründen Sie unter Bezug auf Material 2 und 3 die unterschiedlichen Eigenschaften des PVC-Copolymers im Vergleich zu Hart-PVC. 10

4.4 Bei der Verbrennung von PVC kann unter anderem auch das in Material 4 dargestellte Reaktionsprodukt Phosgen entstehen. Kommt Phosgen in Kontakt mit Wasser, reagieren beide Stoffe zu Kohlenstoffdioxid und Chlorwasserstoff. Chlorwasserstoff bildet seinerseits mit Wasser eine stark ätzende Lösung.

Geben Sie die Reaktionsgleichung für die Reaktion von Phosgen mit Wasser zu Kohlenstoffdioxid und Chlorwasserstoff an.
Erläutern Sie, auch mithilfe einer Reaktionsgleichung, die Bildung der stark ätzenden Lösung und begründen Sie, ob es sich bei dieser Reaktion um eine Gleichgewichtsreaktion handelt.
Berechnen Sie den pH-Wert einer Lösung, wenn 25 mg Chlorwasserstoff in 200 mL Wasser eingeleitet werden. 12

4.5 Die im Kork chemisch gebundenen Hydroxydicarbonsäuren sind unterschiedlich aufgebaut.
Zeichnen Sie die Strukturformel einer beliebigen Octandisäure mit drei Hydroxy-Gruppen als Substituenten. Benennen Sie das von Ihnen gezeichnete Molekül.
Erklären Sie die Entstehung eines duroplastischen Polyesters aus dem von Ihnen gezeichneten Octandisäure-Abkömmling. 5

4.6 Zeichnen Sie einen Molekülausschnitt der ebenfalls im Kork enthaltenen Cellulose, in dem vier Monomer-Einheiten miteinander verknüpft sind.
Benennen Sie die Monomere, aus denen die Cellulose gebildet wird, sowie die Art der glykosidischen Bindung. 5

50

Material 1: Mehrstufige Synthese von PVC (Polyvinylchlorid)

Schritt 1:
Ethen reagiert mit Chlor in einer elektrophilen Addition zu einem Zwischenprodukt.

Schritt 2:
Das in Schritt 1 entstandene Zwischenprodukt wird unter bestimmten Bedingungen erhitzt, dabei bilden sich Chlorethen (Vinylchlorid) sowie ein gasförmiges anorganisches Produkt. Leitet man dieses Gas in wässrige Silbernitratlösung ein, entsteht ein weißer, milchiger Niederschlag.

Schritt 3:
Das in Schritt 2 entstandene Chlorethen (Vinylchlorid) reagiert mithilfe eines Peroxids (R–O–O–R) als Radikalstarter zum Polyvinylchlorid (PVC, Material 2).

Material 2: Strukturformelausschnitt eines Hart-PVC-Makromoleküls

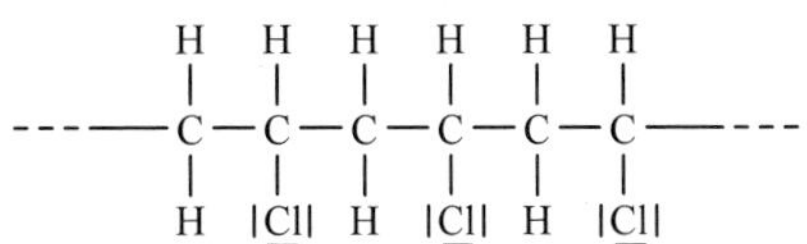

Material 3: Strukturformelausschnitt eines PVC-Copolymer-Makromoleküls

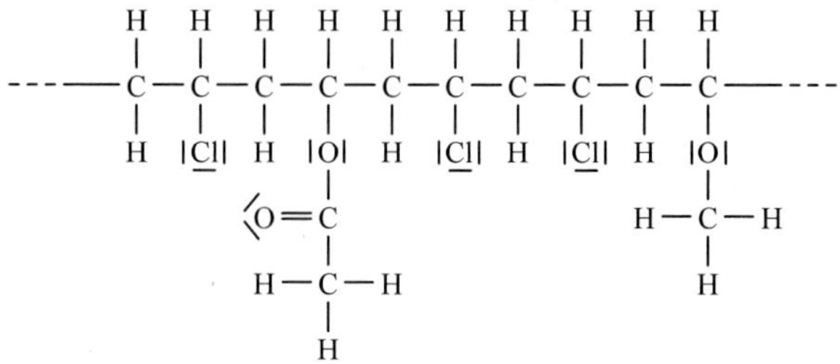

Material 4: Phosgen

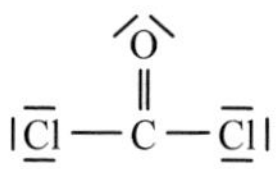

Materialgrundlage:
Hans Beyer, Wolfgang Walter: Lehrbuch der Organischen Chemie 24. Aufl. Stuttgart, S. 86 f., S. 374.
J. Falbe, M. Regitz (Hrsg.): Römpp-Lexikon Chemie, Band 4, Stuttgart 9. Aufl. 1995, S. 3 373 f.
J. Falbe, M. Regitz (Hrsg.): Römpp-Lexikon Chemie, Band 3, Stuttgart 9. Aufl. 1995, S. 2 341 f.
URL: https://www.chemieunterricht.de/dc2/tip/01_11.htm (abgerufen am 31. 3. 2020).

Aufgabe B

2.1 In der Saccharose sind die α-D-Glucose und die β-D-Fructose über eine α-β-1,2-glycosidische Bindung miteinander zu einem Disaccharid verbunden.

In der Amylose, der löslichen Form der Stärke, sind die α-D-Glucoseeinheiten α-1,4-glycosidisch zu einem Polysaccharid verbunden.

Strukturausschnitt des **Amylose-Moleküls:**

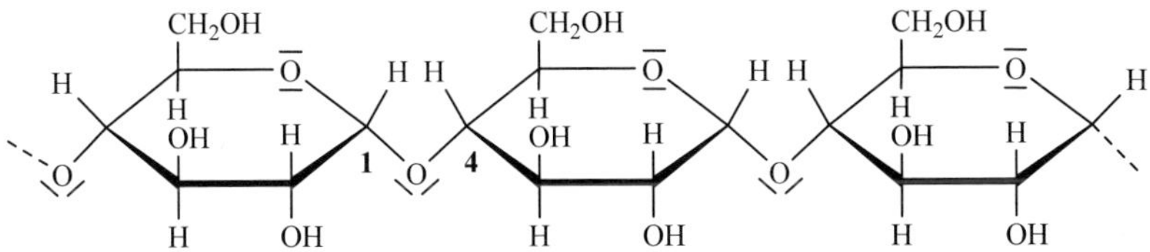

Saccharose und Amylose können eindeutig durch die Iod-Stärke-Probe voneinander unterschieden werden:

Werden beide Stoffe jeweils in Wasser gelöst und anschließend mit **LUGOL'scher Lösung** (Iod-Kaliumiodid-Lösung) versetzt, so färbt sich die Amylose-Lösung tiefblau. Die Saccharose-Lösung zeigt hingegen keine Farbveränderung.

Der Grund für das Auftreten der **Blaufärbung** durch Zugabe der Iod-Lösung zur Amylose liegt darin, dass es zu einer Einschlussverbindung der Iod-Moleküle in die **helikale Struktur** der Amylose kommt.

Amylopektin, die wasserunlösliche Form der Stärke, in der die Glucoseeinheiten zusätzlich noch an jeder 15–30. Stelle über eine α-1,6-glycosidische Bindung zu einem größeren Molekül verknüpft sind, bildet keine solche helikale Struktur. Aus diesem Grund zeigt diese Form der Stärke bei Zugabe mit LUGOL'scher-Lösung keine Blaufärbung.

2.2 Darstellung der Strukturformeln der beiden Carbonsäuren:

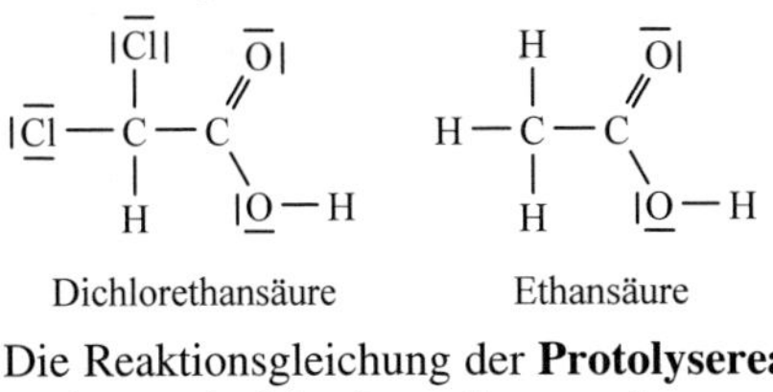

Dichlorethansäure Ethansäure

Die Reaktionsgleichung der **Protolysereaktion** von Dichlorethansäure mit Wasser kann wie folgt formuliert werden:

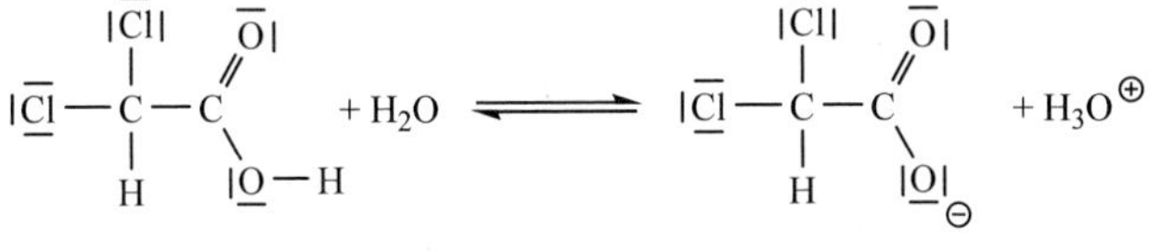

Bei dieser Protolysereaktion handelt es sich um eine ***Gleichgewichtsreaktion****. Je stärker eine Säure ist, desto mehr H_3O^+-Ionen und Säurerest-Ionen werden gebildet.*
Dieses Gleichgewichtsverhältnis zwischen Edukten und Produkten im Gleichgewichtszustand lässt sich mathematisch durch das ***Massenwirkungsgesetz*** *(kurz MWG) beschreiben. Je größer dabei der Wert dieser Gleichgewichtskonstante* $\boldsymbol{K_W}$ *ist, desto mehr überwiegen die Produkte im Gleichgewicht.*
Für wässrige Säuren wird eine neue Gleichgewichtskonstante, ***die Säurekonstante*** $\boldsymbol{K_S}$ *aufgestellt, welche noch die Konzentration von Wasser enthält. Diese Konzentration bleibt nämlich während der Protolysereaktion nahezu unverändert.*
Zum einfachen Vergleich der Säurestärken verschiedener Substanzen wird von diesem Zahlenwert der negative dekadische Logarithmus gebildet, der ***pK_S-Wert****. Hierbei gilt durch die mathematische Umformung allerdings dann das Gegenteil: Je* ***kleiner*** *der pK_S-Wert ist, desto* ***saurer*** *ist die Verbindung.*

Damit gilt:

$$K_W \cdot c(H_2O) = K_S = \frac{c(H_3O^+) \cdot c(HCl_2C-COO^-)}{c(HCl_2C-COOH)}$$

Zuordnung der pK_S-Werte:
Ethansäure (Essigsäure) ist eine schwache Säure mit dem pK_S-Wert von 4,76. Bei einem pK_S-Wert größer 4 handelt es sich um eine schwache Säure. Dichlorethansäure ist eine stärkere Säure als Ethansäure und weist damit einen niedrigeren pK_S-Wert auf, nämlich 1,3. Sie zählt damit zu den starken Säuren.

Die unterschiedlichen pK_S-Werte der beiden Carbonsäuren können durch den jeweiligen **Nachbargruppeneffekt** des Rests und damit den unterschiedlichen Polaritäten der beiden OH-Gruppen der Carboxyl-Gruppe erklärt werden. Durch diesen Effekt unterscheiden sich die **Bindungsstärken**, mit denen das Wasserstoffatom an das jeweilige Sauerstoffatom gebunden ist.

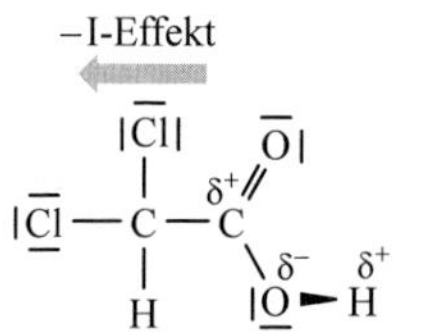

stärker polarisierte Bindung
⇒ H^+ kann leichter abgespalten werden, da dieses schwächer gebunden ist.

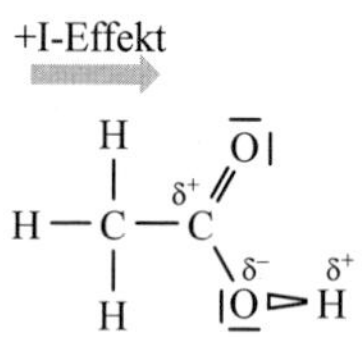

weniger stark polarisierte Bindung
⇒ H^+ ist stärker gebunden und kann deshalb schwerer abgegeben werden.

Die Chloratome der Dichlorethansäure erzeugen durch ihre Elektronegativität von 3,0 einen **negativen induktiven Effekt (–I-Effekt)** auf die benachbarte Carboxyl-Gruppe. Dieser elektronendichteziehende Effekt vergrößert die positive Partialladung am Kohlenstoffatom der Carboxlgruppe etwas. Durch diesen elektronendichteziehenden Effekt wird die O–H-Bindung der Carboxyl-Gruppe noch polarer, was mit einer schwächeren Bindung des Wasserstoffatoms an das

Sauerstoffatom gleichzusetzen ist. Aus diesem Grund kann das Wasserstoffatom leichter als Wasserstoff-Ion (Proton) abgespalten werden. Die Dichlorethansäure ist eine stärkere Säure.

Anders sieht es bei der Ethansäure aus: Die benachbarte CH_3-Gruppe übt einen **elektronendichteschiebenden Effekt (+I-Effekt)** aus. Daher ist die OH-Gruppe weniger stark polarisiert, wodurch das Wasserstoffatom stärker gebunden und damit schwerer als Wasserstoff-Ion abgespalten werden kann.

2.3 Die funktionellen Gruppen des in Material 1 dargestellten Moleküls heißen:
A: Hydroxy-Gruppe
B: Amino-Gruppe

„Asymmetrische Kohlenstoffatome“ sind Kohlenstoffatome, die vier verschiedene Substituenten aufweisen. Im in Material 1 dargestellten Molekül gibt es zwei asymmetrische Kohlenstoffatome, welche mit einem Stern* markiert sind:

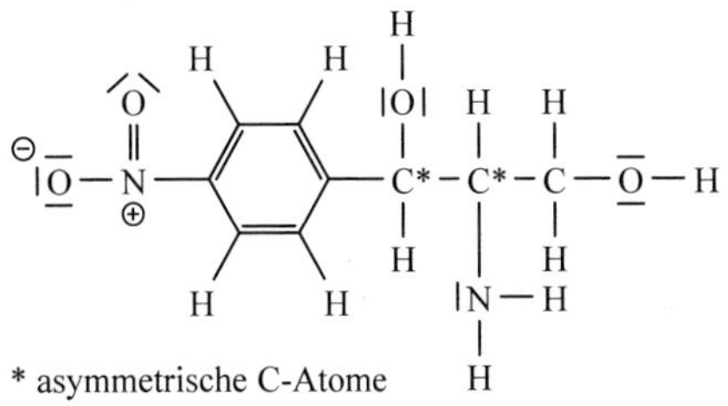

* asymmetrische C-Atome

2.4 *Oft ist es hilfreich, zuvor die Reaktionsgleichung zum geforderten Reaktionsmechanismus zu formulieren. Zusätzlich können in dieser Reaktionsgleichung auch die im Reaktionsmechanismus verwendeten Abkürzungen angegeben werden, sodass nur die relevanten funktionellen Gruppen angegeben werden. Die im Mechanismus abgekürzten Reste sind grau hinterlegt und werden mit „R_1“ und „R_2“ benannt.*
Durch das Aufschreiben der Reaktionsgleichung wird deutlich, dass in dieser ***Kondensationsreaktion*** *als kleines Teilchen kein Wasser, sondern* ***Chlorwasserstoff*** *abgespalten wird. Am Ende entsteht eine* ***Säureamidbindung*** *(Peptidbindung).*
Analog zum Mechanismus einer Kondensationsreaktion, bei dem Wasser entsteht, erfolgt erst ein nucleophiler Angriff der Aminogruppe am positiv polarisierten Carbonyl-Kohlenstoffatom.

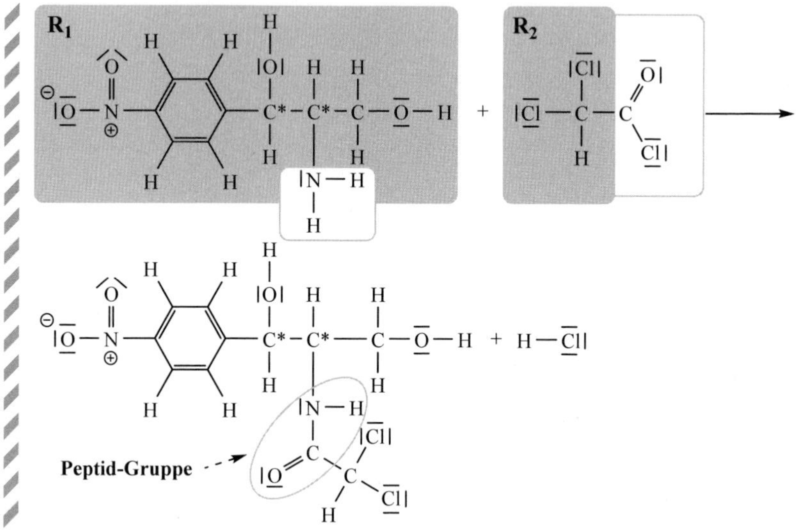

Der zu entwickelnde Reaktionsmechanismus für die Synthese des Chloramphenicols kann wie folgt formuliert werden:

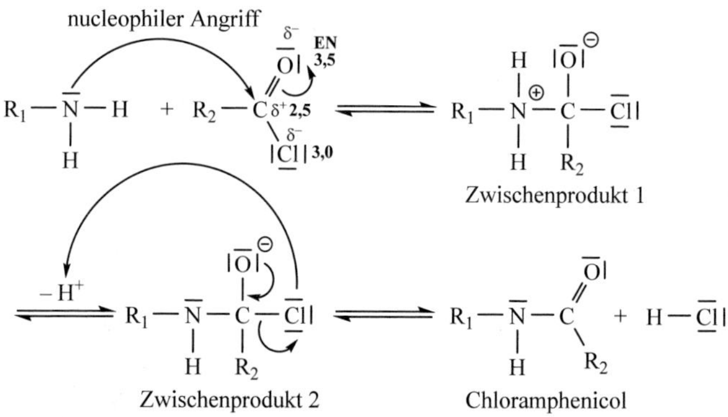

2.5 Zur Feststellung der **Stoffmengenkonzentration** *c* des Chloramphenicols in den 5 mL Augentropfen berechnet man zunächst die molare Masse *M* des Chloramphenicols.

$M(C_{11}H_{12}Cl_2N_2O_5) \approx 323\ g \cdot mol^{-1}$

Anschließend wird mit dieser molaren Masse *M* und der angegebenen Masse *m* aus dem Aufgabentext die Stoffmenge *n* berechnet:

$$n = \frac{m}{M} = \frac{0{,}025\ g}{323\ g \cdot mol^{-1}} \approx 7{,}74 \cdot 10^{-5}\ mol$$

Zuletzt wird mit dieser Stoffmenge und der Volumenangabe die Konzentration c berechnet:

$$c = \frac{n}{V} = \frac{7{,}74 \cdot 10^{-5}\ \text{mol}}{0{,}005\ \text{L}} \approx 0{,}015\ \text{mol} \cdot \text{L}^{-1}$$

Die Stoffmengenkonzentration des Chloramphenicols in den Augentropfen beträgt demnach $0{,}015\ \text{mol} \cdot \text{L}^{-1}$.

2.6 *Auch hier werden die reagierenden Moleküle wieder für eine übersichtliche Darstellung des Mechanismus abgekürzt:*

Palmitinsäure $C_{15}H_{31}COOH$ (Hexadecansäure)

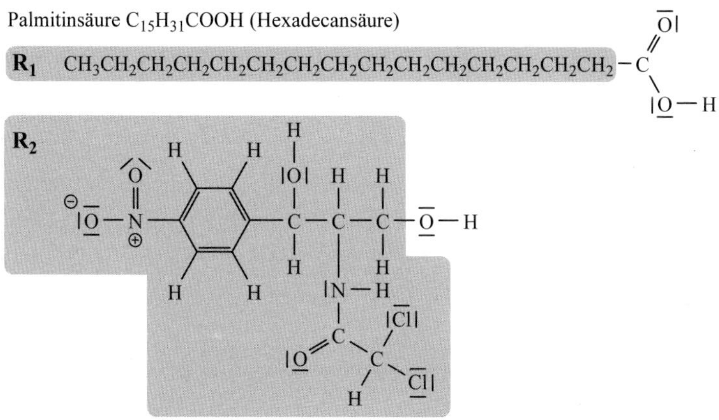

Der Reaktionsmechanismus der **Veresterung** lässt sich wie folgt formulieren:

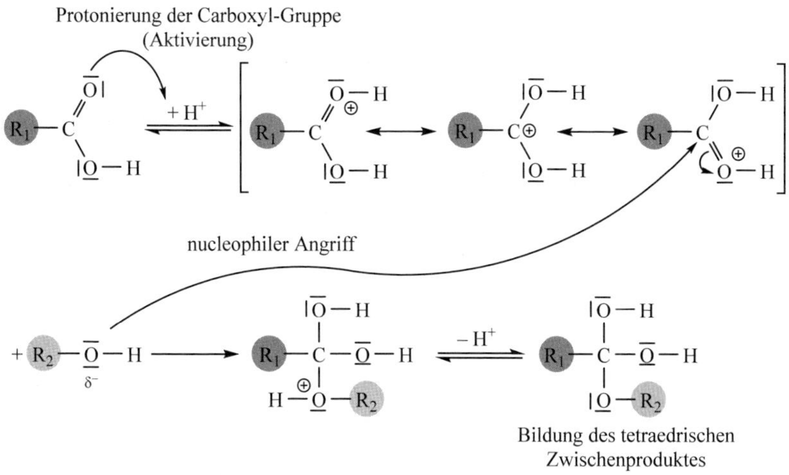

Die Carboxyl-Gruppe wird durch Zugabe von beispielsweise Schwefelsäure, welche als Protonenlieferant dient, am **Carbonyl-Sauerstoffatom protoniert**. Hierfür greift das Carbonyl-Sauerstoffatom das Proton nucleophil an und bindet dieses, wodurch ein mesomeriestabilisiertes, **kationisches Zwischenprodukt** entsteht. Dieser wichtige Schritt, der **katalytisch** durch die Säurezugabe eingeleitet wird, erleichtert die darauffolgende Reaktion.

Die **Hydroxy-Gruppe** des Alkohols greift das **positiv polarisierte** Carbonyl-Kohlenstoffatom **nucleophil** an. Es bildet sich das Zwischenprodukt mit tetraedrischer Molekülgeometrie.

tetraedrisches Zwischenprodukt: Protonierung

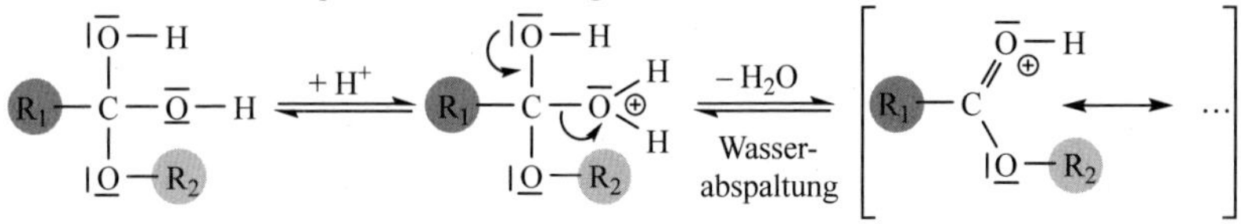

Rückgewinnung des Katalysators (Deprotonierung)

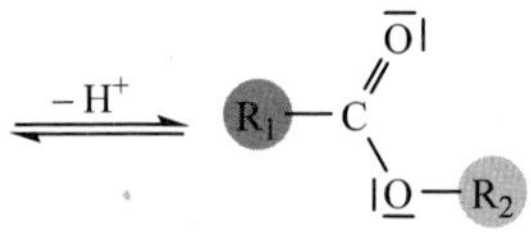

Das tetraedrische Zwischenprodukt wird nochmals **protoniert**. Dadurch ist nun eine gute Abgangsgruppe vorhanden, nämlich Wasser.

Nach der **Abspaltung des Wasser-Moleküls** wird das Kation im letzten Reaktionsschritt **deprotoniert**. So wird der Katalysator zurückgewonnen und die Esterbindung bildet sich aus:

Neben dem in Material 3 dargestellten Ester können sich über eine Veresterung noch **zwei weitere Produkte** bilden. Das Chloramphenicol (Material 2) weist zwei Hydroxy-Gruppen auf, welche beide jeweils mit der Palmitinsäure (Hexadecansäure) verestert werden können. Schon dadurch können zwei verschiedene Ester gebildet werden. Darüber hinaus könnten auch noch beide Gruppen mit je einer Palmitinsäure verestert werden.

Aufgabe C

3.1 Der Aufbau des in Material 1 dargestellten Triglycerides kann wie folgt beschrieben werden:
Das dargestellte Fett-Molekül ist ein Trigylceridester, bei dem drei verschiedene **langkettige Fettsäuren** mit **Propan-1,2,3-triol** (Glycerin) verestert sind. Bei einer der langkettigen Fettsäuren handelt es sich um die gesättigte Hexadecansäure, die mit einer der drei Hydroxy-Gruppen des Alkohols verestert ist. Bei den anderen beiden Fettsäuren handelt es sich hingegen um **ungesättigte** bzw. mehrfach ungesättigte Fettsäuren, welche demnach **C–C-Doppelbindungen** enthalten.

Bei der einfach ungesättigten Fettsäure, die mit der ersten Hydroxy-Gruppe des Propan-1,2,3-triols verestert ist, handelt es sich um (9Z)-Octandec-9-ensäure. Bei der zweiten, mehrfach ungesättigten Fettsäure handelt es sich um (9Z, 12Z)-Octadec-9,12-diensäure, die mit der mittleren Hydroxy-Gruppe verestert ist.

Die Namen der Fettsäure-Moleküle sind nicht Teil der geforderten Leistung. Anzugeben ist allerdings die Stellung der C–C-Doppelbindung der ungesättigten Fettsäuren. Dies gelingt aber auch, indem wie hier der systematische IUPAC-Name angegeben wird.
*Aus der Darstellung ist nicht erkennbar, ob es sich um eine **cis- oder trans-Fettsäure** handelt. Da aber alle **natürlich** vorkommenden Fett-Moleküle, die ungesättigte Fettsäure-Moleküle enthalten, stets **cis konfiguriert** sind, ist dies im Namen entsprechend mit einem (Z) vermerkt. Dieses Z wird als Alternative zur veralteten cis-Form im Namen verwendet.*

Die ungesättigten C–C-Doppelbindungen der Fettsäuren können ohne Licht mit Brom reagieren. Die Reaktion verläuft nach dem **Mechanismus der elektrophilen Addition**.

*Diese Reaktion dient dabei auch als **Nachweisreaktion** für ungesättigte Fettsäuren. Braunes **Bromwasser** oder alternativ braunes elementares Brom entfärbt sich entsprechend, wenn ein **ungesättigtes** Fettmolekül vorliegt, an dessen Doppelbindung(en) Brom-Moleküle addiert werden können.*

Zur einfacheren Darstellung soll in diesem Reaktionsmechanismus mit den Abkürzungen R_1 und R_2 gearbeitet werden:

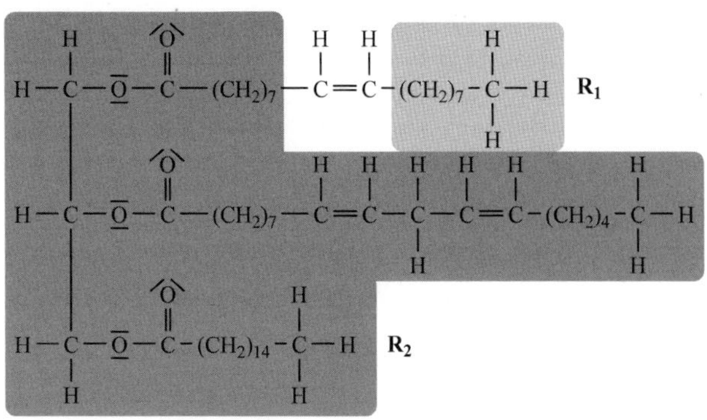

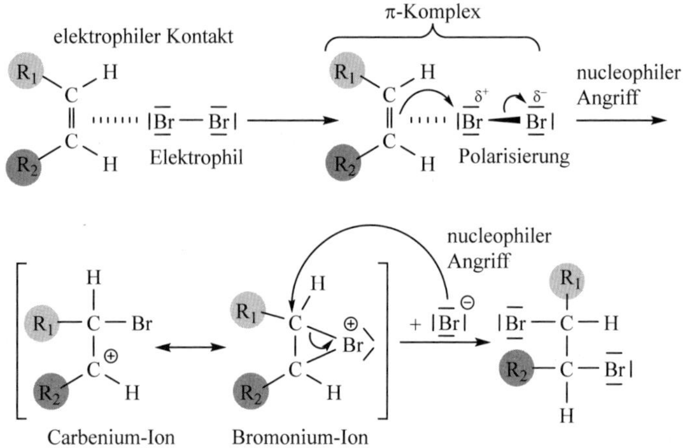

An die **elektronenreiche Doppelbindung** eines Alkens lassen sich bereits bei Raumtemperatur die Halogene (Fluor, Chlor, Brom und deutlich schwieriger auch Iod) über den Reaktionsmechanismus der elektrophilen Addition addieren.

Im ersten Schritt dieser Reaktion tritt zunächst ein elektrophiles Teilchen, wie in diesem Fall das Brom-Molekül, mit den π-Elektronen der Doppelbindung des Alkens in Wechselwirkung. Dies wird auch **elektrophiler Kontakt** genannt.
Dabei bildet sich ein **Übergangszustand**, der auch als **π-Komplex** bezeichnet wird. In diesem Schritt wird außerdem das Brom-Molekül **polarisiert**, indem – durch die hohe Elektronendichte der Doppelbindung – die Schwerpunkte der bindenden Elektronen geringfügig verschoben werden.
Im Folgenden kommt es zu einem **nucleophilen Angriff** der π-Elektronen der Doppelbindung auf das Bromatom mit der positiven Teilladung im polarisierten Brom-Molekül.
Hierdurch wird das Brom-Molekül **heterolytisch** gespalten: das negativ geladene **Bromid-Ion** wird als Abgangsgruppe abgespalten, während das andere, positiv geladene Bromatom in einer **zyklischen Form** an die beiden Kohlenstoffatome gebunden wird. Dieses Molekül-Ion lässt sich durch die mesomeren Grenzformeln sowohl als zyklisches, sogenanntes **Bromonium-Ion**, als auch als ein nicht-zyklisches **Carbokation** darstellen, wobei das Letztere bei diesem Reaktionsmechanismus weniger wichtig ist.
In einem sogenannten **„Rückseitenangriff"** wird dann das Bromonium-Ion vom Bromid-Ion **nucleophil** angegriffen, wodurch sich dann das Reaktionsprodukt der Additionsreaktion bildet.

3.2 Der Reaktionsmechanismus der alkalischen **Esterhydrolyse** des Fettes durch die Reaktion mit Natronlauge, die auch Verseifung genannt wird, kann wie folgt formuliert werden:

1. Teilschritt: Nucleophiler Angriff des Hydroxid-Ions auf das Carbonyl-Kohlenstoffatom der Estergruppe

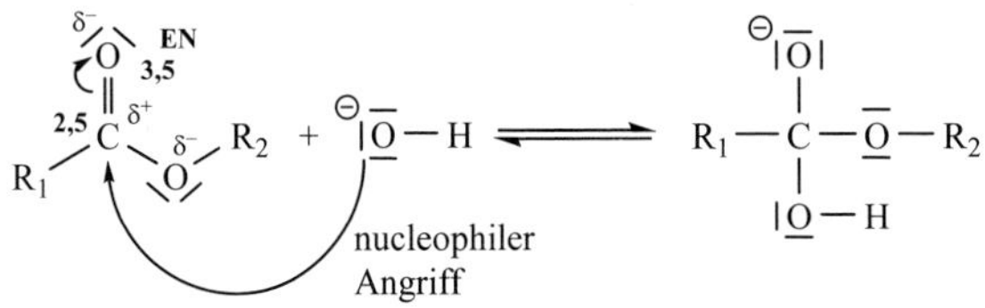

Bei dem Hydroxid-Ion handelt es sich um ein sehr gutes Nucleophil, weshalb keine vorherige Aktivierung durch einen Katalysator notwendig ist.

2. Teilschritt: Abspaltung (Eliminierung) eines Alkoholat-Ions

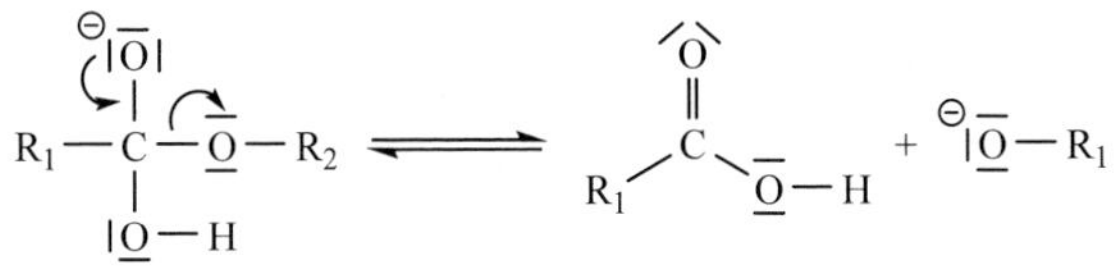

3. Teilschritt: Protonenübertragung/Protolysereaktion zwischen der Carbonsäure und dem Alkoholat-Ion (irreversibler Schritt, d. h., das Gleichgewicht liegt vollkommen auf der Produktseite).

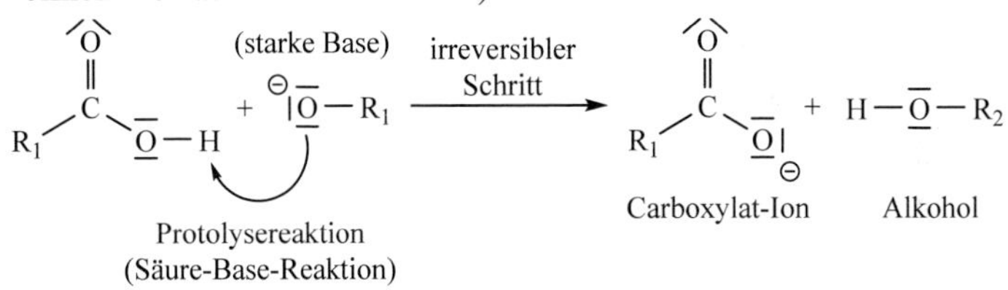

Das Alkoholat-Ion ist eine sehr starke Base mit einem pK_B-Wert – je nach Rest – um ca. 0. Daher ist diese Säure-Base-Reaktion mit der Carbonsäure, selbst wenn diese wie hier eher zu den schwachen Säuren zählt (pK_S-Wert um ca. 5), irreversibel.
Das sich hier bildende Carboxylat-Ion ist aufgrund des langkettigen Alkylrestes (hier mit R_1 abgekürzt) und des stark polaren, geladenen Carboxylat-„Kopfes“, eine waschaktive Substanz, die als ***Seifenanion*** *bezeichnet wird.*

3.3 Die Reaktionsgleichung der Bildung des hochgiftigen **Acroleins** (Propen-2-al), die durch starkes **Erhitzen** von Propan-1,2,3-triol als unerwünschte Nebenreaktion ablaufen kann, lässt sich wie folgt formulieren:

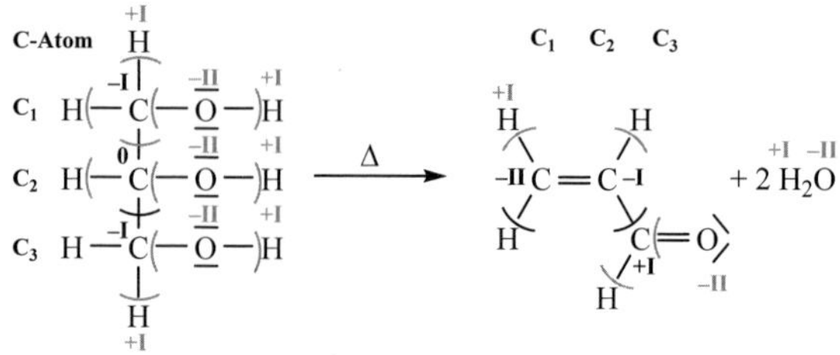

Wie in der Reaktionsgleichung ersichtlich wird, handelt es sich nicht nur um eine einfache Wasserabspaltung, sondern es findet auch eine **Redoxreaktion** statt. Dies ist an den sich ändernden Oxidationszahlen erkennbar.

Das C_1-Kohlenstoffatom nimmt dabei ein Elektron auf und wird dadurch reduziert. Die Oxidationszahl ändert sich dabei von –I zu –II. Das C_2-Kohlenstoffatom wird ebenfalls durch die Aufnahme eines Elektrons reduziert, wodurch dessen Oxidationszahl von +/–0 auf –I sinkt.

Das C_3-Kohlenstoffatom wird durch die Abgabe von zwei Elektronen an die anderen beiden Kohlenstoffatome oxidiert. Die Oxidationszahl steigt dabei von –I auf +I an.

3.4 Die FEHLING-Probe dient als Nachweis für leicht oxidierbare Aldehyd-Gruppen. Die entscheidende Beobachtung einer positiven FEHLING-Probe ist ein rotbrauner Niederschlag von Kupfer(I)-oxid aus einer blauen, Cu(II)-Ionen-haltigen Lösung mit der zu bestimmenden Substanz.

*Bei diesem Nachweis wird das hellblaue **Fehling-I-Reagenz**, das Kupfer(II)-sulfat-Lösung enthält, mit dem alkalischen, tatrathaltigen **Fehling-II-Reagenz** vermischt. Die sich daraus bildende tiefblaue Lösung aus Fehling I und II wird anschließend mit der Analysenlösung vereinigt und erhitzt. Bei Anwesenheit von leicht oxidierbaren **Aldehyd-Gruppen** führt dies zur Bildung eines rotbraunen Niederschlags von Kupfer(I)-Oxid, welcher durch Reduktion der Kupfer(II)-Ionen durch die Aldehyd-Gruppe entstanden ist.*
*Der Nachweis wird oft mit niedermolekularen Zuckern wie Mono- oder Disacchariden verwendet, meist um die **„reduzierenden Zucker“** wie z. B. **Glucose** von der **„nicht reduzierenden“ Saccharose** abzugrenzen.*

Die **Reaktionsgleichung** der FEHLING-Probe am geforderten Beispiel der Oxidation von Propen-2-al lässt sich wie folgt formulieren.

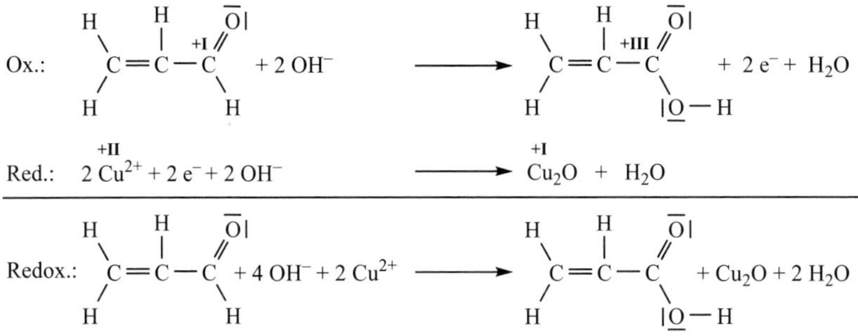

In der Folge reagiert die sich bildende Propen-2-säure, auch Acrylsäure genannt, noch mit den Hydroxid-Ionen der basischen Lösung nach folgender Reaktionsgleichung. Diese Reaktion ist nicht Teil der geforderten Lösung.

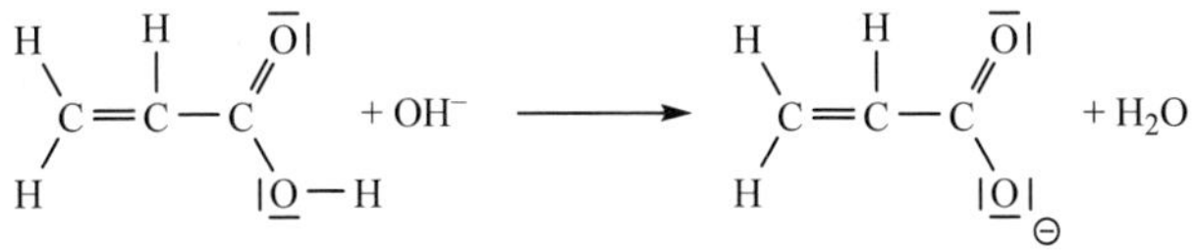

3.5 Ölsäure und Elaidinsäure besitzen die **gleiche Summenformel** und unterscheiden sich lediglich in der Art, wie die Alkylreste an die einzig vorhandene **Doppelbindung** gebunden sind. Diese Art der Isomerie wird als ***cis-trans*-Isomerie** bezeichnet.

Ölsäure würde mit IUPAC-Name als (9Z)-Octadec-9-ensäure benannt (alltagsgebräuchlich alternativ auch cis-9-Octadecensäure). Die isomere Elaidinsäure würde nach IUPAC-Nomenklatur (9E)-Octadec-9-ensäure, vereinfacht auch trans-9-Octadecensäure genannt.

Die unterschiedlichen Schmelztemperaturen der beiden isomeren Fettsäuren gehen auf die unterschiedlichen Strukturen und die daraus resultierenden unterschiedlich stark wirkenden **VAN-DER-WAALS-Kräfte** zurück.

Bei den Elaidinsäure-Molekülen handelt es sich um **lang gestreckte**, eher geradlinige Moleküle. Daher existiert zwischen den gleichartigen Elaidinsäure-Molekülen eine große **Kontaktfläche**, zwischen denen viele VAN-DER-WAALS-Kräfte ausgebildet werden können. Die Ölsäure-Moleküle haben dagegen aufgrund ihrer ***cis*-Konfiguration** einen „Knick“ in ihrer Struktur. Dieser erschwert die Ausbildung von wirksamen Kontaktflächen, zwischen denen die VAN-DER-WAALS-Kräfte wirken könnten. Durch weniger starke VAN-DER-WAALS-Kräfte zwischen den Ölsäure-Molekülen wird **weniger thermische Energie** benötigt, um die vorhandenen Kräfte zu überwinden, sodass der Stoff schmilzt. Dies führt zu der deutlich **geringeren Schmelztemperatur** der Ölsäure.

3.6 Die beiden Reaktionsgleichungen können wie folgt formuliert werden.

Schritt 1:

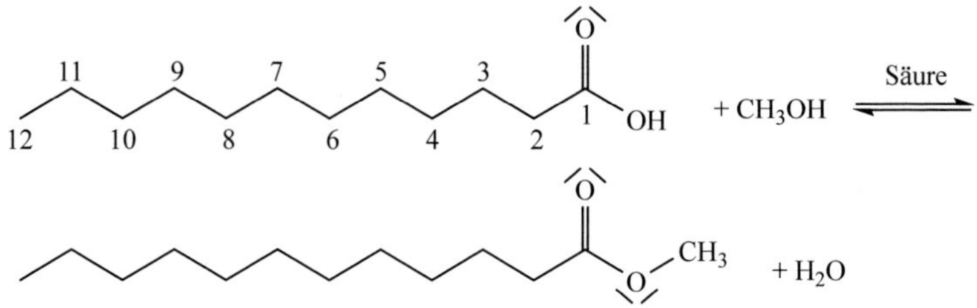

Schritt 2:

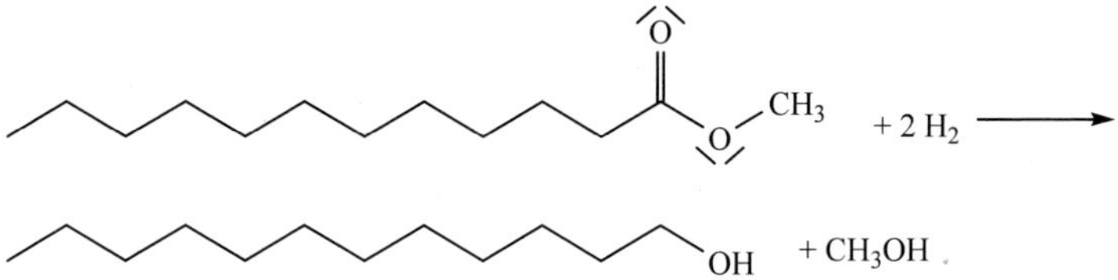

Der Gleichgewichtspfeil der Veresterung im Reaktionsschritt 1 ist hier nicht zwingend gefordert.

Schritt 3:

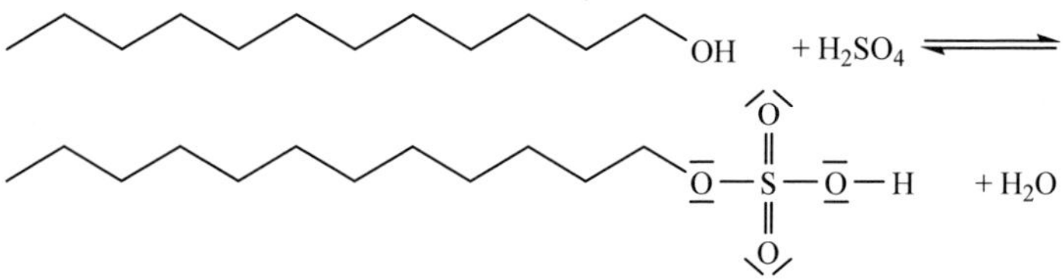

Schritt 4:

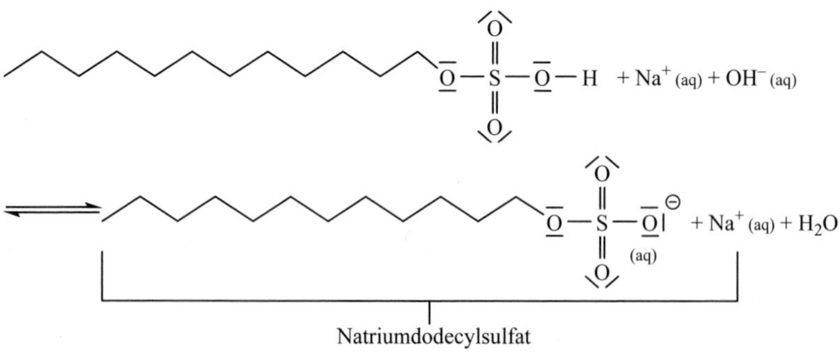

Aufgrund der Molekülgrößen ist an dieser Stelle entweder mit diesen Schnelldarstellungsformen der Moleküle zu arbeiten oder ggf. auch mit Abkürzungen großer Molekülteile wie dem Alkylrest als R.

Aufgabe D

4.1 Die ersten beiden Reaktionsschritte, die in Material 1 dargestellt sind, können wie folgt formuliert werden:

Schritt 1: Elektrophile Addition von Chlor

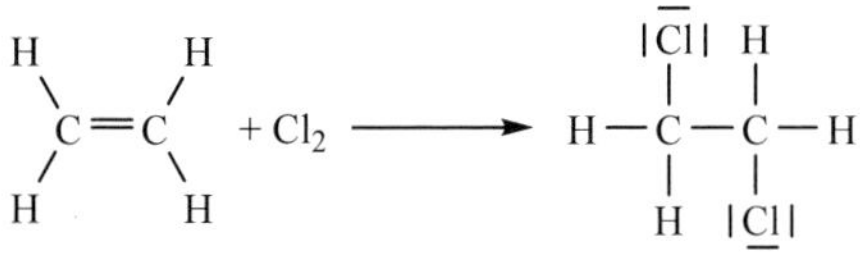

Schritt 2: Herstellung von Chlorethen

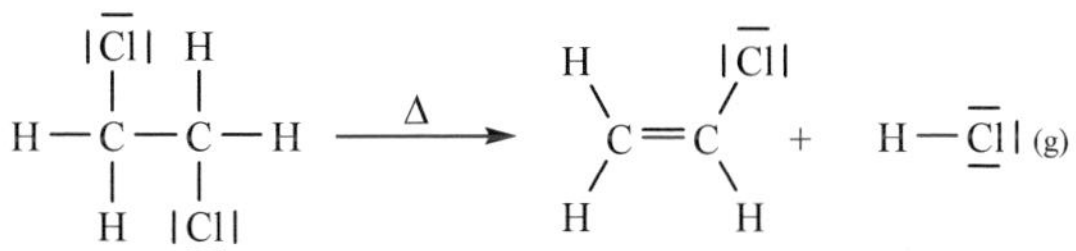

Nachweisreaktion:

$$H{-}Cl_{(g)} + H_2O \longrightarrow H_3O^+_{(aq)} + Cl^-_{(aq)}$$

$$Cl^-_{(aq)} + Ag^+_{(aq)} + NO_3^-{}_{(aq)} \longrightarrow \{Ag^+Cl^-\}_{(s)} + NO_3^-{}_{(aq)}$$

festes Silber(I)-Chlorid

Durch das Einleiten des anorganischen, gasförmigen Nebenproduktes des zweiten Reaktionsschrittes in **Silbernitrat-Lösung** lässt sich dieses als Chlorwasserstoff identifizieren. Durch die sich dabei zwischenzeitlich bildenden Chlorid-Ionen wird die zunächst klare Silbernitrat-Lösung milchig trüb. Die Trübung kann auf die Bildung eines schwer löslichen, weißen Silber(I)-Chlorid-Niederschlags zurückgeführt werden.

4.2 Der Reaktionsmechanismus der **radikalischen Polymerisation** von Vinylchlorid (Chlorethen) lässt sich wie folgt formulieren:

Bildung des Startradikals (homolytische Spaltung des Peroxids):

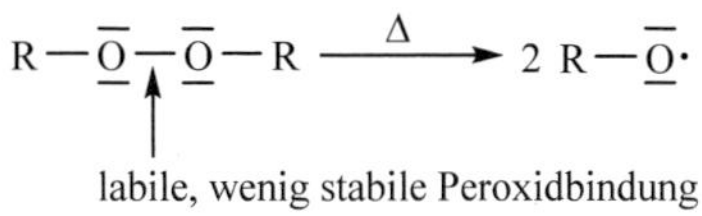

Zuerst entsteht ein Starterradikal aus einem Molekül, welches sich leicht homolytisch spalten lässt, in vielen Fällen aus einer Peroxidverbindung.

Kettenstart:

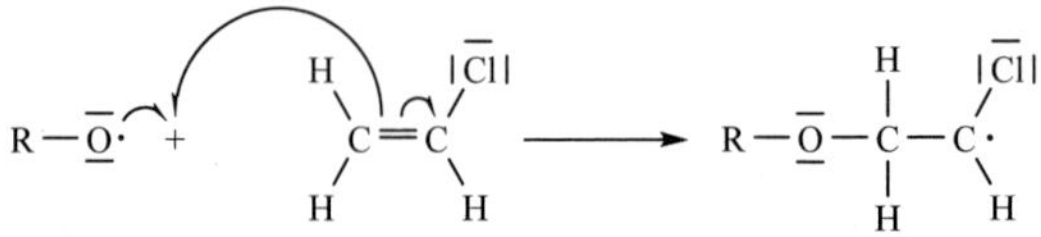

Das Startradikal reagiert mit dem Chlorethen-Monomer und bildet wiederum ein Molekül mit einem ungepaarten Elektron aus, indem eine Bindung zwischen den beiden Kohlenstoffatomen der Doppelbindung homolytisch gespalten wird.

Kettenfortpflanzung:

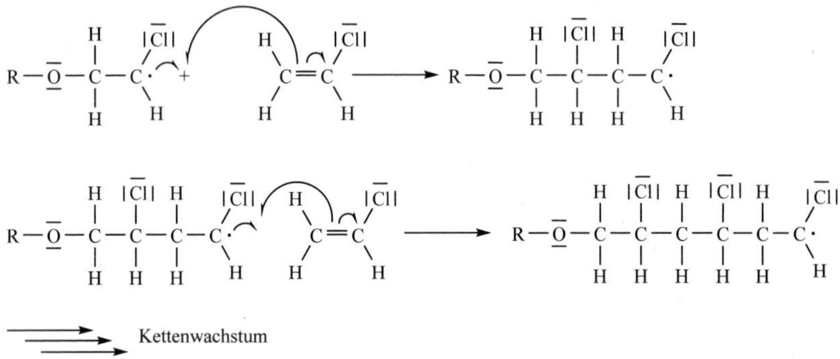

Dieses Radikal-Molekül reagiert mit weiteren Monomeren und bildet ein langes, radikalisches Ketten-Molekül aus (Verknüpfung dreier Monomere laut Aufgabenstellung verlangt).

Kettenabbruch:

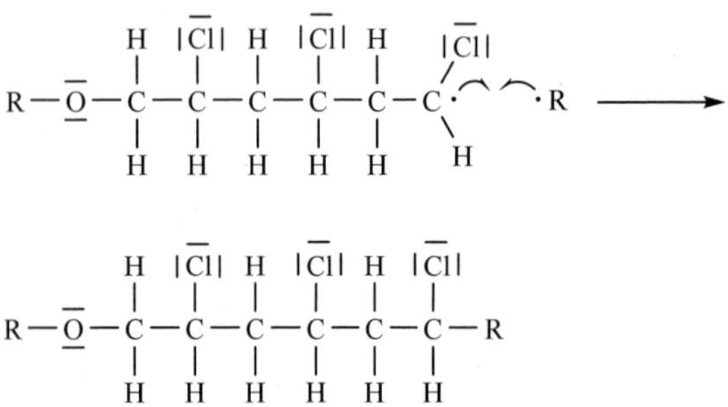

Durch Reaktion des ungepaarten Elektrons eines radikalischen Makromoleküls mit einem beliebigen weiteren Radikal wird die Kettenreaktion beendet.

Die so hergestellten, unvernetzten Polymerketten (Teilchenebene) zählen zu den thermoplastischen Kunststoffen (Stoffebene). Erst wenn es weitere C–C-Doppelbindungen oder andere funktionelle Gruppen im Monomer gibt, können auch Elastomere oder Duroplaste gebildet werden, welche Verknüpfungen zwischen den Ketten aufweisen.

4.3 Die Strukturformeln der beiden Edukte, aus denen das **Copolymer** aus Material 3 hergestellt wird, lassen sich wie folgt darstellen:

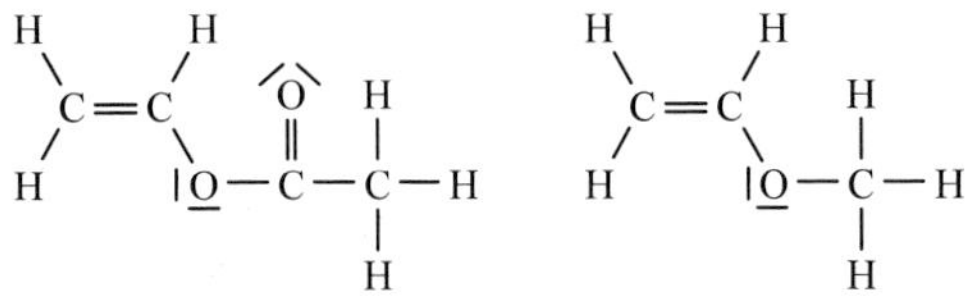

Beim Hart-PVC handelt es sich, wie in Material 2 erkennbar, um lineare, unverzweigte und vor allem **unvernetzte Polymerketten**. Dieser Struktur ist ein thermoplastisches Verhalten zuzuordnen. Das bedeutet, dass Hart-PVC bei moderater Temperaturerhöhung langsam weich und verformbar wird.

Die Polymerketten von **thermoplastischen Kunststoffen** werden nur durch zwischenmolekulare Kräfte zusammengehalten. Beim Erwärmen bewegen sich die Polymerketten immer stärker, bis die zwischen den Polymerketten wirkenden Kräfte allmählich überwunden werden und die Ketten aneinander vorbeigleiten können: Der Kunststoff schmilzt.

Nach dem Erkalten kann der Kunststoff wieder in einer neuen Form erstarren, was durch die erneute Ausbildung von zwischenmolekularen Kräften zu erklären ist.

Hart-PVC weist lineare und unverzweigte Strukturen auf. Daher können sich die Polymerketten aufgrund ihrer gleichförmigen Oberfläche in großen Bereichen **regelmäßig** und **eng nebeneinander** anordnen und die zwischenmolekularen Kräfte zwischen den Polymerketten können sich bestmöglich ausbilden (hier vor allem die VAN-DER-WAALS-Kräfte sowie Dipol-Dipol-Wechselwirkungen). Dies führt zu einem **harten, spröden** Polymer.

Das in Material 3 dargestellte Copolymer, bei dem andere Ethenderivate in das Polymer eingebaut wurden, ist ebenfalls ein thermoplastischer, unvernetzter Kunststoff. Jedoch behindern die **sperrigen Seitengruppen** des Copolymers eine regelmäßige Anordnung der Polymerketten nebeneinander. Dadurch bilden sich **weniger zwischenmolekulare Kräfte** aus und die Ketten liegen nicht so eng aneinander. Aus diesem Grund ist das Copolymer **biegsamer und nicht spröde**.

Die Verwendung dieser Ethenderivate mit sperrigen Seitenketten zur Herstellung eines Copolymers wirkt also als „Weichmacher" für den Stoff PVC. Normalerweise werden als Weichmacher organische Moleküle verwendet, die sich zwischen den Polymerketten einlagern. Da diese Moleküle nur durch intermolekulare Wechselwirkungen im Kunststoff „gehalten" werden, können sie leicht ausdampfen und schlimmstenfalls gesundheitsschädigend wirken. Dies ist beim Copolymer nicht so.

4.4 $COCl_2 + H_2O \longrightarrow CO_2 + 2\,HCl$

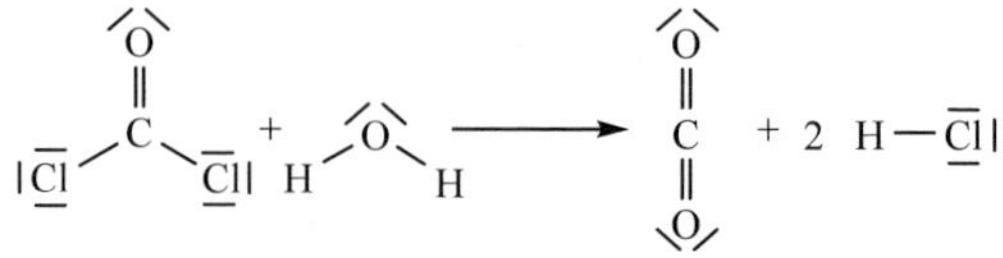

Das sich aus dem Phosgen durch Reaktion mit Wasser bildende Chlorwasserstoffgas ist in der Lage, in einer weiteren Reaktion mit Wasser **Oxonium-Ionen** (H_3O^+-Ionen) zu bilden, welche für die ätzende Wirkung verantwortlich sind.

$$HCl_{(g)} + H_2O \rightleftharpoons H_3O^+_{(aq)} + Cl^-_{(aq)}$$

Da Chlorwasserstoff eine **starke Säure** ist ($pK_S = -7$), dissoziiert dieser in Wasser vollständig zu H_3O^+ und Cl^- (Salzsäure). Aus diesem Grund kann man hier von einer „Gleichgewichtsreaktion" sprechen, deren Verhältnis jedoch bei Raumtemperatur vollständig auf der Seite der Produkte liegt.

Die Reaktion von Chlorwasserstoff mit Wasser ist eine stark exotherme Reaktion. Die endotherme Rückreaktion, bei der ein nennenswerter Anteil an Chlorwasserstoff-Molekülen dem Wasser entweicht, findet nur durch Erhitzen von sehr konzentrierter Salzsäure statt. Denn bei hoher Energiezufuhr wird die energieverbrauchende, endotherme Rückreaktion gefördert und Chlorwasserstoff-Moleküle verdampfen.

Der **pH-Wert** lässt sich aus den angegebenen Werten wie folgt berechnen:

$$c = \frac{n}{V} = \frac{m}{M \cdot V} = \frac{0{,}025\ \text{g}}{36{,}45\ \text{g} \cdot \text{mol}^{-1} \cdot 0{,}2\ \text{L}} \approx 0{,}0034\ \text{mol} \cdot \text{L}^{-1}$$

Da es sich bei Chlorwasserstoff um eine starke Säure handelt, die quasi vollständig dissoziiert, gilt Folgendes:

$$c(HA) = c(H_3O^+)$$

$$\text{pH} = -\lg c(\text{H}_3\text{O}^+) = -\lg c(\text{HA}) = -\lg\,(0{,}0034) \approx 2{,}47$$

Der pH-Wert der Lösung beträgt 2,47.

4.5 Eine mögliche **Strukturformel** der zu zeichnenden Trihydroxydicarbonsäure könnte wie folgt aussehen:

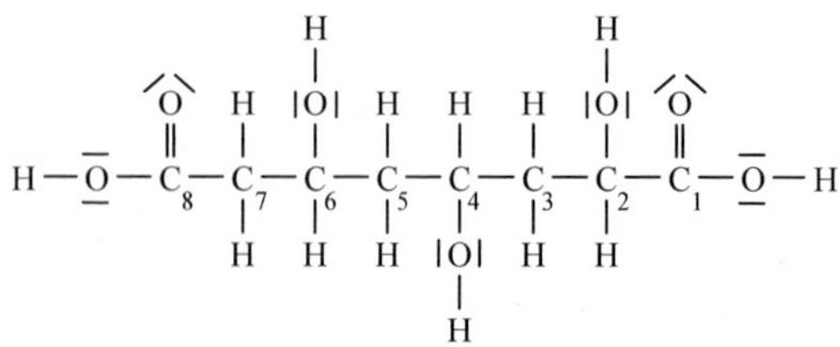

Diese würde nach IUPAC-Nomenklatur 2,4,6-Trihydroxyoctandisäure heißen.

Eine Strukturformel, bei der ein Kohlenstoffatom zwei Hydroxy-Gruppen als Substituenten besitzt, ist instabil und zerfällt in der Regel unter Wasserabspaltung. Solche Verbindungen werden auch als „geminale Diole" bezeichnet. Diese sollten daher nicht als Lösung angegeben werden.

Die Trihydroxydicarbonsäure-Moleküle sind aufgrund ihrer Struktur und den mehreren funktionellen Gruppen in der Lage, **duroplastische**, das heißt, stark **vernetzte Kunststoffe** zu bilden. Die vorhandenen Carboxyl-Gruppen können dabei auf vielfältige Art und Weise mit je einer der drei Hydroxy-Gruppen eines weiteren Moleküls zu einem räumlich (eng) vernetzten Polymer, hier einem duroplastischen Polyester, reagieren.

Beim Erwärmen schmilzt ein duroplastischer Kunststoff nicht. Stattdessen „zerbrechen" die Polymerketten ab einer bestimmten Temperatur und bilden verschiedene Zersetzungsprodukte. Dieses Verhalten liegt an den vielen kovalenten Verknüpfungsstellen zwischen den Ketten. Die Struktur kann vereinfacht wie folgt dargestellt werden:

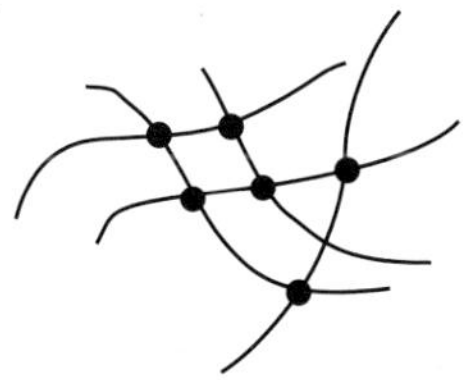

4.6 Der Ausschnitt des **Cellulose**-Moleküls, welches ebenfalls im Kork enthalten ist, kann wie folgt dargestellt werden:

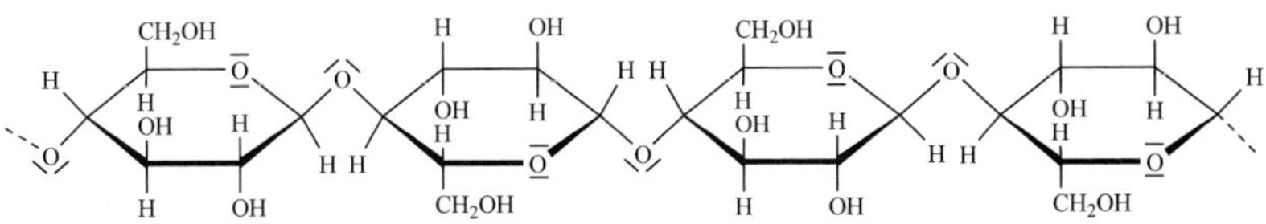

Die Monomere sind **β-D-Glucoseeinheiten**, die über β-1,4-glycosidische Bindungen miteinander verknüpft sind.

Aufgabe B

Abgase von Dieselmotoren

BE

Dieselkraftstoff besteht aus einem Gemisch verschiedener flüssiger Kohlenwasserstoff-Verbindungen und bildet den Treibstoff der Kraftfahrzeuge mit Dieselmotoren.

Um die Entzündlichkeit von verschiedenen Dieselkraftstoffen beurteilen zu können, wurde die Cetanzahl eingeführt. Dabei wird ein Dieselkraftstoff mit verschiedenen Gemischen aus leicht entzündlichem Cetan (*n*-Hexadecan) und zündträgem 1-Methylnapthalin verglichen.

Bei der Verbrennung von Dieselkraftstoff bilden sich ungewollt auch Stickstoffoxide. Aufgrund ihrer schädlichen Wirkung auf die Atmungsorgane sind diese Stoffe, die man oft unter dem Kürzel NO_x zusammenfasst, immer wieder in der umweltpolitischen Diskussion. Um ihren Ausstoß zu reduzieren, setzt man in Dieselfahrzeugen seit einigen Jahren die sogenannte SCR-Technologie ein. Dabei wird Harnstoff in den heißen Abgas-Strom eingespritzt.

Aufgrund seines Molekülbaus kann man Harnstoff zur Stoffgruppe der sogenannten Carbonsäureamide zählen. Ein weiterer Vertreter dieser Gruppe ist Ethansäureamid.

2.1 Cetan heißt mit wissenschaftlichem Namen *n*-Hexadecan. Hiervon existieren zahlreiche Konstitutionsisomere (Strukturisomere, Material 1).
Zeichnen Sie jeweils die Strukturformel für ein Beispiel von Konstitutionsisomer A sowie für ein Beispiel von Konstitutionsisomer B und beschriften Sie in Konstitutionsisomer A mindestens ein asymmetrisches C-Atom.
Benennen Sie die gezeichneten Konstitutionsisomere A und B gemäß der IUPAC-Nomenklatur.

Hinweis: Die stereochemische Konfiguration muss im Rahmen der Benennung nicht angegeben werden. 6

2.2 Material 2 beschreibt die wesentlichen Vorgänge zur Abgasbehandlung in einem SCR-Katalysator.
Formulieren Sie jeweils die Reaktionsgleichung für die Thermolyse-Reaktion von Harnstoff sowie für die Hydrolyse-Reaktion von Isocyansäure (Material 2).
Formulieren Sie für die Standard-SCR-Reaktion die Reaktionsgleichung (Material 2) und berechnen Sie mithilfe von Material 3 die Standard-Reaktionsenthalpie.

Formulieren Sie für die schnelle SCR-Reaktion (Material 2) die Reaktionsgleichung und zeigen Sie unter Angabe der wesentlichen Oxidationszahlen und Elektronenübergänge, dass es sich um eine Redox-Reaktion handelt. 13

2.3 Eine handelsübliche AdBlue®-Lösung hat eine Dichte von $\rho = 1{,}09\ g \cdot mL^{-1}$ und enthält einen Massenanteil von 32,5 % Harnstoff.
Berechnen Sie die in 1 Liter AdBlue®-Lösung enthaltene Stoffmenge an Harnstoff sowie die gesamte Stoffmenge an Ammoniak, die daraus gebildet werden kann.

HINWEIS: Berücksichtigen Sie die bei der Thermolyse-Reaktion und Hydrolyse-Reaktion (Material 2) entstehende Gesamtmenge an Ammoniak.

Bestimmen Sie anschließend die Stoffmenge an Stickstoffmonooxid, die mit dieser Stoffmenge Harnstoff insgesamt im Standard-SCR-Verfahren (Material 2) umgesetzt werden kann. 7

2.4 Ammoniak hat einen pK_B-Wert von 4,76 und bildet beim Einleiten in Wasser eine alkalische Lösung. Auch Methylamin (Aminomethan) bildet beim Einleiten in Wasser eine alkalische Lösung.
Beschreiben Sie auch mithilfe einer Reaktionsgleichung sowie unter Verwendung des Donator-Akzeptor-Konzeptes die Bildung der alkalischen Lösung beim Einleiten von Ammoniak in Wasser.
Erläutern Sie allgemein die Aussage des pK_B-Wertes und entscheiden Sie, ob Methylamin (Aminomethan) einen im Vergleich zu Ammoniak höheren oder niedrigeren pK_B-Wert hat. 10

2.5 Gelingt im Abgassystem keine vollständige Zersetzung des Harnstoffs, so können sich dort aus der Isocyansäure feste Ablagerungen aus Cyanursäure bilden.
Cyanursäure ist eine Verbindung, die sich im Labor unter bestimmten Bedingungen zu Isocyanursäure umwandeln kann (Material 4).
Begründen Sie, dass Cyanursäure ebenso wie Benzol eine aromatische Verbindung ist. Formulieren Sie die Strukturformel von Isocyanursäure. 7

2.6 Material 5 beschreibt einen Weg zur Herstellung eines Carbonsäureamids im Labor.
Entwickeln Sie unter Verwendung von Strukturformeln mit bindenden und nicht bindenden Elektronenpaaren einen möglichen Reaktionsmechanismus für Schritt 1 der Synthese von Ethansäureamid (Material 5).
Geben Sie für das Ethansäureamid-Molekül die Oxidationszahlen der Kohlenstoff-Atome sowie des Sauerstoff-Atoms und des Stickstoff-Atoms an. 7

50

Material 1: Mögliche Konstitutionsisomere von *n*-Hexadecan

Von der Verbindung Hexadecan existieren 10 359 Konstitutionsisomere (Strukturisomere).
Konstitutionsisomer A ist ein Konstitutionsisomer der Verbindung, das drei verschiedene Alkyl-Substituenten sowie mindestens ein asymmetrisches C-Atom enthält.
Konstitutionsisomer B ist ein Konstitutionsisomer der Verbindung, das kein asymmetrisches C-Atom enthält.

Material 2: Abgasbehandlung im SCR-Katalysator

Die im Dieselmotor während des Verbrennungsprozesses entstehenden Stickstoffoxide (z. B. Stickstoffmonooxid und Stickstoffdioxid) werden im Rahmen der SCR-Technologie *(Selective Catalytic Reduction oder Selektive katalytische Reduktion)* zunächst über einen Sensor analysiert. Je nach Konzentration werden dann unterschiedliche Mengen an sogenanntem AdBlue®, einer wässrigen Harnstoff-Lösung, in den Abgastrakt des Fahrzeugs eingespritzt.
Der eingespritzte Harnstoff wird nun durch Hitze zu Isocyansäure (HNCO) und Ammoniak (NH_3) zersetzt (Thermolyse-Reaktion). Die gebildete Isocyansäure reagiert anschließend mit Wasser zu weiterem Ammoniak und Kohlenstoffdioxid (Hydrolyse-Reaktion).
Der gebildete Ammoniak ist Ausgangsstoff für die eigentliche Reaktion im SCR-Katalysator und reagiert in Redox-Reaktionen mit den Stickstoffoxiden zu den ungiftigen Stoffen Stickstoff und Wasserdampf.
Zu den Reaktionen im SCR-Katalysator existieren je nach Abgas-Temperatur unterschiedliche Varianten, so z. B. die Standard-SCR und die Schnelle SCR:
Bei der Standard-SCR-Reaktion reagieren 4 mol Ammoniak mit 4 mol Stickstoffmonooxid und 1 mol Sauerstoff zu 4 mol Stickstoff und 6 mol Wasserdampf.
Bei der Schnellen SCR-Reaktion reagiert Ammoniak mit Stickstoffmonooxid und Stickstoffdioxid zu Stickstoff und Wasserdampf.

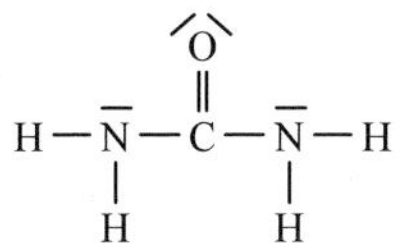
Harnstoff

Material 3: Thermodynamische Daten

Stoff	Molare Standardbildungsenthalpie $\Delta_f H_m^0$ [$kJ \cdot mol^{-1}$]
Ammoniak	−46
Sauerstoff	0
Stickstoff	0
Stickstoffmonooxid	+90
Wasser (gasförmig)	−242

Material 4: Cyanursäure und Isocyanursäure

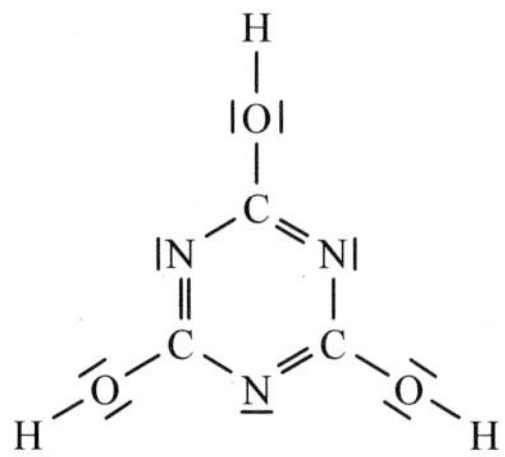

Cyanursäure

Cyanursäure ist eine sogenannte heteroaromatische Verbindung. Eine solche heteroaromatische Verbindung leitet sich in ihrem Grundgerüst formal von Benzol ab, wobei hier drei Kohlenstoff-Atome durch Stickstoff-Atome ersetzt sind. Diese Stickstoff-Atome sind sp^2-hybridisiert.

Unter bestimmten Bedingungen kann sich Cyanursäure in einer Gleichgewichtsreaktion zur sogenannten Isocyanursäure umlagern, indem es im Molekül zu einer dreifachen intramolekularen Protonenwanderung kommt. Isocyanursäure zeigt keine aromatischen Eigenschaften.

Material 5: Herstellung eines Carbonsäureamids

Im Labor kann man ein Carbonsäureamid wie zum Beispiel Ethansäureamid unter anderem nach folgenden Reaktionsschritten herstellen:

Schritt 1:

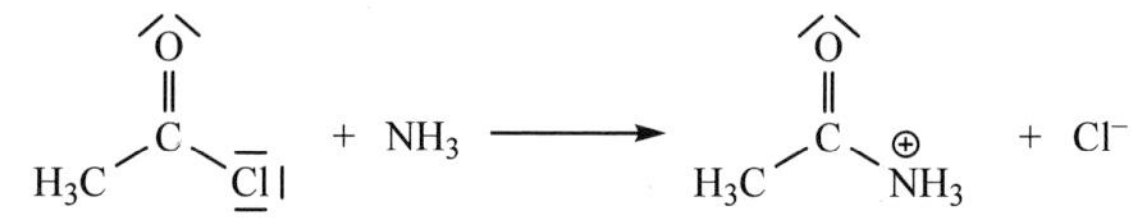

Ethansäurechlorid

Schritt 2:

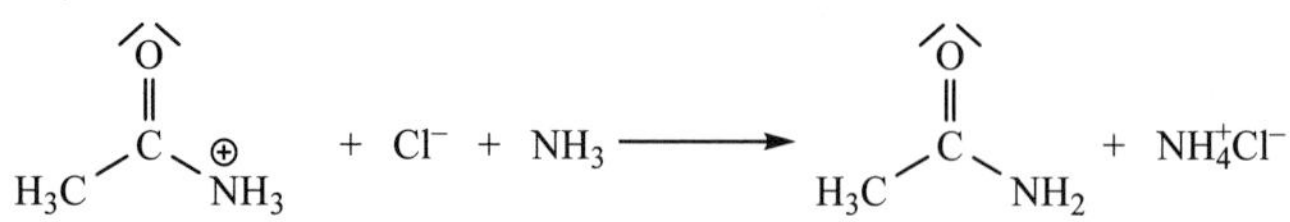

Ethansäureamid

Materialgrundlage:
URL: https://roempp.thieme.de/lexicon/RD-03-00987# (abgerufen am 25. 06. 2020).
URL: https://www.chemieunterricht.de/dc2/ch/cht-007.htm (abgerufen am 25. 06. 2020).
URL: https://www.vivis.de/wp-content/uploads/EaA8/2011_EaA667_680_Reynolds (abgerufen am 16. 06. 2020).
URL: https://www.adac.de/verkehr/abgas-diesel-fahrverbote/dieselkauf/funktion-scr-system-adblue/ (abgerufen am 16. 06. 2020).
URL: https://www.webkat.at/webkat/bilder1/1240/AdBlue.pdf (abgerufen am 16. 06. 2020).
Eberhard Breitmaier, Günther Jung: Organische Chemie, Stuttgart 5. Aufl. 2001, S. 884.
Kurt Peter Christian Vollhardt, Neil E. Schore: Organische Chemie, Weinheim 5. Aufl. 2011, S. 999.

Aufgabe C

Styrol und Polystyrol BE

Styrol (Phenylethen) wurde im Jahr 1835 zum ersten Mal aus dem Destillat des orientalischen Amberbaums gewonnen. Styrol dient heute zur Herstellung von Kunststoffen und wird im großtechnischen Maßstab hergestellt (Material 1).

Der wichtigste aus Styrol hergestellte Kunststoff ist Polystyrol, wobei die Synthese nicht nur radikalisch (Material 2), sondern auch anionisch erfolgen kann (Material 5).

Werden während des Polymerisationsprozesses von Styrol zu Polystyrol geeignete andere Verbindungen, wie zum Beispiel 1,4-Divinylbenzol (Material 6), zugegeben, entstehen andere Kunststoffe.

Die Verbindung 1,2,5,6,9,10-Hexabromcyclododecan befindet sich zum Beispiel in Polystyrol-Hartschaum, der in Gebäuden verbaut ist. Dieser Stoff dient als Flammschutzmittel und soll zur Gebäudesicherheit beitragen.

3.1 Formulieren Sie mithilfe von Material 1 in Strukturformeln für die organischen Moleküle jeweils die Reaktionsgleichung für die Herstellung von Styrol sowie für jede der drei angegebenen Nebenreaktionen.
Erklären Sie die Bedeutung eines niedrigen Drucks sowie die Bedeutung der Verdünnung der Gase mit Wasserdampf für eine hohe Ausbeute an Styrol. 12

3.2 Formulieren Sie mithilfe von Material 2 unter Berücksichtigung zweier möglicher Abbruchreaktionen den Reaktionsmechanismus für die radikalische Polymerisation von Styrol zu Polystyrol. 6

3.3 Erklären Sie, weshalb der Wert der molaren Standard-Polymerisationsentropie (Material 3) für die Reaktion von Styrol zu Polystyrol negativ ist.
Begründen Sie mithilfe von Material 3 und Material 4 die Tatsache, dass die Reaktionstemperatur bei der Polymerisation von Styrol einen bestimmten Wert nicht überschreiten darf.

Hinweis: Eine Berechnung ist nicht erforderlich. 8

3.4 Formulieren Sie mithilfe von Material 5 unter Berücksichtigung des ersten und des zweiten Reaktionsschritts den Reaktionsmechanismus für die anionische Polymerisation von Styrol zu Polystyrol.
Formulieren Sie unter Verwendung von Strukturformeln für die organischen Moleküle die Reaktionsgleichung für die in Material 5 genannte Protolysereaktion.
Begründen Sie, dass die über eine anionische Polymerisation entstandenen Polystyrol-Makromoleküle alle annähernd die gleiche Molekülmasse bzw. Kettenlänge haben. 11

3.5 Beschreiben und erläutern Sie das Verhalten von Polystyrol beim Erwärmen. Erklären Sie, wie sich die Eigenschaften des entstehenden Kunststoffs verändern, wenn während des Polymerisationsprozesses von Styrol die Verbindung 1,4-Divinylbenzol (Material 6) zur Reaktionsmischung hinzugefügt wird. 7

3.6 Die Verbindung 1,2,5,6,9,10-Hexabromcyclododecan ist ein ringförmiges Halogenalkan.
Formulieren Sie die Strukturformel von 1,2,5,6,9,10-Hexabromcyclododecan mit allen bindenden und nichtbindenden Elektronenpaaren.
Beschreiben Sie, weshalb zwischen 1,2,5,6,9,10-Hexabromcyclododecan-Molekülen keine Wasserstoffbrücken ausgebildet werden können. 6

50

Material 1: Herstellung von Styrol

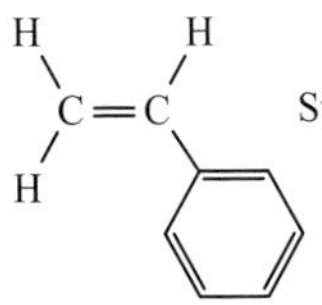

Styrol

Styrol lässt sich ohne weiteren Reaktionspartner in einer Gleichgewichtsreaktion mithilfe eines Katalysators aus Ethylbenzol herstellen. Als zusätzliches Reaktionsprodukt entsteht Wasserstoff. Bei dieser Reaktion wird die Temperatur so gewählt, dass alle Reaktionspartner gasförmig vorliegen.
Die folgenden Nebenreaktionen lassen sich durch die entsprechende Wahl der Reaktionsbedingungen zwar zurückdrängen, sind jedoch bei der Herstellung von Styrol grundsätzlich bedeutsam:

a) Spaltung von Ethylbenzol in Benzol (Benzen) und Ethen
b) Vollständiger Zerfall von Ethylbenzol zu Kohlenstoff und Wasserstoff
c) Reaktion von Styrol mit Wasserstoff zu Toluol (Methylbenzol) und Methan

Um die Ausbeute an Styrol zu erhöhen, ist es von Bedeutung, dass der Druck im Reaktionsgefäß, das räumlich von der Umgebung abgeschlossen ist, möglichst niedrig gehalten wird.
Darüber hinaus befindet sich ständig Wasserdampf in der Apparatur, der nicht an der Reaktion teilnimmt, aber zu einer Verdünnung der Gase führt. Diese Verdünnung der Gase mit Wasserdampf wirkt sich zusätzlich günstig auf die Ausbeute an Styrol aus. Dies ist der Fall, da Wasserstoff-Moleküle und Wasser-Moleküle nun um Zusammenstöße mit Styrol-Molekülen konkurrieren. Ein Zusammenstoß von Molekülen ist eine Voraussetzung für eine chemische Reaktion.

Material 2: Dibenzoylperoxid

Dibenzoylperoxid gilt in der Chemie als ein „Radikalstarter“, da es leicht in einer homolytischen Spaltung in zwei Radikale zerfällt.

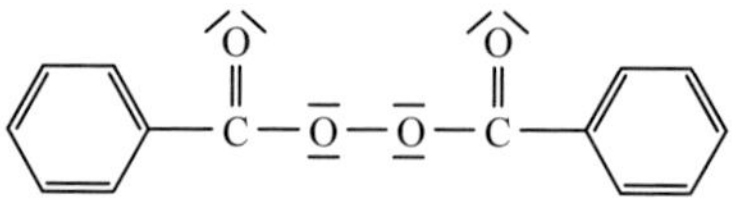

Material 3: Molare Standard-Polymerisationsenthalpie und molare Standard-Polymerisationsentropie zur Bildung von Polystyrol

$\Delta_R H_m^0 = -71\,\text{kJ} \cdot \text{mol}^{-1}$

$\Delta_R S_m^0 = -105\,\text{J} \cdot \text{K}^{-1} \cdot \text{mol}^{-1}$

Material 4: Verfahren zur Beurteilung, ob eine chemische Reaktion freiwillig abläuft

Mithilfe folgender Gleichung („GIBBS-HELMHOLTZ-Gleichung“) lässt sich ermitteln, ob bei einer bestimmten Temperatur eine chemische Reaktion freiwillig abläuft:

$\Delta_R G_m^0 = \Delta_R H_m^0 - T \cdot \Delta_R S_m^0$

$\Delta_R G_m^0$ bezeichnet man als die molare freie Standardreaktionsenthalpie. Sie wird in $\text{kJ} \cdot \text{mol}^{-1}$ angegeben.
Für die Berechnung von $\Delta_R G_m^0$ muss der für $\Delta_R S_m^0$ berechnete Wert vor dem Einsetzen in die Gleichung zunächst von Joule (J) in Kilojoule (kJ) umgerechnet werden. Der Wert für die Temperatur T wird in der Einheit Kelvin (K) angegeben. Es gilt: 0 °C entspricht 273 K; der absolute Nullpunkt der Temperatur liegt bei 0 K.
Ergibt sich für $\Delta_R G_m^0$ ein negativer Wert, so läuft die Reaktion freiwillig ab, ergibt sich ein positiver Wert, so ist dies nicht der Fall.

Material 5: Anionische Polymerisation von Styrol

Die Polymerisation von Styrol zu Polystyrol kann in einer Argon-Schutzatmosphäre auch über einen anionischen Reaktionsmechanismus erfolgen. Diese Schutzatmosphäre ist erforderlich, um auch Spuren von Luftfeuchtigkeit auszuschließen, da andernfalls die Kettenreaktion durch eine Protolysereaktion abgebrochen würde.
Im ersten Reaktionsschritt reagiert jeweils ein Butyl-Anion mit einem Styrol-Molekül zu einem größeren Anion, das in einem zweiten Reaktionsschritt seinerseits in die Kettenreaktion eintritt.
Im vorliegenden Fall gilt, dass der erste Reaktionsschritt schneller verläuft als der zweite.

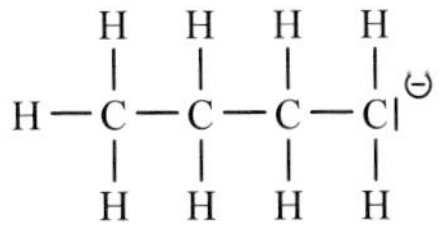

Butyl-Anion

Material 6: Strukturformel von 1,4-Divinylbenzol

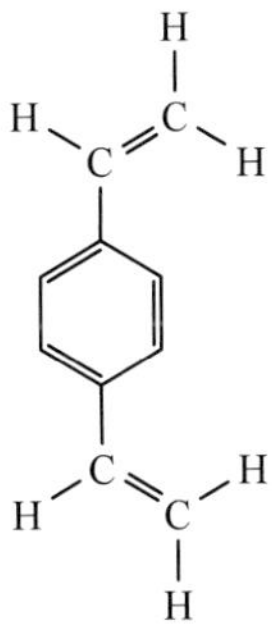

Materialgrundlage:
URL: https://www.tc.bci.tu-dortmund.de/Downloads/Praktika/tc2.pdf (abgerufen am 25. 06. 2020).
URL: https://www.tu-chemnitz.de/physik/OSMP/Soft/ws0506_V03.pdf (abgerufen am 25. 06. 2020).
Robert Wolff, Erwin Glaum (Hrsg.): Kursthemen Chemie – Spezielle chemische Arbeitsgebiete. Bonn 1984, S. 8/9–8/11, S. 8/16–8/19, S. 8/26.
URL: https://www.chemie.de/lexikon/Hexabromcyclododecan.html (abgerufen am 16. 06. 2020).
URL: https://www.chemie.de/lexikon/Styrol.html#Reaktionen (abgerufen am 16. 06. 2020).
URL: www.pci.tu-bs.de/aggericke/PC1/Kap_IV/Kontrolle.htm (abgerufen am 19. 11. 2020).

Aufgabe D

Chemische Synthesen

BE

Methan ist der einfachste Kohlenwasserstoff und dient als Grundstoff für verschiedene organische Synthesen. So kann z. B. Methanol daraus hergestellt werden.
Zur Herstellung von Methan kann Kohlenstoffdioxid mit Wasserstoff in einer zweischrittigen Gleichgewichtsreaktion zu Methangas und Wasserdampf umgesetzt werden. Diese Reaktion wird nach ihrem Entdecker als SABATIER-Reaktion bezeichnet.
Aus Methan lässt sich Methanol herstellen, das seinerseits mit Methanal reagieren kann.
Wird Methanal mit Ethanal umgesetzt, so entsteht ein Molekül, das sowohl eine Carbonyl-Gruppe als auch eine Hydroxy-Gruppe beinhaltet und daher zu einer Stoffgruppe zählt, die auch als „Aldole" bezeichnet wird.

4.1 Formulieren Sie zu den beiden Schritten der SABATIER-Reaktion jeweils die Reaktionsgleichung (Material 1).
Zeigen Sie anhand der wesentlichen Oxidationszahlen und der Elektronenübergänge, dass es sich beim zweiten Reaktionsschritt um eine Redoxreaktion handelt.
Ermitteln Sie mithilfe der Reaktionsgleichung für die Gesamtreaktion (Material 1), wie sich über die Regulierung des Drucks im Reaktionsgefäß die SABATIER-Reaktion so beeinflussen lässt, dass insgesamt möglichst viel Methan entsteht.
Begründen Sie in Bezug auf die Gesamtreaktion, weshalb man in der technischen Umsetzung die Steigerung der Reaktionsgeschwindigkeit nicht durch eine sehr hohe Reaktionstemperatur herbeiführt und weshalb diese Steigerung durch den Einsatz eines Katalysators erzielt werden kann. 12

4.2 Formulieren Sie das Massenwirkungsgesetz für Schritt 2 der SABATIER-Reaktion und beschreiben Sie mithilfe von Material 2 die Lage des entsprechenden Gleichgewichts.
Berechnen Sie mithilfe von Material 2 die Konzentration an Methan im chemischen Gleichgewicht. 5

4.3 In Material 3 wird die Anwendung der SABATIER-Reaktion im Rahmen von Weltraummissionen beschrieben.
Beurteilen Sie den Forschungsansatz der NASA (Material 3) unter Einbezug der dargestellten Reaktionsgleichungen. 8

4.4 Aus Methan ist durch zwei aufeinander folgende Reaktionen Methanol herstellbar (Material 4).
Formulieren Sie für Reaktion 1 (Material 4) die Reaktionsgleichung und benennen Sie den Reaktionsmechanismus.

Formulieren Sie für Reaktion 2 den Reaktionsmechanismus und begründen Sie, weshalb die Reaktion nach diesem Mechanismus abläuft. 10

4.5 Methanol kann mit Methanal oder mit Ethanal zur Reaktion gebracht werden.
Formulieren Sie für die Reaktion von Methanol mit Methanal unter Säurekatalyse den Reaktionsmechanismus und benennen Sie den Reaktionsmechanismus sowie die Stoffklasse des Reaktionsprodukts.
Entscheiden Sie, ob das Reaktionsprodukt der Reaktion von Methanol mit Methanal sowie das Reaktionsprodukt der entsprechenden Reaktion von Methanol mit Ethanal jeweils optisch aktiv ist oder nicht. 9

4.6 Methanal kann mit Ethanal zu einem sogenannten Aldol reagieren.
Entwickeln Sie mithilfe von Material 5 einen Reaktionsmechanismus für die basenkatalysierte Aldolbildung. 6

50

Material 1: Reaktionsschritte der SABATIER-Reaktion

Die SABATIER-Reaktion kann als Abfolge von zwei Schritten betrachtet werden:

Schritt 1: Kohlenstoffdioxid reagiert mit Wasserstoff zu Kohlenstoffmonooxid und Wasser.

Schritt 2: Das entstandene Kohlenstoffmonooxid reagiert mit Wasserstoff zu Methan und Wasser. Für die beiden Schritte lassen sich unter Standardbedingungen folgende Reaktionsenthalpien messen:

	$\Delta_R H_m^0$
Schritt 1	$+41{,}2\ \text{kJ} \cdot \text{mol}^{-1}$
Schritt 2	$-206{,}2\ \text{kJ} \cdot \text{mol}^{-1}$

Die zugehörige Reaktionsgleichung für die Gesamtreaktion lautet:

$$CO_2 + 4\,H_2 \rightleftharpoons CH_4 + 2\,H_2O$$

Material 2: Daten zur Gleichgewichtsreaktion in Schritt 2 der SABATIER-Reaktion

$K_c = 33{,}4\ \text{L}^2 \cdot \text{mol}^{-2}$ (bei $T = 800\ \text{K}$)

Gleichgewichtskonzentrationen:

$c(CO) = 0{,}194\ \text{mol} \cdot \text{L}^{-1}$, $c(H_2) = 0{,}5\ \text{mol} \cdot \text{L}^{-1}$, $c(H_2O) = 0{,}9\ \text{mol} \cdot \text{L}^{-1}$

Material 3: Die SABATIER-Reaktion in der Weltraumforschung

Bei längeren Aufenthalten von Menschen im Weltraum, wie etwa auf der internationalen Raumstation ISS, muss die Versorgung dieser Astronauten mit allen notwendigen Stoffen gewährleistet werden.
So wird regelmäßig unter großem finanziellen und technischen Aufwand Wasser von der Erde zur ISS transportiert. Ein großer Teil dieses Wassers wird mithilfe von ausreichend vorhandenem Solarstrom elektrolysiert, wodurch die Elemente Sauerstoff und Wasserstoff entstehen. So lässt sich Sauerstoff für die Astronauten gewinnen. Der ebenfalls entstehende Wasserstoff wird teilweise als Abfall ins All abgegeben, genauso wie das von den Astronauten ausgeatmete Kohlenstoffdioxid.
In der amerikanischen Weltraumbehörde NASA wird aktuell daran geforscht, inwieweit die SABATIER-Reaktion zusammen mit der Zersetzung von Methan in die Elemente (Pyrolyse) zur Lösung der Versorgungsprobleme bei Weltraummissionen beitragen könnte.
Die entscheidenden Reaktionsgleichungen sind im Folgenden dargestellt:

(1) $2\,H_2O \rightleftharpoons 2\,H_2 + O_2$

(2) $CO_2 + 4\,H_2 \rightleftharpoons CH_4 + 2\,H_2O$

(3) $CH_4 \rightleftharpoons C + 2\,H_2$

---

(4) $CO_2 \rightleftharpoons C + O_2$

Material 4: Herstellung von Methanol aus Methan

Reaktion 1: Methan reagiert unter Lichteinfluss mit Chlor zu Monochlormethan.

Reaktion 2: Monochlormethan reagiert mit Natronlauge, wobei als organisches Reaktionsprodukt Methanol entsteht.

Material 5: Mechanismus der basenkatalysierten Aldol-Bildung durch Reaktion von Ethanal mit Methanal

Durch Einwirkung eines Hydroxid-Ions wird das Ethanal-Molekül deprotoniert, indem am C_2-Atom eine der drei C–H-Bindungen heterolytisch gespalten wird. Dabei bildet sich ein Ion aus, für das sich mesomere Grenzstrukturen formulieren lassen. Eine dieser mesomeren Grenzstrukturen entspricht einem Carbanion, das am C_2-Atom eine negative Ladung trägt. Die zweite mesomere Grenzstruktur entspricht einem Enolat-Ion, das eine C–C-Doppelbindung und eine negative Ladung am Sauerstoff-Atom beinhaltet. Außerdem wird bei diesem Reaktionsschritt Wasser freigesetzt.
Anschließend greifen die in der Enolat-Struktur zwischen den beiden Kohlenstoff-Atomen dargestellten π-Elektronen die Carbonylgruppe des Methanal-Moleküls nucleophil an.

Dadurch entsteht eine Struktur, die an einem Ende ein negativ geladenes Sauerstoff-Atom und am anderen Ende eine Aldehyd-Gruppe beinhaltet.
Im letzten Reaktionsschritt reagiert diese Struktur mit Wasser, wobei sich die Aldol-Struktur ausbildet und zugleich der Katalysator zurückgewonnen wird.
Die Aldol-Struktur beinhaltet neben der Aldehyd-Gruppe auch eine Hydroxy-Gruppe.

Materialgrundlage:
URL: https://pure.unileoben.ac.at/portal/files/1876683/AC13438103n01vt.pdf, S.15 / 16 (abgerufen am 30. 06. 2020).
URL: https://www.chemie-schule.de/KnowHow/Sabatier-Prozess (abgerufen am 30. 06. 2020).
URL: https://docplayer.org/16668036-Standortfaktoren-fuer-p2g-konzepte-aus-energiewirtschaftlicher-perspektive.html, S. 10 (abgerufen am 20. 08. 2020).
Kurt Peter Christian Vollhardt: Organische Chemie, Weinheim 4. Aufl. 2005, S. 874.
URL: https://www.organische-chemie.ch/OC/Namen/Aldol-Addition.htm (abgerufen am 29. 12. 2020).
URL: https://www.cup.uni-muenchen.de/oc/mayr/Lehre/OC2_MayrSkript_WS09-10_209-230.pdf (abgerufen am 29. 12. 2020).
Kurt Peter Christian Vollhardt: Organische Chemie, Weinheim 4. Aufl. 2005, S. 927.

Aufgabe B

2.1 Zwei mögliche Strukturformeln der beiden **Konstitutionsisomere**, die die geforderten Bedingungen erfüllen, sind im Folgenden dargestellt.

Strukturisomere, oder auch Konstitutionsisomere genannt, sind Verbindungen, die die gleiche Summenformel besitzen, jedoch unterschiedliche Strukturen aufweisen, d. h., ihre Atome oder Atomgruppen sind unterschiedlich verknüpft.

Konstitutionsisomer A (ein mögliches Beispiel):

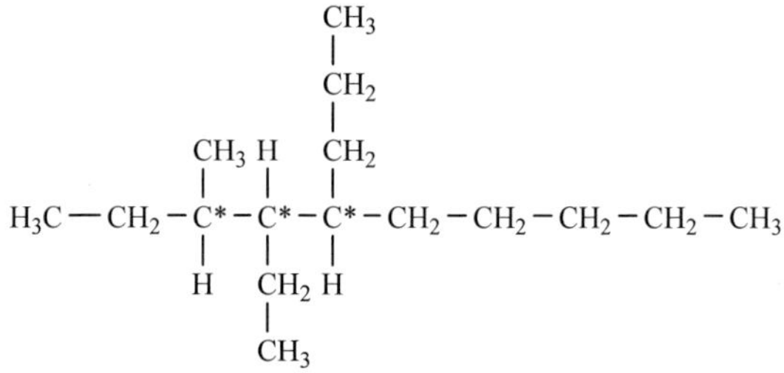

Name: 4-Ethyl-3-methyl-5-propyldecan

Konstitutionsisomer B (ein mögliches Beispiel):

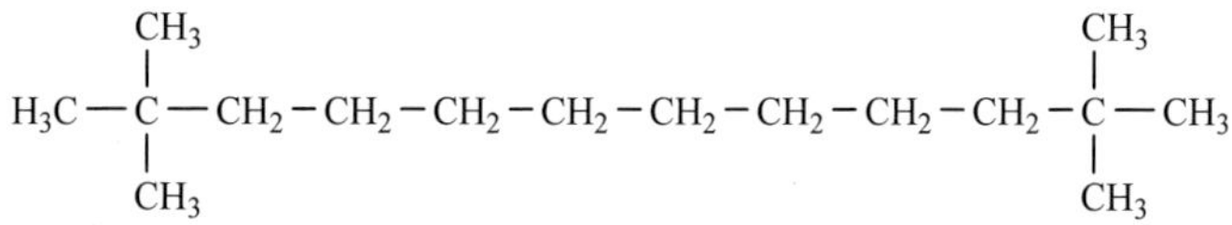

Name: 2,2,11,11-Tetramethyldodecan

Die asymmetrischen Kohlenstoffatome der Verbindung 1, bei der alle Kohlenstoffatome vier verschiedene Substituenten aufweisen, sind mit einem Sternchen* markiert.

2.2 Die zu formulierenden Reaktionsgleichungen lauten wie folgt:

Thermolyse-Reaktion:

$$(NH_2)_2CO \longrightarrow NH_3 + HNCO$$

Hydrolyse-Reaktion:

$$HNCO + H_2O \longrightarrow NH_3 + CO_2$$

Die Reaktionsgleichung der Standard-SCR-Reaktion lässt sich wie folgt formulieren:

$$4\,NH_{3\,(g)} + 4\,NO_{(g)} + O_{2\,(g)} \rightleftharpoons 4\,N_{2\,(g)} + 6\,H_2O_{(g)}$$

Die **Standardreaktionsenthalpie** zu dieser Reaktion lässt sich aus den Standardbildungsenthalpien ($\Delta_f H_m^0$) der Produkte und Edukte berechnen:

$$\Delta_R H_m^0 = \sum \Delta_f H_m^0 (\text{Produkte}) - \sum \Delta_f H_m^0 (\text{Edukte})$$

hier:

$$\begin{aligned}\Delta_R H_m^0 &= [4 \cdot \Delta_f H_m^0 (N_2) + 6 \cdot \Delta_f H_m^0 (H_2O)] \\ &\quad -[4 \cdot \Delta_f H_m^0 (NH_3) + 4 \cdot \Delta_f H_m^0 (NO) + 1 \cdot \Delta_f H_m^0 (O_2)] \\ &= [4\ \text{mol} \cdot (0\ \text{kJ} \cdot \text{mol}^{-1}) + 6\ \text{mol} \cdot (-242\ \text{kJ} \cdot \text{mol}^{-1}) \\ &\quad -[4\ \text{mol} \cdot (-46\ \text{kJ} \cdot \text{mol}^{-1}) + 4\ \text{mol} \cdot (+90\ \text{kJ} \cdot \text{mol}^{-1}) + 1\ \text{mol} \cdot (0\ \text{kJ} \cdot \text{mol}^{-1})]\end{aligned}$$

$$\Delta_R H_m^0 = -1628\ \text{kJ} \cdot \text{mol}^{-1}$$

Die Standardbildungsenthalpie von Elementen in ihrem Grundzustand beträgt $0\ kJ \cdot mol^{-1}$.

Die **Reaktionsgleichung** für die schnelle SCR-Reaktion lautet:

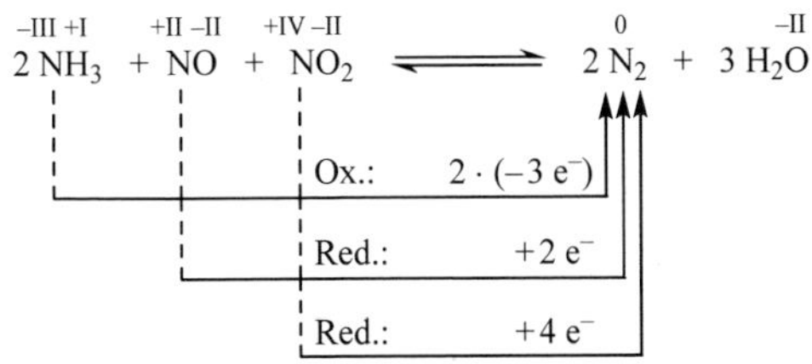

Wie die Oxidationszahlen zeigen, handelt es sich bei dieser Reaktion um eine Redoxreaktion. Es werden insgesamt 6 Elektronen übertragen.

Reduktion: Stickstoffatom des Stickstoffmonoxid-Moleküls von +II zu +/–0 und Stickstoffatom des Stickstoffdioxid-Moleküls von +IV zu +/–0

Oxidation: Stickstoff-Atom des Ammoniak-Moleküls von –III zu +/–0

Bei dieser Redoxreaktion laufen Oxidation und Reduktion an Atomen des gleichen Elements ab. Dadurch wird aus der höheren und niedrigeren Oxidationsstufe dieses Elements eine mittlere gebildet. Diese Art von Redoxreaktion nennt man Komproportionierung bzw. Synproportionierung.

2.3 Berechnung der Stoffmenge n an **Harnstoff**, die in 1 Liter AdBlue®-Lösung enthalten ist:

$$m(\text{AdBlue}^{®}\text{-Lösung}) = V \cdot \rho = 1000\ \text{mL} \cdot 1{,}09\ \text{g} \cdot \text{mL}^{-1} = 1090\ \text{g}$$

$$m(\text{Harnstoff}) = \text{m(Lösung)} \cdot 32{,}5\,\% = \frac{1090\ \text{g} \cdot 32{,}5}{100} = 354{,}25\ \text{g}$$

$$M(\text{Harnstoff}) \approx 60{,}04\ \text{g} \cdot \text{mol}^{-1}$$

$$n(\text{Harnstoff}) = \frac{m(\text{Harnstoff})}{M(\text{Harnstoff})} = \frac{354{,}25\ \text{g}}{60{,}04\ \text{g} \cdot \text{mol}^{-1}} \approx 5{,}9\ \text{mol}$$

Berechnung der Stoffmenge n an **Ammoniak**, die daraus gebildet werden kann:
1 mol Harnstoff liefert laut der beiden Reaktionsgleichungen aus Aufgabe 2.2 insgesamt 2 mol Ammoniak. Somit können auf diesem Wege 11,8 mol Ammoniak (NH_3) gebildet werden.

1 mol NH_3 werden über die Thermolysereaktion und ein weiteres Mol NH_3 über die Hydrolysereaktion gebildet.

Berechnung der Stoffmenge n an **Stickstoffmonoxid**, die insgesamt umgesetzt werden kann:
Gemäß der Standard-SCR-Reaktion reagieren Ammoniak und Stickstoffmonoxid im Verhältnis 1 zu 1. Somit können aus den zuvor errechneten 11,8 mol Ammoniak 11,8 mol schädliches Stickstoffmonoxid zu Stickstoff umgesetzt werden.

2.4 Die **alkalische Reaktion** des Ammoniaks bei der Reaktion mit Wasser lässt sich mittels Reaktionsgleichung wie folgt beschreiben:

$$NH_3 + H_2O \rightleftharpoons NH_4^+ + OH^-$$

Das Donator-Akzeptor-Konzept von Säure-Base-Reaktionen lässt sich bei dieser Reaktion wie folgt erklären: Beim Einleiten des gasförmigen Ammoniaks in Wasser kommt es zu einer **Protolysereaktion**, bei der das Wassermolekül als Protonendonator ein H^+-Ion an das freie Elektronenpaar des Ammoniak-Moleküls abgibt. Ammoniak tritt bei dieser Reaktion daher als **Protonenakzeptor** auf. Durch diese Reaktion kommt es zur Bildung von Hydroxid-Ionen, welche für die alkalische Reaktion der Lösung verantwortlich sind.

Mittels des pK_B-Wertes lässt sich eine Aussage über die Basenstärke eines Stoffes treffen. Dabei gilt: Je **niedriger der pK_B-Wert** ist, desto **stärker basisch** ist der jeweilige Stoff, desto höher ist also sein Bestreben, ein H^+-Ion aufzunehmen. Der pK_B-Wert von Ammoniak ist laut Aufgabenstellung mit 4,76 angegeben, was dafür spricht, dass es sich bei Ammoniak um eine schwache Base handelt. Vergleicht man die Strukturen von Ammoniak und Methylamin, so ist im Methylamin-Molekül formal ein Wasserstoffatom gegen eine Methyl-Gruppe ausgetauscht.

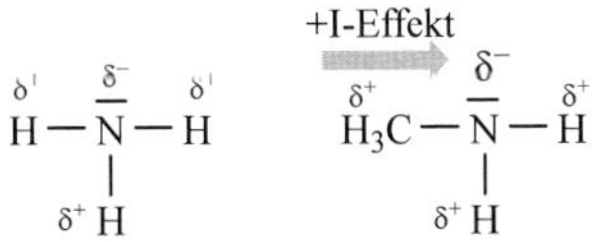

Diese Methyl-Gruppe übt einen **+I-Effekt** auf das Stickstoff-Atom aus. Dieser positive induktive Effekt ist ein elektronendichteschiebender Effekt, weshalb die Elektronendichte am Stickstoffatom dadurch im Vergleich zum Ammoniak erhöht ist. Diese **erhöhte Elektronendichte** am Stickstoffatom erleichtert die Aufnahme des Protons durch das freie Elektronenpaar und erhöht damit die Affinität, ein Proton zu binden, und damit auch dessen Basizität. Vereinfacht gesagt, steht durch den elektronendichteschiebenden Effekt dem Stickstoffatom mehr Elektronendichte zum Binden des Protons zur Verfügung, weshalb das **Methylamin** eine **stärkere Base** ist und dadurch natürlich einen niedrigeren pK_B-Wert aufweist.

Wasserstoffatome wirken weder schiebend noch ziehend auf die Elektronendichte. Allen anderen Substituenten in organischen Verbindungen wird im Vergleich zum Wasserstoffatom entweder ein elektronendichteschiebender Effekt oder ein elektronendichteziehender Effekt zugeordnet.

***Halogene** wie Fluor, Chlor oder Brom üben aufgrund ihrer im Vergleich zu den meisten anderen Atomen höheren Elektronegativität einen **negativen induktiven Effekt (–I-Effekt)** aus. Sie wirken daher elektronendichteziehend auf Nachbaratome oder Nachbargruppen.*

***Alkylreste**, wie beispielsweise die angegebene Methyl-Gruppe, weisen hingegen einen elektronendichteschiebenden Effekt auf. Durch diesen **positiven induktiven Effekt (+I-Effekt)** erhöhen sie die Elektronendichte an Nachbaratomen oder Nachbargruppen.*

*Diese ladungsdichteverändernden Effekte wirken allerdings nur **wenige** Bindungen weit (ca. drei bis vier). Danach können die Effekte vernachlässigt werden.*

2.5 Bei der in Material 4 dargestellten **Cyanursäure** handelt es sich um eine (hetero)-aromatische Verbindung. Da die Cyanursäure eine **zyklische** Verbindung ist, bei der alle Ringatome, die Kohlenstoffatome wie die Stickstoffatome, sp^2-hybridisiert sind, ist das Ringsystem in jedem Fall **planar** aufgebaut. Die übrigen sechs p-Orbitale, die nicht an der Hybridisierung teilnehmen, stehen alle senkrecht zur Ringebene. Dadurch können sie, genauso wie beim Benzol, durch Überlappung ein **delokalisiertes π-Elektronensystem** oberhalb und unterhalb der Ringebene mit insgesamt 6 Elektronen ausbilden.
Darüber hinaus erfüllt die Verbindung auch die **HÜCKEL-Regel**. Das heißt, das Molekül erfüllt mit der Zahl $n = 1$ die folgende Bedingung:

$4n + 2 =$ Anzahl der π-Elektronen (hier gleich 6 π-Elektronen).

Sind bei einer Verbindung die zuvor beschriebenen Bedingungen erfüllt, so handelt es sich um eine aromatische Verbindung.

Die Strukturformel der **Isocyanursäure** kann wie folgt formuliert werden:

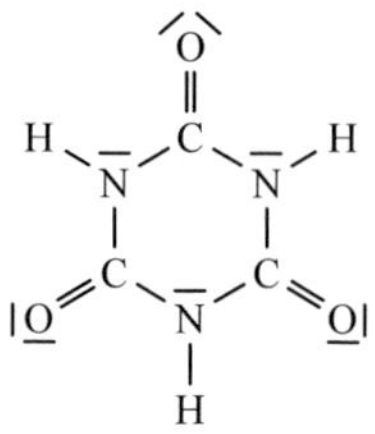

2.6 Der zu entwickelnde **Reaktionsmechanismus** des in Material 5 dargestellten ersten Reaktionsschrittes lässt sich wie folgt formulieren:

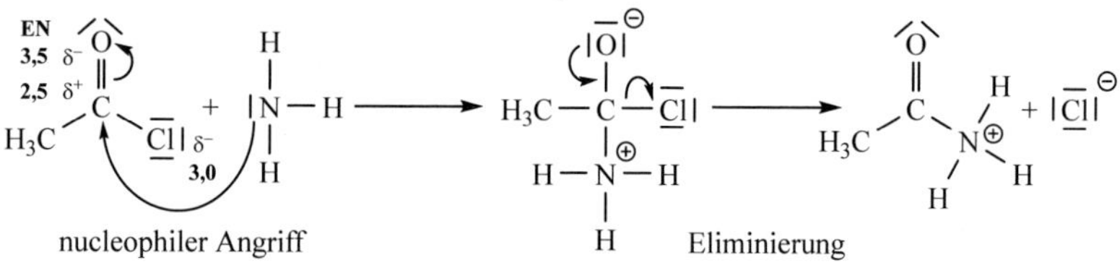

Das **Carbonyl-Kohlenstoffatom** ist aufgrund der elektronegativeren Bindungspartner **positiv polarisiert** und wird vom Ammoniak-Molekül **nucleophil** angegriffen. Daraufhin verlässt das Chlorid-Ion als gute Abgangsgruppe die zwitterionische Zwischenstufe (Eliminierung), wodurch sich die zunächst noch protonierte Form des herzustellenden Ethansäureamids bildet.

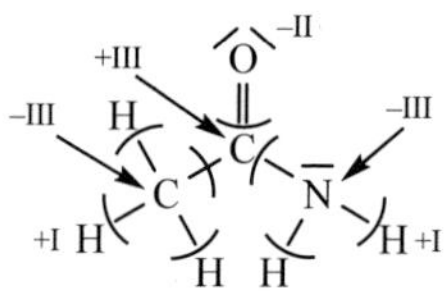

Die **Oxidationszahlen** der Atome des Ethansäureamids sind:

Stickstoffatom:	–III
Sauerstoffatom:	–II
Wasserstoffatom jeweils:	+I
Kohlenstoffatom der Methyl-Gruppe:	–III
Kohlenstoffatom der Carbonyl-Gruppe:	+III

Aufgabe C

3.1 Die in Strukturformeln zu formulierenden Reaktionsgleichungen lauten wie folgt:

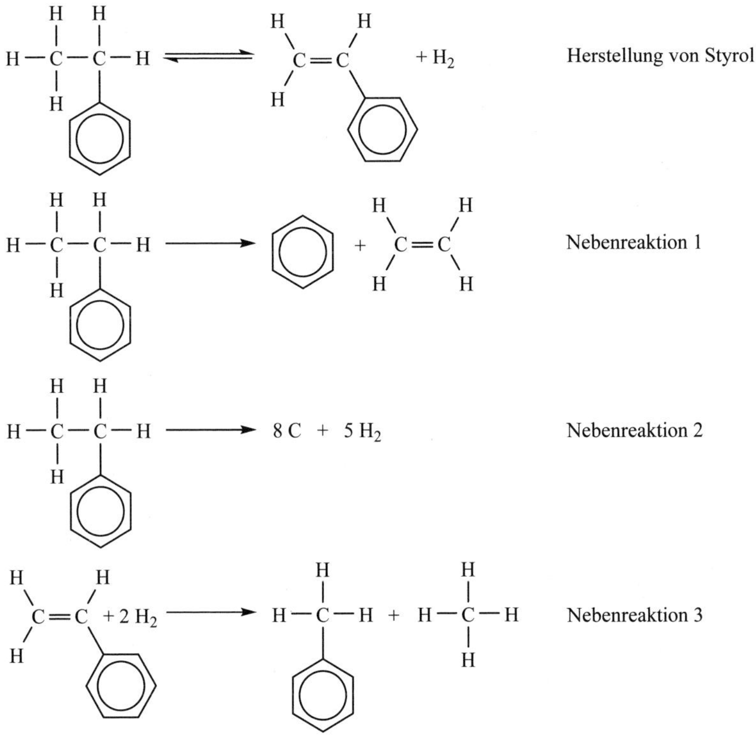

Um aus der ersten Reaktion, die sich im Gleichgewicht befindet, eine möglichst hohe Styrolausbeute zu erzielen, ist das Prinzip von LE CHATELIER und BRAUN, auch **Prinzip des kleinsten Zwanges** genannt, zu beachten.

In Material 1 wird betont, dass durch die gewählte hohe Temperatur alle Reaktionspartner **gasförmig** vorliegen. Dies ist wichtig, da sich im Verlaufe der Reaktion die Teilchenzahl der gasförmigen Reaktionsteilnehmer erhöht. 1 Molekül Ethylbenzol auf der Eduktseite reagiert zu insgesamt 2 Molekülen, nämlich Styrol und Wasserstoff. Durch diese Verdoppelung der Molekülanzahl in der Gasphase erhöht sich der Druck in der Apparatur.

Gemäß dem Prinzip des kleinsten Zwanges kann die Ausbeute an Styrol auf der Produktseite durch **Anwendung eines niedrigeren Druckes** während der Reaktion erhöht werden.

Dies ist der Fall, da das sich im Gleichgewicht befindliche System dem von außen angelegten Zwang der Druckerniedrigung dadurch ausweicht, indem sich die Lage des Gleichgewichts so neu einstellt, dass die Seite mit mehr gasförmigen Teilchen häufiger gebildet wird.

Man sagt auch vereinfacht: Bei einer Verringerung des Drucks verschiebt sich die Gleichgewichtslage auf die Seite, bei der mehr gasförmige Teilchen vorhanden sind.
Die hier unerwünschte Rückreaktion, bei der Styrol mit Wasserstoff wieder zu Ethylbenzol reagiert, lässt sich durch **Zugabe von Wasserdampf** verringern. Die Zugabe von Wasserdampf verdünnt das Produktgemisch, wodurch Wasserstoff und Styrol weniger häufig aufeinandertreffen und deren Reaktionswahrscheinlichkeit so abnimmt. Deshalb läuft die Rückreaktion vermindert ab, was die Styrolausbeute letztendlich erhöht.
Auch die Bildung von Methylbenzol und Methan aus Styrol und Wasserstoff, also die Nebenreaktion 3, könnte aus demselben Grund durch Verdünnung des Gasgemisches seltener ablaufen. So würde ein Verlust an Styrol verhindert werden.

3.2 **Bildung des Startradikals:**

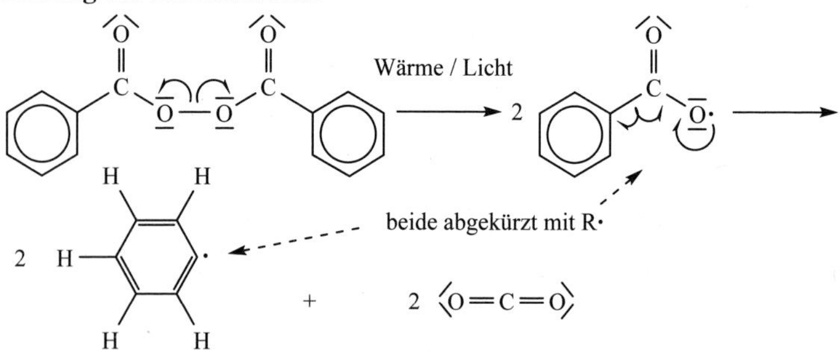

Zur Startreaktion kommt es, wenn die labile Peroxid-Bindung des Dibenzylperoxides durch Wärmezufuhr **homolytisch** gespalten wird. Dabei bilden sich zwei Radikale (hier in der Folge zwei Benzylradikale).

Die **Startradikale** lösen die nachfolgend beschriebene Kettenreaktion und das Kettenwachstum aus.

Kettenstart:

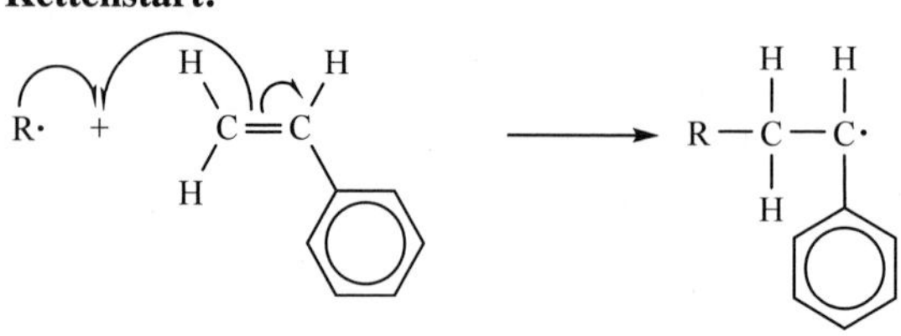

Kettenwachstum:

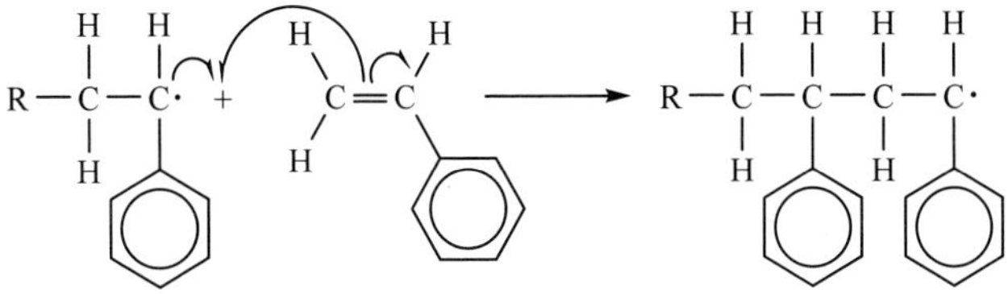

Abbruchreaktionen (Rekombination):

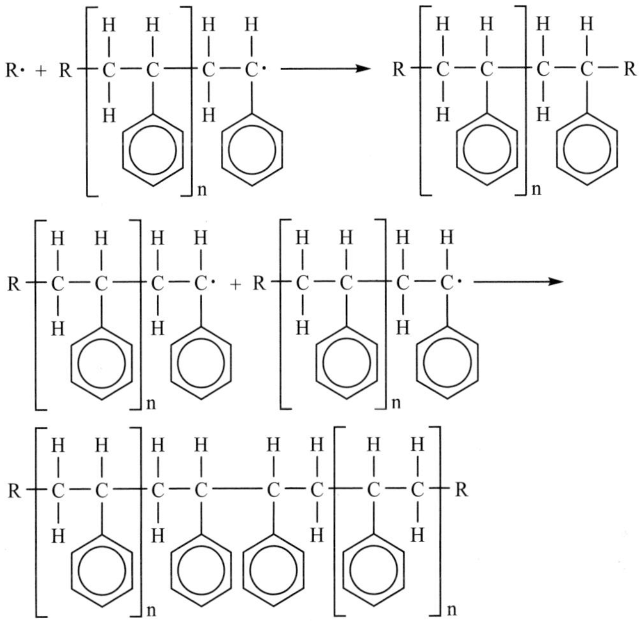

Zu Abbruchreaktionen kommt es nur, wenn zwei Radikale aufeinandertreffen. Gerade zu Beginn der Reaktion, wenn es noch vorwiegend Edukte gibt, ist diese äußert unwahrscheinlich, weshalb sich im Verlauf der Reaktion sehr lange Polymerketten bilden.

3.3 Die angegebene **Standard-Polymerisationsentropie** zeigt einen **negativen Wert**. Dieser ist dadurch zu erklären, dass im Verlaufe der Polymerisationsreaktion durch das Kettenwachstum der Polymerketten und die sinkende Anzahl der Styrolmonomere die Ordnung zunimmt. Eine solche Abnahme der Unordnung ist mit einem negativen Wert für die Entropie beschrieben.
Mithilfe der **GIBBS-HELMHOLTZ-Gleichung**, durch die sich die freie Standardreaktionsenthalpie berechnen lässt (angegeben in Material 4), lässt sich auch der Einfluss der Entropie, der Enthalpie sowie der Temperatur auf die **Freiwilligkeit** einer Reaktion voraussagen.

Da die Polymerisationsentropie wie angegeben einen negativen Wert aufweist, wird dieser Teil des Gesamtterms mit steigender Temperatur (die stets in Kelvin, d. h. mit positiven Werten angegeben wird) immer negativer.
Durch das **negative Vorzeichen** wird dadurch dieser Einfluss immer positiver, sodass, wenn dieser Term den Wert von $+71\ \text{kJ} \cdot \text{mol}^{-1}$ erreicht, die Reaktion nicht mehr freiwillig abläuft.

$$\Delta_R G_m^0 = \Delta_R H_m^0 - T \cdot \Delta_R S_m^0$$

Dieser Teil der Gleichung wird mit steigender Temperatur, die stets in Kelvin, also positiv angegeben wird, immer negativer.

Durch das negative Vorzeichen wird dieser Teil der Gleichung allerdings positiv.

Übersteigt nun der Betrag von $|T \cdot \Delta_R S_m^0|$ den Wert von $\Delta_R H_m^0$, welcher hier mit $-71\ \text{kJ} \cdot \text{mol}^{-1}$ angegeben ist, so wird der Wert der freien Enthalpie $\Delta_R G_m^0$ positiv, was für eine nicht freiwillig ablaufende, **endergonische Reaktion** spricht.

3.4 Der Reaktionsmechanismus der anionischen Polymerisation läuft ab wie folgt:

Kettenstart:

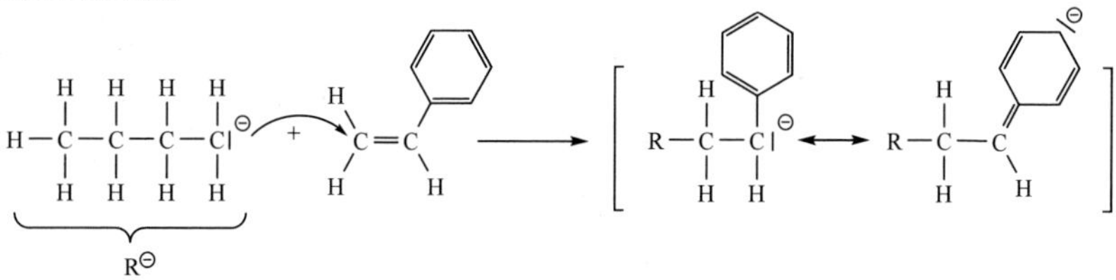

Kettenwachstum:

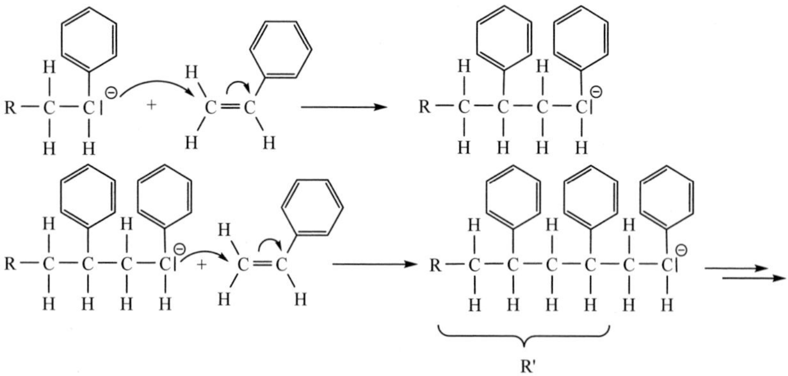

Protolysereaktion:

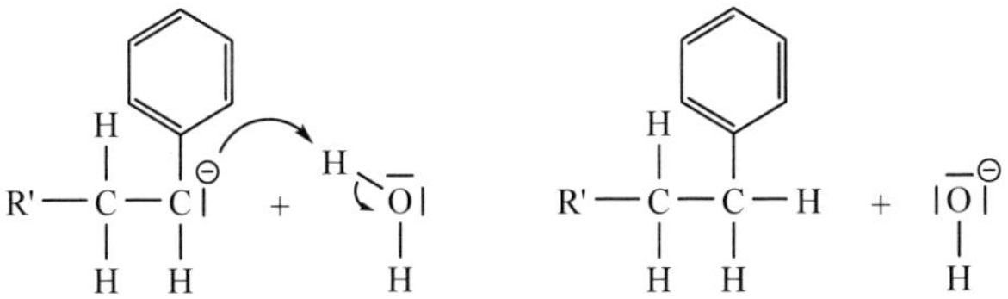

Die anionische Polymerisation läuft **ungehindert** weiter, bis sie durch Zugabe eines **Protonendonators**, z. B. Wasser, oder eines ähnlichen geeigneten Moleküls **beendet** wird. Da der erste Reaktionsschritt, also die **Bildung der Anionen**, schneller verläuft als der zweite Schritt der Kettenfortpflanzung, entsteht nach Zugabe der Butyl-Anionen sehr **schnell** die gleiche Menge an Starter-Anionen. Diese initiieren in einem **langsameren** Reaktionsschritt eine **Kettenfortpflanzungsreaktion** mit den übrigen Styrol-Molekülen. Eine Abbruchreaktion durch Rekombination wie bei der radikalischen Polymerisation ist nicht möglich. Da alle initiierten Kettenwachstumsreaktionen dann so lange ablaufen, bis sie durch Mangel an Monomeren oder Hydrolyse beendet werden, haben die Molekülketten annähernd die **gleiche Länge** / Molekülmasse.

3.5 Polystyrol besteht aus linearen, unvernetzten Polymerketten und zählt damit zur Stoffklasse der **Thermoplaste**. Auf Teilchenebene kann man sich dies daher wie rechts abgebildet vorstellen. Erwärmt man einen Thermoplast, so geraten die Polymerketten mit verstärkter Wärmezufuhr immer stärker in Bewegung. Durch diese **Wärmebewegung** wirken die zwischen den Polymerketten ausgebildeten zwischenmolekularen Wechselwirkungen, hier die **VAN-DER-WAALS-Kräfte**, immer weniger, bis diese letztlich überwunden werden und die Polymerketten auseinandergleiten. Mit diesem **Auseinandergleiten der Polymerketten** auf Teilchenebene geht auch das beobachtbare **Schmelzen** des Kunststoffes auf Stoffebene einher. Das Polystyrol erweicht zunächst und schmilzt bei stärkerer Wärmezufuhr aufgrund der unvernetzten Struktur und der beschriebenen Vorgänge.

(auf Teilchenebene)

Durch Zugabe von 1,4-Divinylbenzol während der Synthese des Polystyrols verändert sich dessen Struktur fundamental. Es bilden sich statt linearer Polymerketten nun **vernetzte** Strukturen, da Divinylbenzol zwei Doppelbindungen zum Start einer Kette besitzt. Je nach Zugabemenge an 1,4-Divinylbenzol entstehen sogar hochvernetzte Polymernetzwerke. Das sich daraus bildende Polymer zählt dann aufgrund dieser Vernetzung zur Stoffklasse der **Duroplaste**. Diese kann man sich auf Teilchenebene wie folgt vorstellen:

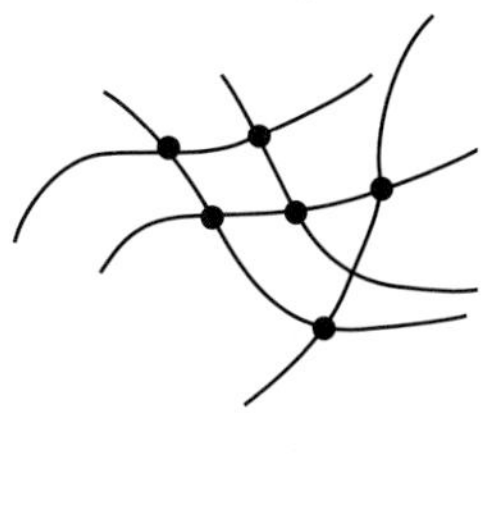

Duroplastische Kunststoffe können durch Erwärmen nicht erweichen oder gar zum Schmelzen gebracht werden, da die engmaschige Vernetzung das Auseinandergleiten der Polymerketten verhindert. Bei starker Wärmezufuhr geraten die vernetzten Polymernetze so stark in Schwingung, dass es zu **Bindungsbrüchen** kommt und der Duroplast somit verkohlt. Damit ist dieser letztlich irreversibel zerstört. Dieses Verhalten beim Erwärmen unterscheidet den duroplastischen Kunststoff zentral vom Thermoplasten.

3.6 Die Struktur des zyklischen 1,2,5,6,9,10-Hexabromcyclododecans sieht wie folgt aus:

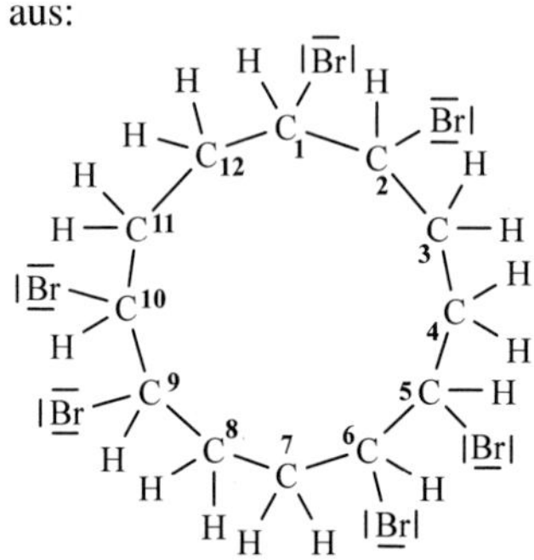

Das dargestellte zyklische Halogenalkan kann zu anderen Molekülen des gleichen Stoffes **keine Wasserstoffbrückenbindungen** ausbilden. Dies liegt daran, dass zur Ausbildung von Wasserstoffbrückenbindungen das Wasserstoffatom an ein deutlich elektronegativeres Atom gebunden sein muss. Dies ist hier mit dem Kohlenstoffatom, an das alle Wasserstoffatome gebunden sind, nicht der Fall. Die **Elektronegativitätsdifferenz** beträgt nur 0,4.
Erst wenn durch einen stark elektronegativen Bindungspartner (wie z. B. Sauerstoff oder Stickstoff) das Wasserstoffatom deutlich positiv polarisiert ist, kann dieses zu einem negativ polarisierten Atom Wasserstoffbrückenbindungen ausbilden.

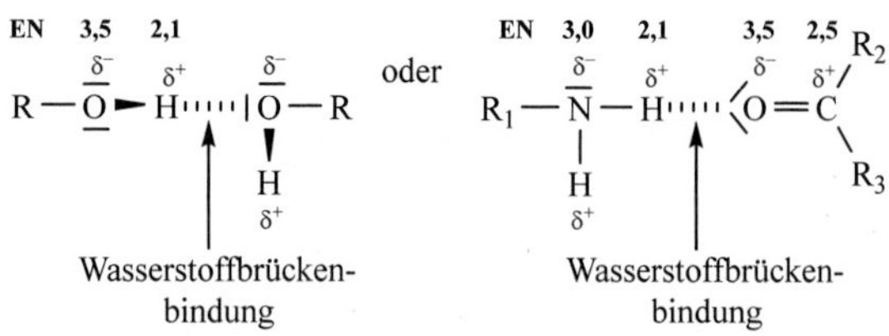

In der obigen Darstellung ist das Sauerstoff- bzw. Stickstoffatom der elektronegativere Bindungspartner des Wasserstoffatoms. Dadurch wird das Wasserstoffatom positiv polarisiert (δ+). Ein anderes negativ polarisiertes Atom, wie beispielsweise ein Sauerstoffatom, kann dann über eine starke ionische Wechselwirkung seines freien ***Elektronenpaars*** *mit dem positiv polarisierten Wasserstoffatom die* ***Wasserstoffbrückenbindung*** *ausbilden.*

Diese Wasserstoffbrückenbindung, bei der das Wasserstoffatom den positiv polarisierten Teil des sich anziehenden Dipols darstellt, wird aufgrund ihrer deutlich stärker wirkenden zwischenmolekularen Kraft auch namentlich von der Dipol-Dipol-Wechselwirkung unterschieden.
Die Wasserstoffbrückenbindung ist allerdings, wie auch die Dipol-Dipol-Wechselwirkung, lediglich eine zwischenmolekulare Kraft und nicht, wie der Name vermuten lässt, eine echte kovalente Bindung.

***Dipol-Dipol-Wechselwirkungen** sind eine weitere zwischenmolekulare Kraft, die sich zwischen den entgegengesetzt polarisierten Teilen von Molekülen ausbilden können. Ein Beispiel sind Verbindungen aus zwei verschiedenen Halogenatomen, welche unterschiedliche Elektronegativitäten aufweisen:*

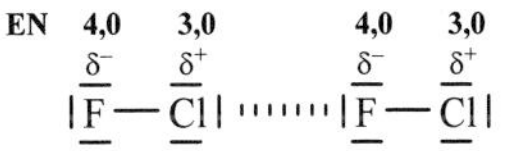

Dipol-Dipol-Wechselwirkung

Diese Dipol-Dipol-Wechselwirkungen beruhen auch auf den elektrostatischen Wechselwirkungen, die sich zwischen den permanenten Dipolen zweier Molekülteile verschiedener Moleküle ausbilden können. Sie sind aber in der Regel deutlich weniger stark als die Wasserstoffbrückenbindungen, weshalb diese als eine spezielle Form der Dipol-Dipol-Wechselwirkungen bezeichnet werden.

Aufgabe D

4.1 Die Reaktionsgleichungen zu den ersten beiden Schritten der SABATIER-Reaktion lauten wie folgt:

Schritt 1:

$$CO_{2\,(g)} + H_{2\,(g)} \rightleftharpoons CO_{(g)} + H_2O_{(g)}$$

Schritt 2:

$$\overset{+II\,-II}{CO}_{(g)} + 3\,\overset{0}{H}_{2\,(g)} \rightleftharpoons \overset{-IV\,+I}{CH}_{4\,(g)} + \overset{+I}{H}_2O_{(g)}$$

Wie die Veränderungen der Oxidationszahlen in der Reaktionsgleichung des Reaktionsschrittes 2 zeigen, handelt es sich bei dieser um eine Redoxreaktion. Es werden im Verlauf der Reaktion sechs Elektronen übertragen.

Oxidation: Der elementare Wasserstoff gibt pro Atom ein Elektron ab und verändert seine Oxidationszahl von +/−0 zu +I. Pro Molekül werden zwei Elektronen frei.

Reduktion: Das Kohlenstoffatom im Kohlenstoffmonoxid weist eine Oxidationszahl von +II auf, die sich im Verlauf der Reaktion zu −IV im Methan ändert. Das Kohlenstoffatom nimmt dabei formal sechs Elektronen auf.

Reaktionsgleichung der Gesamtreaktion aus Material 1 mit Ergänzungen:

$$CO_{2\,(g)} + 4\,H_{2\,(g)} \underset{\textit{endotherm}}{\overset{\textit{exotherm}}{\rightleftharpoons}} CH_{4\,(g)} + 2\,H_2O_{(g)}$$

Wird auf die sich im Gleichgewicht befindliche Gesamtreaktion (in Material 1 angegeben) ein äußerer Zwang durch eine Druckveränderung ausgeübt, so verändert sich die Lage des Gleichgewichtes gemäß dem **Prinzip von LE CHATELIER und BRAUN** (Prinzip des kleinsten Zwanges). Dieses Prinzip besagt allgemein: Wenn man auf ein System, das sich im Gleichgewicht befindet, einen Zwang durch die Änderung der äußeren Bedingungen ausübt, stellt sich infolge dieser Störung des Gleichgewichtes ein neues Gleichgewicht ein, bei dem dieser äußere Zwang vermindert wird.

Um also im Gleichgewichtszustand möglichst viel Methan entstehen zu lassen, muss der Druck möglichst hoch sein. Auf der Eduktseite befinden sich 5 gasförmige Teilchen, welche mehr Raumbedarf haben als die 3 gasförmigen Teilchen auf der Produktseite. Eine **Druckerhöhung** als äußerer Zwang lässt demnach vermehrt die **druckvermindernde Reaktion** hin zu der geringeren Anzahl an gasförmigen Teilchen auf der Produktseite ablaufen, welche weniger Raum einnehmen.

Die Gesamtreaktion ist **exotherm**. Addiert man die angegebenen molaren Standardreaktionsenthalpien der Teilreaktionen (siehe Material 1), so ergibt sich für $\Delta_R H_m^0$ ein negativer Wert.

Ergänzt man nun diesen Begriff auf dem Gleichgewichtspfeil, so wird deutlich, dass eine gesteigerte **Wärmezufuhr** als äußerer Zwang dazu führt, dass vermehrt die wärmeverbrauchende, **endotherme Rückreaktion** abläuft. Diese vermindert den äußeren Zwang der Wärmezufuhr. Eine Temperaturerhöhung hätte zwar gemäß der RGT-Regel die Steigerung der Reaktionsgeschwindigkeit zur Folge, doch würde sich wie beschrieben die Gleichgewichtslage zugunsten der Edukte verschieben.

Aus diesem Grunde sollte, um möglichst viel Methan herzustellen, die Reaktion bei **niedriger Temperatur** durchgeführt werden. Eine zu niedrige Temperatur führt allerdings dazu, dass die **Reaktionsgeschwindigkeit** stark abnimmt. Daher ist der Einsatz eines **Katalysators** von zentraler Bedeutung. Dieser lässt die Reaktion durch die Senkung der **Aktivierungsenergie** bereits bei geringeren Temperaturen in angemessener Geschwindigkeit ablaufen. Dies steuert letztendlich – wie gewünscht – die Gleichgewichtslage zugunsten der vermehrten Methanbildung.

4.2 Das zu formulierende **Massenwirkungsgesetz** für den zweiten Reaktionsschritt lautet wie folgt:

$$K_c = \frac{c(CH_4) \cdot c(H_2O)}{c(CO) \cdot c(H_2)^3}$$

Das Gleichgewicht der Reaktion liegt bei einem Wert von $K_c = 33{,}4\ L^2 \cdot mol^{-2}$ auf der Seite der Produkte.

Bei einem K_c-Wert von über 1 liegt das Gleichgewicht auf der Produktseite, das Produkt der Konzentration der Produkte ist also größer als das Produkt der Eduktkonzentrationen. Bei einem Wert unter 1 liegt das Gleichgewicht hingegen auf der Eduktseite. Einen negativen Wert und den Wert null kann K_c nicht annehmen.

Auf Basis dieses Wertes und der angegebenen Konzentrationen der beteiligten Stoffe im Gleichgewicht lässt sich die Gleichgewichtskonzentration von Methan durch Umstellen des Massenwirkungsgesetzes berechnen:

$$K_c = \frac{c(CH_4) \cdot c(H_2O)}{c(CO) \cdot c(H_2)^3}$$

$$c(CH_4) = \frac{K_c \cdot c(CO) \cdot c(H_2)^3}{c(H_2O)}$$

$$= \frac{33{,}4\ L^2 \cdot mol^{-2} \cdot 0{,}194\ mol \cdot L^{-1} \cdot (0{,}5\ mol \cdot L^{-1})^3}{0{,}9\ mol \cdot L^{-1}}$$

$$c(CH_4) \approx 0{,}9\ mol \cdot L^{-1}$$

Die Konzentration von Methan im Gleichgewicht beträgt ca. $0{,}9\ mol \cdot L^{-1}$.

4.3 Die Beurteilung des Forschungsansatzes der NASA könnte wie folgt aussehen:
Aus Material 3 geht hervor, dass eine der größten Herausforderungen auf einer Raumstation, wie beispielsweise der Internationalen Raumstation ISS, darin besteht, die durchgehende Versorgung mit den lebensnotwendigen Stoffen Sauerstoff und Wasser zu gewährleisten.
Die Astronauten sind in diesem isolierten Lebensraum der Raumstation auf eine dauerhafte Versorgung mit diesen Ressourcen angewiesen.
Bisher muss das **Wasser**, aus dem der Sauerstoff durch **Elektrolyse** gewonnen wird, regelmäßig über kostenintensive Versorgungsflüge von der Erde zur Raumstation gebracht werden. Für die Raumstation wäre es ein großer Vorteil, Unabhängigkeit von der Erde in der **Versorgung mit Sauerstoff** zu erreichen.
Die in Material 3 beschriebenen Reaktionen sind ein innovativer Lösungsansatz für dieses Problem, indem durch einen **Kreislaufprozess** der verbrauchte Sauerstoff und das Wasser wiedergewonnen werden. Dabei werden drei Reaktionen ausgeführt: Die **Elektrolyse von Wasser** (1), die **SABATIER-Reaktion** (2) und eine **Pyrolysereaktion** (3).
Die Elektrolysereaktion von Wasser (1) mit Solarstrom liefert **Wasserstoff** und **Sauerstoff**.
Das zur Sauerstoffsynthese verbrauchte Wasser lässt sich anschließend durch die Umsetzung des erzeugten Wasserstoffs mit Kohlenstoffdioxid, welches aus der **Atemluft** der Astronauten als Stoffwechselabfallprodukt anfällt, wiederherstellen. Laut Reaktionsgleichung (2), der SABATIER-Reaktion, wird dabei neben dem benötigten Wasser auch **Methan** frei.
Dieses Methan wird in einer Pyrolysereaktion (3) in den für Reaktion (2) benötigten Wasserstoff und in Kohlenstoff zersetzt. Der so gewonnene Wasserstoff wird dann wieder als Edukt in Reaktion (2) eingeleitet. Ein wesentlicher Teil dieses Forschungsansatzes ist auch die **Rückgewinnung von Wasser** und dessen Rückführung in den Kreislaufprozess, anstatt dieses durch Abgabe von Kohlenstoffdioxid und Wasserstoff in das All indirekt zu verschwenden.
Formal lassen sich alle Reaktionen in einer Gesamtreaktion zusammenfassen. In dieser zeigt sich, dass das anfallende **Kohlenstoffdioxid**, welches in jedem Fall der Raumluft der Raumstation entzogen werden muss, indirekt als Quelle für den **Sauerstoff** genutzt werden könnte. Zusätzlich fällt noch Kohlenstoff an, welcher zwar unbrauchbar, aber ungiftig und leicht zu lagern ist.
Die Kombination von Wasserelektrolyse (1), SABATIER-Reaktion (2) und Pyrolyse (3) würde somit die Astronauten in einem fast reversiblen Prozess dauerhaft und kostengünstig autark mit den lebensnotwendigen Stoffen versorgen.

Die Kombination aus Elektrolyse und SABATIER-Reaktion zur Wasserrückgewinnung wird schon angewendet. Die anschließende Pyrolyse zur Sauerstoffrückgewinnung aus Kohlenstoffdioxid stellt allerdings noch einige technische Herausforderungen dar, denn die Kohlenstoffablagerungen können den für den SABATIER-Prozess notwendigen Katalysator deaktivieren.

4.4 Die **Reaktionsgleichung** für die Reaktion von Chlor mit Methan lautet wie folgt:

$$CH_{4\,(g)} + Cl_{2\,(g)} \rightleftharpoons CH_3Cl_{(g)} + HCl_{(g)}$$

Bei dieser Reaktion handelt es sich um eine **radikalische Substitution**.

Das Monochlormethan ist dabei allerdings nur ein mögliches Chlormethan, das sich bildet. Als weitere Produkte entstehen noch Di-, Tri- oder Tetrachlormethan. Alle Produkte lassen sich durch Destillation einfach voneinander trennen.

Der **Reaktionsmechanismus** der Umsetzung von Monochlormethan mit Natronlauge zu Methanol lässt sich wie folgt formulieren.

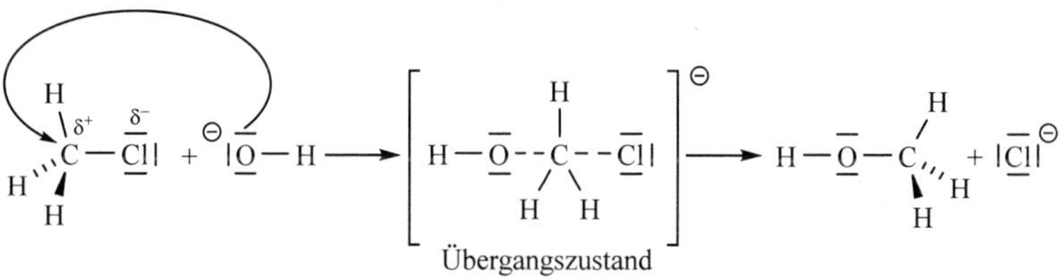

Bei der Reaktion handelt es sich um den Reaktionsmechanismus einer **nucleophilen Substitution**, genauer gesagt der S_N2-Reaktion. Das Hydroxid-Ion als starkes Nucleophil ist in der Lage, das positiv polarisierte Kohlenstoffatom anzugreifen, und zwar noch bevor das Chlorid-Ion das Edukt als Abgangsgruppe verlassen hat.

Für einen **S_N2-Mechanismus** spricht, dass es sich beim Edukt um ein **primäres** Kohlenstoffatom handelt, sodass der nucleophile Angriff des Hydroxid-Ions ohne sterische Hinderung ablaufen kann. Außerdem würde bei einem S_N1-Mechanismus nach dem Abgang des Chlorid-Ions und vor dem Angriff des Nucleophils ein sehr schlecht stabilisiertes primäres Carbokation gebildet werden. Daher ist der S_N1-Mechanismus bei einem primären Reaktanten wie dem Monochlormethan auszuschließen.

4.5 Der zu formulierende **säurekatalysierte Reaktionsmechanismus** der Reaktion von Methanol mit Methanal lässt sich wie folgt formulieren:

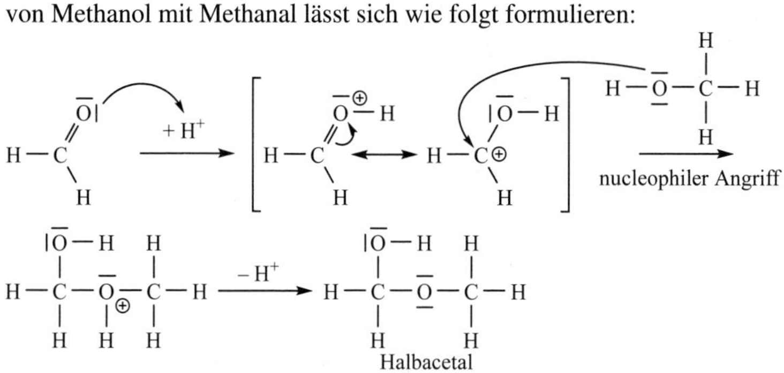

Zuerst wird die Carbonylgruppe protoniert, wodurch der nukleophile Angriff des Methanolmoleküls am positiv polarisierten Kohlenstoffatom des Aldehyds erleichtert wird. Nach Addition des Alkohols und Abspaltung eines Protons (Rückgewinnung des Katalysators) entsteht das Halbacetal.

Bei dem Reaktionsmechanismus handelt es sich um eine **nucleophile Addition**, die zur Bildung eines **Halbacetals** führt.

Das sich bildende Halbacetal aus der Reaktion von Methanol mit Methanal ist **nicht optisch aktiv**, da keines der beiden Kohlenstoffatome vier verschiedene Substituenten aufweist.

Kohlenstoffatome mit vier verschiedenen Substituenten werden auch als asymmetrische Kohlenstoffatome bezeichnet. Bei Vorhandensein eines solchen asymmetrischen Kohlenstoffatoms wird linear polarisiertes Licht in einem Polarimeter durch Wechselwirkung mit den Molekülen in seinem Drehwert verändert („optische Aktivität").

Hingegen ist das folgende Halbacetal, das sich bei der Reaktion von Methanol mit Ethanal bildet, **optisch aktiv**. Der Grund ist, dass das mit dem Sternchen* markierte Kohlenstoffatom vier verschiedene Substituenten aufweist und das Molekül damit in der Lage ist, linear polarisiertes Licht in dessen Schwingungsebene zu drehen.

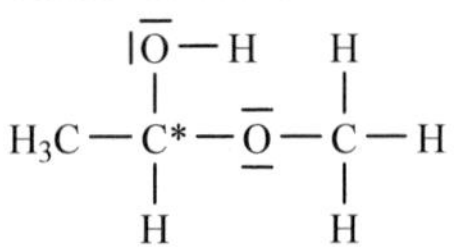

4.6 *Die Reaktionsgleichung ist nicht Teil der geforderten Lösung. Sie ist aber beim zu entwickelnden Reaktionsmechanismus ggf. als Orientierungshilfe nützlich.*

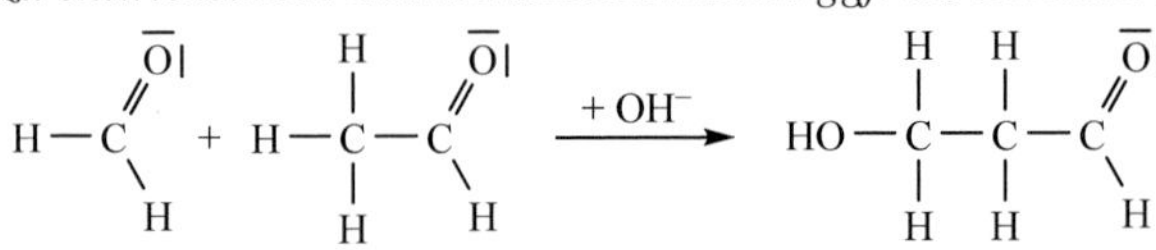

Der zu entwickelnde Reaktionsmechanismus für die **Aldolbildung** lässt sich folgendermaßen formulieren:

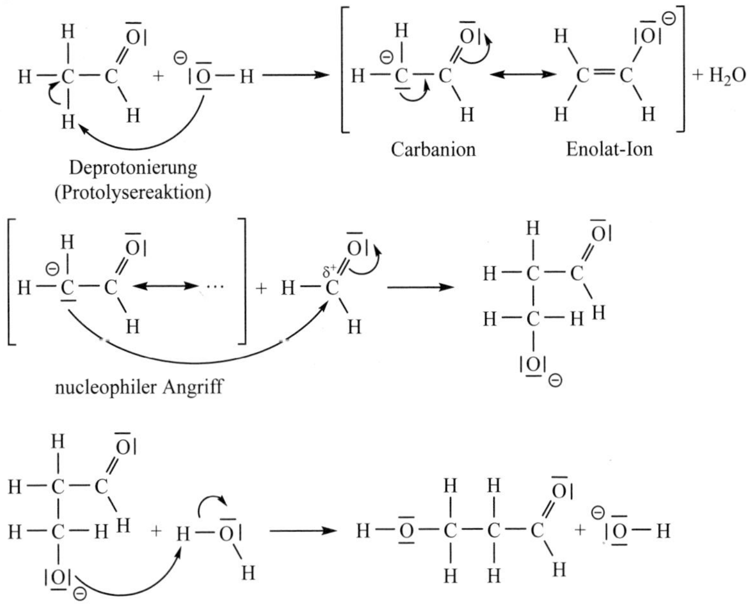

Wie in Material 5 in Textform dargelegt, ist das Hydroxid-Ion als sehr starke Base in der Lage, den sogenannten α-Wasserstoff eines Carbonyls (wie hier dem Ethanal) zu entziehen. Das ein solches Wasserstoffatom als Wasserstoff-Ion (Proton) einer C–H-Bindung abgespalten wird, ist in der Schulchemie eher außergewöhnlich und deshalb in dieser Aufgabe auch wohl so ausführlich im Material beschrieben.

Grundkurs und Leistungskurs Chemie (Hessen)
Abiturprüfung 2022

Um Ihnen die Prüfung 2022 schnellstmöglich zur Verfügung stellen zu können, bringen wir sie in digitaler Form heraus.

Sobald die Original-Prüfungsaufgaben 2022 freigegeben sind, können sie als PDF auf der Plattform **MyStark** heruntergeladen werden (Zugangscode vgl. Farbseiten vorne im Buch).

Prüfung 2022

www.stark-verlag.de/mystark